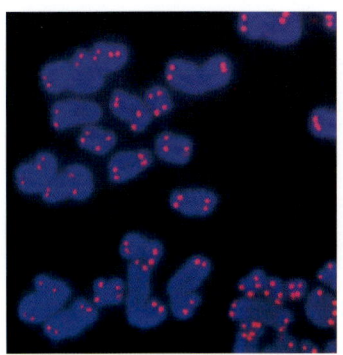

口絵1 分裂中期像の染色体をPNAテロメアプローブで染色（図1.1）

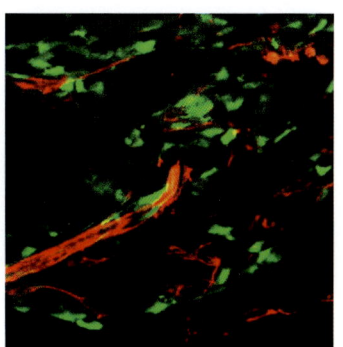

口絵2 胎児18.5日目の骨髄におけるCXCL12発現細胞の分布（図10.3）〔Ara, T. et al., Immunity, 2003〕

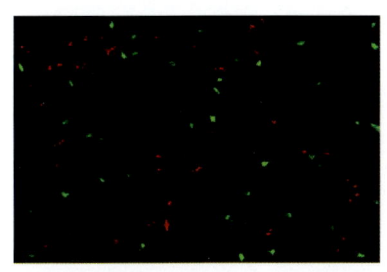

口絵3 骨髄におけるCXCL12発現細胞（緑）とIL-7発現細胞（赤）の局在（図10.6）〔Tokoyoda, K. et al., Immunity, 2004〕

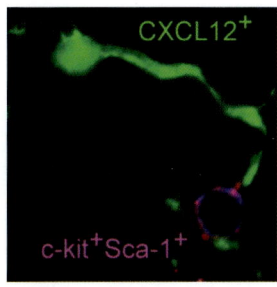

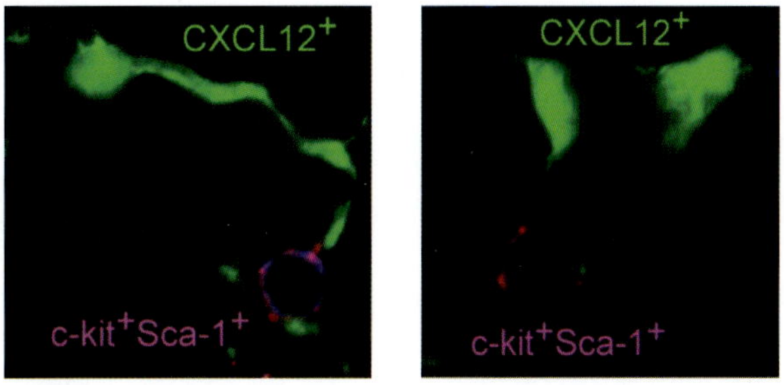

口絵4 骨髄における$c\text{-}kit^+Sca\text{-}1^+$細胞の局在（図10.7）〔Tokoyoda, K. et al., Immunity, 2004〕

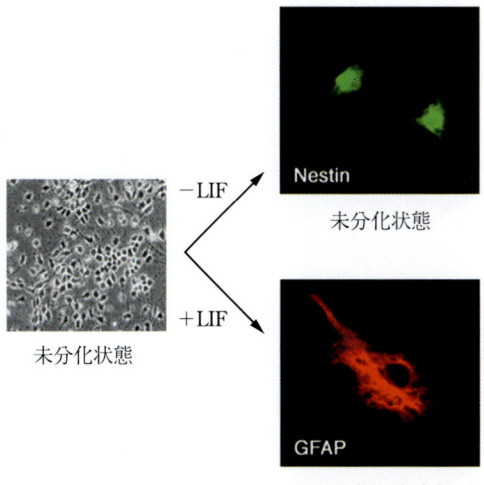

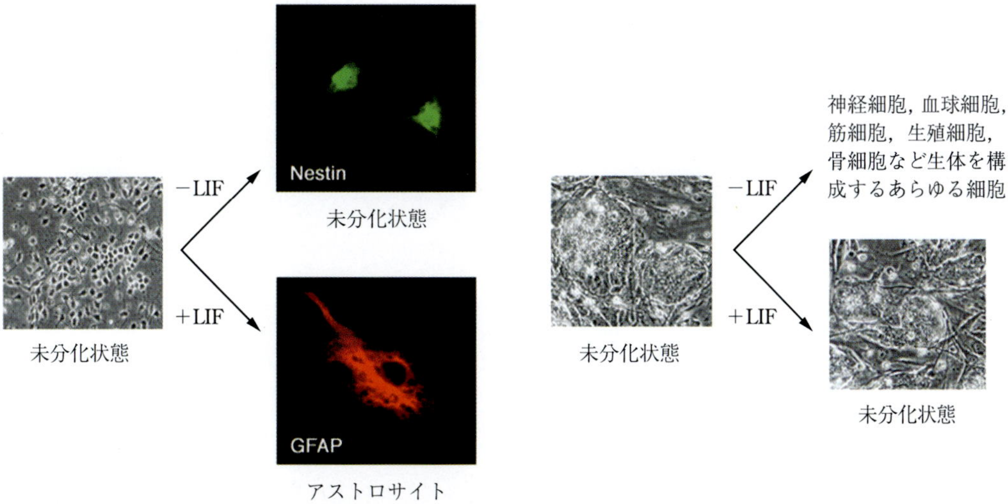

(a) マウス神経上皮細胞：LIFは神経上皮細胞からアストロサイトへの分化を誘導する。

(b) マウスES細胞：ES細胞に対しては，逆に未分化状態維持のための必須因子として作用する。

口絵5 LIFが幹細胞に及ぼす影響（図12.1）

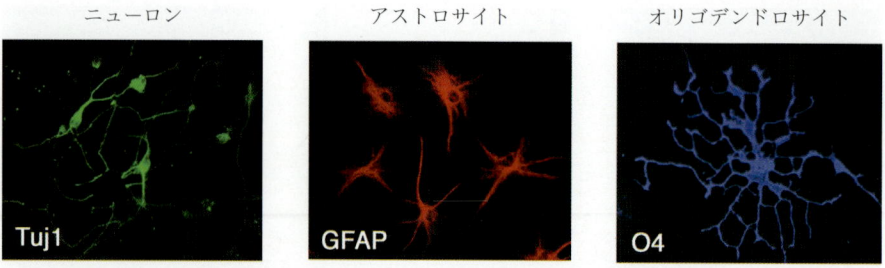

口絵6　シグナル伝達クロストークによる神経幹細胞の分化制御機構（図12.3）

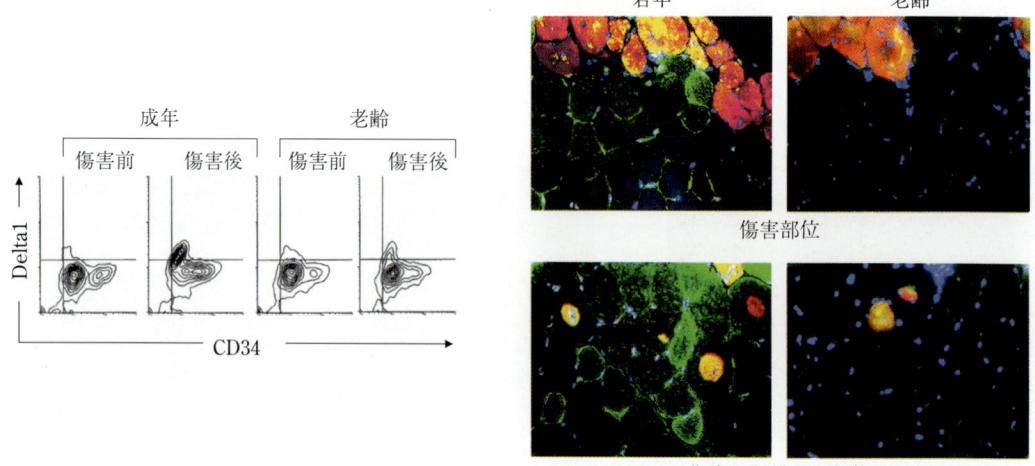

口絵7　骨格筋傷害後のsatellite細胞におけるDelta1の発現亢進（図16.7）
〔Conboy, I. M., Conboy, M. J., Smythe, G. M. and Rando, T. A., Science, 2003〕

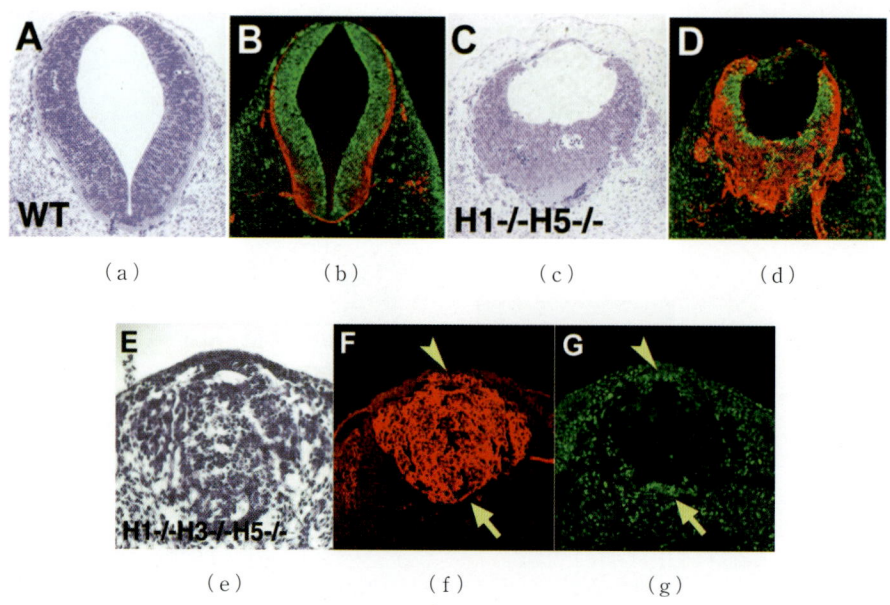

口絵8　Hes欠損マウスの神経分化（図18.4）

コロナ社創立 80 周年記念出版
（創立 1927 年）

再生医療の基礎シリーズ 3
——生医学と工学の接点——

再生医療のための
分子生物学

医学博士 仲野 徹 編

コロナ社

再生医療の基礎シリーズ —生医学と工学の接点—
編集委員会

編集幹事	赤 池 敏 宏	（東京工業大学）
	浅 島　　 誠	（東京大学）
編集委員	関 口 清 俊	（大阪大学）
（五十音順）	田 畑 泰 彦	（京都大学）
	仲 野　　 徹	（大阪大学）

（2007年2月現在）

編者・執筆者一覧

編 者
仲 野　　 徹（大阪大学）

執筆者（執筆順）

大屋敷純子（東京医科大学, 1章）	田賀　哲也（熊本大学, 12章）
松村　　到（大阪大学, 2章）	福田　信治（愛媛大学, 12章）
金倉　　譲（大阪大学, 2章）	齋藤　　朗（東京大学, 13章）
稲葉　俊哉（広島大学, 3章）	渡部　徹郎（東京大学, 13章）
石野　史敏（東京医科歯科大学, 4章）	宮園　浩平（東京大学, 13章）
金児-石野知子（東海大学, 4章）	菊池　　章（広島大学, 14章）
井上貴美子（理化学研究所, 5章）	佐々木雄彦（秋田大学, 15章）
小倉　淳郎（理化学研究所, 5章）	高須賀俊輔（秋田大学, 15章）
平澤竜太郎（国立遺伝学研究所, 6章）	佐々木純子（秋田大学, 15章）
佐々木裕之（国立遺伝学研究所, 6章）	鈴木　　聡（九州大学, 15章）
平家　俊男（京都大学, 7章）	千葉　　滋（筑波大学, 16章）
山中　伸弥（京都大学, 8章）	瀧原　義宏（広島大学, 17章）
森定　　徹（慶應義塾大学, 9章）	影山龍一郎（京都大学, 18章）
尾池　雄一（熊本大学, 9章）	畠山　　淳（熊本大学, 18章）
長澤　丘司（京都大学, 10章）	大塚　俊之（京都大学, 18章）
廣田　誠一（兵庫医科大学, 11章）	

（2008年7月現在）

刊行のことば

　近年，臓器の致命的な疾患や損傷に対して臓器移植が実施されてきたが，移植手術の進歩に伴い，移植を希望する患者は激増している．その一方で，臓器のドナーは相変わらず少数のままであり，移植医療はいわば絵に描いた餅の状況で，デッドロックに陥っている．このような背景のもとで，工学的にプロセッシングあるいは再構成した細胞さらには組織を移植し，レシピエント（患者）側の再生能力を発揮させ治癒させようとするアプローチへの期待が高まっている．

　日常的に繰り返される小腸壁粘膜の摩耗と再生，創傷の治癒，肝炎状態や部分切除された肝臓の再生の例にみられるように，体は壊れた組織の再生力（復原力）をもつ．したがって，臓器移植や人工臓器埋入が必要となるような不可逆的な重症疾患の場合でも適切な細胞やサイトカインか，またはその遺伝子を移植してやれば組織を治癒・再生の方向に向かわせることが可能になる．こうして組織再生を助ける医療，すなわち再生医療へのチャレンジが活発化している．火傷による重篤な皮膚損傷，交通事故などによる脊髄損傷による下半身不随，心筋梗塞，重症肝疾患，重症糖尿病など，臓器組織再建の医療技術を待ち望む患者は数多い．

　このような再生医療のニーズは高まりつつあり，それに応えようとする研究は年々活発化している．ところが，再生医療の現状はES細胞や間葉系幹細胞，羊膜細胞などの臓器・組織形成のための"種さがし"すなわち細胞のハンティング（狩）と，各種サイトカインの振りかけ実験によるそれらの"手品的変換"ともいえる分化誘導すなわち"錬金術"に終始している状況にある．個体の発生や臓器の形成過程に関する分子シナリオすなわち発生に関する時間的・空間的情報がきわめて不十分にしかわかっていないというのが，再生医療分野における"細胞の狩人"や"錬金術師"の言い訳となっていた感がないわけではない．

　生体組織の大半を占める中胚葉組織（筋肉，骨，血管，間質細胞，腎など）を筆頭に，各種胚葉組織の発生に関する分子生物学的かつ時間的・空間的情報の解析と蓄積は年々高まっている．例えば，脊椎動物初期胚の尾芽領域中胚葉に存在する幹細胞システムを再生のためのリソースとして利用していくための，発生的，細胞生物学的あるいは分子生物学的進展は急速であり，その応用に向け，準備状況はしだいに整いつつある．

　一方，人工臓器，血液適合性材料の開発とともに，生体機能材料（バイオマテリアル）設計が急速に進歩するなど細胞や組織をプロセッシングする工学，エレクトロニクス，レーザ

一技術など理工学サイドの進展ぶりも目を見張るものがある。器官形成の本質をその応用を志す工学サイドの入門者や組織工学研究者に適正に伝達することが不可欠である。一方，その反対に発生生物学や臨床に近い立場の再生医学研究者に，前述の工学の進展ぶりをきちんと理解してもらうことも重要な作業である。再生医療という前人未踏の学際領域を発展させるためには，発生生物学・細胞分子生物学から，ありとあらゆる臨床医療分野，基礎医学，さらには材料工学，界面科学，オプトエレクトロニクス，機械工学などいろいろな学問の体系的交流が決定的に不足している。

　以上のような背景から私たちは再生医療の基礎シリーズと銘打ち生医学（生物学・医学）と工学の接点を追求しようと決意した。すなわち，① 再生医療のための発生生物学，② 再生医療のための細胞生物学，③ 再生医療のための分子生物学，④ 再生医療のためのバイオエンジニアリング，⑤ 再生医療のためのバイオマテリアルの五つのカテゴリーに分けて生医学側から工学側への語りかけ，そして工学側から生医学側への語りかけを行うことにした。すなわち両者間のクロストークが再生医療の堅実なる発展に寄与すると考え，コロナ社創立80周年記念出版として本企画を提起した。

　2006年1月

再生医療の基礎シリーズ　編集幹事
赤池　敏宏，浅島　　誠

まえがき ―幹細胞を支える分子基盤―

はじめに

　再生医学とは，体外において増幅した細胞，あるいは人工的に構築した組織を移植することにより成立する医学である．そのためには，増幅する細胞，そのための増殖因子，そして組織をかたち作るためのスキャホールド（足場）が必要であり，これら三つは再生医学の三要素と呼ばれることもある．とりわけ体外において幹細胞をいかにして増幅させるかは，再生医学を成立させるうえでの大きなキーポイントになる．

　幹細胞には，大人になってからもそれぞれの臓器に存在する臓器幹細胞と，初期胚から樹立された胚性幹細胞がある．再生医学を理解するには，まず臓器幹細胞と胚性幹細胞がどのような細胞であるかを知る必要がある．また，幹細胞を再生医学に利用できるように制御するためには，これらの細胞がどのような分子基盤によって維持され，その増殖と分化が制御されているかを知らなければならない．

臓器幹細胞

　幹細胞とは，自己複製能と分化能をあわせもった未分化な細胞である．血液細胞や消化管上皮・皮膚上皮細胞など寿命が比較的短い細胞には幹細胞が存在し，これらの細胞を一生の間供給し続けることは一世紀前から考えられていた．しかし，この十年ほどの間に以前から存在が知られていた幹細胞だけでなく，神経や骨格筋といった通常は再生しない臓器・組織にも幹細胞が存在することが明らかになってきた．さらに，骨髄に存在し，骨，軟骨，筋肉，腱，脂肪などいろいろな間葉系組織に分化できる間葉系幹細胞のように，新たな幹細胞が発見されてきた．これらの幹細胞は，臓器幹細胞（organ stem cell）あるいは組織幹細胞（tissue stem cell）と総称される．また，成体になってからも存在することから，成体幹細胞（adult stem cell）と呼ばれることもある〔仲野　徹：幹細胞とクローン，羊土社（2003）〕．

　それぞれの臓器において幹細胞の性質は異なっているが，一般的に生体内において臓器幹細胞はあまり活発に分裂していない．臓器幹細胞は G_0 期にあり細胞周期から逸脱しているか，あるいは非常にゆっくりと細胞周期が動いていると考えられている．したがって，幹細胞を考えるうえにおいて細胞周期は非常に重要な意味をもつ．また，ゆっくりとはいえ，分裂を繰り返している幹細胞を老化した個体においても生存させ続けるために，幹細胞ではテ

ロメラーゼ活性が高く，テロメア長が保たれていると考えられている．

　もう一つの特徴として，幹細胞は臓器全体からみると非常に頻度が低いことが挙げられる．最もよく研究が進んでいる造血幹細胞では，骨髄細胞の約 10^5 個に 1 個が幹細胞であるにすぎない．幹細胞と分化した細胞の中間には TA 細胞（transit amplifying cell）と呼ばれる非常によく分裂する細胞があり，この細胞の増殖により，多くの分化した細胞が産生される．すなわち，未分化な幹細胞はあまり分裂しない一方で，分化の方向に向かった細胞は活発に増殖・分化することにより，幹細胞システム全体が維持されているのである（図）．

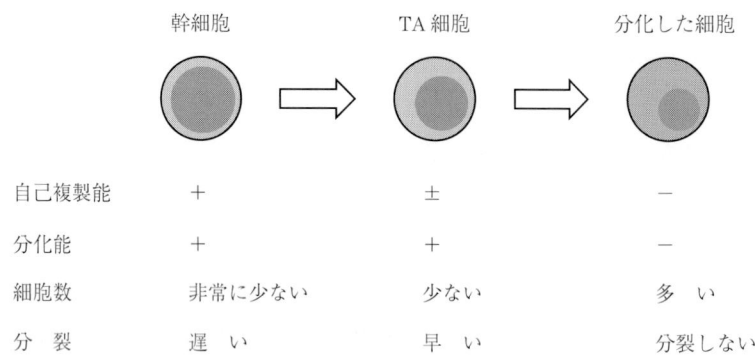

幹細胞は TA 細胞を経て機能する細胞へと分化する．

図　幹細胞システム

胚性幹細胞

　臓器幹細胞に対して，初期胚から樹立された多能性幹細胞が胚性幹細胞（embryonic stem cell：ES 細胞）である．ES 細胞は，適切な培養条件下において長期間にわたって未分化性を維持できる細胞である．多くの臓器幹細胞が未分化性を保って培養し続けることが困難であるのに対して，ES 細胞の未分化性維持能は際立っており，いくつかの未分化性維持に重要な機能をもった遺伝子が知られている．

　マウス ES 細胞は，初期胚に戻されると正常な発生過程に組み込まれてキメラマウスの形成に寄与し，すべての体細胞と生殖細胞に分化することができる．また，成体に移植されると，内胚葉・中胚葉・外胚葉のいずれの組織も含む奇形腫（テラトーマ，teratoma）を形成する．ヒト ES 細胞は，マーカーや遺伝子の発現においてマウス ES 細胞と似た性質をもっており，免疫不全マウスに移植されるとマウス ES 細胞と同様に奇形腫を形成する．ES 細胞は非常に多くの種類の細胞へと分化する能力をもっている多能性の幹細胞であり，再生医学のリソースとして大きな期待が抱かれている〔中辻憲夫：ヒト ES 細胞，岩波書店 (2002)〕．また，核移植クローン技術を用いて，除核した未受精卵に患者の細胞の核を移植，

そしてその核移植クローン胚からES細胞を樹立すれば，拒絶反応を受けない細胞を産生することができる．倫理的な問題も大きいが，このような核移植によるリプログラミングを利用した治療用クローニング（therapeutic cloning）も研究が進められている．

幹細胞システムの維持機構

臓器幹細胞が維持されるには幹細胞だけでは不可能であり，それぞれの幹細胞が存在するニッシェ（niche，ニッチとも呼ばれる）が必要である．ニッシェからのシグナルが幹細胞の未分化性を維持していると考えられている．ニッシェの本態は長い間不明のままであったが，その研究はここ数年の間に非常な勢いで進んでいる〔仲野　徹：幹細胞の運命を決定するシグナル，蛋白質核酸酵素，49，pp.699-703〕．それぞれの臓器幹細胞に特有な維持機構も存在するが，いくつもの幹細胞システムに共通した分子基盤も存在することがわかってきている．

複数の幹細胞システムにおいて重要なシグナルとしては，Notch，Wnt，BMP，SCF/c-kitなどが挙げられる．これらの分子の下流分子として，STAT，PI3K/Akt，あるいは，いろいろなbHLH転写因子が重要な機能を果たしている．ほかにも，細胞外シグナルとの関連は明らかではないが，Bmi-1やHox遺伝子群など，ホメオボックス遺伝子あるいはPolycombの遺伝子も重要な機能を有していることが明らかにされつつある．

幹細胞の維持や幹細胞からの分化には，ゲノムのエピジェネティックな修飾も必要である．発生過程におけるゲノムインプリンティング，および細胞分化におけるDNAのメチル化やヒストンの修飾も，幹細胞システムを考えるうえで重要な因子である．おそらく，猛烈な勢いで研究が進められているmiRNA（micro RNA）やsiRNA（short interference RNA）なども幹細胞システムの制御に関与しているであろう．

おわりに

本書では，幹細胞システムの維持に関与する分子基盤を網羅的に解説してある．残念ながら現時点では，幹細胞らしさ「stemness」を規定する共通原理は発見されておらず，多くの各論を並列するという以外の方法は見つからない．より解析が進めば，いくつもの分子基盤のクロストークが明らかになり，stemnessの全貌が俯瞰できるようになるのではないかと期待している．

2006年1月

仲野　徹

目　　次

1. テロメア

1.1　テロメアが再生医療にとって重要な理由 …………………………………………… 1
1.2　テロメアは分裂寿命の指標 …………………………………………………………… 1
　1.2.1　テロメアの構造と機能 …………………………………………………………… 1
　1.2.2　テロメアとDNA末端複製障害 …………………………………………………… 2
　1.2.3　テロメア・テロメラーゼ仮説 …………………………………………………… 3
　1.2.4　テロメアの解析手法 ……………………………………………………………… 4
1.3　テロメア・ホメオスターシスにかかわる諸要因 …………………………………… 6
　1.3.1　テロメラーゼホロ酵素 …………………………………………………………… 6
　1.3.2　テロメア結合タンパクによるテロメア長の負の制御 ………………………… 8
1.4　DNA修復反応経路とテロメア維持機構 …………………………………………… 10
1.5　幹細胞とテロメア …………………………………………………………………… 11
　1.5.1　幹細胞のテロメア・テロメラーゼ …………………………………………… 11
　1.5.2　幹細胞の自己複製能とテロメア短縮 ………………………………………… 13
　1.5.3　骨髄不全におけるテロメア機能障害 ………………………………………… 13
　1.5.4　テロメア長の人工的改変と懸念される点 …………………………………… 14
1.6　再生医療とテロメア ………………………………………………………………… 14
引用・参考文献 ……………………………………………………………………………… 14

2. 細胞周期制御

2.1　は じ め に …………………………………………………………………………… 17
2.2　細胞周期制御 ………………………………………………………………………… 18
　2.2.1　細胞周期の進行 ………………………………………………………………… 18
　2.2.2　細胞周期制御分子の機能 ……………………………………………………… 19
2.3　幹細胞における細胞周期制御 ……………………………………………………… 21
　2.3.1　幹細胞の特性 …………………………………………………………………… 21
　2.3.2　幹細胞の細胞周期制御 ………………………………………………………… 23
　2.3.3　幹細胞ニッチにおける細胞分裂，細胞周期制御 …………………………… 25
　2.3.4　幹細胞における細胞周期制御分子の機能 …………………………………… 27

2.4 組織/器官の発生・再生過程における細胞周期制御 ･････････････････････････ 29
2.4.1 組織/器官の大きさと増殖制御 ････････････････････････････ 30
2.4.2 細胞の分化と細胞周期制御 ･･････････････････････････････ 30
2.5 細胞周期制御の再生医療への応用 ･･････････････････････････････････ 32
2.5.1 組織幹細胞の増幅の試み ････････････････････････････････ 32
2.5.2 成熟細胞の細胞周期への再導入の試み ･･････････････････････ 32
引用・参考文献 ･･･ 33

3. アポトーシス

3.1 は じ め に ･･ 36
3.1.1 アポトーシスの起源と進化上の意義 ････････････････････････ 36
3.1.2 共通の部分と特有な部分 ････････････････････････････････ 37
3.1.3 アポトーシス制御と実行の分子メカニズム ･･････････････････ 39
3.2 アポトーシス基本システム ･･･････････････････････････････････ 39
3.2.1 Bcl-2 ファミリー因子 ･･･････････････････････････････････ 40
3.2.2 カスペースカスケード ･････････････････････････････････ 42
3.2.3 アポトーシス細胞の貪食除去 ････････････････････････････ 44
3.3 アポトーシスの誘因とそのシグナル伝達経路 ････････････････････ 44
3.3.1 サイトカインの欠乏 ･･･････････････････････････････････ 45
3.3.2 DNA 損 傷 ･･ 46
3.3.3 死のシグナル ･･ 48
3.3.4 小胞体ストレス ･･････････････････････････････････････ 50
3.4 お わ り に ･･ 51

4. ゲノムインプリンティング

4.1 はじめに ―哺乳類におけるエピジェネティクス― ･･････････････････ 52
4.2 ゲノムインプリンティングの概要 ･･････････････････････････････ 53
4.3 生殖細胞系列でのゲノムインプリンティング記憶のリプログラミング ･････ 55
4.4 体細胞系列での *Peg* と *Meg* の片親性発現の成立 ･････････････････ 61
4.5 ゲノムインプリンティングの生物学的意味 ･･･････････････････････ 62
4.6 ゲノムインプリンティングと体細胞クローン ･･･････････････････････ 63
引用・参考文献 ･･･ 63

5. 核移植クローンとリプログラミング

- 5.1 核移植クローンとは ……………………………………………………………… 66
  - 5.1.1 核移植クローンの歴史 …………………………………………………… 66
  - 5.1.2 核移植クローンの手法 …………………………………………………… 67
  - 5.1.3 核移植クローンの効率 …………………………………………………… 67
- 5.2 ゲノムのリプログラミング ……………………………………………………… 69
  - 5.2.1 リプログラミングとは …………………………………………………… 69
  - 5.2.2 核移植クローンにおけるエピジェネティック解析 …………………… 69
  - 5.2.3 生殖細胞におけるゲノムリプログラミング …………………………… 73
  - 5.2.4 アフリカツメガエルを用いたリプログラミング因子の探索 ………… 74
- 5.3 核移植を用いた再生医療 ………………………………………………………… 74
- 引用・参考文献 ……………………………………………………………………… 75

6. DNAメチル化

- 6.1 はじめに …………………………………………………………………………… 80
- 6.2 DNAメチル化の基礎知識 ………………………………………………………… 80
  - 6.2.1 DNAのメチル化とは ……………………………………………………… 80
  - 6.2.2 de novo メチル化，維持メチル化と脱メチル化 ……………………… 81
  - 6.2.3 CpG配列の頻度，分布とCpGアイランド ……………………………… 82
- 6.3 マウス発生におけるDNAメチル化のダイナミクス ………………………… 84
- 6.4 細胞分化とDNAメチル化 ………………………………………………………… 85
- 6.5 DNAメチル化酵素 ………………………………………………………………… 86
- 6.6 DNAメチル化に影響する因子 …………………………………………………… 87
- 6.7 メチル化DNA結合タンパク質 …………………………………………………… 88
- 6.8 DNAメチル化による転写抑制の機構 …………………………………………… 89
- 6.9 DNAメチル化のかかわるエピジェネティックな現象 ………………………… 90
- 6.10 DNAメチル化異常と発がん …………………………………………………… 91
- 6.11 DNAメチル化と再生医学 ……………………………………………………… 91
- 6.12 DNAメチル化の解析手法 ……………………………………………………… 92
  - 6.12.1 メチル化感受性制限酵素を利用する方法 …………………………… 92
  - 6.12.2 bisulfite 処理を用いる方法 …………………………………………… 92
- 6.13 DNAメチル化の操作の可能性 ………………………………………………… 93
- 6.14 おわりに ………………………………………………………………………… 94

引用・参考文献 ……………………………………………………………… 94

7. ヒストン修飾

7.1 は じ め に ……………………………………………………………… 97
7.2 クロマチンの構造 ………………………………………………………… 98
7.3 ヒストンアセチル化酵素（HAT）………………………………………… 99
　7.3.1 GNAT ファミリー …………………………………………………… 99
　7.3.2 MYST ファミリー …………………………………………………… 101
　7.3.3 そのほかのファミリー ……………………………………………… 101
7.4 ヒストン脱アセチル化酵素（HDAC）…………………………………… 102
7.5 ヒストンリン酸化 ………………………………………………………… 103
　7.5.1 分裂間期における H3 のリン酸化 ………………………………… 103
　7.5.2 転写活性化のメカニズム …………………………………………… 104
7.6 ヒストンメチル化 ………………………………………………………… 105
7.7 ヒストン脱メチル化酵素の存在 ………………………………………… 107
7.8 お わ り に ……………………………………………………………… 107
引用・参考文献 ……………………………………………………………… 108

8. 胚性幹細胞における未分化性維持機構

8.1 は じ め に ……………………………………………………………… 110
8.2 LIF/gp 130/STAT 3 ……………………………………………………… 112
8.3 Oct 3/4 …………………………………………………………………… 114
8.4 Sox 2 ……………………………………………………………………… 116
8.5 Nanog ……………………………………………………………………… 117
8.6 FoxD 3 ……………………………………………………………………… 118
8.7 BMP/GDF …………………………………………………………………… 118
8.8 Wnt/β-catenin ……………………………………………………… 119
8.9 PI 3 キナーゼ/ERas/mTOR ……………………………………………… 119
8.10 Src ………………………………………………………………………… 120
8.11 お わ り に ……………………………………………………………… 120
引用・参考文献 ……………………………………………………………… 121

9. 幹細胞のシグナル伝達 〜 血管新生因子 〜

- 9.1 はじめに ……………………………………………………………… 124
- 9.2 血管システムの発生 …………………………………………………… 125
  - 9.2.1 血管内皮細胞の起源 ……………………………………………… 125
  - 9.2.2 血管システム構築 ………………………………………………… 126
- 9.3 血管内皮細胞の分化 …………………………………………………… 128
  - 9.3.1 動脈・静脈内皮細胞分化 ………………………………………… 128
  - 9.3.2 リンパ管の発生 …………………………………………………… 129
- 9.4 *in vitro* 分化誘導システムを用いた血管構築 ……………………… 131
- 9.5 血管新生療法 …………………………………………………………… 132
  - 9.5.1 血管新生タンパク，遺伝子，造血性サイトカインを用いた血管新生治療 … 132
  - 9.5.2 細胞移植治療 ……………………………………………………… 133
- 引用・参考文献 ……………………………………………………………… 134

10. 幹細胞のシグナル伝達 〜 ケモカイン 〜

- 10.1 はじめに ……………………………………………………………… 135
- 10.2 CXCL 12 とその受容体 CXCR 4 について ………………………… 136
- 10.3 造血幹細胞の胎生期での臓器間の移動における CXCL 12 の役割 … 137
- 10.4 始原生殖細胞の胎生期での臓器間の移動における CXCL 12 の役割 … 139
- 10.5 造血における骨髄内でのニッチ細胞の同定と造血幹細胞，前駆細胞の動態および CXCL 12 の役割 …………………………… 141
- 10.6 おわりに ―生物学・基礎医学的側面と臨床医学的側面から― …… 143
- 引用・参考文献 ……………………………………………………………… 144

11. 幹細胞のシグナル伝達 〜 KIT 〜

- 11.1 はじめに ……………………………………………………………… 146
- 11.2 W および Sl 突然変異マウス ………………………………………… 147
  - 11.2.1 W 突然変異マウス（KIT の機能喪失性突然変異マウス） …… 147
  - 11.2.2 Sl 突然変異マウス（SCF の機能喪失性突然変異マウス） …… 149
  - 11.2.3 W 遺伝子座と Sl 遺伝子座の関係 ……………………………… 149
- 11.3 W と KIT および Sl と SCF ………………………………………… 150
  - 11.3.1 W 遺伝子座と c-*kit* 遺伝子 …………………………………… 150
  - 11.3.2 Sl 遺伝子座と SCF ……………………………………………… 150

xii 目次

11.4 KITのシグナル伝達系 ……………………………………………… *151*
11.5 c-*kit* 遺伝子の機能獲得性突然変異 ………………………………… *153*
   11.5.1 マスト細胞性腫瘍 …………………………………………… *153*
   11.5.2 c-*kit* 遺伝子と消化管間質細胞腫 …………………………… *154*
   11.5.3 KIT活性阻害薬 ……………………………………………… *155*
11.6 おわりに ……………………………………………………………… *156*
引用・参考文献 …………………………………………………………… *156*

12. 幹細胞のシグナル伝達 〜STAT 3と他のシグナルのクロストーク〜

12.1 はじめに …………………………………………………………… *159*
12.2 神経幹細胞の性質 …………………………………………………… *159*
12.3 JAK-STATシグナル伝達経路が制御するアストロサイト分化機構 … *161*
12.4 アストロサイト分化に関与する細胞内シグナル伝達経路のクロストーク … *163*
   12.4.1 STAT 3経路とBMP-Smad経路とのクロストーク ………… *163*
   12.4.2 STAT 3活性化シグナルと細胞内在性プログラムのクロストーク … *165*
   12.4.3 Notch-Hes経路とSTAT 3経路とのクロストーク ………… *165*
12.5 アストロサイト分化とニューロン分化・オリゴデンドロサイト分化の相互作用 … *166*
   12.5.1 STAT 3経路とニューロン分化シグナルのクロストーク …… *166*
   12.5.2 STAT 3経路とオリゴデンドロサイト分化シグナルのクロストーク … *167*
12.6 神経系疾患における再生医療の現状 ……………………………… *167*
12.7 まとめと今後の展望 ………………………………………………… *169*
引用・参考文献 …………………………………………………………… *169*

13. 幹細胞のシグナル伝達 〜BMP〜

13.1 はじめに …………………………………………………………… *171*
13.2 BMPのシグナル伝達 ……………………………………………… *172*
13.3 マウスの発生におけるBMPシグナルの役割 …………………… *174*
13.4 マウスES細胞の自己複製におけるBMPシグナルの役割 ……… *176*
13.5 ヒトES細胞におけるBMPシグナルの役割 …………………… *177*
13.6 間葉系幹細胞の分化制御におけるBMPシグナルの役割 ……… *178*
13.7 血管内皮前駆細胞・造血幹細胞におけるBMPシグナルの役割 … *179*
13.8 神経幹細胞の分化制御におけるBMPシグナルの役割 ………… *180*
13.9 始原生殖細胞形成におけるBMPシグナルの役割 ……………… *181*
13.10 腸管上皮幹細胞におけるBMPシグナルの役割 ………………… *181*

13.11 お わ り に ……………………………………………………………… 182
引用・参考文献 ……………………………………………………………… 182

14. 幹細胞のシグナル伝達 ～ Wnt シグナル ～

14.1 Wnt シグナル研究の流れ …………………………………………… 187
14.2 細胞内 Wnt シグナル伝達経路の概要 ………………………………… 188
 14.2.1 β-カテニン経路 …………………………………………………… 189
 14.2.2 PCP 経 路 ………………………………………………………… 190
 14.2.3 Ca^{2+} 経 路 ……………………………………………………… 192
14.3 ES 細胞と Wnt シグナル ………………………………………………… 192
 14.3.1 APC 欠損マウスと ES 細胞 ……………………………………… 193
 14.3.2 Wnt による ES 細胞の自己複製の制御 ………………………… 193
14.4 EC 細胞と Wnt シグナル ………………………………………………… 194
 14.4.1 F 9 細胞と Wnt シグナル ………………………………………… 194
 14.4.2 P 19 細胞と Wnt シグナル ……………………………………… 195
14.5 組織幹細胞と Wnt シグナル …………………………………………… 196
 14.5.1 造血幹細胞と Wnt シグナル …………………………………… 196
 14.5.2 腸管上皮幹細胞と Wnt シグナル ……………………………… 196
14.6 お わ り に ……………………………………………………………… 197
引用・参考文献 ……………………………………………………………… 197

15. 幹細胞のシグナル伝達 ～ PI 3 K/Akt ～

15.1 は じ め に ……………………………………………………………… 201
15.2 PI 3 K と PIP_3 分解酵素 ……………………………………………… 202
 15.2.1 哺乳類 PI 3 K ……………………………………………………… 202
 15.2.2 PIP_3 分解酵素 …………………………………………………… 204
15.3 PH ドメイン ……………………………………………………………… 205
15.4 Akt …………………………………………………………………………… 206
 15.4.1 活性制御機構 ……………………………………………………… 207
 15.4.2 Akt の基質と下流のシグナル伝達 ……………………………… 208
15.5 PI 3 K-Akt 経路の幹細胞での役割と再生医学への応用 …………… 210
 15.5.1 ES 細胞の自己複製における Ia 型 PI 3 K の役割 ……………… 210
 15.5.2 始原生殖細胞および神経幹細胞の自己複製における PTEN の役割 …… 210
 15.5.3 心筋の再生における Akt の役割 ………………………………… 211

引用・参考文献 ……………………………………………………………………… 211

16. 幹細胞のシグナル伝達 ～ Notch ～

16.1 Notchシグナル ……………………………………………………………… 213
 16.1.1 Notchの歴史的背景 ……………………………………………… 213
 16.1.2 Notch受容体の構造とシグナル伝達 …………………………… 214
16.2 哺乳動物におけるNotchシグナルの役割 —幹細胞とのかかわり— …… 217
 16.2.1 発生における役割 ………………………………………………… 217
 16.2.2 発生期以降におけるNotchシグナルの役割と再生医療への応用 …… 220
16.3 Notchシグナルと腫瘍 ……………………………………………………… 224
引用・参考文献 ……………………………………………………………………… 225

17. 幹細胞のシグナル伝達 ～ Hox/Polycomb ～

17.1 はじめに ……………………………………………………………………… 228
17.2 Hox と PcG …………………………………………………………………… 228
17.3 PcG複合体の基本的な分子機能 …………………………………………… 231
17.4 Hoxによる造血幹細胞制御 ………………………………………………… 233
17.5 PcGによる造血幹細胞制御 ………………………………………………… 233
17.6 おわりに ……………………………………………………………………… 235
引用・参考文献 ……………………………………………………………………… 235

18. 幹細胞のシグナル伝達 ～ bHLH因子 ～

18.1 はじめに ……………………………………………………………………… 239
18.2 神経幹細胞とは ……………………………………………………………… 239
18.3 bHLH型転写抑制因子Hes …………………………………………………… 240
18.4 Hesの発現制御 ………………………………………………………………… 241
18.5 Hes因子群による神経幹細胞の維持 ……………………………………… 243
18.6 ダイナミックなHesの発現変化 —2時間を刻む生物時計— …………… 245
引用・参考文献 ……………………………………………………………………… 246

索引 …………………………………………………………………………………… 247

1 テロメア

1.1 テロメアが再生医療にとって重要な理由

　再生医療には幹細胞と総称される「無限に近い」自己複製能を有し，さまざまな用途の細胞に分化する能力をもつ細胞が用いられる．幹細胞の細胞分裂寿命は分化段階，細胞系列によって異なると想定されているが，少なくとも寿命の短い細胞よりは，長い細胞が再生医療に用いられる細胞として望ましいことは間違いない．一方，テロメアとは染色体末端の単純な塩基の繰り返し配列で，細胞が分裂するたびに少しずつ短縮する．したがって，テロメアの長さを観察することによって，その細胞の分裂歴が推定できると同時に，テロメアの長さを人工的に改変することによって細胞の寿命を延長することも可能である．このように，テロメアは再生医療に深くかかわっている．

1.2 テロメアは分裂寿命の指標

1.2.1 テロメアの構造と機能

　テロメアという概念は1930年代後半からあり，MullerとMcClintockは染色体末端が染色体末端どうしの融合（end-to-end fusion）から保護する役割があることをすでに見いだしていた[1],[2]†．この概念は，後述するテロメア機能障害とDNA修復反応（DNA damage response）を考えるうえで非常に重要で，おそらく最も本質的なテロメアの機能は，この概念に基づいた「染色体の末端の保護」であるといえる．その後，1978年にBlackburnとGallはテトラヒメナのテロメア配列を分子生物学的に証明し，それから10年後の1988年に，Moyzisによりヒトのテロメア配列が同定された[2]．

　ヒトならびに哺乳類のテロメアは（TTAGGG)nの数キロベースに及ぶ繰り返し配列で，その3'末端は一本鎖のオーバーハングとなっている（図1.1）．セントロメア方向には数キロベースのサブテロメアと呼ばれる領域に隣接し，テロメア短縮によるテロメア位置効果

---

† 肩付き数字は，章末の引用・参考文献の番号を表す．

1. テロメア

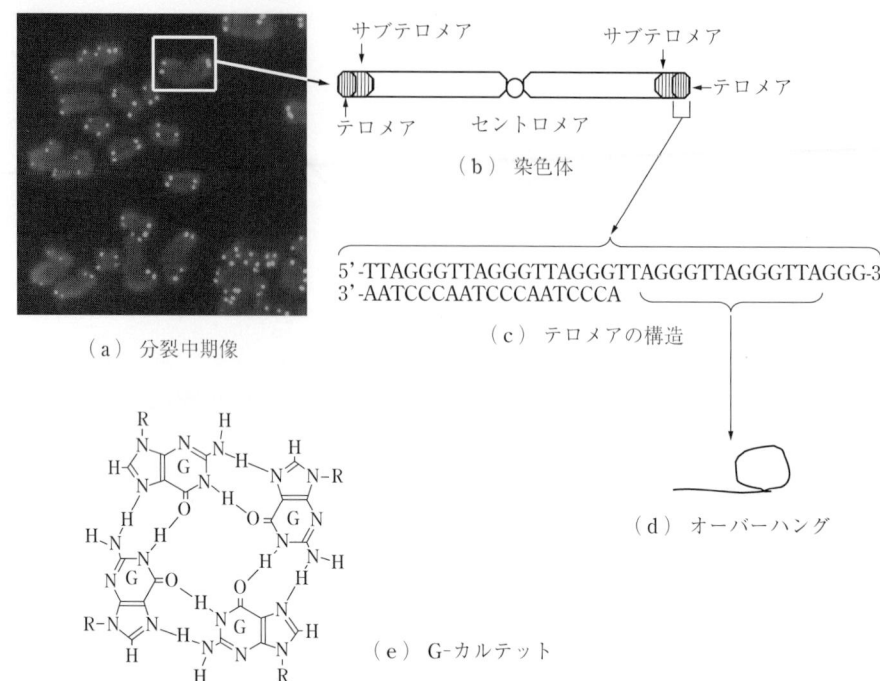

図(a)は分裂中期像の染色体をPNAテロメアプローブで染色したものである(口絵1参照)。染色体末端にテロメアのシグナルがみられる。この個々の染色体を拡大したのが図(b)である。テロメアと呼ばれる反復配列と数kbのサブテロメアと呼ばれる領域がある。図(c)はテロメアの構造で,その末端の一本鎖の部分はオーバーハングと呼ばれ,図(d)のようにループ状になっている。

図1.1 ヒトテロメアの構造(口絵1参照)

(telomere position effect)はサブテロメア領域の遺伝子に影響を与えることが知られている[3]。また in vitro の細胞を電子顕微鏡で観察した結果,その末端は結び目のようなループ状の構造であることがわかった(図1.1)[4]。なお,テロメアDNAはグアニンが多いためG-カルテットと呼ばれる四重鎖DNAの構造をとり,染色体末端の安定化に関与していることが知られている[5]。

1.2.2 テロメアとDNA末端複製障害

一般にDNA複製の際には,RNAプライマーと呼ばれる短いRNA断片からDNAポリメラーゼによって5'→3'の方向にDNAが合成される。そして,このRNAプライマーは最終的には除去される。リーディング鎖(複製開始点から5'→3'の向きに複製が進む鎖)の場合は鋳型となった相補鎖の5'末端まで連続的にDNAが合成されるが,ラギング鎖(複製開始点から3'→5'の向きに複製が進む鎖)はRNAプライマーから短いOkazakiフラグメントが多数形成され,それがつながってDNA複製が完了する。このRNAプライマーは最

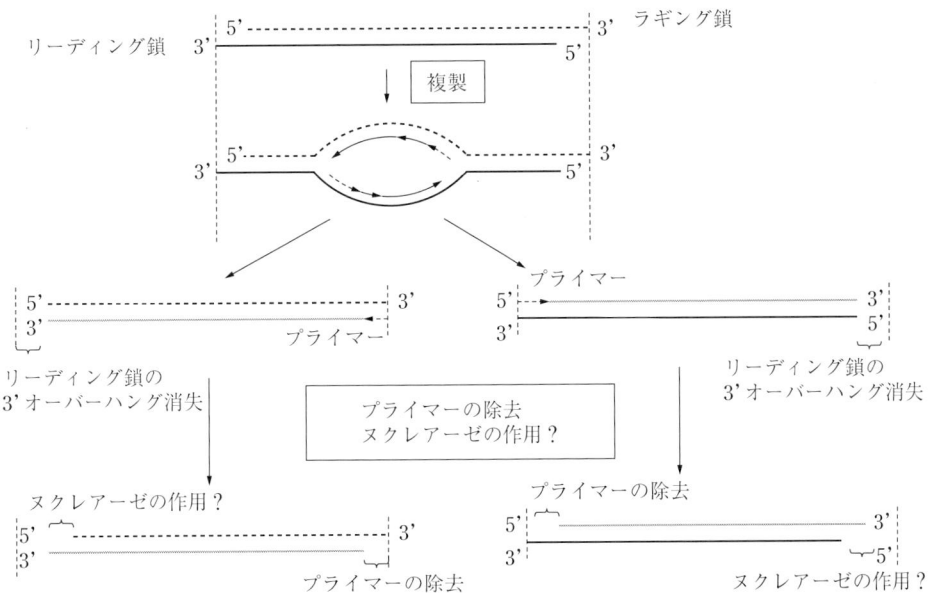

複製開始前のリーディング鎖を黒色の実線，ラギング鎖を破線，合成される鎖を灰色の実線で示した。最終的には除去されたプライマーの部分とヌクレアーゼにより除去された部分の合計がもとの鎖より短い。このヌクレアーゼの作用により結果的には再びリーディング鎖に3'-オーバーハングができる。

図1.2 テロメアの末端修復障害

終的には除去されるので，理論的にはラギング鎖の3'末端はその分だけ短くなる（**図1.2**）。これがWatsonとOlovnikovの提唱したDNA末端複製障害（end-replication problem）という仮説である[6]。

実際には，図1.2に示したようにやや複雑なプロセスで，むしろ最近では複製後リーディング鎖の最終端に3'-オーバーハングが形成されないことが重要視されている。再度3'-オーバーハングできるメカニズムの一つとしては5'→3'エキソヌクレアーゼの作用よって相補鎖の5'末端が削られるのではないかと推定されている[7]。いずれにしても結果としてDNA複製/細胞分裂のたびにテロメアDNAは確実に短くなり，これがテロメア短縮は分裂寿命の指標，すなわち分裂時計（mitotic clock）と呼ばれるゆえんである。

1.2.3 テロメア・テロメラーゼ仮説

テロメアの長さと分裂寿命の関係を**図1.3**に示した。前述のDNA末端複製障害により体細胞では細胞分裂が進むにつれてテロメアの長さが短縮してくる。もし，細胞のなかに1個でもテロメア長が限界まで短くなった染色体があれば細胞は増殖を停止する。これが細胞の有限分裂寿命を表すいわゆるHayflickの限界点で，mortality 1（M1）期と呼ばれる[7]。

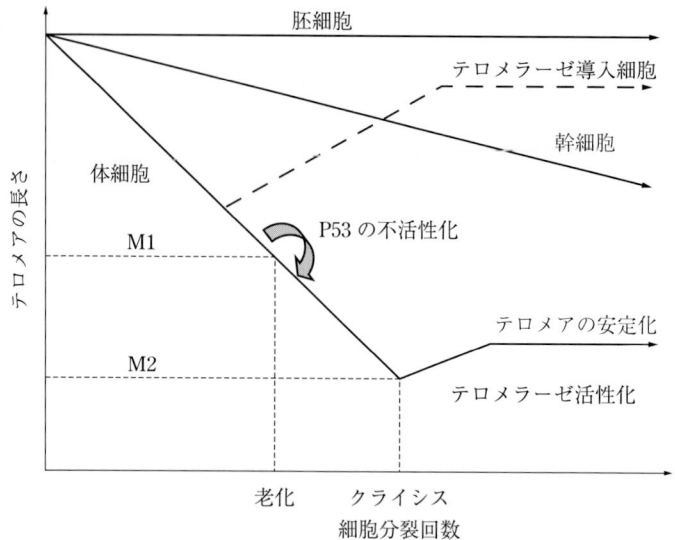

体細胞が不死化するには二つの関所がある。M1期：それ以上分裂できないところまでテロメアが短縮した状態。Hayflickの限界点。M2期：p53またはpRB/p16によるチェックポイント監視機構が破綻しているとM1期を通過してM2期に入るが，やがてテロメアクライシスという状態までテロメア長は短縮する。テロメラーゼが再活性化することによりテロメアクライシスから回避して細胞は不死化し，テロメアは安定化する。

図1.3 細胞老化・不死化におけるテロメア・テロメラーゼ仮説〔文献6)より改変〕

細胞周期のチェックポイント機構の破綻した状態ではさらにテロメア短縮は進行し，テロメアクライシスまたは mortality 2（M2）期に至る。この時点で多くの細胞はテロメアによる染色体の保護機能が消失し細胞死に至る。ところが，一部の細胞はテロメアを補足する酵素テロメラーゼが活性化され，このクライシスを乗り切り，このことによって増殖能を獲得して不死化する[7]。がん細胞の多くはこの経路で無限の増殖能を獲得すると考えられている。

一方，胚細胞はテロメア長を維持するのに十分なテロメラーゼ活性を有するため，細胞分裂を繰り返してもテロメア長は短縮しない。ここで重要なことは，テロメラーゼ活性というのはがん細胞や胚細胞に特徴的なものではなく，正常組織でも血液細胞などの再生組織や細胞周期によっては正常繊(線)維芽細胞ですら存在し，テロメアの維持に関与しているという事実である[6),8)]。しかしながら，正常細胞ではその活性はきわめて低いかまたはテロメア長を維持するには不十分で，その結果，テロメア長は短縮していく。

1.2.4 テロメアの解析手法

このようにテロメアの状態というのは長さという表現で解釈されることが多いが，構造の変化が問題になる場合もある。また，本来テロメアの長さは染色体によって，さらに同一染色体でもアレルによってさまざまであるので，個々の染色体のテロメア長，テロメアサイズ

の分布もテロメアの調節機構の指標となる。そこで，現在用いられているテロメアの解析手法を**表1.1**にまとめた[9]〜[11]。解析手法はおもに二本鎖テロメアの長さを解析しているのか，一本鎖のオーバーハング部分のみ解析しているのかに大別されるが，G-カルテットの存在によって結果が修飾されることもあり，その原理を理解しておく必要がある。一般的には二本鎖テロメア領域を検出する TRF（terminal restriction fragment）法が標準的で，この方法は，サザンブロット法に準じる DNA 量を要する。検出部分にサブテロメア領域を含むため，純然たるテロメア長より2kb 程度長く測定されるので注意が必要である。また，少量の細胞の解析にはテロメア特異的 PNA（peptide nucleic acid）を用いて染色体標本上やフローサイトメトリーで検出する Q-FISH 法や Flow-FISH 法が適している。テロメア結合タンパクを介したテロメアの調節機構が飛躍的に解明されている半面，テロメアの解析手法に関しては方法論的問題点が完全に解決されたとはいえず，*in vivo* でのテロメアの構造

表1.1 テロメア長の測定法

アッセイ名	原　理	材　料	解析でわかること	文献
TRF（terminal restriction fragment）法	制限酵素処理後の DNA を電気泳動し，変性中和後，(TTAGGG)n または (CCCTAA)n とハイブリダイズする DNA をサザンブロットまたは in gel ハイブリダイゼーションで検出	ゲノム DNA	一定の細胞集団サブテロメアを含むテロメア長の平均値と分布。「平均テロメア長」と表現される	10
Q-FISH（Qunatitavive fluorescence *in situ* hybridization）法	PNA プローブを用いた *in situ* hybridization 法。蛍光シグナルを数値化する	染色体標本用固定細胞	1個の細胞内のテロメアシグナルの局在・サブテロメアを含まないテロメアの長さ・染色体別のテロメアの長さ	10
Flow-FISH 法	フローサイトメトリーと PNA プローブを用いて蛍光シグナルを数値化する方法	生細胞	特定の細胞集団のサブテロメアを含まないテロメア長	10
Non-denaturing ゲル解析	(CCCTAA)n にハイブリダイズする一本鎖テロメア DNA のみを検出する	ゲノム DNA	3'-オーバーハング部分の総量	10
T-OLA（telomere oligonucleotide ligation assay）	(CCCTAA)n にハイブリダイズする DNA 断片をライゲーションにより直線化し検出する方法	ゲノム DNA	3'-オーバーハング部分の長さと総量	10
STELA（single telomere length analysis）法	テロレッツ配列（TTAGGG に相補的な配列に特殊な配列を付加したもの）と CCCTAA 鎖 5'末端をライゲーションしアレル特異的 PCR でアレルごとのテロメアのサイズを測定	ゲノム DNA	個々のアレルのテロメア長	11
single molecule-FLET 法	G-カルテットに競合するオリゴヌクレオチドと蛍光標識したプローブを同時に加え，FRET を利用して melting analysis を行う	ゲノム DNA	G カルテットの変化	12

変化については依然として不明の点が多い。

1.3 テロメア・ホメオスターシスにかかわる諸要因

1.3.1 テロメラーゼホロ酵素

〔1〕**テロメラーゼの構成要素**　テロメア長の維持調節で最も重要な役割を担っているのはテロメラーゼである。ヒトのテロメラーゼはテロメラーゼ逆転写酵素（human telomerase reverse transcriptase：hTERT）とテロメラーゼ鋳型 RNA（human telomerase RNA component：hTERC）から構成されるホロ酵素で，ほかの逆転写酵素と同様にDNA の 3' 末端を進展させる（**図 1.4**）[4]。

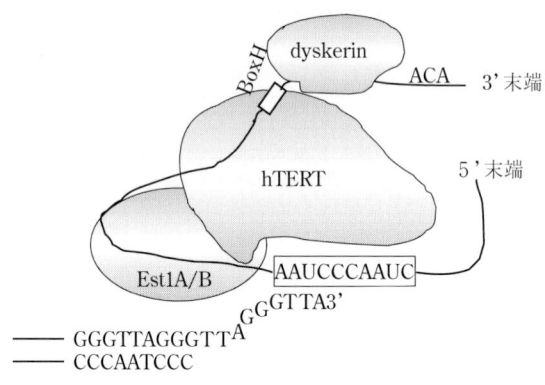

ヒトテロメラーゼはテロメアの 3' 末端に結合する。
四角で囲んだ配列は TERC の鋳型となる部分である。

図 1.4　ヒトテロメラーゼホロ酵素

染色体末端のテロメア配列に対して鋳型となる hTERC が結合し，テロメア DNA が合成されていく。このようにテロメラーゼの活性レベルは，おもに hTERT の発現レベルにより調節されているが，機能的な酵素活性には hTERT と hTERC の両者が必須である。したがって，テロメラーゼ構成要素のいずれかに変異があった場合，酵素活性は低下しテロメアの合成ができず，細胞のテロメア長は極端に短くなる。例えば，常染色体優性遺伝型の先天性角化症（dyskeratosis congenita：DKC）では hTERC の変異があり，造血幹細胞のテロメアの短縮による重篤な骨髄不全が起こる[12],[13]。

〔2〕**テロメラーゼ酵素活性の測定法**　テロメラーゼの酵素活性は一本鎖のテロメア配列を基質として *in vitro* で付加されたテロメア配列の量として測定することができる。*in vitro* で合成されたテロメア配列を PCR で増幅する TRAP（telomeric repeat amplification protocol）法の普及により 1～10 個の細胞でも測定が可能で，数種類の測定キットが市販され

ている[9]。TRAP 法で測定されるテロメラーゼの酵素活性は完全長の hTERT の発現量とほぼ相関する。

〔3〕**hTERT の構造とテロメラーゼ活性の調節**　hTERT は 5 番染色体の 5 p 15.33 に座位し，16 個のエクソンを有する遺伝子である（**図 1.5**）。テロメラーゼの酵素活性を規定する中心的役割を担っているのが hTERT の転写調節である。hTERT には完全長の転写産物のほかにいくつかの splicing variant の存在が知られている。エクソン 6 の 5' 末端を 36 bp 欠失している α-splicing variant はテロメラーゼ活性に対してドミナントネガティブ効果を有し，エクソン 7〜8 にかけての欠失を有する β-splicing variant の転写産物はテロメラーゼ活性をもたないことが知られている。このようなスプライシング機構による調節の意義はまだはっきりとはわかっていないが，正常組織では作動していたスプライシング機構ががん化によって失われるのではないかと考えられている。

一方，hTERT のプロモーター領域には多くの転写因子の結合部位があり，テロメラーゼ活性の調節との関係が報告されている。hTERT の転写を促進する要素としては c-Myc, Sp1，ヒトパピローマウイルス 16 の E 6 タンパク，ステロイドホルモンなどがあり，転写

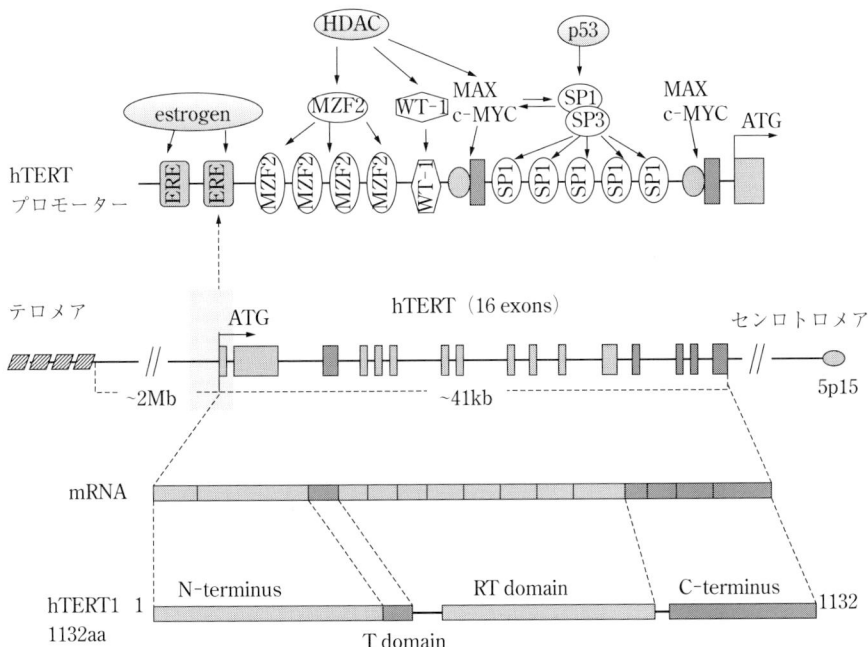

hTERT 遺伝子は 5 p 15.33 のテロメアより 2 Mb セントロメアよりに座位し，セントロメアに向けて転写が開始される。最上段に現在知られている hTERT プロモーター領域の制御モデルを示した。hTERT タンパクのテロメラーゼ特異的ドメイン（T domain），逆転写酵素ドメイン（RT domain），C 末端を最下段に示した。

図 1.5　hTERT 遺伝子の構造〔文献 6）より改変〕

を抑制する要素としては HDAC, Mad 1, p 53, pRB, E 2 F, WT-1 などがある(図1.5)[6]。なお，テロメラーゼの酵素活性は転写レベル，hTERT によるスプライシング機構のほかに転写後の調節も関与している。

　〔4〕**テロメラーゼホロ酵素の付随タンパク**　テロメラーゼホロ酵素はしばしば付随するタンパクが結合している。ヒトでは TEP 1, Hsp 23, Hsp 90, EST 1, dyskerin, などがあり，X 連鎖型の DKC ではこの dyskerin 遺伝子に変異に伴う hTERC 発現量減少とテロメラーゼの機能的酵素活性低下が報告されている[6]。おそらくテロメラーゼの酵素活性には dyskerin 以外にも多くの付随するタンパクとの相互作用があるのではないかと考えられているが，この点に関してはまだ十分に解明されていない。

　〔5〕**テロメラーゼによらないテロメアの調節機構**　まれにではあるが，テロメラーゼによらないテロメアの調節機構も存在することが知られており，ヒトでは alternative lengthening of telomere（ALT）と呼ばれている[6]。さらにテロメアは急激な短縮（telomere rapid deletion：TRD）を認めることがあり，このような場合はテロメラーゼを介した経路以外の調節機構が想定されている[14]。

1.3.2　テロメア結合タンパクによるテロメア長の負の制御

　〔1〕**二本鎖テロメア結合タンパク TRF-1 による調節**　テロメラーゼによるテロメア長の調節を制御しているのがテロメア結合タンパクである。出芽酵母では Myb-Type の DNA 結合ドメインを有する Rap 1 がその制御の中心的役割を担っており，Rif 1, Rif 2 (Rap 1 interacting factor 1, 2) が Rap 1 の C 末端に結合することで，テロメア長を負に制御している（図1.6）[4]。ヒトで Rap 1 に相当するのが TRF-1 (the TTAGGG repeat binding factor 1) で，TRF-1 は二本鎖 DNA に結合する。したがって，TRF-1 の量は二本鎖テロメア DNA の長さに比例する。TRF-1 過剰発現細胞ではテロメア長は短縮し，ドミナントネガティブ変異体により TRF-1 を抑制するとテロメア長は長くなることが証明されている[4]。

　それではテロメア長の制御は細胞内でどのように起こっているのだろうか。実際の細胞内では個々の染色体のテロメア長は均一ではなくテロメアの長い染色体と短い染色体が混在している。短いテロメアをもつ染色体は TRF-1 の結合量も少なくテロメラーゼの作用でテロメアが補修される。逆に長いテロメアをもつ染色体は TRF-1 の結合量が多いため，ネガティブフィードバックがかかり，テロメアはそれ以上長くならない。このような均衡状態をテロメア・ホメオスターシスと呼ぶが，TRF-1 はテロメアが必要以上に長くならないように，また，短くなりすぎないように調節しているといえる。すなわち，最終的にテロメア・ホメオスターシスは，① テロメラーゼ活性，② テロメア短縮速度，そして ③ TRF-1 のよう

1.3 テロメア・ホメオスターシスにかかわる諸要因　　9

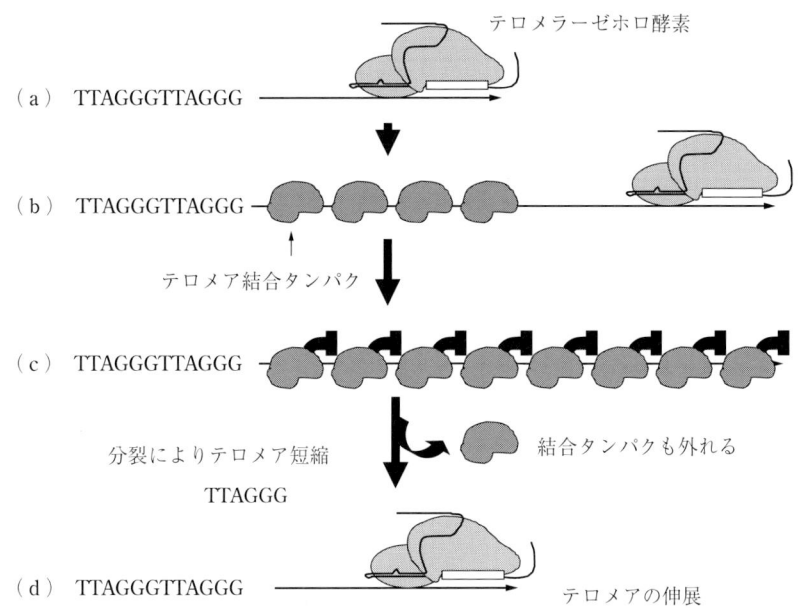

テロメア結合タンパクによるテロメア長の調節機構を模式化した。図（a）：テロメア結合タンパクによる負の制御はなく，テロメラーゼによってテロメアは伸展される。図（b）：テロメア結合タンパクのテロメアへの結合が進む。図（c）：テロメア結合タンパクが末端まで結合するとテロメラーゼが阻害され，テロメアはそれ以上伸展されなくなる。図（d）：分裂によりテロメアとそれに付着したテロメア結合タンパクが失われると再びテロメラーゼによりテロメアは伸展される。

図1.6　テロメア・ホメオスターシス〔文献4）より一部改変〕

なテロメア長調節因子のレベルによって規定される。

〔2〕 **TRF-1複合体の相互作用**　　TRF-1と結合し「TRF-1複合体」としてテロメア長の制御にかかわってくるいくつかの分子が同定されている。まず，tankyrase 1とtankyrase 2はTRF-1がテロメアに結合するのを阻害し，その結果ネガテイブフィードバック機構が作動せず，テロメアは伸展される。TIN 2はtankyraseからTRF-1を保護することによって，TRF-1とtankyraseの相互作用を調整する。また，PINX 1は *in virto* ではテロメラーゼ活性を抑制することが知られている[4]。

〔3〕 **一本鎖テロメア結合タンパクPOT-1の役割**　　これまで述べてきたテロメア結合タンパクはすべて二本鎖テロメアDNAに結合するタンパクである。したがって，TRF-1複合体とテロメラーゼと結合する一本鎖の部分とはかなり隔たりがある。この間に介在しTRF-1複合体とテロメラーゼの相互作用を調整するのが一本鎖テロメアDNA結合タンパクであるPOT-1（protection of telomere 1）である[16]。TRF-1複合体と結合したPOT-1は一本鎖部分に移動しテロメラーゼ活性を調節するのであるが，図1.1で示したように哺乳類のテロメア末端の構造はやや複雑で，T-ループと呼ばれる環になっている。このT-ルー

プの開始点には二本鎖がほぐれた部分がありこの部分はD-ループと呼ばれている。

図1.7に示すとおり，二本鎖テロメアがぐるっと一周したあと，オーバーハングの最終点はCCCTAA鎖と結合して3'末端にテロメラーゼが作用できないような構造になっている。したがってこのループ構造を安定化させることが，POT-1の重要な役割であるといえる[4]。このループ形成には後述するテロメア結合タンパクTRF-2が関与しており，TRF-2によるT-ループの再建，TRF-1複合体とPOT-1のループへの結合，テロメラーゼ鋳型との結合の回避といったカスケードが想定されている。

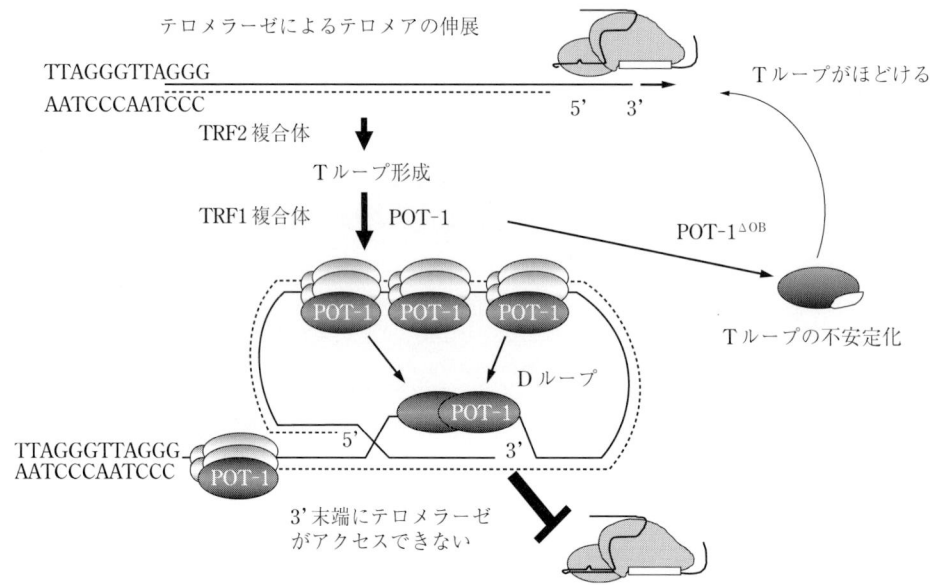

TRF-2複合体によりテロメアはT-ループ構造をとる。TRF-1と結合したPOT-1はD-ループに移動し結合する。このことにより3'-オーバーハングの末端は閉じられ，テロメラーゼがアクセスできない状態になる。POT-1欠損形質をもつ細胞ではT-ループの構造が不安定になり，環がほどけてしまうことによって，直線化したテロメア末端にテロメラーゼが作用しテロメアは伸展する。

図1.7 POT-1によるテロメア長の調節機構〔文献4）より一部改変〕

1.4 DNA修復反応経路とテロメア維持機構

テロメア・ホメオスターシスの破綻により極端に磨耗したテロメアは傷ついた二本鎖DNA（DNA double-strand breaks：DSBs）と形態が似ている。このことはDSBsと同様にDNA障害に対する修復反応が起こることを示している[15]。テロメアが磨耗した細胞はp53存在下ではアポトーシスに至るが，p53非存在下ではゲノム不安定性がもたらされ，染色体の末端どうしの融合（end-to-end fusion）やbreakage-fusion-bridge（BFB） cycle が起こり，最後には細胞死に至る（図 1.8）[17]。このような一連の反応からテロメアを守っているのが二本鎖テロメア結合タンパク TRF-2 で，TRF-2 の抑制により MRE 11, 53 BP 1, ATM, リン酸化された H 2 AX, RAD 17 などを含んだ DNA 障害に対する反応が促進されることが知られている[18]。

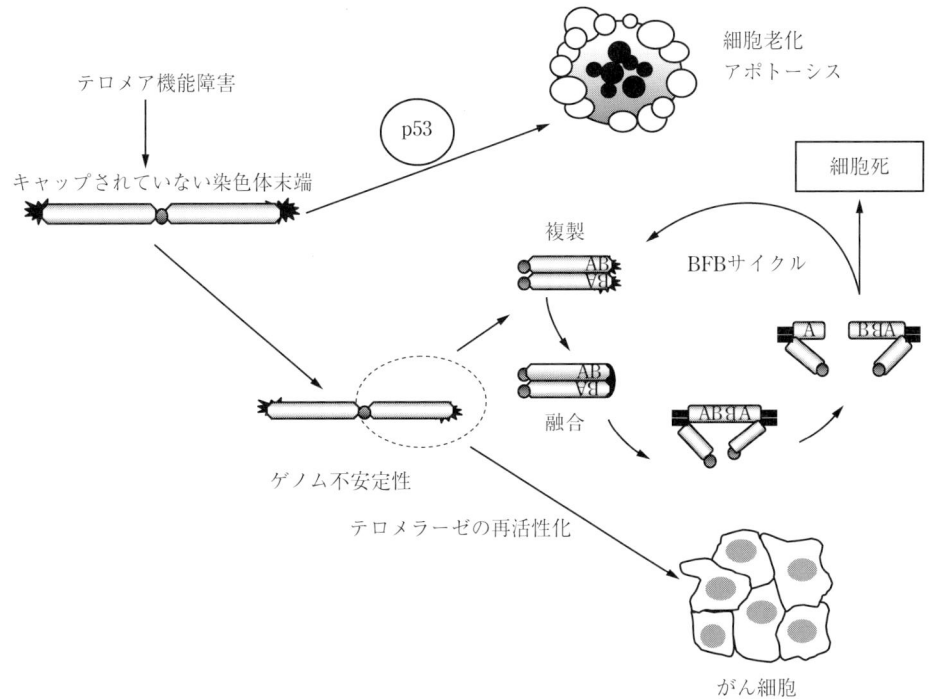

テロメアの機能障害で「むき出しになった」染色体末端は二本鎖 DNA の障害として認識され，DNA 修復反応と同じ現象が起こる。テロメアに保護されていない染色体の末端どうしが融合する。この結果，二動原体染色体（セントロメアが二つある）ができる。二動原体染色体が細胞分裂によって分離し，再び融合するという BFB サイクル (breakage-end-bridge cycle) を繰り返し，細胞死に至る。

図 1.8　テロメア不安定性〔文献 17）より一部改変〕

1.5　幹細胞とテロメア

1.5.1　幹細胞のテロメア・テロメラーゼ

前駆細胞・幹細胞におけるテロメア・テロメラーゼに関する報告例を表 1.2 に示した[19]。組織により，また細胞の分化段階により，テロメラーゼ活性もテロメア長もさまざまであることがわかる。そこで，この領域の研究が進んでいる造血幹細胞について以下，概説する。

図 1.9 は造血幹細胞と前駆細胞のテロメラーゼ活性の報告例をまとめたものである。未分化な幹細胞は G 0 期にあることが想定され，テロメラーゼは低いレベルであるが，やや分化

表 1.2　前駆細胞・幹細胞におけるテロメア・テロメラーゼ〔文献 19) より一部改変〕

細胞・組織	種類	分化能	増殖能	テロメラーゼ活性	テロメア長
embryonic，野生型	マウス blastocyte	すべての組織	無限	高い	維持されている
embryonic，野生型	ヒト blastocyte	多くの組織	無限	高い	維持されている
間葉系/間質細胞系	ヒト 骨髄細胞	骨格筋組織	有限	欠如/低い	短縮
神経系	ヒト 神経管	神経組織	寿命延長	高い	不明
造血系(図1.9参照)	ヒト 臍帯血	多能性	有限	欠如/低い	短縮

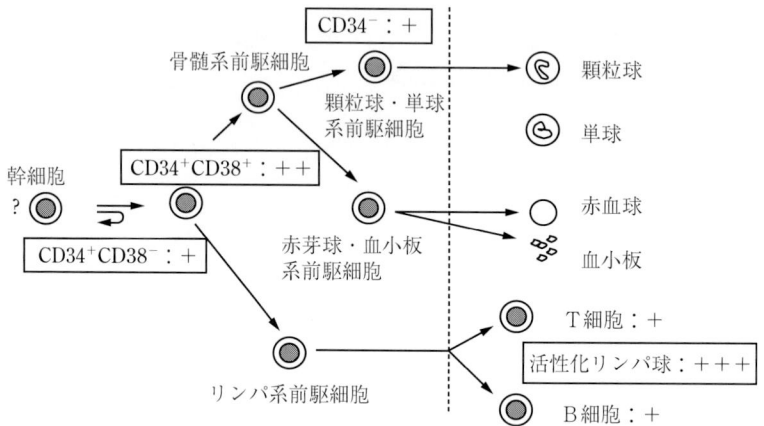

検出されたテロメラーゼ活性のレベルを+〜+++で示した。CD 34⁺CD 38⁻ の細胞では低いレベル(+)のテロメラーゼ活性が認められる。それよりやや分化した CD 34⁺CD 38⁺ の細胞ではテロメラーゼ活性が up-regulate (++) され，顆粒球・単球系前駆細胞では再び down-regulate (+) される。末梢血リンパ球は低いレベルでのテロメラーゼ活性を認めるが，活性化されたリンパ球は不死化細胞と同程度の高いテロメラーゼ活性を認める。

図1.9　造血幹細胞におけるテロメア・テロメラーゼ調節
〔文献 19) より一部改変〕

するとテロメラーゼ活性は上昇する。そしてさらに分化すると再び活性は低下する[20]。つまり幹細胞のテロメアは分化の状態によってテロメラーゼによって微妙に調節されているといえる。細胞のテロメア長はテロメア短縮の速度とテロメラーゼによる補填のバランスによって決まるので，たとえテロメラーゼ活性が上昇してもテロメアの短縮をくい止めるには不十分で，幹細胞のテロメア短縮が生じる。

1.5.2 幹細胞の自己複製能とテロメア短縮

幹細胞の自己複製能とテロメア短縮の関係についてはマウスを用いた Allosopp らの一連の興味深い報告がある[21),22)]。何世代かにわたって造血幹細胞移植を行った場合，野生型のマウスででは4世代までは移植を継続することが可能であるが，幹細胞のテロメアは世代を重ねるごとに短くなっていく。mTert 欠損マウスでは移植は2世代目までしか成功せず，テロメア短縮は著しい[21)]。一方，mTert を過剰発現したマウスではテロメア短縮は明らかではないが，野生型マウス以上に何世代も移植を続けていくことは不可能であった[22)]。以上より，テロメラーゼを介した造血幹細胞のテロメア調節は造血の再構築になんらかの影響を与えていると考えられるが，造血幹細胞のテロメア短縮と自己複製能の因果関係についてはまだ不明の点が多い。近年，造血幹細胞の自己複製能は ATM を介した酸化ストレス調節に依存しているという報告があり興味深い[23)]。

幹細胞のテロメアを論じるうえでの難しさはその純化から解析までの過程に方法論的問題が存在するということである。個々の細胞のテロメアという観点からは TRF 法で得られる平均テロメア長とその分布の意義は少ない。むしろ，染色体ごとのテロメア長を定量するQ-FISH 法やアレルによるテロメア長を測定する STELA 法などでテロメアの状態を詳細に検討することによってはじめて，幹細胞のテロメア・スターシスとその維持機構が明らかにされるのではないかと考えられる。

1.5.3 骨髄不全におけるテロメア機能障害

ヒトにおける造血幹細胞のテロメア・ホメオスターシス破綻の一例が常染色体優性遺伝型の DKC である。DKC は皮膚の異常な色素沈着，爪の変形，粘膜の白斑症などの皮膚粘膜の異常とともに重篤な骨髄不全症を特徴とする先天性の疾患で，その遺伝様式には常染色体優性型と X 染色体連鎖型との2種類がある。いずれもテロメア・ホメオスターシス破綻によるテロメア機能障害が原因で造血幹細胞のテロメア短縮が起こり，骨髄不全が原因で死に至る病気である。

随伴症状の一つにがん発生頻度が高いことが挙げられ，これもテロメア短縮との関係が推定されている。前述のように X 染色体連鎖型 DKC の原因が dyskerin の突然変異であるのに対して，常染色体優性型 DKC は TERC の突然変異が原因である。後者については TERC のハプロ不全によりテロメラーゼの活性が低下しテロメアが維持できないという TERC のヘテロ接合体マウスと同じような病態が想定されている[15)]。さらに後天性の骨髄不全症候群の代表的疾患である再生不良性貧血においても TERC の突然変異を有する例があることより，テロメア機能障害による造血幹細胞の疲弊は DKC に限らず骨髄不全の病態と密接に関係していることが示唆される[24)]。

1.5.4 テロメア長の人工的改変と懸念される点

テロメラーゼ構成要素のうち TERT は in virto で細胞寿命を延長させることが知られているため，in vivo で，あるいは ex vivo で同様の試みを行うことによって幹細胞の自己複製能を高めることは可能かもしれない。確かに DKC のようなテロメラーゼの量的不足によるテロメアの磨耗が病因の疾患では，ex vivo で患者の造血幹細胞にテロメラーゼ構成要素を導入し，テロメア長が十分に補塡され若返った幹細胞を移植するというアプローチも魅力的である。しかしながら，テロメア長の人工的改変に関してはいくつかの懸念される点があり，一つは TERT 過剰発現細胞が長期的にみた場合，腫瘍形質の獲得につながるのではないかということである。もう一つはがんの分子標的療法として期待されているテロメラーゼ阻害薬が正常の幹細胞のテロメア・ホメオスターシスになんらかの悪影響を与えるのではないかという懸念である。ことに白血病のように造血幹細胞，あるいは前駆細胞から発生した腫瘍では，テロメラーゼ阻害薬の影響が数年を経てから出てくる可能性も否定できない。

1.6 再生医療とテロメア

テロメア長の人工的改変によって「若返った」幹細胞の臨床応用は，いまだ実用化していないものの，将来的には DKC に限らずテロメア・ホメオスターシスの異常に起因する疾患の治療法としての可能性を秘めている。ヒトのテロメア長は同一年齢でも個人差が大きく，テロメアの長短は一種の遺伝的形質ではないかと考えられていたが，近年，テロメアが短いという遺伝的形質は X 染色体に関連していることが明らかになった[25]。この遺伝的形質は加齢によって発症するがんや慢性感染症などとけっして無関係ではなく，分裂時計をリセットすることで，そういった疾患を回避できるかもしれない。しかしながら in vivo でのテロメア・ホメオスターシスの機構はまだ解明されてない部分が多く，臨床応用に際しては有用性と同時に 1.5.4 項で述べたように安全性への配慮が必要であろう。いずれにしても幹細胞のテロメア・ホメオスターシスの再構築は再生医療における今後の課題の一つであることは間違いない。

引用・参考文献

1) Blackburn, E. H. and Greider, C. W. (Eds)：Telomeres, Cold Spring Harbor Laboratory Press (1995)
2) Moyzis, R. K., Buckingham, J. M., Cram, L. S., Dani, M., Deaven, L. L., Jones, M. D., Meyne, J., Ratliff, R. L. and Wu, J. R.：A highly conserved repetitive DNA sequence, (TTAGGG)

n, present at the telomeres of human chromosomes, Proc. Natl. Acad. Sci. USA., **85**, 18, pp. 6622-6626 (1988)

3) Baur, J. A. : Analysis of mammalan telomere position effect, Methods. Mol. Biol., **287**, pp 121-136 (2004)

4) Smogorzewska, A. and de Lange, T. : Regulation of telomerase by telomeric proteins, Annu. Rev. Biochem., **73**, pp.177-208 (2004)

5) Riou, R. F. : G-quadruplex interacting agents targeting the telomeric G-overhang are more than simple telomerase inhibitors, Curr. Med. Chem. Anti-Canc. Agents., **4**, 5, pp.439-443 (2004)

6) Cong, Y. S., Wright, W. E. and Shay, J. W. : Human telomerase and its regulation. Human telomerase and its regulation, Microbiol. Mol. Biol. Rev., **66**, 3, pp.407-425 (2002)

7) 山木戸道郎 編：テロメア・テロメラーゼ，日本医学館（1999）

8) Masutomi, K., Yu, E. Y., Khurts, S., Ben-Porath, I., Currier, J. L., Metz, G. B., Brooks, M. W., Kaneko, S., Murakami, S., DeCaprio, J. A., Weinberg, R. A., Stewart, S. A. and Hahn, W. C. : Telomerase maintains telomere structure in normal human cells, Cell, **114**, 2, pp.241-253 (2003)

9) Saldanha, S. N., Andrews, L. G. and Tollefsbol, T. O. : Assessment of telomere length and factors that contribute to its stability, Eur. J. Biochem., **270**, 3, pp.389-403 (2003)

10) Baird, D. M., Rowson, J., Wynford-Thomas, D. and Kipling, D. : Extensive allelic variation and ultrashort telomeres in senescent human cells, Nat. Genet., **33**, 2, 203-207(2003)

11) Ying, L., Green, J. J., Li, H., Klenerman, D. and Balasubramanian, S. : Studies on the structure and dynamics of the human telomeric G quadruplex by single-molecule fluorescence resonance energy transfer, Proc. Natl. Acad. Sci. USA., **100**, 25, pp.14629-14634 (2003)

12) Dokal, I. and Vulliamy, T. : Dyskeratosis congenita : its link to telomerase and aplastic anaemia, Blood. Rev., **17**, 4, pp.217-225 (2003)

13) Shay, J. W., and Wright, W. E. : Telomeres in dyskeratosis congenita, Nat. Genet., **36**, 5, pp. 437-438 (2004)

14) Cesare, A. J. and Griffith, J. D. : Telomeric DNA in ALT cells is characterized by free telomeric circles and heterogeneous t-loops, Mol. Cell. Biol., **24**, 22, pp. 9948-57 (2004)

15) Godinho, F. M., Miller, K. M. and Cooper, J. : Indecent Exposure : When telomeres become uncapped Molecular Cell, **13**, 1, pp.7-18 (2004)

16) Lei, M., Podell, E. R., Baumann, P. and Cech, T. R. : DNA self-recognition in the structure of Pot 1 bound to telomeric single-stranded DNA, Nature, **426**, 6963, pp.198-203 (2003)

17) Zhivotovsky, B. and Guido, G. K. : Apoptosis and genomic instability, Nature Rev. 5, Nat. Rev. Mol. Cell. Biol., **5**, 9, pp.752-762 (2004)

18) Takai, H., Smogorzewska, A. and de Lange, T. : DNA damage foci at dysfunctional telomeres, Curr. Biol., **13**, 17, pp.1549-1556 (2003)

19) Harrington, L. : Does the reservoir for self-renewal stem from the ends ?, Oncogene, **23**, 43, pp.7283-7289 (2004)

20) Ohyashiki, J. H., Sashida, G., Tauchi, T. and Ohyashiki, K. : Telomeres and telomerase in

hematologic neoplasia, Oncogene, **21**, 4, pp.680-687 (2002)
21) Allsopp, R. C., Morin, G. B., DePinho, R., Harley, C. B. and Weissman, I. L.: Telomerase is required to slow telomere shortening and extend replicative lifespan of HSCs during serial transplantation, Blood, **102**, 2, pp.517-520 (2003)
22) Allsopp, R. C., Morin, G. B., Horner, J. W., DePinho, R., Harley, C. B. and Weissman, I. L.: Effect of TERT over-expression on the long-term transplantation capacity of hematopoietic stem cells, Nat. Med., **9**, 4, pp.369-371 (2003)
23) Ito, K., Hirao, A., Arai, F., Matsuoka, S., Takubo, K., Hamaguchi, I., Nomiyama, K., Hosokawa, K., Sakurada, K., Nakagata, N., Ikeda, Y., Mak, T. W. and Suda, T.: Regulation of oxidative stress by ATM is required for self-renewal of haematopoietic stem cells, Nature, **431**, 7011, pp.997-1002 (2004)
24) Yamaguchi, H., Baerlocher, G. M., Lansdorp, P. M., Chanock, S. J., Nunez, O., Sloand, E. and Young, N. S.: Mutations of the human telomerase RNA gene (TERC) in aplastic anemia and myelodysplastic syndrome, Blood, **102**, 3, pp.916-918 (2003)
25) Nawrot, T. S., Staessen, J. A., Gardner, J. P. and Aviv, A.: Telomere length and possible link to X chromosome, Lancet, **363**, 9408 (2004)

2 細胞周期制御

2.1 はじめに

　近年,細胞増殖を直接コントロールする細胞周期制御分子が数多く単離され,それぞれの分子の機能が詳細に明らかにされてきた。その結果,細胞周期制御は,単細胞生物である酵母から高等動物にいたるまできわめて類似したシステムを用いていることが明らかにされた。これらの細胞周期制御分子は卵や精子の減数分裂に始まり,胚細胞からの初期発生,また各組織の幹細胞からの組織/器官の形成において厳密な細胞増殖と分化のコントロールを行う。さらに細胞周期制御は,細胞の老化やアポトーシスにも深くかかわることが明らかにされている。一方,細胞周期の過剰な進行や細胞周期のチェックポイントの破綻は細胞のがん化の原因になることも知られている。このように細胞周期制御は細胞の増殖・分化・死・腫瘍化といった生体内のほとんどすべての細胞現象に深く関連している（図2.1）。本章では細胞周期制御の基本システムについて概説するとともに,幹細胞の維持機構,組織/器官の発生機構など再生医療にかかわる細胞周期制御についての最近の知見をレビューしたい。

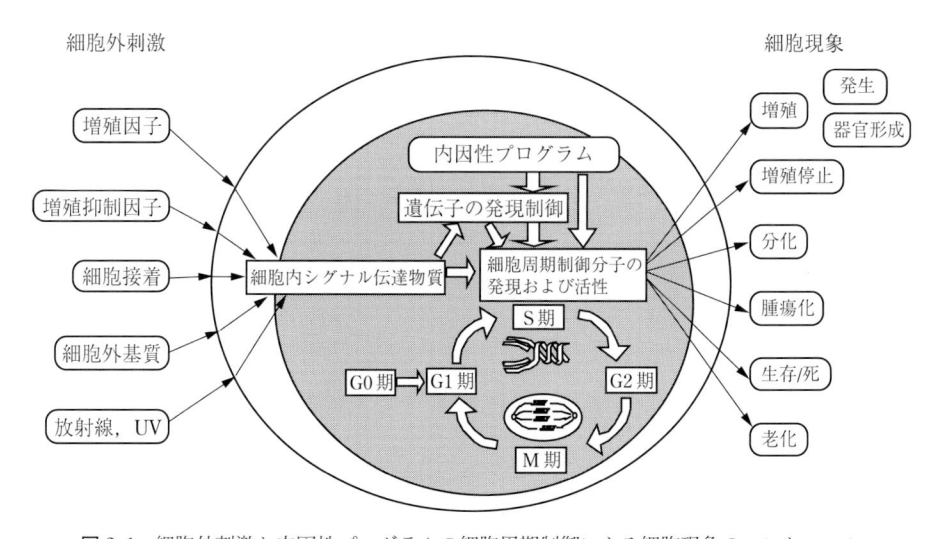

図2.1　細胞外刺激と内因性プログラムの細胞周期制御による細胞現象のコントロール

2.2 細胞周期制御

2.2.1 細胞周期の進行

　細胞が増殖するには細胞周期が1回転することが必要である．細胞周期は，DNA合成，細胞分裂などを指標として，G1（gap 1：間）期，S（synthesis：DNA合成）期，G2（gap 2：間）期，M（mitosis：分裂）期の4期に大別され，正常の細胞増殖においてはこれらの過程が段階的にかつ秩序立って進行する（図2.2）．また，G0期は休止期であり，細胞周期のサイクルからは外れている．

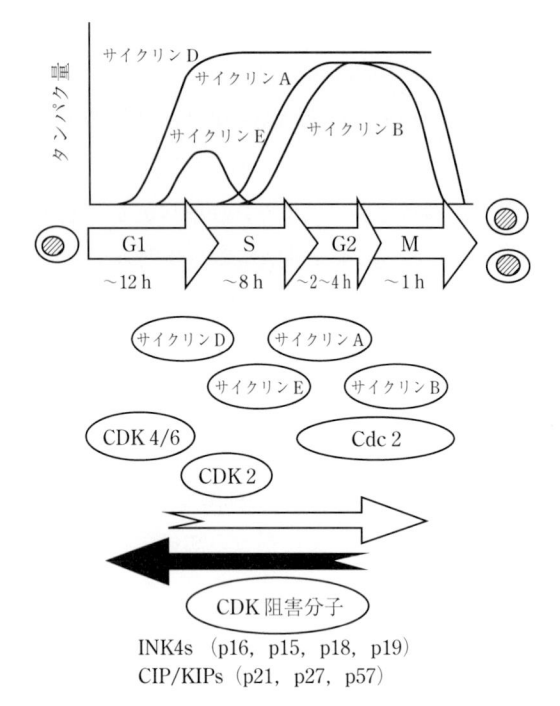

図2.2　細胞周期特異的な細胞周期制御分子の機能

　細胞周期の進行に当たって，G1期およびG2期にはDNA複製の完全性（DNA integrity）を維持するためのチェック機構が存在する．G1期のチェックポイントでDNA損傷が発見された場合，S期への進行が阻止され修復が行われる．この際，修復不能な程度のDNA損傷が認められた場合には，p53などによるアポトーシスが誘導される．また，G2/M期のチェックポイントではDNA損傷の有無とS期におけるDNA複製の完了が確認され，異常がなかった場合のみM期への進行が許可される．また，DNAの複製は細胞周期1サイクルにつき1回のみである必要がある．このため，細胞は不必要なタイミングでのDNAの再複製を抑制する機構をもっており，M期を終了して初めてこの抑制機構から免れ，つぎの細胞周期でDNAの複製が可能となる．このようにして染色体DNAが複製可能

になることをライセンス化と呼ぶ。

また，細胞は1回分裂するたびに，染色体末端に存在する繰り返し配列であるテロメアの複製がうまくいかず，テロメアが短縮する。テロメアがある程度以下に短縮すると，細胞分裂が行えなくなるため，細胞の総分裂回数はテロメア長とそれを制御するテロメラーゼ活性の制限下にある。テロメアについては1章を参照されたい。

2.2.2 細胞周期制御分子の機能

細胞周期の進行および停止を直接的に制御するのが細胞周期制御分子である。細胞周期は各種のサイクリンとこれに結合するセリンスレオニンキナーゼ活性を有するサイクリン依存性キナーゼ（cyclin-dependent kinase：CDK）によって推進される（図2.2参照）。ヒトでは，サイクリンA，B，C，D，E，F，G，Hなど15種類のサイクリンと，CDK 1，2，3，4，6，7，8，9，10の9種類のCDKが報告されている。サイクリンはその名が示すように細胞周期の特定の時期に発現する。このサイクリンタンパクの発現レベルは，メッセンジャーRNAの転写制御とユビキチン/プロテアソーム系を介するタンパク分解により厳密に調節されている。

一方，c-Mycによって発現が誘導されるCDK 4を例外として，多くのCDKの発現量は細胞周期を通じてほぼ一定である。CDKは単独では活性を示さず，サイクリンと結合し，さらにCAK（cyclin activating kinase）によってリン酸化され活性を示す。また，CDKの活性はサイクリン/CDKの複合体に結合するサイクリン依存性キナーゼ阻害分子（CDK inhibitor：CKI）によって抑制される。CKIは，現在までに7種類が報告されており，そのタンパク発現レベルは転写調節やユビキチン/プロテアソーム系による分解によって厳密に制御されている。

図2.2に示したように，細胞周期の各時期によって複合体を形成し細胞周期制御を行うサイクリン，CDK，CKIの組合せが異なっている。G1～S期への初期の進行を制御するCDK 4，6はサイクリンD1，D2，D3と結合し，この活性はCKIのINK 4ファミリーのp16^{INK4A}（p16），p15^{INK4B}（p15），p18^{INK4C}（p18），p19^{INK4D}（p19）によって抑制される。一方，G1～S期への進行およびS期の進行を制御するCDK 2は，サイクリンE，Aと結合し，この活性はCIP/KIPファミリーのp21^{WAF1}（p21），p27^{KIP1}（p27），p57^{KIP2}（p57）によって抑制される。S期の進行はおもにサイクリンA/CDK 2複合体によって担われ，G2～M期への進行はサイクリンA，BとCdc 2（CDK 1）によって遂行される。

G1/S期を制御するDタイプのサイクリンおよびサイクリンEは，アミノ酸配列で高い相同性を示し，in vitroの実験において機能的にも類似する。サイクリン分子間の機能の相補作用のためサイクリンD1，D2，D3，E1，E2のそれぞれの単独ノックアウトマウスは

表現型は異なるものの、重篤な異常は示さず、いずれも成体まで成熟する[1]。また、サイクリンD1欠損マウスにおいて認められる低体重、乳腺の発達不良、網膜の低形成などの異常が、サイクリンE1をノックインすることにより、完全に回復することで具体的に証明されている。最近、SicinskiらはサイクリンD1$^{-/-}$D2$^{-/-}$D3$^{-/-}$マウスを作成し、相補性の影響なくサイクリンDの in vivo での機能を解析した[2]。このマウスは胎生中後期に心臓の発生異常と著明な貧血のために死亡し、サイクリンDが心臓の発生と造血幹細胞の増殖に必須であることが明らかとなった。同様に、CDKの間にも代償機構が機能すると推測され、CDK2、CDK4それぞれのノックアウトマウスは正常に生まれ、成体まで成長する。表現型としてはCDK2$^{-/-}$マウスで精子や卵子の異常、CDK4$^{-/-}$マウスで精巣の低形成や膵β細胞の減少による糖尿病が認められる程度である。また、CDK6$^{-/-}$マウスは軽度の貧血を呈するのみであるが、CDK4$^{-/-}$CDK6$^{-/-}$マウスは著明な貧血のため胎生後期に死亡する[3]。

　G1～S期への進行において活性化されたCDK4、6、2はRb (retinoblastoma) ファミリー分子のRB、p107、p130をリン酸化する（図2.3）。RBファミリー分子は低リン酸化状態では細胞増殖を推進するE2Fファミリー分子を捕捉し、転写抑制複合体を形成しているが、CDKによって高リン酸化状態にされるとこれらの分子を解放する。RBファミリー分子はG1期の中～後期にかけてリン酸化され、M期の終わりまで高リン酸化状態が維持され、その後脱リン酸化される。E2FファミリーはE2F1～6の六つのメンバーから構成されるが、G1～S期への移行にはE2F1～3が重要であり、これらの分子は重複した機能を有する。

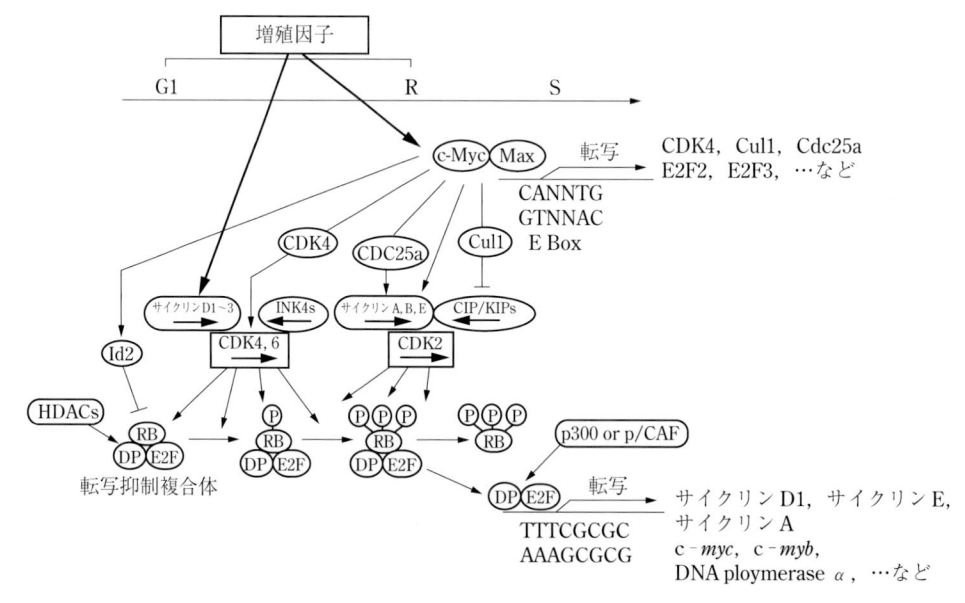

図2.3　G1/S期移行の制御機構

一方，E2F4～6はE2F1～3とはまったく異なった機能を示す。G1/S期移行においては，Rbから解放されたE2F1～3が，DPファミリー分子とのヘテロ二量体の形で細胞増殖に必要なDNAポリメラーゼα，サイクリンD1，E，c-*myc*などの遺伝子の発現を誘導することによりS期が開始される。c-Myc自身は細胞周期制御分子ではなく転写因子であるが，Maxとのヘテロ二量体の形でE2F2，E2F3，CDK4，CDC25aなどの発現誘導を介し，また，p27の分解にかかわるCul1の発現誘導によりサイクリンE/CDK2複合体を活性化するなど細胞周期制御に深くかかわっている（図2.3参照）。各種の増殖因子は，細胞周期制御においてG0/G1～S期への移行に重要な役割を担う。この過程においてRestriction（R）ポイントと呼ばれる点までの進行に必須であるが，それ以降のステップでは必要ではない。つまり，Rポイントを過ぎると，増殖因子が除去されても細胞周期は自動的に1回転し，M期まで完結される。

　G2/M期の進行を制御するサイクリンA，Bの合成はS期から始まり，徐々に蓄積する。サイクリンA依存性キナーゼがS期から活性化されるのに対し，サイクリンB依存性キナーゼはG2～M期への移行期で急激に活性化される。サイクリンB-Cdc2の複合体は最初に発見されたCDKでMPF（maturation promoting factor）の本体であり，核膜の崩壊，染色体の凝縮・分配，微小管形成に深く関与している。M期の中～後期にかけてCdc20やCdh1によって活性化されたAPC/C（anaphase promoting complex/cyclosome）が，ユビキチンリガーゼとして機能し，サイクリンA，Bをユビキチン/プロテアソーム系によって分解する。サイクリンBが分解されないと細胞は高いMPF活性を維持した状態となりM期から離脱できなくなる。

2.3　幹細胞における細胞周期制御

　本節では，組織再生のもととなる組織幹細胞における細胞周期制御と，幹細胞ニッチでの細胞分裂について概説する。

2.3.1　幹細胞の特性

　ヒトやマウスの成体には種々の組織/器官のもととなる組織幹細胞が存在するが，これらは2群に大別される。1群は，成熟細胞の寿命が長くなく定期的な細胞の補充を必要とする組織の幹細胞群である。周期的再生を行う幹細胞としては，造血幹細胞，上皮幹細胞，色素幹細胞，小腸幹細胞，精原細胞などが挙げられる（図2.4）。もう1群は，通常状態ではほとんど補充の必要がなく，組織が損傷などを受けた場合の修復のために誘導的な再生を行う組織の幹細胞群である。誘導的な再生を行う幹細胞としては神経幹細胞，骨格筋幹細胞，肝

2. 細胞周期制御

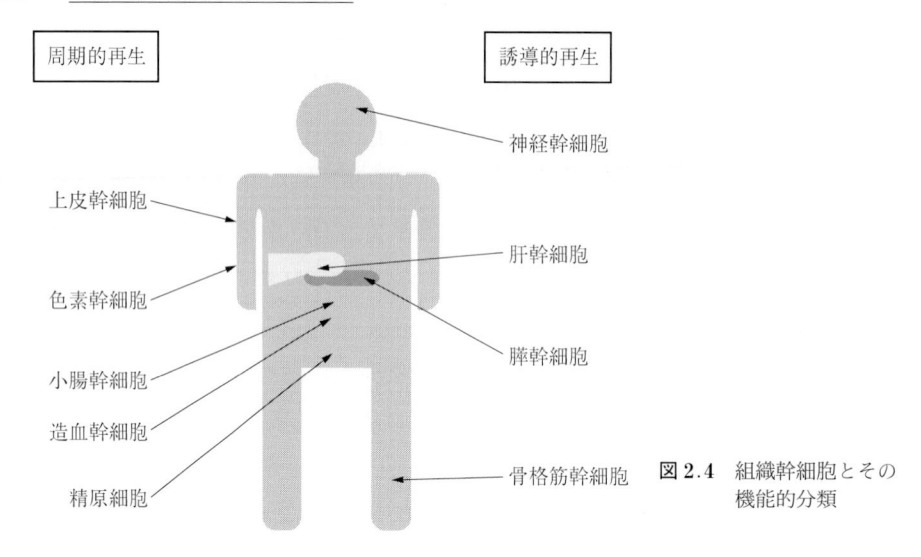

周期的再生　　　　　　　　誘導的再生

神経幹細胞
上皮幹細胞
色素幹細胞
小腸幹細胞
造血幹細胞
精原細胞
肝幹細胞
膵幹細胞
骨格筋幹細胞

図 2.4 組織幹細胞とその機能的分類

幹細胞，膵幹細胞などが挙げられる。このような誘導的再生の行われる組織においては，通常状態では幹細胞が機能していることは目立たない。このため従来は，ヒトなどの哺乳動物の中枢神経組織は自己再生能力を失っていると考えられてきた。しかし，最近の研究結果から成体の神経組織にも新たにニューロン，グリアを産生する能力を有する神経幹細胞や，幹細胞からの分化過程で出現するさまざまな前駆細胞が残存していることが明らかにされてきた。また大脳側脳室周囲や海馬歯状回では，この内在性の神経幹/前駆細胞からのニューロンの再生が生涯にわたって持続していることが示されている。これら最近の知見は，成体の神経組織が限定的ではあるが再生能力を有することを示している。

　幹細胞とは自己複製能と多分化能という相反する二つの機能をもった未分化な細胞である。血液細胞や上皮細胞などの寿命の短い細胞が一生涯にわたって枯渇しないのは，幹細胞が自己複製能によって自己とまったく同じ細胞集団を維持しつつ，必要に応じて細胞の補充を行うからである。一般に，個体の発生過程を除くと，幹細胞はそれぞれの臓器・組織にきわめて低頻度にしか存在せず，ほとんどが細胞周期の休止期にあり，一部の細胞のみが細胞分裂を起こす。この細胞分裂において均等分裂が起こると，産生される二つの娘細胞がともに幹細胞である場合（**図 2.5**（a））と二つとも少しだけ分化した細胞である場合（図（c））の二つの場合が想定される。この分化細胞は TA 細胞（transit あるいは transient amplifying cells）と呼ばれ，依然として未分化で強い増殖能を示すが，自己複製能を有さず，何回かの細胞分裂を経て数多くの分化細胞を産生する。一方，不均等分裂が起こると，片方の娘細胞が幹細胞，他方が分化細胞になる（図（b））。このバランスが適切に保持されることにより，幹細胞集団は増加しすぎることなく，また枯渇することなく維持され，成熟組織/器官におけるホメオスタシスも保たれる。このバランスがどのように制御されるのか

2.3 幹細胞における細胞周期制御

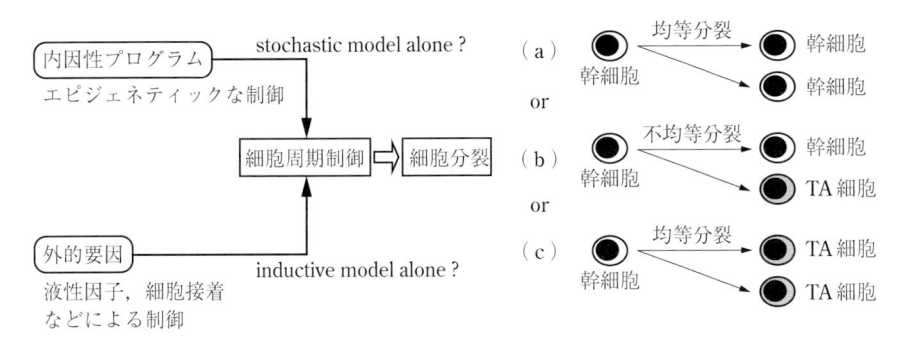

図2.5 組織幹細胞の細胞分裂様式

については，現在，外的（環境）要因によって影響されるという inductive model よりも内因性のプログラムによって制御されるという stochastic model を支持する結果が多く報告されている。しかし，幹細胞システムはそれぞれの組織において多様であり，明確な結論を得るにはそれぞれの組織でのより詳細な解析が必要である。

2.3.2 幹細胞の細胞周期制御

上述のように幹細胞のほとんどは細胞周期の休止期にあり，増殖刺激に対しても通常は抵抗性を示す。特に，寿命の長い組織の幹細胞ではその傾向が著明であるが，以下に比較的寿命の短い血液細胞，毛包に存在する上皮細胞と色素細胞それぞれの幹細胞における細胞周期制御を紹介する。

血液細胞の寿命は短く，造血幹細胞は自己複製能と多分化能によって一個体の生存期間にわたり血液細胞を供給し続ける必要がある。通常の造血状態では，造血幹細胞集団の枯渇を防ぐために，ほとんどの造血幹細胞は細胞周期を停止しており，一部の造血幹細胞のみが増殖期に入っている。S期の細胞に取り込まれる BrdU をマウスに持続的に投与し，*in vivo* でのマウス造血幹細胞の細胞周期分布や動態を解析した Cheshier らの報告によると，通常の造血状態では，約5％の細胞のみが増殖期（S/G2/M期）にあり，約95％が細胞周期の停止状態（約75％がG0期，約20％がG1期）にあった[4]。また，特定の造血幹細胞のクローンのみが細胞周期に入るのではなく，造血幹細胞集団のうちの約8％が毎日細胞周期に入り，平均57日で造血幹細胞クローンの99％が細胞周期に入るように制御されていた。さらに，その細胞分裂時間は約6日間と細胞周期の進行がきわめて遅いことが明らかにされた。

一方，造血幹細胞移植後などでは，造血機構を早期に再構築するため，移植後4か月ぐらいまでは多くの造血幹細胞が細胞周期へと動員され，細胞分裂が繰り返される。この現象は移植後の造血幹細胞のテロメア長の短縮として検出される。同様に，長期間にわたりコントロール困難な溶血発作や無効造血を繰り返す発作性夜間血色素尿症や骨髄異形成症候群の患

者においても，造血幹細胞に持続的に細胞分裂の負荷が加わるためテロメア長の短縮が認められる。

　毛包での体毛の産生も周期的にかつ個体の一生を通して行われる。ヒトの頭髪では成長期が2〜4年，退行期が2〜3週間，休止期が3か月である。**図2.6**に示すように毛母基では上皮系細胞と色素性細胞が盛んに増殖し，上昇しながら毛幹と内毛根鞘へ分化する。毛乳頭はさまざまな因子を分泌し上皮系細胞と色素性細胞の増殖・分化を制御している。毛幹部の上部は恒常部と呼ばれ，その構造はすべての毛周期を通じて変動しない。毛幹部の下部は移行部と呼ばれ，毛周期に一致して伸長と短縮を繰り返す。恒常部の外毛根鞘部に皮脂腺とバルジが存在する。

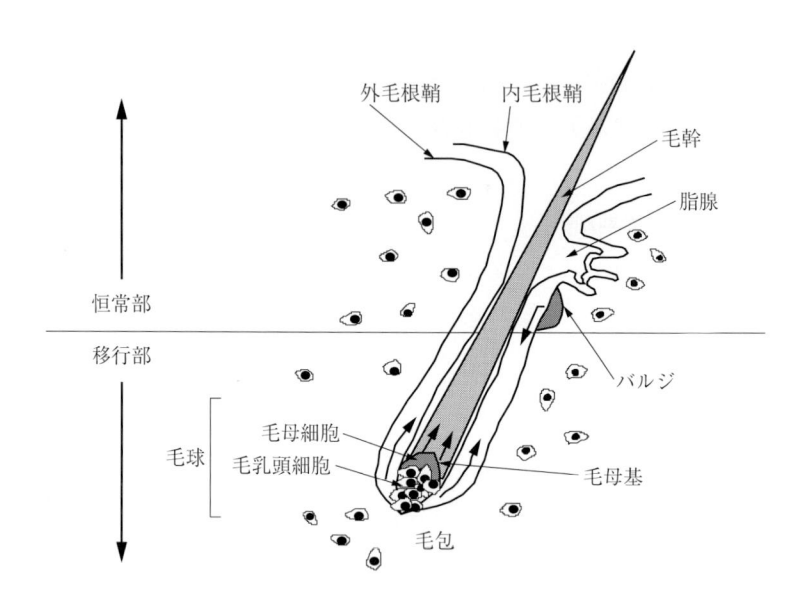

図2.6　毛包の構造と幹細胞の局在

　Cotsarelisらは，毛包表皮細胞の幹細胞における細胞周期の解析とその局在についての解析を行った[5]。マウスに ^{3}H-thymidine（^{3}H-TdR）を生後7日まで毎日投与し，すべての細胞を標識したうえで，4〜5週間経っても標識が残っているほとんど分裂しなかった細胞周期の長い，あるいは停止した細胞が，バルジの基底層に多数存在することを見いだした。また，小林らはラット頬髭毛包を皮脂腺部，バルジ，中間部，毛球部に分割し，それぞれの部位の細胞を用いてコロニーアッセイを行い，コロニー形成細胞の95％がバルジに存在することを明らかにした[6]。これらの結果から，毛母細胞などのもとになる毛包表皮細胞の幹細胞はバルジに存在する細胞周期の長い細胞と考えられた。さらに，TailerらはBrdUと ^{3}H-TdRの二重標識実験によりバルジに存在する細胞周期の長い細胞が，毛包のみでなく皮膚の表皮細胞にも分化する多能性を有することを示した[7]。同様の結果は，バルジ部分の

移植実験によっても確認されている。すなわち，βガラクトシダーゼのトランスジェニックマウスのバルジ部位を，野生型マウスの同部位に移植すると，脂腺を含むすべての毛包の上皮性成分を再構築することが可能であり，皮膚に移植すると表皮へも分化することが示されている[8]。毛包には色素細胞系も存在するが，西川らは色素細胞特異的プロモーターを用いたβガラクトシダーゼのトランスジェニックマウスを作成し，色素幹細胞が，バルジに存在する未分化な形質を有する細胞で，細胞周期の休止期にあることを報告している[9]。

2.3.3 幹細胞ニッチにおける細胞分裂，細胞周期制御

それぞれの組織幹細胞は，皮膚では基底層，毛包ではバルジ，消化管ではクリプト（陰窩）の傍底部，脳では脳室下層，精巣では精細管最外層部に幹細胞が存在する。ニッチ（niche）とはフランス語で「巣」を意味する言葉であり，「幹細胞ニッチ」という言葉は幹細胞を維持することのできる生物学的適所を意味し，1978年にSchofieldにより造血の分野で提唱された。それ以外の細胞系では，Palmerらが，マウス海馬の神経幹細胞が増殖する部位に血管内皮細胞の増殖がみられることを指摘し，「血管ニッチ（vascular niche）」という概念を提唱した。この考えが正しいことは，最近，血管内皮細胞が神経幹細胞に対してニッチ細胞として自己複製を誘導する事実として証明された[10]。

ニッチにおいて幹細胞は，周辺の細胞などから分泌される種々の液性因子の作用を受ける。造血幹細胞の場合には，SCF，TPO，IL-3，IL-6，FLT 3 リガンドなどが増殖を促進し，TGF-β1 や MIP-1α が増殖を抑制する。神経細胞の場合には，FGF-2，EGF，BDNF（brain-derived neutrophic factor）などが増殖を誘導する。ニッチにおいてはこれら以外にもWntシグナル，Shh（Sonic hedgehog）シグナル，細胞接着によるインテグリンシグナルやNotchシグナル，フィブロネクチンなどの細胞外マトリックスからのシグナルも幹細胞に作用する。これらの外的刺激は，ポリコーム遺伝子群やHOXファミリー分子群などの内的な転写制御因子群と協調して，幹細胞の増殖・分化などの運命決定にきわめて重要な役割を果たす。

幹細胞ニッチの機能が分子生物学的に明確にされたのは，ショウジョウバエのメスとオスの生殖幹細胞が最初である。メスの場合にはキャップ細胞，オスの場合にはハブ（hub）細胞がニッチを構成し，いずれの場合にも細胞分裂後，ニッチ細胞と接触を維持した娘細胞は生殖幹細胞として維持され，接触を失った娘細胞は分化する。オスの生殖巣では生殖幹細胞が分裂する際，つねに紡錘体（spindle）がハブ細胞に対して垂直に向くように制御され，必ず一つの娘細胞はハブ細胞と接し，他方はハブ細胞との接触を失う（図2.7（a））。ハブ細胞に接した娘細胞では，ハブ細胞が分泌するUnpaired（Upd）というリガンド刺激によりJAK-STAT経路が活性化され，生殖幹細胞として維持される。一方，ハブ細胞との接

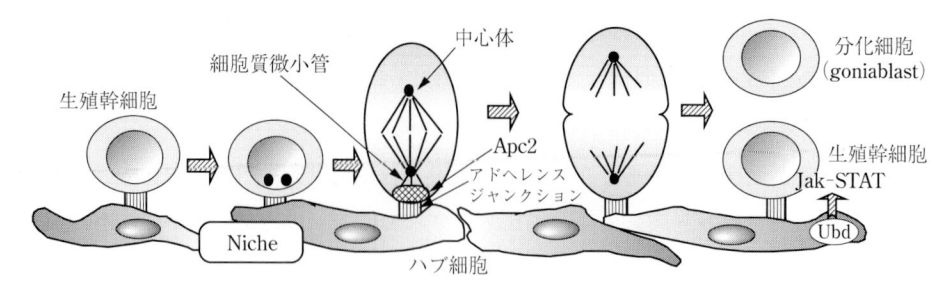

(a) ショウジョウバエにおける雄生殖幹細胞の細胞分裂の制御

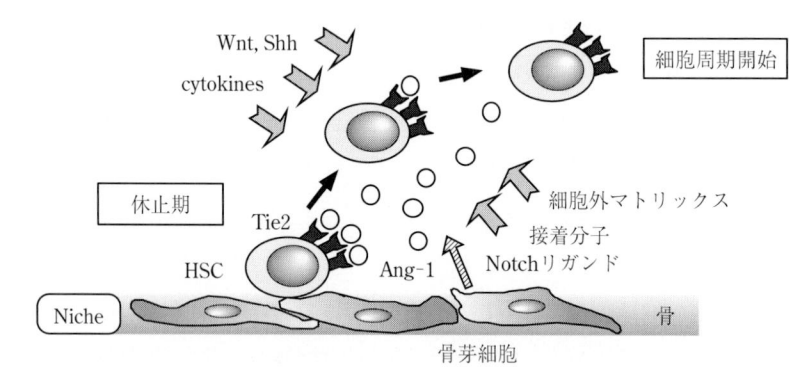

(b) 造血幹細胞における細胞周期の制御機構

図 2.7 ニッチにおける幹細胞の細胞分裂と細胞周期の制御

触を失った細胞は分化する。この方向性を有する細胞分裂を遂行するために，分裂前の中心体は必ずハブ細胞と生殖幹細胞の接触面付近に位置し，複製後，一つの中心体はもとの位置にとどまり他方は対極へと移動する。この現象は，カドヘリン，βカテニン，Apc 2（adenomatous polyposis coli 2）を含むハブ細胞-生殖幹細胞間の接着複合体（adherence junction）が，細胞質微小管を介して制御する。実際，apc2 変異体では，細胞分裂の方向性が失われ，ハブ細胞と接する娘細胞が増加し，生殖幹細胞の増加が認められる。

造血幹細胞のニッチは最近まで明らかではなかったが，造血幹細胞のニッチについて最近，二つの興味深い論文が報告された[11],[12]。これらによると BMP 受容体 IA のノックアウトマウス，活性型副甲状腺ホルモン受容体のトランスジェニックマウスでは，造血支持細胞である骨芽細胞が増加し，造血幹細胞が増加するとのことである。前者では骨芽細胞のなかでも，骨表面に並んだ N-カドヘリン陽性の紡錘形細胞が造血幹細胞と接着し，双方の細胞接着面には N-カドヘリンと β-カテニンが局在していることが示され，これが造血幹細胞のニッチであると提唱された[11]。後者では，骨芽細胞に発現する Notch リガンドの重要性が強調された[12]。須田らは以前にアンジオポエチン-1（angiopoietin-1, Ang-1）の刺激が造血幹細胞上の Tie 2 受容体を介して，造血幹細胞上のインテグリンを介してフィブロネクチンへの接着を増強させ，抗アポトーシス性を高めることを明らかにした。さらに，最近，

ニッチ細胞である骨芽細胞が Ang-1 を産生すること，骨髄中のニッチにおいて Ang-1 の刺激が造血幹細胞の細胞周期を休止期にとどめること，また，ニッチにおいて休止期に維持されている造血幹細胞が 5-FU などの処理に抵抗性を示すことを明らかにした[13]（図 2.7 (b)）。このように幹細胞の細胞分裂，細胞周期の制御におけるニッチの役割は組織によって違いを示す。

2.3.4 幹細胞における細胞周期制御分子の機能

幹細胞のほとんどが細胞周期の休止期に維持されていることから，幹細胞における細胞周期制御の中心的な分子として CKI（CDK inhibitor）の機能についての解析が重点的に行われた。特に，幹細胞研究の端緒となった造血幹細胞においてその研究が最も進展しており，本項では造血幹細胞における CKI の機能を中心に解説する。

p21 のノックアウトマウスでは当初，放射線照射後の細胞周期の停止の障害が報告されたが，明らかな造血の異常は報告されなかった。また，従来から造血幹細胞における p21 の発現レベルは低いとされていたため，造血に関して詳細な解析は行われなかった。ところが，Scadden らのグループは休止期にある造血幹細胞には p21 が強く発現していることを見いだし，造血幹細胞の休止期の維持に p21 が関与している可能性を考えて解析を行った[14]。通常の造血状態の p21$^{-/-}$ マウスから造血幹細胞を単離し，細胞周期の解析を行うと，野生型マウスから単離した細胞と比較して休止期の細胞の割合が有意に低く，造血幹細胞の絶対数も増加していた。また，細胞周期に入っている細胞のみに細胞死を誘導する 5-FU で p21$^{-/-}$ マウスを処理すると，野生型マウスよりはるかに 5-FU に感受性が高かった。また，放射線照射したマウスへの移植実験を連続的に繰り返すと，5 回目の移植後には，野生型マウスの造血幹細胞を移植した場合には約半数のマウスが死亡しただけであったが，p21$^{-/-}$ マウスの造血幹細胞を移植した場合，すべてのマウスにおいて造血幹細胞が枯渇し，造血不全が原因で死亡した。これらの結果から，p21 は造血幹細胞の休止期の維持および造血幹細胞集団の枯渇の防止に必須であることが明らかにされた（図 2.8）。一方，p21 は造血前駆細胞の細胞周期には影響を及ぼさなかった。

造血幹細胞における p21 の機能を明らかにした同グループは，虚血による脳損傷後の脳の再生過程における p21 の機能解析を行った[15]。通常状態では，脳の神経前駆細胞の増殖状態は p21$^{-/-}$ マウスと野生型マウスで明らかな差はなかったが，虚血による脳障害のあとでは p21$^{-/-}$ マウスの脳においては野生型マウスと比較すると，より多くの神経前駆細胞が活性化され，海馬から移動し，神経細胞へと分化した。この結果から，p21 は造血系のみでなく，神経系の前駆細胞において再生の際の抑制因子として機能していることが明らかとなった。

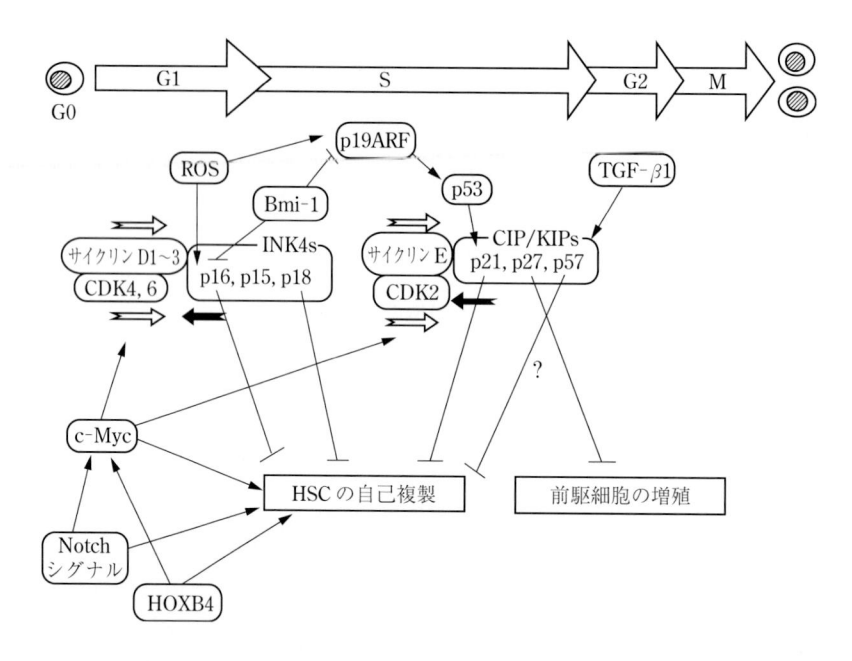

図 2.8 造血幹細胞の自己複製における細胞周期制御分子の機能

　同グループは，同様の手法で p 21 のファミリー分子である p 27 のノックアウトマウスの造血細胞の解析を行った[16]。しかしながら，p 27$^{-/-}$ マウスにおいては，造血幹細胞の数，細胞周期に異常は認められなかった。また，連続的な移植実験を行っても p 27$^{-/-}$ マウスの造血幹細胞は正常細胞とほぼ同等の機能を示し，p 27 は造血幹細胞の自己複製能に影響しないと考えられた。一方，p 27$^{-/-}$ マウスにおいては野生型マウスと比較すると，Sca-1$^+$ Lin$^+$ の表面形質を有する造血前駆細胞の総数が増加し，これらの細胞において増殖期の細胞比率が増加していた（図 2.8 参照）。

　さらに，同様の解析が p 18$^{-/-}$ マウスにおいても行われたが，その結果は予想に反するものであった[17]。p 18$^{-/-}$ マウスの造血幹細胞を野生型マウスの造血幹細胞と移植実験において競合させると約 14 倍の長期骨髄再構築能を有し，連続的な移植を行っても 2 年間の観察期間中に造血幹細胞集団は枯渇することもなかった。この結果から，p 18 は造血幹細胞の自己複製の抑制因子として機能していると考えられた（図 2.8 参照）。

　従来，TGF-β1 は，造血幹細胞に対して強い増殖因子として作用することが報告されてきた。その際，p 21 や p 27 の蓄積を介しての増殖を抑制すると考えられてきたが，p 21$^{-/-}$ マウスや p 27$^{-/-}$ マウスの造血幹/前駆細胞を用いた解析から，TGF-β1 による増殖抑制には p 21，p 27 が必要でないことが明らかとなった。最近，TGF-β1 の増殖抑制機構として，TGF-β1 が p 57 の転写を誘導することが明らかにされた[18]。

　ポリコーム遺伝子群に属する Bmi-1 のノックアウトにおいては，胎児肝に存在する造血

幹細胞数は正常であるが，生後造血幹細胞数が著減する。また，胎児肝に存在する造血幹細胞を用いた移植実験では，Bmi-1$^{-/-}$造血幹細胞では自己複製能の障害により骨髄再構築能が低下していることが明らかとなった[19),20)]。この原因としてBmi-1$^{-/-}$造血幹細胞では，p16が蓄積し，MDM2によるp53の分解を抑制するp19^{ARF}の蓄積が起こり，細胞周期の停止とp53によるアポトーシスの亢進が起こると考えられた。さらに，Bmi-1$^{-/-}$マウスにおいては，神経幹細胞においてもp16，p19^{ARF}の蓄積が認められ，神経幹細胞の自己複製が抑制されることが報告されている[21)]。これらの結果から，p16は造血幹細胞，神経幹細胞においての自己複製の抑制因子であり，Bmi-1はp16の発現を抑制することによりこれらの幹細胞の自己複製にかかわることが明らかとなった。

毛細血管拡張性運動失調症（ataxia telangiectasia：AT）の原因遺伝子であるATMのノックアウトマウスは，24週ごろより造血不全による貧血を呈する[22)]。この時期のATM$^{-/-}$マウスの造血幹細胞はコロニー形成能が著明に低下し，移植実験において造血再構築能が低下していた。この原因としてATM$^{-/-}$造血幹細胞には著明に活性酸素種（reactive oxygen species：ROS）が蓄積しており，その結果，p16とp19^{ARF}が蓄積していることが明かとなった。p16はRbを介する増殖抑制，p19^{ARF}はp53を介する増殖抑制/アポトーシスに関与しているが，ATM$^{-/-}$造血幹細胞にRbの阻害分子パピローマウイルスのE6，p53の阻害分子パピローマウイルスのE7をそれぞれ感染させたところ，ATM$^{-/-}$造血幹細胞の障害はE6によって完全に回復した。これらの結果から，ATM$^{-/-}$造血幹細胞における造血能の低下はROS→p16→Rb経路によるものであることが明かとなった。

2.4 組織/器官の発生・再生過程における細胞周期制御

われわれの体はいくつかの組織/器官からなり，それらは200種類にも及ぶ細胞から構成される。それぞれの組織は固有の大きさ，形態，機能を有し，そのなかで特定の機能を担う細胞群が一定の比率で存在し，整然と配置され，正しく機能する。このような組織およびそれらから構成される個体を形づくるメカニズムはボディプランと呼ばれ，当初はきわめて複雑で巧緻と推測されていた。しかし，ショウジョウバエなどで明らかにされたホックスコードによる体の前後軸の特異化などの機構が，高等動物においても基本的に成り立つことが明らかにされ，多くの研究者に衝撃を与えた。このようなボディプランの実行においては，増殖，分化，アポトーシス，移動，融合などが行われるが，いずれの現象においても細胞周期制御が絶対的な役割を担うのはいうまでもない。

2.4.1 組織/器官の大きさと増殖制御

発生過程での組織の構築や損傷された組織/器官を回復する過程において，細胞増殖は必須である．この際，発生してきた，あるいは再生された組織は，けっして必要以上の大きさを超えることはなく，このためには細胞の増殖は時間的・空間的に精密に制御される必要がある．例えば，肝切除による肝再生やイモリなどのレンズや肢の再生過程では，最初，細胞増殖が起こるが，適切な大きさ，形態になると増殖しなくなる．肝再生の過程においてはHGF，EGFなどが肝細胞増殖因子として機能し，TGF-β1が抑制因子として機能するが，「適切な大きさ」を保つためには，これらの因子の発現調節を行う上位の機構が発生過程と同様に機能する必要がある．このような組織/器官の発生期や修復過程の増殖亢進期では，増殖刺激因子による細胞増殖シグナルが増殖抑制因子による抑制シグナルを凌駕し，増殖の低下・停止・維持期では両者のバランスが逆転すると考えられる．増殖刺激因子としては，それぞれの臓器特異的に作用するEGF，FGF，HGFなどの増殖因子が挙げられ，これらの因子が細胞内のRas/MAPK，PI 3-K/Aktなどの経路を活性化し，最終的にはサイクリンDやc-Mycなどの発現を介し，また，p 21やp 27の発現レベルを低下させ細胞周期を進行させると考えられる．一方，増殖抑制因子のシグナルを直接実行する細胞周期制御分子はCKIと考えられる．実際，p 27，p 18のノックアウトマウスでは多くの臓器で細胞数が増加し，体重の増加が認められる．また，両分子のダブルノックアウトマウスでは臓器の過形成がより著明となる．同様にp 57のノックアウトマウスでもレンズ細胞の細胞数増加が報告されている．

組織/器官の大きさ，細胞数を規定する機構に関して興味深い結果が報告されている．p 27に対するユビキチンリガーゼとして機能し，その分解にかかわるSkp 2のノックアウトマウスでは，p 27が蓄積し，細胞増殖が阻害され肝切除後の再生が障害されると推測された．しかし，肝切除を行うと正常マウスと同様に肝臓の再生が起こり，切除前のサイズまで回復した[23]．これらのマウスにおいて再生された肝臓を調べてみると，細胞数の増加ではなく，細胞のサイズの増加が認められた．この結果から，細胞分裂に障害があっても細胞のサイズを変えることにより，組織全体の大きさを適切に維持する機構が存在すると考えられる．つまり，細胞数であれ，細胞のサイズであれ，組織が一定の大きさになることを監視するシステムが存在すると考えられる．

2.4.2 細胞の分化と細胞周期制御

一般に，幹細胞は低い細胞増殖能しか有さないが，幹細胞より少しだけ分化した依然未分化な前駆細胞（TA細胞）は高い増殖能を示す．しかし，多くの場合，その後の成熟過程の途中からはサイクリンの発現低下とともにCKIの発現が誘導され完全に分裂能が失われる．

骨格筋の筋肉芽細胞の場合，分化にかかわる転写因子 MyoD のはたらきは，血清存在下ではCDK 4/サイクリンの複合体や MEK 1，STAT 3 などの分子によって抑制されているが，血清が存在しなくなるとこれらの抑制が解除される。解放された MyoD によって p 21 の発現が誘導され，筋肉芽細胞は細胞周期から外れ最終分化が開始される。同様に，神経系の転写因子 NeuroD 2，Mash 1，neurogenin-1 が神経細胞への分化を誘導する際には p 27 の発現が誘導され，細胞周期が G 1 期で停止する。心筋細胞の分化過程でもサイクリン A，B，E の発現と低下と同時に，p 21，p 27 の蓄積が誘導され，心筋細胞は細胞周期から逸脱する。

血液細胞においても赤血球系では前赤芽球が 3〜5 回分裂し，それ以降は分裂せずに成熟のみが進む。好中球系では，骨髄球までは増殖しながら成熟するが，後骨髄球以降の細胞は分裂能を喪失し成熟するのみである。この細胞成熟に伴う細胞周期の停止の機構として，p 15，p 21，p 27 などのCKIがそれぞれの系統に応じて選択的に使い分けられて発現する。一方，巨核球はその成熟過程において多倍体化（enodmitosis, endoreplication）と呼ばれる特殊な細胞周期制御を受ける。このプロセスでは細胞分裂を伴わない DNA 合成が繰り返されるが，この多倍体化過程において巨核球は細胞周期の G 2/M 期に入り，telophase まで進行し，cytokinesis をスキップする。この多倍体化の過程においても p 21，p 27 の発現上昇が認められ，同時に，DNA 合成のためのサイクリン D の発現が重要とされている。

p 27$^{-/-}$ マウスでは，聴覚器であるコルチ器の有毛細胞が，正常では増殖を停止すべき胎生 14.5 日以降も増殖を続け，聴力低下をきたす。一方，p 19$^{-/-}$ マウスでは，有毛細胞は胎生 14.5 日でいったん増殖を停止し正常に分化するが，出生 10 日目には再び増殖を開始し，その後アポトーシスに陥る。このように有毛細胞の増殖制御において p 27 と p 19 は明確な相補性を示さないが，これらのダブルノックアウトマウスはそれぞれ単独のノックアウトマウスより激烈な表現型を示す。つまり，p 19$^{-/-}$p 27$^{-/-}$ マウスは，反射の異常やけいれんをきたして生後 18 日目で死亡する。このマウスに BrdU を投与するとあらゆる中枢神経の核に BrdU が取り込まれ，M 期のマーカーであるリン酸化ヒストンが認められ，中枢神経細胞が依然として増殖していると考えられた。これらの結果から，p 19 と p 27 が神経細胞の細胞周期を協調して停止させること，たとえ細胞周期が停止しなくとも神経細胞は終末分化するべき位置へ移動し，分化マーカーを発現するようになることが明らかとなった。さらに，このマウスではアポトーシスにより細胞数が調節されるため神経細胞の数が変化していなかったことから，CKI 以外に中枢神経の細胞数あるいは大きさを調節する機構が存在すると考えられた。

心筋や神経細胞などは終末分化とよばれる状態に入ったあとは，増殖能を完全に欠如されると考えられてきた。しかし，増殖しない細胞においても G 1 期に発現する D タイプサイ

クリンが発現しており，しかも機能していることが明らかにされてきた．心筋細胞に肥大（大きさの増加）刺激が加わると，Dタイプサイクリンの発現が誘導される．この現象はCDKの活性を阻害すると抑制されることから，心筋の肥大にはDNA合成を伴わない，G0～G1期への移行機序が関与すると推測されている．一方，分化した神経細胞においては，細胞周期の活性化が細胞死に関与しているという報告が数多くみられる．アルツハイマー病や脳梗塞を起こした神経細胞においては，サイクリンD1/CDK4の活性化によってRbのリン酸化が起こり，細胞死が誘導される．

2.5 細胞周期制御の再生医療への応用

細胞周期制御を再生医療に応用するとすれば，細胞周期制御分子を組織幹細胞あるいは成熟細胞に導入し，細胞の増殖を促し，組織/器官の再生を目指すということが考えられる．

2.5.1 組織幹細胞の増幅の試み

組織幹細胞に細胞周期制御分子を導入し，細胞周期を回転させることにより自己複製を誘導できるであろうか．NotchシグナルやHOXB4が造血幹細胞に自己複製を誘導する際にはc-Mycの発現が誘導される．また，c-Mycは線維芽細胞などでは単独で細胞増殖を誘導する．この結果をもとに，佐藤らは，4-hydroxytamoxifene（4-HT）によってc-Mycの活性が誘導されるc-Mycと変異型エストロゲン受容体のキメラ分子Myc/ERTをマウスの造血幹細胞に導入した．その結果，アポトーシスを回避する各種サイトカインの存在下でc-Myc活性を誘導することにより，造血幹細胞に in vivo での造血の再構築が可能な自己複製を誘導できることを報告している[24]．同様に，p21の発現をアンチセンスDNAで抑制することにより細胞周期を推進させ，造血幹細胞により効率よく自己複製を誘導できることも報告されている[25]．また，マウスの移植実験において，サイクリンD2を過剰発現させた骨髄系の前駆細胞を移植することにより，より早期から骨髄系細胞の造血が回復することが報告されている[26]．

2.5.2 成熟細胞の細胞周期への再導入の試み

成熟した終末分化細胞が細胞周期の休止期に維持される機構としては，① サイクリンDやDNA合成にかかわる酵素の欠如，② CKIの蓄積によるCDK活性の抑制などが考えられる．特に，① に関してはE2Fファミリー分子のうちで転写活性をもたないE2F6がヒストンメチル化酵素やポリコーム因子を含む巨大な転写抑制複合体を形成し，E2Fの標的分子のみでなくG1/S期移行に必要な分子のプロモーター領域に結合していることが報

告されている[27]。この複合体は，クロマチン構造を変化させ，これらの分子の発現を停止させていると考えられ，終末分化細胞を再度細胞周期に導入するには，エピジェネティックに遺伝子の発現をリセットする必要があると考えられる。

　ヒトの心筋は，生後1か月で最終分化を起こし増殖を停止する。その後の心臓の成長は心筋細胞の大きさの増大と，おもに線維芽細胞を中心とする非心筋細胞の増殖によるものであり，心筋細胞自体の増殖によるものではない。最近，心組織にも増殖能を保持した多能性幹細胞が存在することが示され，虚血などの心筋障害時に心筋細胞，血管内皮細胞，血管平滑筋芽細胞などに分化することが示された。しかし，これによる心臓の再生はわずかであり，心機能を回復するのにはまったく不十分であり，近年では骨髄のCD34陽性細胞や骨格筋細胞を移植することにより，心機能を回復させようという試みが多く行われている。

　ところで，発生後の成熟した心筋細胞に，再度，細胞分裂を誘導することは可能であろうか。この問いに答えるために，北嶋らは心筋細胞における細胞周期制御分子の発現と局在を解析し，サイクリンD1が増殖細胞と同レベルに保たれているものの，本来機能すべき核に移行せず細胞質にとどまっていることを見いだした[28]。この細胞質にとどまるサイクリンD1は，細胞肥大をもたらすが細胞分裂を誘導しない。そこで彼らは，核移行シグナル（nuclear localizing signal：NLS）を有するサイクリンD1（D1NLS）を心筋細胞に導入し，細胞分裂を再賦活化することに成功した。しかし，その増殖速度（doubling time）は90時間と遅く，分裂は1～2回で停止した。その原因として，心筋細胞においてはp27が著明に蓄積していることが判明し，彼らはp27のユビキチンリガーゼであるSkp2を，D1NLSと共発現させることにより心筋細胞を1週間の培養で約5倍程度まで増殖させることに成功した[29]。しかしながら，上述のように終末分化細胞における細胞周期抑制はp27以外にも種々のメカニズムが関与しており，これらの問題をいかに効率よく解決していくのか，また，遺伝子操作などの危険性をいかに回避していくのかが大きな課題であり，今後の進展が期待される。

引用・参考文献

1) Sherr, C. J., Roberts, J. M.：Living with or without cyclins and cyclin-dependent kinases, Genes. Dev., **18**, 22, pp.2699-2711 (2004)
2) Kozar, K., Ciemerych, M. A., Rebel, V. I. et al.：Mouse development and cell proliferation in the absence of D-cyclins, Cell, **118**, 4, pp.477-491 (2004)
3) Malumbres, M., Sotillo, R., Santamaria, D. et al.：Mammalian cells cycle without the D-type cyclin-dependent kinases Cdk4 and Cdk6, Cell, **118**, 4, pp.493-504 (2004)

4) Cheshier, S. H., Morrison, S. J., Liao, X. et al.：In vivo proliferation and cell cycle kinetics of long-term self-renewing hematopoietic stem cells, Proc. Natl. Acad. Sci. USA., **96**, 6, pp. 3120-3125 (1999)

5) Cotsarelis, G., Sun, T. T., Lavker, R. M.：Label-retaining cells reside in the bulge area of pilosebaceous unit：implications for follicular stem cells, hair cycle, and skin carcinogenesis, Cell, **61**, 7, pp.1329-1337 (1990)

6) Kobayashi, K., Rochat, A., Barrandon, Y.：Segregation of keratinocyte colony-forming cells in the bulge of the rat vibrissa, Proc. Natl. Acad. Sci. USA., **90**, 15, pp.7391-7395 (1993)

7) Taylor, G., Lehrer, M. S., Jensen, P. J. et al.：Involvement of follicular stem cells in forming not only the follicle but also the epidermis, Cell, **102**, 4, pp.451-461 (2000)

8) Oshima, H., Rochat, A., Kedzia, C. et al.：Morphogenesis and renewal of hair follicles from adult multipotent stem cells, Cell, **104**, 2, pp.233-245 (2001)

9) Nishimura, E. K., Jordan, S. A., Oshima, H. et al.：Dominant role of the niche in melanocyte stem-cell fate determination, Nature, **416**, 6883, pp.854-860 (2002)

10) Shen, Q., Goderie, S. K., Jin, L. et al.：Endothelial cells stimulate self-renewal and expand neurogenesis of neural stem cells, Science, **304**, 5675, pp.1338-1340 (2004)

11) Zhang, J., Niu, C., Ye, L. et al.：Identification of the haematopoietic stem cell niche and control of the niche size, Nature, **425**, 6960, pp.836-841 (2003)

12) Calvi, L. M., Adams, G. B., Weibrecht, K. W. et al.：Osteoblastic cells regulate the haematopoietic stem cell niche, Nature, **425**, 6960, pp.841-846 (2003)

13) Arai, F., Hirao, A., Ohmura, M. et al.：Tie 2/angiopoietin-1 signaling regulates hematopoietic stem cell quiescence in the bone marrow niche, Cell, **118**, 2, pp.149-161 (2004)

14) Cheng, T., Rodrigues, N., Shen, H. et al.：Hematopoietic stem cell quiescence maintained by p $21^{Cip1/Waf1}$, Science, **287**, 5459, pp.1804-1808 (2000)

15) Qiu, J., Takagi, Y., Harada, J. et al.：Regenerative response in ischemic brain restricted by p $21^{Cip1/Waf1}$, J. Exp. Med, **199**, 7, pp.937-945 (2004)

16) Cheng, T., Rodrigues, N., Dombkowski, D. et al.：Stem cell repopulation efficiency but not pool size is governed by p 27^{Kip1}, Nat. Med., **6**, 11, pp.1235-1240 (2000)

17) Yuan, Y., Shen, H. et al.：In vivo self-renewing divisions of haematopoietic stem cells are increased in the absence of the early G 1-phase inhibitor, p 18^{INK4C}, Nat. Cell. Biol., **6**, 5, pp. 436-442 (2004)

18) Scandura, J. M., Boccuni, P., Massague, J. et al.：Transforming growth factor beta-induced cell cycle arrest of human hematopoietic cells requires p 57^{KIP2} up-regulation, Proc. Natl. Acad. Sci. USA., **101**, 42, pp.15231-15236 (2004)

19) Lessard, J., Sauvageau, G.：Bmi-1 determines the proliferative capacity of normal and leukaemic stem cells, Nature, **423**, 6937, pp.255-260 (2003)

20) Park, I. K., Qian, D., Kiel, M. et al.：Bmi-1 is required for maintenance of adult self-renewing haematopoietic stem cells, Nature, **423**, 6937, pp.302-305 (2003)

21) Molofsky, A. V., Pardal, R., Iwashita, T. et al.：Bmi-1 dependence distinguishes neural stem cell self-renewal from progenitor proliferation, Nature, **425**, 6961, pp.962-967 (2003)

22) Ito, K., Hirao, A., Arai, F. et al. : Regulation of oxidative stress by ATM is required for self-renewal of haematopoietic stem cells, Nature, **431**, 7011, pp.997-1002 (2004)

23) Minamishima, Y. A., Nakayama, K. : Recovery of liver mass without proliferation of hepatocytes after partial hepatectomy in Skp 2-deficient mice, Cancer Res., **62**, 4, pp.995-999 (2002)

24) Satoh, Y., Matsumura, I., Tanaka, H. et al. : Roles for c-Myc in self-renewal of hematopoietic stem cells, J. Biol Chem., **279**, 24, pp.24986-24993 (2004)

25) Stier, S., Cheng, T., Forkert, R. et al. : Ex vivo targeting of p $21^{Cip1/Waf1}$ permits relative expansion of human hematopoietic stem cells, Blood, **102**, 4, pp.1260-1266 (2003)

26) Sasaki, Y., Jensen, C. T., Karlsson, S. et al. : Enforced expression of cyclin D 2 enhances the proliferative potential of myeloid progenitors, accelerates in vivo myeloid reconstitution, and promotes rescue of mice from lethal myeloablation, Blood, **104**, 4, pp.986-992 (2004)

27) Ogawa, H., Ishiguro, K., Gaubatz, S. et al. : A complex with chromatin modifiers that occupies E 2 F- and Myc-responsive genes in G 0 cells, Science, **296**, 5570, pp.1132-1136 (2002)

28) Tamamori-Adachi, M., Ito, H., Sumrejkanchanakij, P. et al. : Critical role of cyclin D 1 nuclear import in cardiomyocyte proliferation, Circ. Res., **92**, 1, e 12-9 (2003)

29) Tamamori-Adachi, M., Hayashida, K., Nobori, K. et al. : Down-regulation of p 27^{Kip1} promotes cell proliferation of rat neonatal cardiomyocytes induced by nuclear expression of cyclin D 1 and CDK 4. Evidence for impaired Skp 2-dependent degradation of p 27 in terminal differentiation, J. Biol. Chem., **279**, 48, pp.50429-50436 (2004)

3 アポトーシス

3.1 はじめに

アポトーシスの概念は，ギリシャ語の「落葉」に由来するこの言葉とともに1970年代に提唱された。しかしその概念が定着し，分子メカニズムが解明されたのは1990年代以降のことである。種を維持し，生存すること自体が存在目的である多細胞動物の個体あるいは単細胞生物の細胞とは異なり，多細胞動物の構成員である個々の細胞の存在目的は，ほとんどの場合，生存そのものではない。多細胞動物では，使命の終わった細胞，寿命の尽きた細胞，有害な細胞，無益な細胞は効率よく解体されるようにできている。換言すれば，細胞は最初から「壊すときの段取り」を考えて作ってあるといえよう。したがって，アポトーシスはあくまでも生命活動の一環であることに留意されたい。

3.1.1 アポトーシスの起源と進化上の意義

アポトーシスの生物界全体における分布をみると，多細胞動物ワールドと重なっていることがわかる（図3.1）。これは，重なっているというより，むしろアポトーシス基本システム（general apoptosis program）を獲得した生物の子孫が多細胞動物に進化し，おおいに

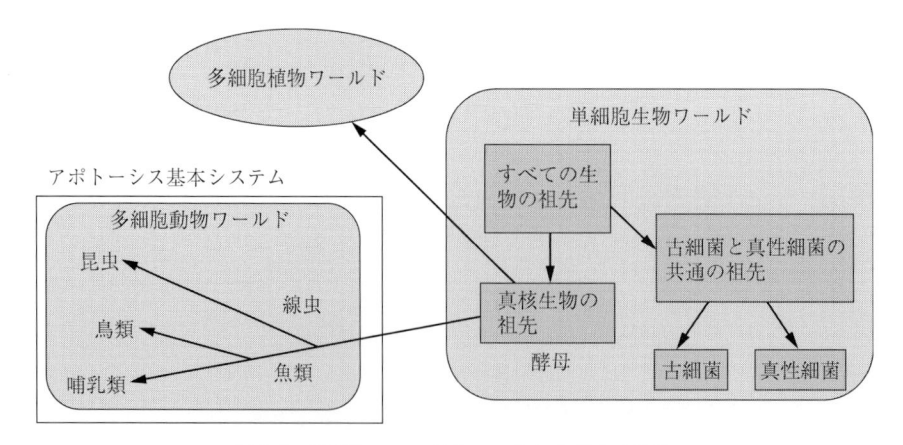

図3.1 アポトーシス基本システムを有する生物

繁栄するに至ったと考えるほうが自然である。能率向上を至上命題として、よりコンパクトな方向に進化を遂げたバクテリアとは対照的に、多細胞動物は個体がより高度な機能をもつことを最優先して進化した。そのために必然的に複雑な形態をとるようになるし、体も大きくなる。大きな体を生育させるのに時間がかかることや、経験を積んだほうが機能が向上するため、長寿であることが要求される。このため長時間にわたり、腫瘍の発生を抑制し、感染から身を守る能力も必要となる。こうした要求を満たすためには、発生途上の形態制御、DNA損傷からがんの発生を阻止する機構、免疫系の確立など、多くの複雑な制御システムを必要としたが、それらはいずれもアポトーシスを土台として組み立てられたのである。

真核細胞の祖先である単細胞生物が、酵母のような単細胞真核生物に進化し、さらに多細胞動物へと進化していく時期は、真核細胞と好気性細菌の共生という生物進化上の一大事件が起きたときとも重なる。実際、後述するように、チトクローム c のミトコンドリアから細胞質への漏出がアポトーシスにとって非常に重要な意味をもっていることから、アポトーシス基本システムの成立の起源を好気性細菌との共生過程に求める仮説が提唱されている。この説の真偽はともかく、アポトーシスが多細胞動物の成り立ちを根源的な部分で支える重要なシステムであることは疑いない。

3.1.2 共通の部分と特有な部分

アポトーシスは種や細胞系統を越えて、またアポトーシスの起きる状況やその誘因を越えて共通のメカニズムで制御されていることがしばしば強調される。しかし、これはアポトーシス基本システムの範囲内で、という注釈をつけたほうがよい。確かにアポトーシスを起こすと、細胞の縮小、クロマチンの凝集やDNAの分断化など同一の現象が起きる。しかし、実際には細胞の分化段階や系統に応じて、じつにさまざまな反応の違いを示す。またアポトーシスの誘因によっても、その制御は大きく変化する。そこでアポトーシスの理解のためには共通な部分と特有な部分をしっかりと区別することが重要である。

このことを造血細胞を例にとって見てみよう。造血細胞は、造血幹細胞 → 造血前駆細胞 → 終末分化細胞の三つの成熟段階に分類され（図3.2）、それぞれの段階でアポトーシスに対する特性は大きく異なっている。再生医療にとっても重要な多能性造血幹細胞は、個体の生涯にわたって維持される必要があるため、アポトーシスは比較的抑制的に制御されている。しかしいったん分化が始まると、大きく変化する。電離放射線に対する反応を例に挙げると、造血前駆細胞が死滅する線量でも造血幹細胞はしばしば生き延びる。このことは、高線量の放射線を被曝した人のなかに、被曝1週間後から始まる極端な白血球・血小板の減少と急速に進行する貧血（造血前駆細胞がアポトーシスにより死滅することで起きる）を、輸血や感染症対策などの支持療法で乗り切ると、やがて造血機能が回復してくることがしばし

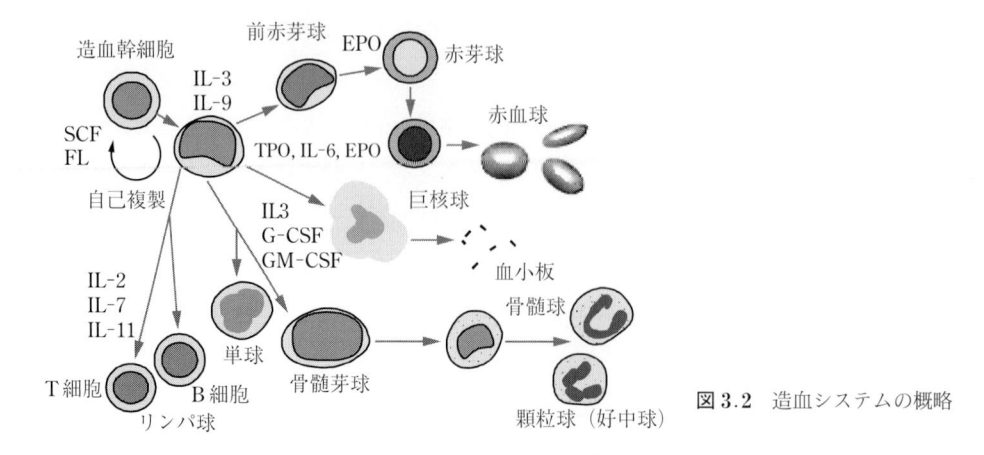

図3.2 造血システムの概略

ば経験されることからもわかる。

膨大な数の血球を維持するためには，造血前駆細胞段階での大幅な細胞の増幅が必要であることから，造血前駆細胞は一見，アポトーシスとは無縁のように思われるがそうではない。前述したように，幹細胞から少しでも分化すると，放射線などDNA損傷刺激に対して過敏になるばかりか，厳密なサイトカイン依存性を獲得する結果，静止期に長くとどまれる造血幹細胞とは異なり，造血前駆細胞は分裂を続けるかアポトーシスに陥るかの二者択一を迫られようになる（図3.3）。換言すれば，造血前駆細胞の生死に関する「初期設定」は，むしろ死であり，サイトカインによって生存が維持されている状態であるといえよう。このことによって，最終的な血球の産生量が調節されていると考えられる。

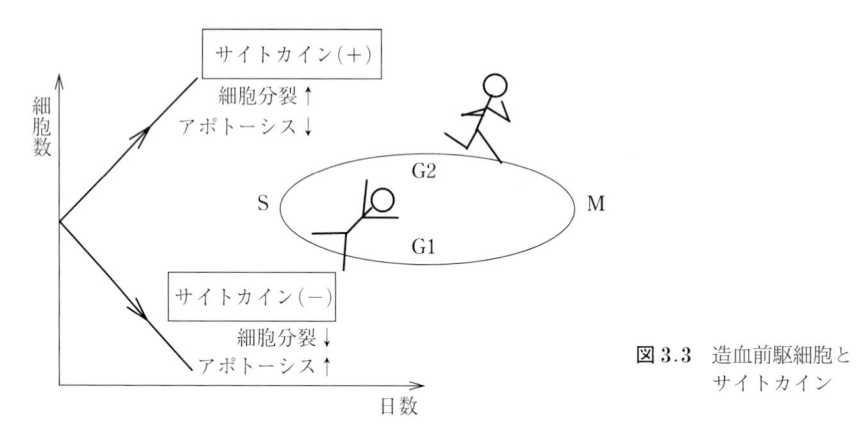

図3.3 造血前駆細胞とサイトカイン

各血球系の最終分化過程，例えば赤芽球の成熟過程における核濃縮や脱核（さらにはマクロファージによるその貪食や核消化），血小板の産生と放出プロセス，好中球の核分節化過程などはアポトーシスの実行過程との類似点が多い。しかもこれらは単に形態学的に類似の現象が生じているにとどまらず，同一の遺伝子産物が関与していることが判明していることから，血球の最終分化プロセスは穏やかなアポトーシス類似過程が進行していると解釈する

ことも可能である。

3.1.3 アポトーシス制御と実行の分子メカニズム

アポトーシスが起きるにはその誘因が必要である。そこで生じた生死の決定に関与するシグナルは，それぞれの誘因に特有の伝達経路を経由して，アポトーシスの最終判断と実行を担当するアポトーシス基本システムへと伝えられる。アポトーシス基本システムではアポトーシスを起こさせるか否かについての最終決定が行なわれ，アポトーシスが実行される。アポトーシスの結果生じた細胞は，マクロファージや近隣の細胞に貪食され，アポトーシスの全行程が終了する（**図 3.4**）。上述したように，進化の過程でまずアポトーシス基本システムが成立したと考えられる。これに進化上の必要に応じて，アポトーシスの誘因からアポトーシス基本システムに至るさまざまな経路が加わり，複雑なアポトーシス制御系が完成した。

```
アポトーシス誘因    大きく四つに
      ↓          分けられる
シグナル伝達経路    誘因特異的である
      ↓
┌─────────────────────────┐
│ アポトーシス      Bcl-2 スーパー │
│ 制御システム       ファミリー    │
│      ↓                      │
│ アポトーシス      カスペース    │
│ 実行システム                   │
└─────────────────────────┘
      ↓
死細胞の処理
  （貪食）
```
アポトーシス基本システム（左側ラベル）

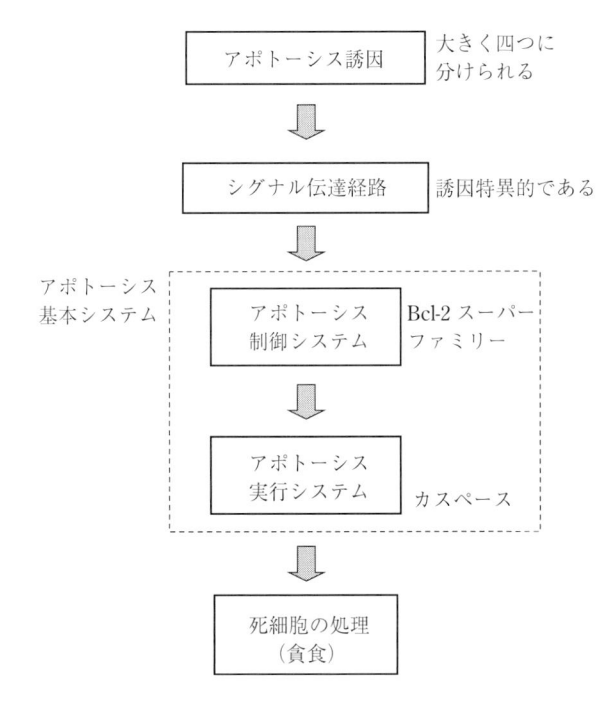

図 3.4 アポトーシスの流れ

3.2 アポトーシス基本システム

アポトーシスの誘因から発した，細胞の生死の決定に影響を及ぼすシグナルは，それぞれの誘因に特有の経路を経て，最終的にアポトーシス基本システム（general apoptosis program）へと伝えられる。アポトーシス基本システムは多細胞動物のなかで，線虫のように非常に単純な生物から，昆虫や脊椎動物に至るまで基本的に共通の構造である。また臓器や

組織系統によっても変わらない。アポトーシス基本システムは制御システムと実行システムに大別される。制御システムはおもに Bcl-2 ファミリー因子群が担当する。実行システムを構成する中心因子はカスペースと呼ばれるタンパク質分解酵素である。

3.2.1 Bcl-2 ファミリー因子

Bcl-2 ファミリー因子は，それが機能するときにはミトコンドリアの外膜上に存在し，自らチャンネルを形成するほか，porin（VDAC）など，ミトコンドリア外膜上のほかのチャンネルの機能を制御するタンパク質群である。線虫のような単純な生物ではそのメンバーは Ced-9 と Egl-1 の二つしかないが，哺乳類では少なくとも 15 以上存在し，その構造や機能から大きく三つの亜群に分けられる（**図 3.5**）。

| | BH4 | BH3 | BH1 | BH2 | 膜付着部位（TM） |

Bcl-2, Bcl-x_L, A1/Bfl-1, Bcl-w, Mcl-1, Ced-9 など

（a）アポトーシス抑制因子群

BH3　BH1　BH2　TM

Bak, Bax, Bok など

（b）アポトーシス誘導因子群

BH3　TM

Bad, Bid, Bik/Blk, Bim/Bod, DP5/Hrk, Noxa, Egl-1 など

（c）BH3 細胞死誘導因子群

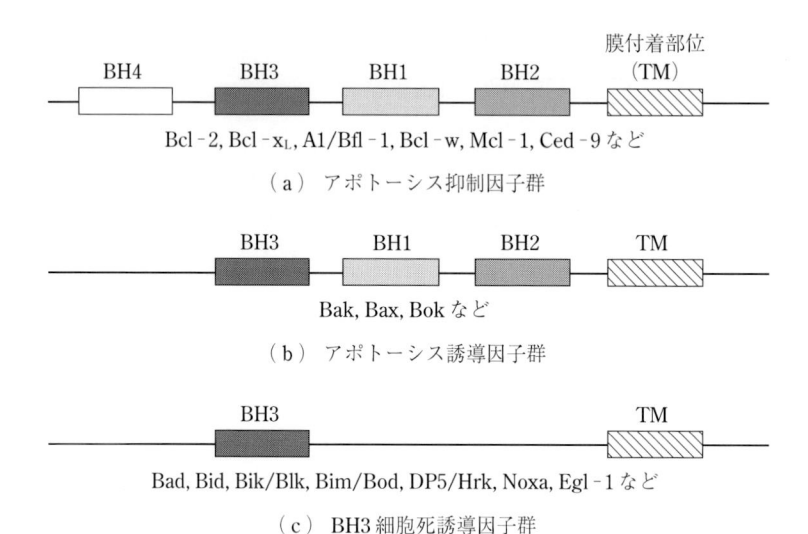

図 3.5　Bcl-2 スーパーファミリー

図（a）のアポトーシス抑制因子群は，Bcl-2 や Bcl-x_L などがそのメンバーで，BH1〜BH4 までの，Bcl-2 ファミリー因子に特有なドメイン四つをすべて有するのが特徴である。線虫の Ced-9 もこのグループに属する。ちなみに Bcl-2（B cell leukemia/lymphoma gene-2）は Bcl-2 ファミリー因子のなかで最初に単離された因子であり，それゆえにこのグループの総称にもなっているが，アポトーシス研究のなかから発見されたものではなく，14 番と 18 番の染色体相互転座を有するヒトろ胞性リンパ腫の転座切断点より，発がん遺伝子の候補として単離されたものである。図（b）のグループがアポトーシス誘導因子群で，Bax や Bak などがこのグループに属する。BH1〜BH3 までの三つのドメインをもつが，BH4 ドメインをもたない。図（c）が BH3 細胞死誘導因子（BH3-only death activator）群と呼ばれるグループで，Bim や Bad などが重要なメンバーである。上述した線虫の Egl-1 もこのグ

ループに属する。このグループはその名前のとおり、BH3ドメインのみを有している。

　哺乳類でこのように多数のBcl-2ファミリー因子が存在するのは二つの理由があると考えられる。一つは臓器や組織特異的なアポトーシス制御の目的である。例えば、アポトーシス抑制因子群のメンバーであるBcl-w遺伝子が欠損したオスマウスでは、精巣のセルトリ細胞にアポトーシスが誘導される結果として無精子症となるが、それ以外の細胞には大きな異常は認められない。もちろんこの結果から、ただちにBcl-wがセルトリ細胞のみで機能しているとはいえないが、その重要性は細胞間で大きな差があることを示している。造血細胞ではBcl-2, Bcl-x_L, Mcl-1, A1, Bad, Bax, Noxa, Bim, Bakなどの発現がよく認められる。このうち遺伝子欠損マウスで造血系に大きな影響が出るメンバーはむしろ少数である。Bcl-x遺伝子欠損では造血系の発生に大きな異常が生じる。一方、Bim遺伝子欠損マウスでは末梢血白血球の増加と骨髄過形成が認められることから、Bimが造血前駆細胞にアポトーシスを誘導して造血量を調節するシステムのなかで重要な役割を果たしていることが判明した。

　Bcl-2ファミリーメンバーが多数存在するもう一つの理由は、誘因に応じて異なったメンバーが反応するためであると思われる。一例として図3.6に、マウスIL-3（interleukin-3）

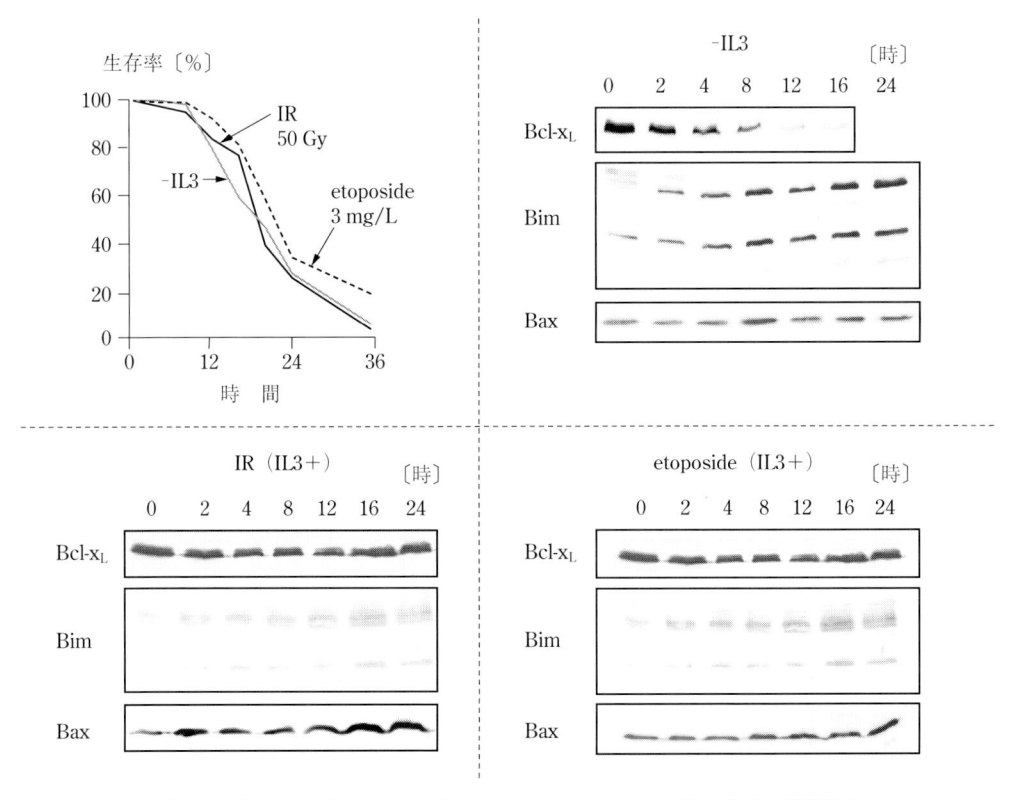

図3.6　異なったアポトーシス誘因に対するBcl-2ファミリー因子の発現変化

依存性である Baf-3 細胞を IL-3 欠乏，電離放射線（IR）照射，抗がん剤（etoposide）の三つの方法でアポトーシスを起こさせたときの Bcl-x_L，Bim，Bax の変化を示した．ほぼ同じ時間経過でアポトーシスが誘導されたが，反応している Bcl-2 ファミリーメンバーが異なっていることがわかる．IL-3 欠乏に応じて Bcl-x_L の発現が抑制されると同時に Bim の発現が増強されるが，放射線が誘導する DNA 損傷により生じるアポトーシスでは，Bax が誘導されている．同じ DNA 損傷でもトポイソメラーゼ阻害剤である etoposide による場合には，この三つの因子の発現量は大きく動かず，ほかの因子が関与する可能性が大きい．このように同じ細胞が同じような時間経過でアポトーシスを起こしても，そのときに変化する Bcl-2 ファミリー因子は誘因に特有のものであることがわかる．

　Bcl-2 ファミリー因子は，機能を発揮する際にはミトコンドリア外膜上にあって，内膜と外膜に狭まれた領域（膜間領域）に存在するチトクロム c の出入りを制御する．このうち，アポトーシス抑制因子はチトクロム c のミトコンドリア内部から細胞質への移動を抑制する．一方，アポトーシス促進因子や BH3 因子はチトクロム c の流出を促進する機能を有する．細胞質に移動したチトクロム c はアポトーシス基本システムの重要構成因子である Apaf 1（線虫の Ced-4 に相当）の活性化などを介して，後述するカスペースを活性化する．ここで重要なことは，ミトコンドリア外膜上にある Bcl-2 ファミリーの個々の因子がチトクロム c の活性化という点を標的に，細胞内外から発せられる細胞の生死に関するシグナルを統合する機能を有していることである．

　一般に，シグナルを統合する機能を果たしているのは転写調節システムである．細胞内外からのシグナルを受けた多数の転写因子が集結して転写制御領域内のシスエレメント上に結合し，転写開始の決定を下す．アポトーシスの場合も後述する四つの主要経路は，みな大なり小なりの転写調節システムを介してアポトーシス制御タンパクの発現を調節している．そのうえでもう一段階，Bcl-2 ファミリー因子による情報統合のメカニズムをミトコンドリア外膜上に作りあげ，細胞の生死を決定しているのである．

3.2.2　カスペースカスケード

　Bcl-2 ファミリーメンバーによる制御に応じて，チトクローム c がミトコンドリアから細胞質内へ流出することにより，また，後述する「死のシグナル」経路の活性化や小胞体ストレスによるアポトーシス誘導ではより直接的な経路により，カスペースと呼ばれるタンパク質分解酵素が活性化されることがアポトーシスの最終実行段階の始まりである．カスペースも Bcl-2 ファミリー因子と同様，線虫では Ced-3 ただ一つであるが，哺乳類では少なくとも 10 種類以上が知られている（図 3.7）．カスペースはアスパラギン酸の C 末側を切断する制限酵素の総称であるが，個々のカスペースは異なった 4 アミノ酸程度の配列（その C 末

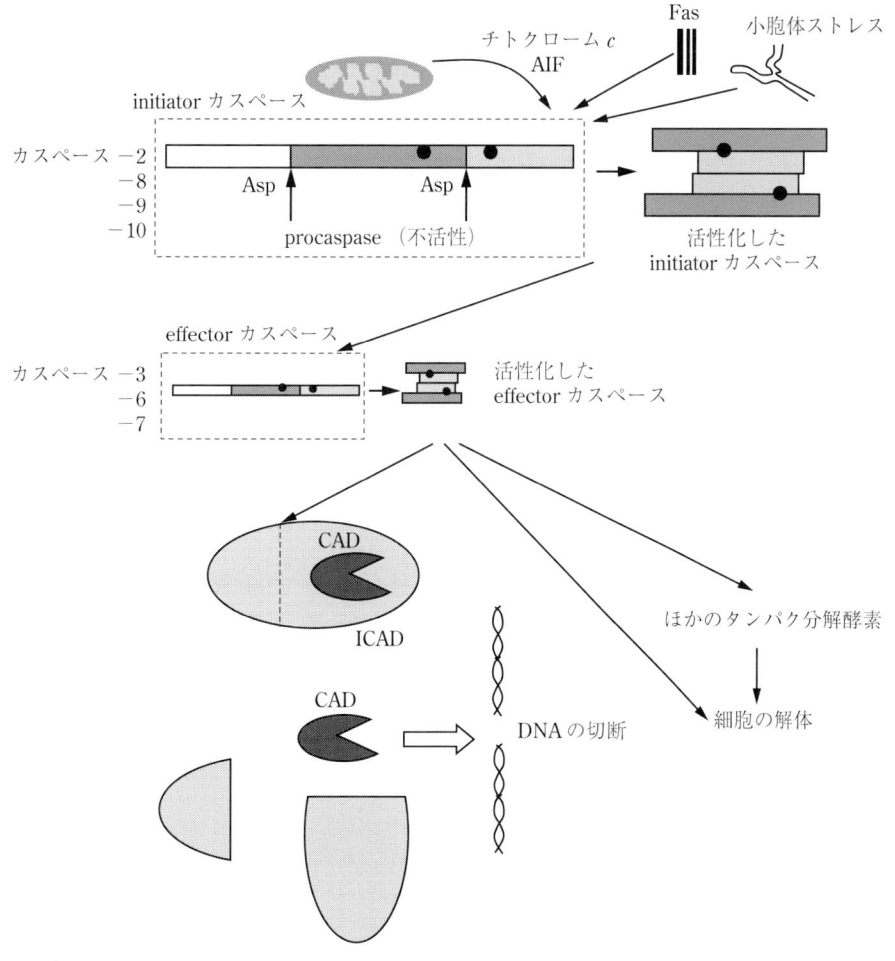

図3.7 カスペースカスケード

がアスパラギン酸）を認識する。また，哺乳類がもつすべてのカスペースがアポトーシスに関与するのではなく，おもに感染防御に関与するカスペースと，アポトーシスに関与するカスペースに二分される。

　アポトーシスに関与するカスペースは，上流のシグナルを受けて活性化されるinitiatorカスペースと，それにより活性化されるeffectorカスペースに分けられる。initiatorカスペースが，その認識配列を有する自分自身やeffectorカスペースを切断することによってカスペースカスケードが活性化する様相は，血液凝固系における凝固因子活性化のカスケードに類似している。effectorカスペースはICADと呼ばれるタンパク質を切断して，アポトーシスに特徴的な170 bp単位のDNA切断をもたらすDNA分解酵素であるCADを活性化するほか，構造タンパクを切断してクロマチンの凝集や細胞の収縮をもたらすなど，アポトーシス特有の細胞内反応や形態上の変化を引き起こす。

3.2.3 アポトーシス細胞の貪食除去

ひとたびアポトーシスを起こした細胞は，その細胞膜に生じた変化（eat-me signal）を認識したマクロファージなどの食細胞によって貪食され，除去される．アポトーシスを起こした細胞を認識するメカニズムの一つとして，活性化マクロファージが分泌するMFG-E 8（milk fat globule-EGF-factor 8）がアポトーシス細胞に結合し，結合したMFG-E 8 をマクロファージが接着因子を介して認識するメカニズムが知られている．また貪食細胞がアポトーシス細胞のDNAを分解する酵素としては，線虫ではNuc-1が知られていた．これは哺乳類のDNA断片化酵素の一つ，DNase IIの相同因子である．DNase IIはマクロファージが貪食した赤芽球の核を消化するのに必須の酵素であり，この遺伝子が欠損したマウスでは脱核した赤芽球核を貪食細胞が消化できないため，結果的に赤芽球の脱核障害を生じ貧血のため胎児が死亡することが知られている．

3.3 アポトーシスの誘因とそのシグナル伝達経路

上述したアポトーシス基本システムが進化の早い段階で成立したあと，多細胞動物は必要に応じてさまざまなアポトーシス制御プログラムを作成してきた．それらはアポトーシスの誘因からアポトーシス基本プログラムへとシグナルを導くしくみにほかならない．アポトーシスの誘因は非常にさまざまであるが，ここではシグナル伝達経路から，① サイトカインの欠乏，② DNA損傷，③ Fasに代表される死のシグナル，④ 小胞体ストレス，の4通りに分類した（図3.8）．

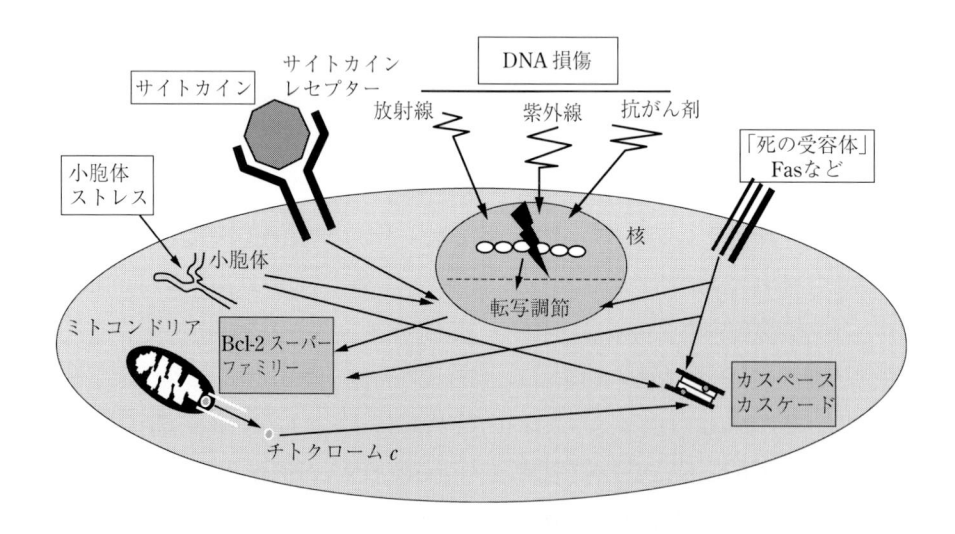

図3.8 アポトーシスシグナル伝達の概観

3.3.1 サイトカインの欠乏

前述したように造血前駆細胞の大半は厳格なサイトカイン依存性を有しており，この誘因は造血制御の根幹を支えるものである．1980年代後半からサイトカインやその受容体がつぎつぎと単離・同定されたのち，サイトカイン受容体のどの部分から出たシグナルがアポトーシス抑制に関与しているのか詳細な分析が行われた．

IL-3を例に挙げると，アポトーシス抑制には受容体β鎖の細胞質内膜遠位側部分が必須である．この部分はRas経路の活性化に必要な部分であり，サイトカインはRasの活性化からその下流にあるPI3キナーゼ，あるいはMAPキナーゼを活性化することにより，生存シグナルを送り，BH3アポトーシス誘導因子Bimの発現を抑制している．また，一部の生存シグナルは膜近位側のJAK/STAT経路からも出ており，Bcl-x_L遺伝子の転写を促進する．白血病に高頻度で認められるRasの点突然変異，Flt-3やc-Kitなどサイトカイン受容体の点突然変異による受容体機能の恒常的活性化，あるいは染色体転座に伴って生じるBcr-Ablなどの融合チロシンキナーゼなどは，この経路を活性化することにより白血病細胞のアポトーシスを抑制しているものと考えられる．

一方，神経細胞の生存維持にもこの誘因は重要である．NGF（nerve growth factor）やBDNF（brain derived neurotrophic factor）などの神経栄養因子はJNK（jun N-terminal kinase）の活性化を通じてBimを不活性化し，ニューロンのアポトーシスを抑制していることが知られている．造血細胞と神経細胞のサイトカインによる生存シグナル経路を比較した（**図3.9**）．細胞や実験系によっていろいろな違いがあるなかでの最大公約数的な

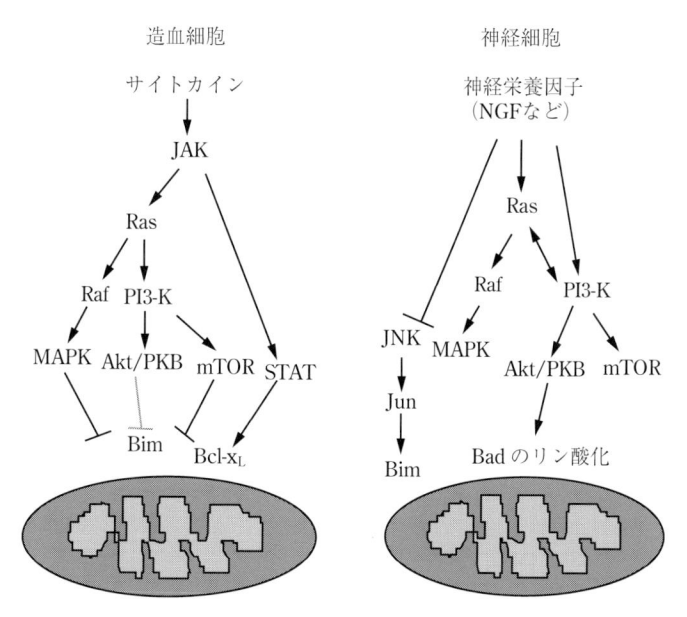

図3.9 造血細胞と神経細胞の生長因子依存性生存シグナルの異同

経路を示す．全体として似通っているが，随所に細かな相違が存在することがわかる．

3.3.2 DNA 損 傷

放射線や紫外線，環境中の変異原物質，抗がん剤などによりDNAの損傷が生じる．DNA損傷にはさまざまな種類があり，それによって細胞の反応は大きく異なる．最も理解が進んでいる電離放射線によって起きる二重鎖切断を例にとって説明する．DNA損傷を受けた細胞がアポトーシスを選択するのは，ある限られた範囲内の線量を照射された場合である（**表 3.1**）．

表 3.1 線量に応じた損傷と細胞の対応およびその結果

線量	（大） ────────────────────────────── （小）				
細胞の損傷	DNAの極度の損傷 膜構造の破壊	DNAの重度の損傷	複数の二重鎖切断 （多数の1本鎖切断）	二重鎖切断 （一つ） 1本鎖切断	
細胞の反応	受動的	p53→アポトーシス 経路の活性化	p53 → DNA修復経路の活性化		
染色体レベルの異常	染色体・DNAの断片化		不安定型 構造異常	安定型 構造異常	「正常」に修復 （微小異常）
細胞の生死	ネクローシス	アポトーシス	増殖死 （数日間）	長期生存	
	間期死（数時間）				
個体への影響	急性放射線障害		晩発障害		

線量が細胞の対応能力を超えると，細胞は受動的に破壊され，いわゆるネクローシスを生じる．対応能力内である場合にはただちに修復システムが立ち上がり，引き続いて修復を行うか，あきらめてアポトーシスを選択するかの決断を迫られることになる．アポトーシスの選択は放射線急性障害につながり，動物個体の危機に直結するため最小限にしたい．しかし，特に脊椎動物では二重鎖切断をおもに断端吻合と呼ばれる方法で修復するため，同一細胞内で複数の二重鎖切断が生じた場合，正しく修復できる可能性は少ない（**図 3.10**）．

ゲノムDNAは意味の少ない領域を大量に含むため，修復エラーが生じても細胞の機能にとってまったく問題がないことも多いが，二動原体染色体や環状染色体を生じた場合には，

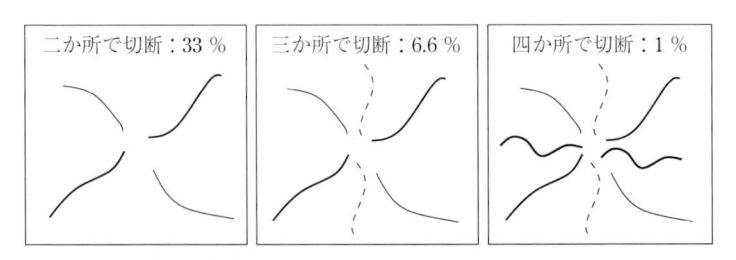

図 3.10 複数の二重鎖切断を断端吻合で修復すると，正しく修復できる可能性は低い．

細胞分裂は不可能となり（図 3.11），細胞は増殖死（アポトーシスとは異なる）を起こす。エラーの最も重大な帰結は，その細胞の増殖を制御できなくなり，腫瘍細胞化することである。したがって，アポトーシスを選択して急性障害の危険をおかすか，無理に修復してあとで腫瘍の発生をみるか，両立しない微妙な選択である。マウス細胞が腫瘍細胞化しやすいこと，対照的にヒト細胞は腫瘍化しにくいことはよく知られているが，これは寿命とも密接な関連があると考えられる。マウスが成長し，子ネズミを生み，授乳期間を終えるのに半年とかからないが，ヒトの場合はその何十倍もの期間が必要であり，その間に腫瘍が発生すると子孫が残せない。したがって，ヒトの場合には悪性腫瘍の発生を最小限にするシステムができていると考えられる。

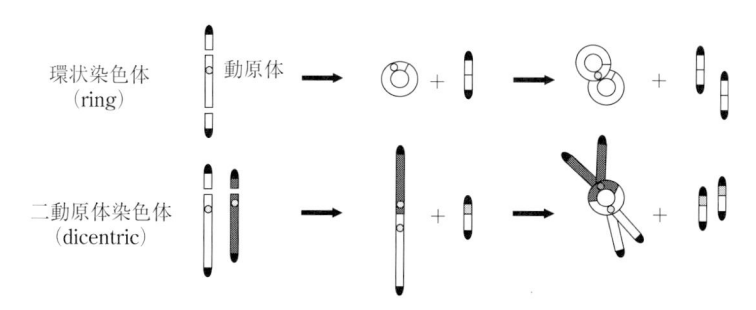

図 3.11　二動原体染色体と環状染色体

DNA 修復かアポトーシスか，細胞がそのどちらを選択するかは，p53 転写因子により決定されることから，p53 依存性経路と総称される（図 3.12）。このシステムの中でカギとな

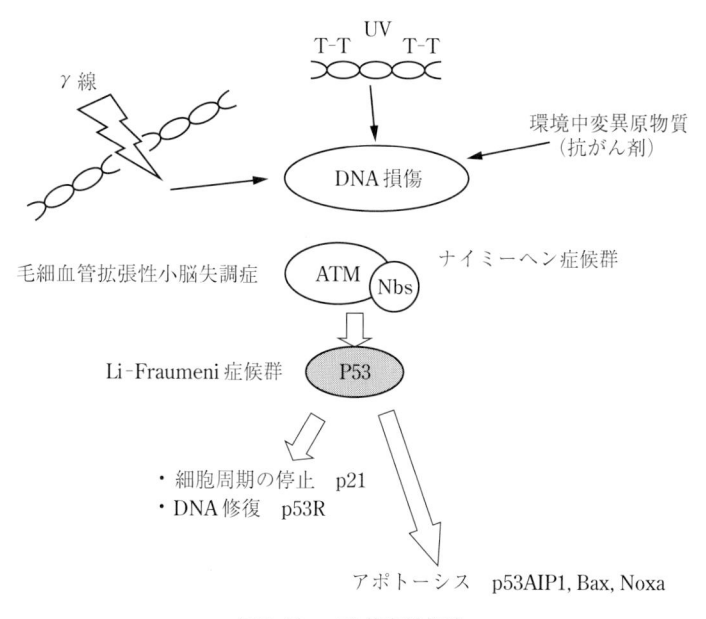

図 3.12　p53 依存性経路

るのは p53 のリン酸化の程度であって、それによりこの転写因子の DNA 配列結合特異性が変化し、DNA 修復に必要な遺伝子が誘導されるか、アポトーシスの誘導を起こす遺伝子が転写されるかが決定される（図 3.13）。

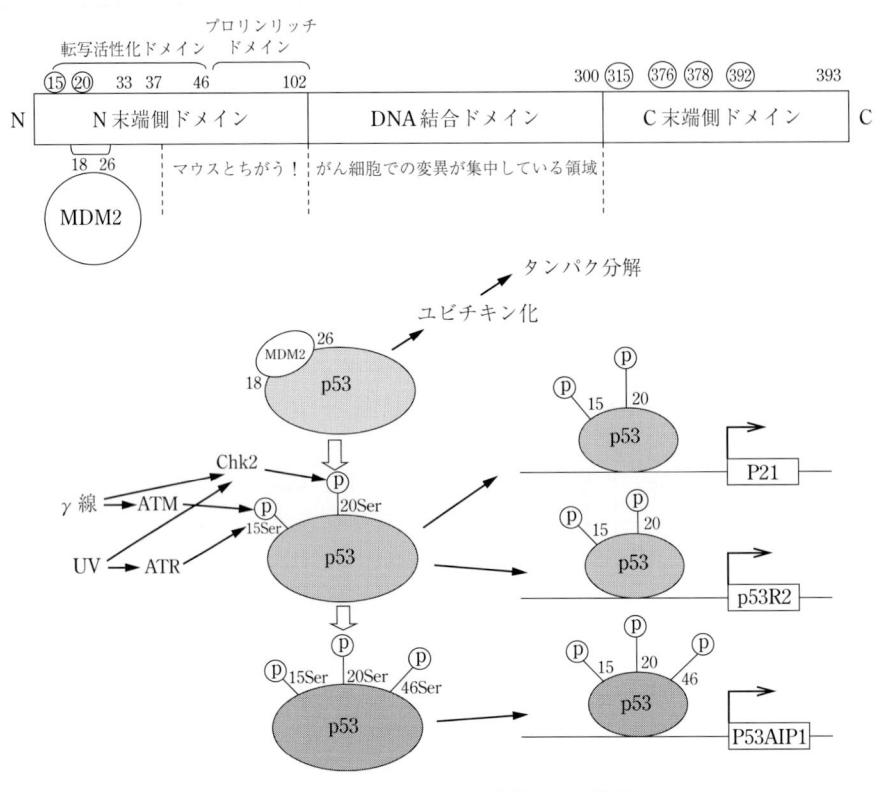

図 3.13 ヒト p53 のリン酸化とその結果

3.3.3 死のシグナル

死のシグナルとは、Fas を代表とする「死の受容体」がアポトーシスを誘導される細胞膜表面に発現され、細胞障害性 T 細胞などの表面に発現されるそのリガンドと結合する結果、「死のシグナル」が伝達され、アポトーシスが誘導されるシステムである。リガンド/死の受容体の組合せとしては Fas リガンド/Fas のほか、TNF（腫瘍壊死因子）/TNF 受容体、TRAIL/DR 4，DR 5 などが知られている（図 3.14）。

リガンドと受容体の結合により、受容体の細胞内ドメインにある death domain 内でカスペース（caspase 8）の活性化が起こり、これが直接カスペースカスケードを起動させてアポトーシスを誘導する結果、Bcl-2 ファミリー因子による調節を迂回できる点がこのシステムの大きな特徴である（図 3.15）。したがってこの経路によるアポトーシスの進行はたいへん早く、数時間で細胞は死に至る。そのほか Bcl-2 ファミリー因子を迂回せず、BH 3 因子

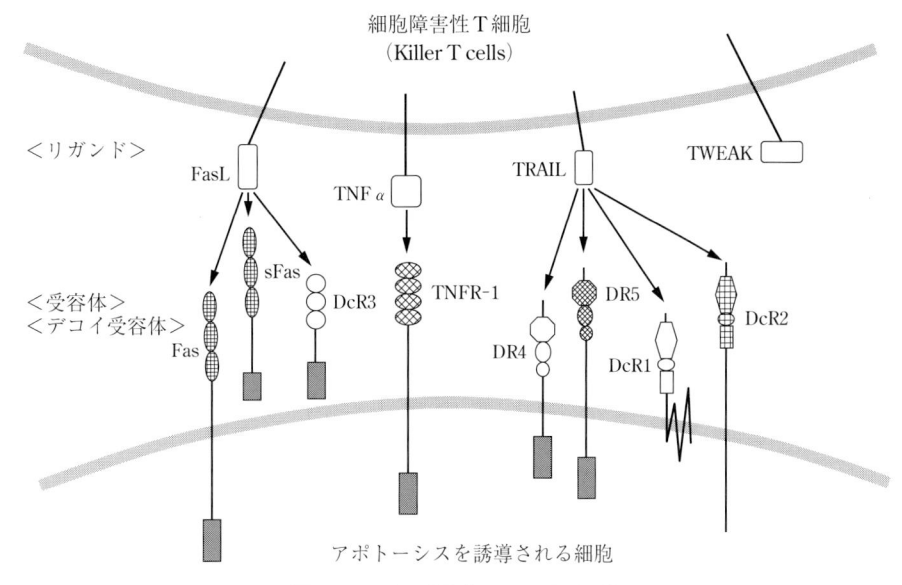

3.3 アポトーシスの誘因とそのシグナル伝達経路

図 3.14 死の受容体とそのリガンド

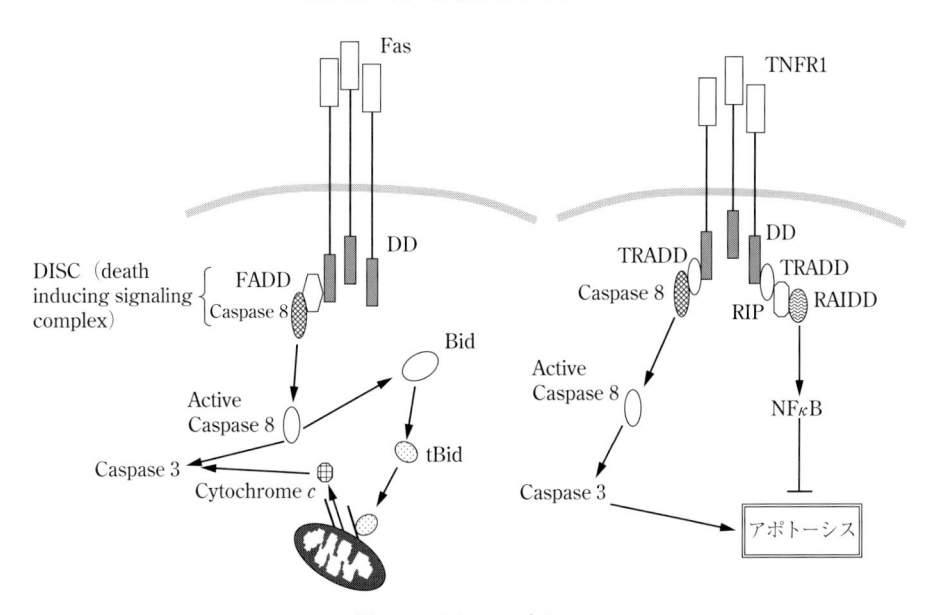

図 3.15 死のシグナル

である Bid の機能を調節することによりアポトーシスが誘導される経路も知られており，この経路は特に激症肝炎の発症機序との関連が注目されている．

この経路がほかの三つの誘因と際立って異なる点は，自らの細胞のアポトーシス決定を他者（細胞障害性 T 細胞など）にゆだねているところである．すなわち，細胞がなんらかの事情により自身で決定できない状況に陥ったときに，死の受容体を細胞表面に出すことによってアポトーシスが誘導される．そのような状況として最もわかりやすいのが，ウイルス感

染である。ウイルスによって転写制御システムが支配され，ウイルス由来のBcl-2ファミリータンパクによってアポトーシスをも抑制された状況にある感染細胞が生存し続けることは，大量のウイルス複製を許し，感染が拡大することに直結する。このような自己決定力を失った細胞でも，死の受容体を細胞表面に出すことによって除去することを可能にしたのがこのシステムである。このほか，リンパ球の成熟過程で大量に生じる，遺伝子組替えに失敗したリンパ球の排除にもFasが必須である。

3.3.4 小胞体ストレス

小胞体は細胞内タンパク輸送やタンパク質の畳込みを行っている細胞内小器官である。リボゾームで合成されるタンパク質はシグナル配列の除去やリン酸化，糖鎖による修飾などさまざまな経過を経て正しく折り畳まれ，ゴルジ装置へと輸送されて初めて機能する（図3.16）。正常な状況下でも，正しく折り畳まれ，最終的に機能するタンパクとなるのは，産生されるタンパク質の半分に満たないといわれており，折畳みに失敗したタンパク質は，蓄積しないように小胞体内で壊されている。

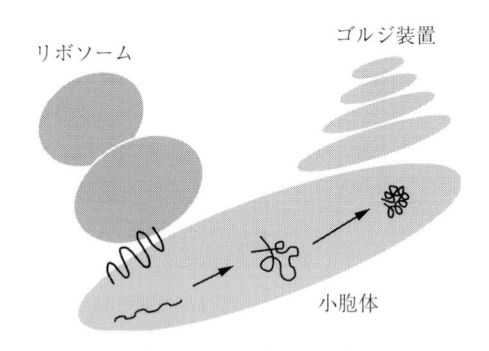

図3.16 小胞体の機能

虚血や酸化ストレス，細胞内カルシウム調節異常など，さまざまな「小胞体ストレス」が加わることによって小胞体の機能が低下すると，正常な折畳みは困難となり，異常タンパク質が蓄積される（図3.17）。細胞はこうした事態が起きると，まず異常タンパク質を減少させる努力を行なう。タンパク質の合成を減少させることや，細胞の折畳みと異常タンパク質の分解を促進するヒートショックタンパク質などのシャペロン分子の合成を高める。しかし異常タンパク質の蓄積が一定限度を超えると，アポトーシスを誘導するリン酸化酵素（JNK）や転写因子（ATF 6）の活性化，またはカスペース（caspase 12）の直接の活性化が生じ，細胞は死に至る。小胞体ストレスは特に神経変性疾患に関与するニューロンのアポトーシス原因として注目され，精力的な研究が進められている。

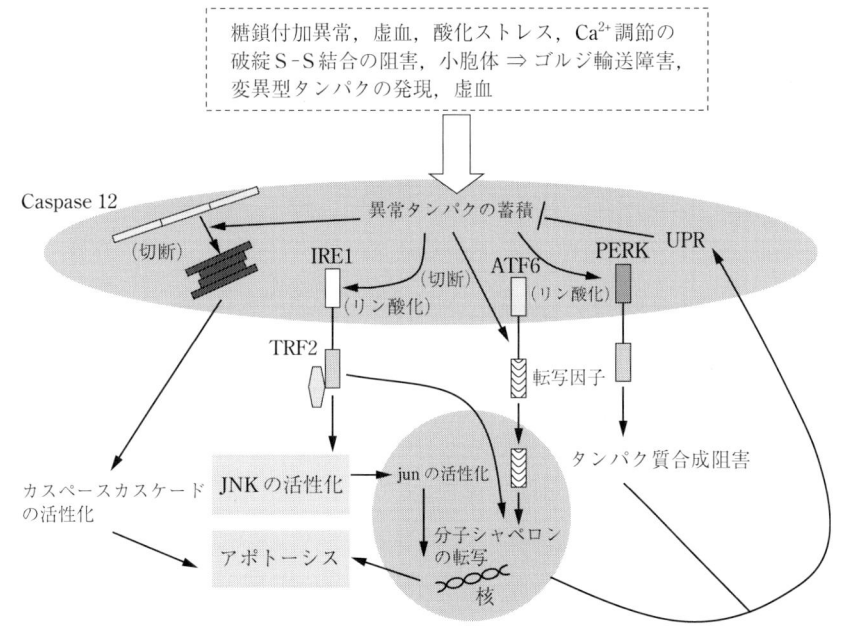

図 3.17 小胞体ストレス時の細胞の対応

3.4 お わ り に

　好気性細菌との共生の過程で，偶然の産物として成立した可能性があるアポトーシス基本システムのうえに，進化の過程で必要となったアポトーシス誘因からのシグナル伝達経路を重層する形で，多細胞動物のアポトーシス制御系は成立した。そのシステムを大づかみにしていただければ幸いである。

4 ゲノムインプリンティング

4.1 はじめに ―哺乳類におけるエピジェネティクス―

　再生医療を考える場合，未分化細胞や幹細胞をいかに目的の細胞種へ完全に分化させるかという問題に加え，いかにその細胞のエピジェネティックな情報を正常に保ちつつ分化させるかという問題が重要となる。エピジェネティックという言葉は，なじみがないかもしれないが，ここでいうエピジェネティックな情報とは，細胞における遺伝子発現の制御全般を意味している。細胞が未分化状態から特殊な細胞へと分化する過程では，ゲノムの一次構造（DNA 塩基配列）の変化は生じない。遺伝子の使い分け，すなわち遺伝子発現パターンの変化によって，このような表現型の変化が起きる。エピジェネティックとは，このように遺伝的（ジェネティック）な変化ではない要因が表現型に影響を与えることを意味する言葉である[1]。すなわち，生物の個体発生・細胞分化というものは，そもそもエピジェネティックなプロセスなのである。

　5 章で扱われている体細胞クローン動物における核のリプログラミングも，細胞核に含まれる個体発生にかかわるエピジェネティックな遺伝子発現制御情報のリプログラミングのことを意味している。このように，エピジェネティックな遺伝子制御はきわめて普遍的な問題であり，"生物のしなやかさ"をつかさどる動的なシステムなのである。そしてこの過程には，後述の章で解説されるように DNA のメチル化やヒストンのアセチル化・メチル化，クロマチン構造変化等，いろいろな要素が，それぞれ関連しながら機能している。

　さて，ヒトを含む哺乳類の細胞のエピジェネティクスを考える場合，個体発生・細胞分化にかかわる記憶とあわせて重要なのがゲノムインプリンティングの記憶である[2]~[7]。これは個体発生において，精子と卵子に由来するゲノム（染色体のセット）がそれぞれ父親・母親に由来する遺伝子発現制御情報を記憶し，個体発生において異なる機能を果たすことからつけられた名称である。興味深いことに，ゲノムインプリンティングは高等脊椎動物では哺乳類にのみにみられ，哺乳類の各種で広く保存されている現象である。当然，ヒトを対象とする生物学においても重要な項目の一つに挙げられる。

ゲノムインプリンティングの特徴は，その記憶が体細胞，すなわち体を構成している各種臓器や組織等の細胞では，一生の間消えることなく保持されていることである。受精のときに精子と卵子から持ち込まれた父親・母親に由来する記憶は，個体発生の過程で多くの細胞分裂を繰り返し，形態形成が済み，さらに成体になっても，すべての臓器の細胞でそのまま保持されているのである。このようにゲノムインプリンティング記憶は，生体内では非常に安定に保持されると考えられるが，細胞培養等の体外培養の過程では記憶が乱される部分が存在することが明らかになってきた。これは，個体発生・細胞分化にかかわる記憶にもいえることであるが，エピジェネティックな記憶は，一部が長期の細胞培養等で不安定のようにみえる。ES細胞から作製されたクローン動物のほぼ100％に新生仔の過剰発育がみられ，その多くが出生後に致死となることが知られている[8),9)]。これらの異常の原因を探ると，それはゲノムインプリンティング記憶と個体発生・細胞分化にかかわる記憶の一部が，長期培養によって変化してしまったことに由来している可能性が高いことがわかっている[10),11)]。

はじめに，再生医療への応用を考える場合，エピジェネティックな記憶の正常な保持が重要であると述べたのは，このような理由からである。目的の細胞種に形態的に完全に分化できたようにみえても，その細胞のもつ遺伝子発現パターンの一部が，長期培養によって生体内で分化した場合とは異なるものになっている可能性が否定できないのである。このようなエピジェネティックな異常という問題が認識されてまだ日が浅いため，この問題に対する本格的な対応は今後の研究に任されている。これは，現在の細胞の培養条件が最適化されていないために起きた正常とは異なる分化を反映したものである可能性が高いが，エピジェネティックな記憶の本質的な問題である可能性もある。ヒトのES細胞にこのような長期培養での変化が生じているかどうか，現在，調べられ始めたところである。いずれにしても，再生医療では，細胞の一時的な体外培養や試験管内で分化させた細胞の利用が必須であり，エピジェネティックな情報に十分な注意を払う必要があることを，この分野を志す研究者にはしっかりと認識しておいて欲しい。

4.2 ゲノムインプリンティングの概要

4.1節で簡単に紹介したように，ゲノムインプリンティングは父親・母親に由来するゲノムの機能的差異を指す。精子形成，卵子成熟の過程で精子と卵子はそれぞれ父親型・母親型の記憶が刷り込まれ，この両者が正常な哺乳類の個体発生に必須である。どちらか一方の情報しかもたない雌性単為発生胚や雄性発生胚の場合，どちらも胎児の初期で致死となる[2),3)]。卵子成熟の過程で刷込み過程に異常が生じた場合にも，同様に初期胚致死性がみられる[12)~14)]。また，ゲノムインプリンティングの制御を受ける遺伝子やその遺伝子を含むイ

ンプリンティング領域（後述）に異常が生じた場合には，成長異常，形態形成異常，精神遅滞等のさまざまな遺伝病が発症する[6]。このように，ゲノムインプリンティングは哺乳類の正常な個体発生には欠かせない記憶であることがわかる。

この記憶は，各世代ごとに個体の性別に合わせて書き換えられるエピジェネティックな情報であるが，どのようにして父親・母親に由来するゲノムの機能的差異が生じ，子孫に伝えられていくかを順に説明しよう。ゲノムインプリンティングの父親・母親に由来するゲノムの機能的差異は，父親・母親由来のゲノムからのみ発現するインプリンティング遺伝子（paternally expressed genes：*Peg* と maternally expressed genes：*Meg*）の存在で説明できる（**図 4.1**）[15]〜[17]。

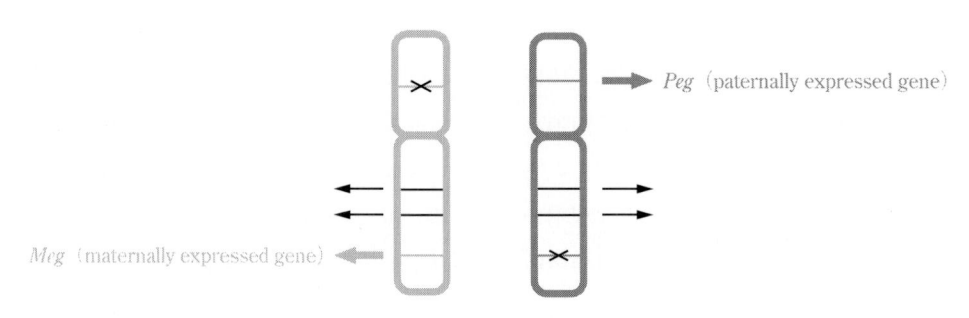

細胞には両親から由来した二つのゲノム（染色体の1セット）が存在する。一般の遺伝子の場合，どちらの染色体からも同等に遺伝子発現が起きる。これはメンデルの遺伝法則の前提となっている。しかし哺乳類には，親由来で発現が制御される特殊な遺伝子が存在している。これがインプリンティング遺伝子であるが，体細胞における発現パターンから，父親由来で発現する *Peg* と，母親由来で発現する *Meg* の2種類に分けることができる。注意して欲しいのは，×印は発現が抑制されることを意味しているが，ゲノムインプリンティング機構は遺伝子発現抑制のみを行っているのではないし，この図では，オス・メスのどちらの生殖細胞系列で刷り込まれるかを意味していないことである。これらゲノムインプリンティング機構に関する詳細は図 4.4 を参照して欲しい。

図 4.1 片親性発現をするインプリンティング遺伝子 *Peg* と *Meg*

これらの遺伝子は両親から伝わるが，どちらか一方のみが発現するように制御されている。このような遺伝子群は，現在までヒトやマウスで合わせて約80個発見されており，おそらく200個近く存在すると予想されている。多くの場合，複数のインプリンティング遺伝子が集まった遺伝子クラスター（インプリンティング領域）を形成している（**図 4.2**）[5]。これは次節以降で説明するインプリンティング遺伝子の発現制御機構自体に重要な意味をもつことであるので覚えておいて欲しい。

図4.2 マウスにおけるインプリンティング遺伝子地図

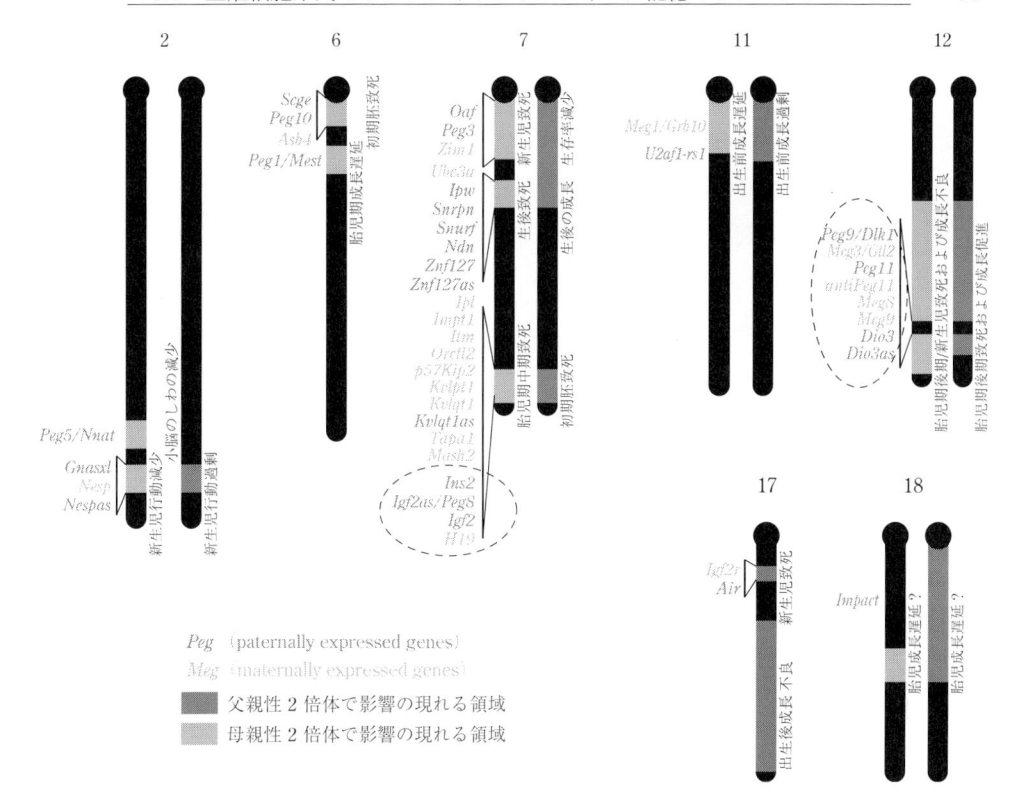

マウスでこれまでに同定されたいくつかの代表的な遺伝子のマップを示した。多くの場合，インプリンティング遺伝子はPegとMegが組み合わさったクラスターを形成している。これらのクラスターはインプリンティング領域と呼ばれ，その領域が片親性2倍体になると，図に示したようなさまざまな影響が生じる（文献5）のWebサイト参照）。染色体の上につけた番号は，マウスの染色体番号を示している。破線で囲ったクラスターは，精子形成過程で刷込み（父親性インプリンティング）を受け，それ以外のクラスターは卵子成熟過程で刷込み（母親性インプリンティング）を受ける（図4.4および図4.5参照）。

4.3 生殖細胞系列でのゲノムインプリンティング記憶のリプログラミング

　ゲノムインプリンティング記憶は，次世代に伝わるまえに一度，完全に消去され，再度，その個体の性別に応じて刷り込み直される。この過程をゲノムインプリンティングのリプログラミングと呼ぶが，これらは生殖系列の細胞でのみ起きる。受精卵に由来する父親・母親型の二つの記憶，いわゆる体細胞型の記憶は細胞分裂を経ても維持される。しかし，受精胚が子宮に着床して，胎仔の形態形成が始まると，尿膜基部から生殖系列の細胞が発生してくる。この胎仔期に出現する将来の生殖細胞（精子，卵子）となるものを始原生殖細胞（primordical germ cells：PGC）と呼ぶ。これが胚の内部を遊走し，生殖隆起にたどり着き，この内部に移住する。これから将来の生殖巣（精巣，卵巣）が形成される。ゲノムイン

プリンティング記憶の消去はこの一連の過程のなかで起きる。この詳細は理化学研究所バイオリソースセンターの小倉室長グループとの共同研究で行った PGC から作製したクローンマウス（PGC クローン）の解析から明らかになった[7),18)〜20)]。

　マウスでは胎仔期の 10.5 日目に PGC が生殖隆起にたどり着き，丸 1 日かけて内部に移住する（胎仔期 11.5 日目）。この時期から一日おきに PGC を採取し，その一つひとつから体細胞クローン技術でクローン胚を作製する。すると，11.5 日目の PGC をドナー細胞とした場合，発生の良いクローン胎仔を得ることができる。しかし，12.5 日目以降の PGC をドナー細胞とした場合には，すべてのクローン胚は初期胚致死となってしまう。これは，以下に示すように 11.5 日目の PGC には，まだ体細胞型（父親型と母親型の両方をもつ）の記憶がほぼ完全に残っているのに対し，12.5 日目以降の PGC ではこれらが完全に消去され初期化状態となっているためである。

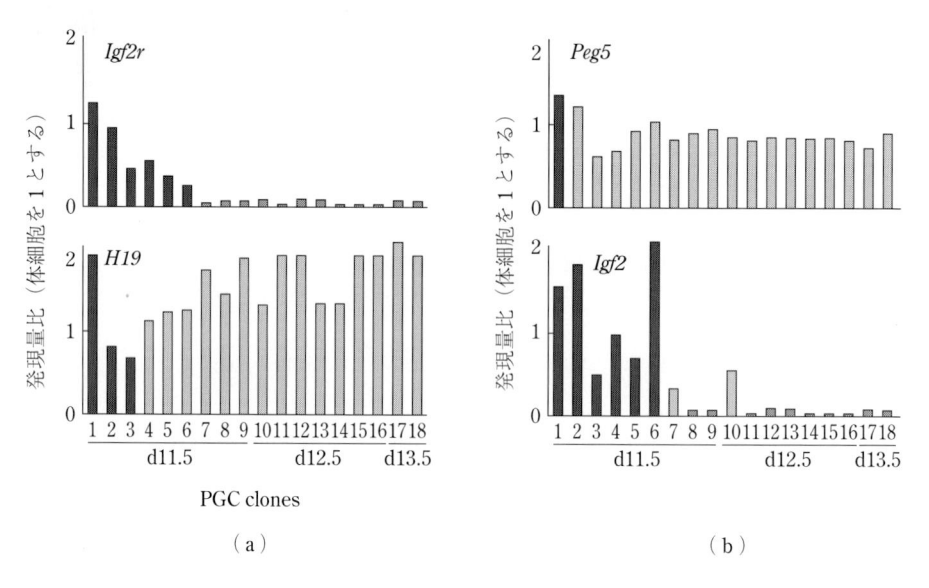

　これらのクローン胚におけるゲノムインプリンティングの状態を，インプリンティング遺伝子の発現状態でモニターしてみる。図 4.3（a），（b）でみるように，PGC が生殖隆起に移住したこの時期に，*Peg* と *Meg* のどちらの場合でも，それぞれ体細胞型の発現様式

胎仔期 11.5〜13.5 日目の始原生殖細胞（PGC）から作成したクローン胚の解析結果を示した。図（a）に *Meg* 遺伝子の場合，図（b）に *Peg* 遺伝子の場合のそれぞれ典型的な 2 例を挙げた。どちらの場合も遺伝子発現パターンは胎仔期 12.5 日目には完全に父親型・母親型の発現が消去されて区別がなくなるが，両親性発現を示すものとどちらからも発現がなくなる場合の 2 種類のパターンがみられる。図 4.4〜4.5 で説明するように，初期化されて発現がなくなる *Meg* と両親性発現を示す *Peg* は同じクラスター（上段）に，発現がなくなる *Peg* と両親性発現を示す *Meg* は同じクラスター（下段）に分類され同時に制御されている。これは，図 4.2 のインプリンティング領域に対応している。

図 4.3 PGC におけるインプリンティング記憶

4.3 生殖細胞系列でのゲノムインプリンティング記憶のリプログラミング

（父親性発現または母親性発現）から，両親性発現（どちらのゲノムからも等価に発現する）か，無発現状態（どちらのゲノムからも発現しない）への変化がみられる．遺伝子ごとにタイミングのずれがみられるが，どのインプリンティング遺伝子も 12.5 日目までには，完全に初期化状態に移行していることがわかる．

非常に面白いことに，この初期化状態は二つのパターンにきれいに分類できる．これは，じつは図 4.2 でみたインプリンティング遺伝子のクラスターと対応しており，図 4.2 の破線の丸で囲まれた遺伝子は Peg が無発現状態になり，Meg が両親性発現を示すインプリンティング遺伝子群であり（図 4.3 下段），囲みのない遺伝子群は，その逆に Meg が無発現状態になり，Peg が両親性発現を示すインプリンティング遺伝子群である（図 4.3 上段）．この分類は図 4.2 の各インプリンティング遺伝子クラスターに対応している．多くのクラスターは，複数の Peg と Meg を含んでいるが，初期化状態で，どちらの遺伝子が発現・抑制されるかというパターンによって，二種類の遺伝子クラスターに分けられる．

図 4.1 では Peg と Meg を説明するのに簡略化した図を用いたが，インプリンティング遺伝子群の発現制御体系を正確に理解するためには，少し複雑になるが**図 4.4（a），（b）**を参照して欲しい．すなわち染色体上には父親側で（精子形成時に）刷込みが行われる領域（父親性インプリンティング領域）と母親側で（卵子成熟時に）刷込みが行われる領域（母親性インプリンティング領域）が存在している．そしてそれぞれいくつかの Peg と Meg を含んだクラスターを形成している．

PCG で記憶が初期化された状態では，前者の領域では Meg が両親性発現，Peg が無発現状態となり，後者では Peg が両親性発現，Meg が無発現状態となっている．この状態は，それぞれ卵子，精子のもつ情報と同じである．すなわち，前者では卵子成熟時に，書換えをする必要はないが，精子になる場合には，発現パターンを逆転して Peg を発現させ，Meg を抑制する必要がある．実際，胎仔が成長して出生前後の時期になると，オスであれば父親型の刷込みが行われるが，実際にこのとき遺伝子発現パターンはこのように逆転するのである．逆に，母親性インプリンティング領域は初期化状態では精子のもつ情報と同じであるため，生後の卵子成熟過程で発現パターンの逆転が起きるように母親型の刷込みが行われる[21),22)]（図 4.4（a），（b））．

ゲノムインプリンティング記憶の消去は，インプリンティング領域全体を制御する領域の DNA 脱メチル化を伴っている．このような領域は differentially methylated regions（DMR）と呼ばれ，父親由来，母親由来のゲノムで異なるメチル化を受けている．初期化で完全に脱メチル化されたのち，父親型・母親型刷込みを受ける際に再び片側のゲノムのみがメチル化される（**図 4.5**）．どちらのゲノムがメチル化を受けるかは，ここでみた父親性インプリンティング領域，母親性インプリンティング領域に対応している．すなわち，DMR のメチル

4. ゲノムインプリンティング

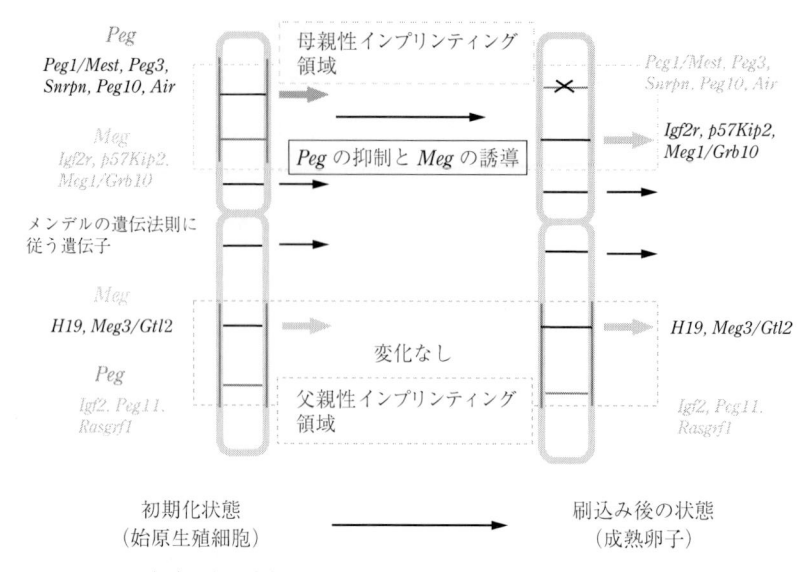

(a) 卵子成熟過程における母親性インプリンティング

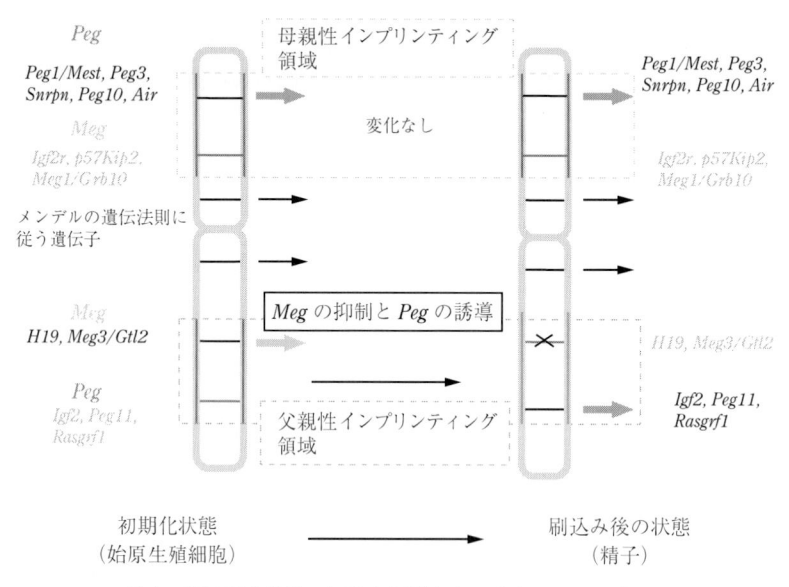

(b) 精子形成過程における父親性インプリンティング

PGC でゲノムインプリンティング記憶が初期化されたのち，オス・メスの生殖細胞ではその性別に合わせた刷込みが起きる．図（a）：母親性の刷込みは卵子成熟過程で起き，母親性インプリンティング領域に存在する *Peg* と *Meg* の遺伝子発現パターンが逆転する．すなわち *Peg* が抑制され，*Meg* が誘導される．このとき父親性インプリンティング領域では遺伝子発現パターンは変化しない（初期化型のまま）．図（b）：逆に，父親性の刷込みは精子形成過程で起き，父親性インプリンティング領域に存在する *Peg* が誘導され，*Meg* が抑制される．このとき，母親性インプリンティング領域の遺伝子パターンは変化しない．

図 4.4 生殖細胞系列におけるゲノムインプリンティング記憶の再刷込み

4.3 生殖細胞系列でのゲノムインプリンティング記憶のリプログラミング

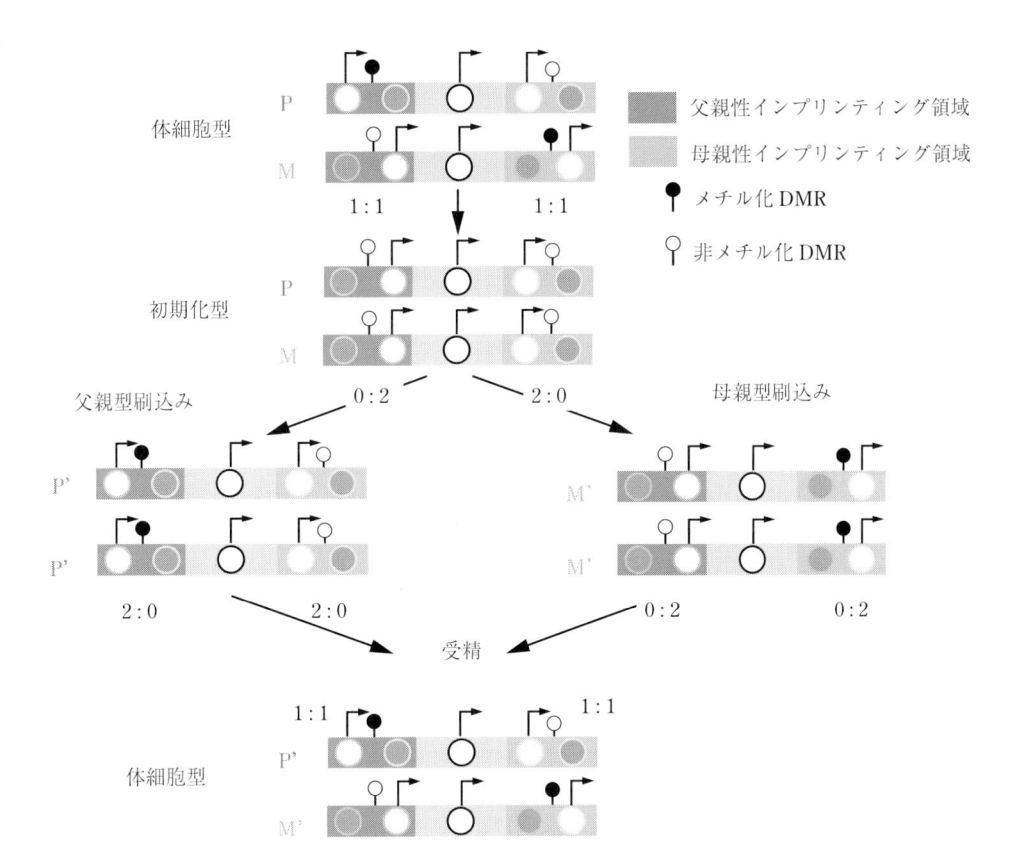

父親由来のゲノムからのみ読まれる *Peg* は，父親性・母親性インプリンティング領域のどちらにも存在している。*Meg* の場合も同様である。生殖細胞で記憶が初期化された場合，父親性インプリンティング領域の *Peg* と母親性インプリンティング領域の *Meg* は発現がなくなる。すなわち，ゲノムインプリンティングはこれらの遺伝子を誘導するために必要であることがわかる。このとき，図 4.6 に示す機構等で父親性インプリンティング領域の *Meg* と母親性インプリンティング領域の *Peg* の発現は抑制される。このように，ゲノムインプリンティングは遺伝子の発現抑制と誘導の両方を同時に制御する機構である。もしもゲノムインプリンティングが存在しなければ，約半数のインプリンティング遺伝子は，個体発生の間で一度も発現する機会がなくなり，個体も初期胚致死となる。このように，ゲノムインプリンティングは哺乳類の個体発生に必須の機構として機能している。

図 4.5 哺乳類のライフサイクルでのゲノムインプリンティング

化と脱メチル化は，インプリンティング領域に含まれる *Peg* と *Meg* が，メチル化の有無で同時に逆方向に発現制御するのに重要な役割を果たしている（*Peg* と *Meg* のレシプロカルな ON-OFF スイッチ機構，図 4.6（b））。

60　4. ゲノムインプリンティング

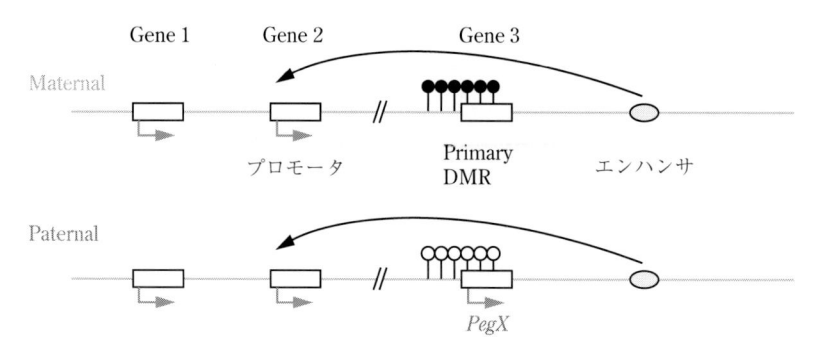

（a）　DMR のメチル化による発現制御パターンモデル 1

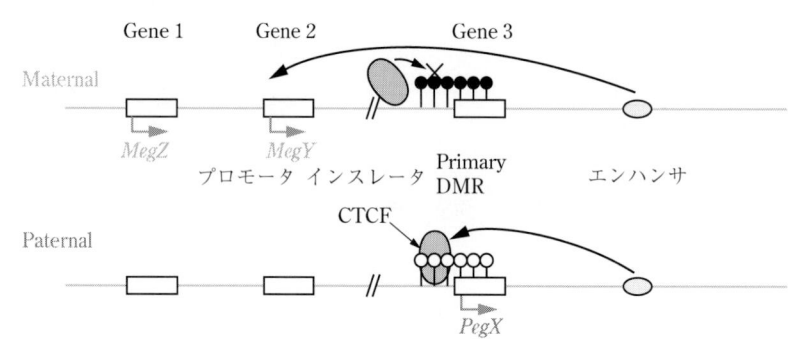

（b）　DMR のメチル化による発現制御パターンモデル 2

　生殖細胞で刷り込まれたゲノムインプリンティング記憶は，最終的には DMR の DNA メチル化という形で保存される．体細胞ではこの DMR の DNA メチル化パターンによって，*Peg* と *Meg* の発現制御がなされる．インプリンティング遺伝子の片親性発現調節機構には，何種類か存在するが，ここではインスレータモデルを紹介する．

　図（a）：Gene 3 のプロモータ領域では母親由来のゲノムに DNA メチル化が入るため発現が抑制される．このためこの遺伝子は父親性発現を示すようになる（*PegX*）．下流に存在するエンハンサは，Gene 1～3 に影響を及ぼすが，Gene 1～2 はインプリンティングの制御を受けず，両親性発現を示す．

　図（b）：Gene 3 のプロモータ領域にインスレータ配列が存在すると，DNA メチル化のない父親側のアリルのみにインスレータタンパク質（CTCF）が結合する．こうなると，Gene 1～2 は父親側のゲノムでの発現がなくなり，母親由来のゲノムからのみ読み込まれることになる（*MegY*，*MegZ*）．このように，DMR にインスレータ配列が組み合わさることにより，*Peg* と *Meg* が同時に出現し，DNA メチル化の有無で，その発現制御ができるようになる．複数のインプリンティング遺伝子がクラスターを構成して存在する理由は，このような領域全体の制御の結果と考えられる．この「*Peg* と *Meg* のレシプロカルな ON-OFF スイッチ機構」による制御様式は，哺乳類ゲノムの特色であり，ゲノムインプリンティングが個体発生に必須である理由になっていると考えられる．

図 4.6　体細胞系列での *Peg* と *Meg* の発現制御

4.4 体細胞系列での *Peg* と *Meg* の片親性発現の成立

それでは，体細胞においては各インプリンティング領域の *Peg* と *Meg* はどのように片親性発現制御を受けるのであろうか。領域全体での制御の分子機構としては，インスレータモデル[23)～25)]，アンチセンスRNAモデル[26)]，二連制御モデル[27),28)]等異なるものが機能していると考えられている。しかし，最終的にどのモデルもPGCクローン等の解析からわかったように「*Peg* と *Meg* のレシプロカルなON-OFFスイッチ機構」として機能している。ここでは，最も研究が進んでいるインスレータモデルを例に説明しよう。

図4.6（a）では一つの遺伝子（Gene 3）のプロモータ領域にDMRが存在している。ここでは母親由来のゲノムのみがメチル化され，父親由来のゲノムでは非メチル化状態となっている。このような状況ではこの遺伝子が父親性発現を示すことは理解しやすいであろう。しかし上流に存在する遺伝子（Gene 1と2）には，DMRによるインプリンティングの制御は及ばないため通常の両親性発現を示す。*Peg* 遺伝子の下流にエンハンサ（プロモータ活性を上昇させるような配列）が存在している場合も，発現パターン自身はなんら変化しない。一方，図4.6（b）ではDMR領域にインスレータ配列が重なっている。インスレータ配列とは，エンハンサの効果を遮断する効果をもつインスレータ結合タンパク質が結合する領域である。インスレータ結合タンパク質はDNAがメチル化されている場合には結合できない性質をもっている。このように別の機能をもつゲノム配列を一つ組み合わせてみると，たいへん面白いことが起きる。すなわち，母親由来のゲノムにはインスレータ結合タンパク質が結合できないため，下流のエンハンサの影響がそのまま伝わるが，インスレータ結合タンパク質が結合する父親由来のゲノムでは，エンハンサ効果が遮断され上流の遺伝子発現が起きなくなる。その結果として，上流に存在する遺伝子（Gene 2）は母親側のみが発現する *Meg* となる。すなわち，このような状況では *Peg* と *Meg* の両者が現れ，DNAメチル化の有無により，同時に逆方向に制御される。

さらに上流に遺伝子が存在する場合（Gene 1）にはそれも *Meg* になるであろう。このように，このモデルでは領域に含まれる複数の *Meg* が同時に制御できることがわかる。このことは，ゲノムインプリンティングの制御に重要なのは，プロモータ，エンハンサ，インスレータ配列，DMR等のような，ゲノム中に存在する機能性の配列（ゲノム機能単位）とその組合せであることを意味している。逆にいえば，このように配列が組み合わさった領域が，片親性発現を示すゲノムインプリンティング領域となるであろうと考えられる。このように考えると，哺乳類ゲノムには片親性発現を示す領域がもともと組み込まれていることがわかる。そして，このような領域はDMRのメチル化の有無により，*Peg* か *Meg* という

ようにゲノムのどちらか一方の遺伝子のみを発現するのである。

4.5 ゲノムインプリンティングの生物学的意味

そもそも，なぜ哺乳類にはゲノムインプリンティングが存在するのであろうか。両親から受け継いだ二つの遺伝子を使うほうが，劣性遺伝病の発症を防ぐという大きな利点が存在するのに，なぜ片側の遺伝子しか使わないゲノムインプリンティング機構が成立したのかは生物学上の大きな謎である。しかも，ゲノムインプリンティングは哺乳類に特異的な現象であり，また哺乳類では種を越えて広く保存されている。そこで，これらの問題を4.3～4.4節で説明した生殖細胞と体細胞系列におけるゲノムインプリンティング制御の体系から再検討し，ゲノムインプリンティングの生物学的意味を新たに考えてみよう。

ゲノムインプリンティングの体系から明らかになった重要な事実は，インプリンティング遺伝子の約半数は，初期化状態で発現を消失していることである（図4.3～4.5）[7,18]。これらは，刷込みを受けなければ，個体発生の過程で一度も発現する機会がない。すなわち，遺伝子発現に刷込みが必要な遺伝子が，哺乳類ゲノムには存在しているということである。刷込みを入れることにより，これらの遺伝子を発現させることはできるが，その際には「*Peg*と*Meg*のレシプロカルなON-OFFスイッチ機構」（図4.5および4.6参照）によって，同じ領域でそれまで発現していた遺伝子は不活性化されてしまう。このため，すべての*Peg*と*Meg*の発現を保証するには，刷込みは父親側か母親側のどちらか一方である必要がある。すなわち，*Peg*と*Meg*の片親性発現には必然性があるのである[7]。他の染色体領域と異なり，インプリンティング領域では，片親性発現に大きな利点があると考えられるのである[7,29]。ゲノムインプリンティングが哺乳類の種間で広く保存されている理由も，これから説明が可能である。

雌性単為発生胚や雄性発生胚が初期胚致死となり，いくつかのインプリンティング領域が片親性2倍体となると，個体発生のさまざまな時期に致死性を示す（図4.2参照）。これは，*Peg*と*Meg*のなかに，個体発生に必須な遺伝子が複数含まれていることを意味している。実際，そのような致死の原因インプリンティング遺伝子の同定も進んでいる。すなわち，哺乳類の個体発生には，いくつかの*Peg*と*Meg*の発現は必須であり，ゲノムインプリンティング機構は，これらを含むすべての*Peg*と*Meg*の発現を保証する機構として維持される必要性があると考えられる。ここに述べたように，刷込みがなければ発現しない遺伝子群という存在は，体細胞におけるインプリンティング遺伝子の発現制御で説明したように，哺乳類ゲノムに組み込まれたゲノム機能単位の組合せによって生じる。すなわち，ゲノムインプリンティングは哺乳類の進化の過程で起きたこのようなゲノムの変化に対応するための必須

機構であったと推測される。哺乳類のゲノムに実際どのような変化が起きたのか。この問題は，哺乳類（ヒト，マウス等を含む真獣類，カンガルー等の有袋類，カモノハシ等の単孔類）と他の高等脊椎動物（鳥類，爬虫類等）の多くの種のゲノムの全配列が決定され，比較されたのちに明らかになるであろう。

4.6 ゲノムインプリンティングと体細胞クローン

　ゲノムインプリンティングの発見と体細胞クローン動物の誕生は，核移植技術を用いて得られた20世紀の哺乳類の生物学における二つの偉大な業績であったといえる。これらを組み合わせた哺乳類のエピジェネティクス研究として，本章ではPGCクローンの解析によるゲノムインプリンティングのリプログラミング機構の解析を紹介したが，最後に，もう一つゲノムインプリンティングと体細胞クローンの関係について解説しておきたい。

　哺乳類の正常な個体発生にはゲノムインプリンンティングによる，父親由来，母親由来の記憶が必須であることを説明した。それなのになぜ，体細胞クローン動物は精子と卵子の受精を経ることなく生まれるのであろうか。その答えは，体細胞クローニングの初期化によって個体発生・細胞分化にかかわるエピジェネティック記憶は消去されるが，体細胞のゲノムインプリンティング記憶は消去されず正常に保たれる[30]。体細胞クローニングはすべてのエピジェネティック記憶を消去するのではないのである。そのため体細胞クローン動物は，細胞のドナーとなった動物がもっていた父親・母親由来のゲノムインプリンティング記憶をそのままもっているため，正常に生まれ得るのである。もしもゲノムインプリンティング記憶まで消えた場合には，PGCクローンの発生でみたように初期胚期に致死になってしまうであろう。このように，体細胞クローンの解析から哺乳類には二つの性質のことなるエピジェネティック記憶が存在することが明かとなった。どちらも哺乳類の個体発生・細胞分化の制御に重要なものであり，再生医療を考えるうえでもこれらのエピジェネティック記憶の深い理解が必要であることを認識して欲しい。

引用・参考文献

1) Wolffe, A. P. and Matzke, M. A.：Epigenetics regulation through repression, Science, **286**, pp.481-486（1999）
2) Surani, M. A., Barton, S. C. and Norris, M. L.：Development of reconstituted mouse eggs suggests imprinting of the genome during gametogenesis, Nature, **308**, pp.548-550（1984）
3) McGrath, J. and Solter, D.：Completion of mouse embryogenesis requires both the maternal and paternal genomes, Cell, **37**, pp.179-183（1984）

4) Cattanach, B. M. and Kirk, M.：Differential activity of maternally and paternally derived chromosome regions in mice, Nature, **315**, pp.496-498（1985）
5) Mammalian Genemtics Unit Harwellのホームページ：http://www.mgu.har.mrc.ac.uk/research/imprinting/（2005年11月現在）
6) Reik, W. and Walter, J.：Genomic imprinting：parental influence on the genome, Nature. Rev. Genet. **2**, pp.21-32（2001）
7) Kaneko-Ishino, T., Kohda, T. and Ishino, F.：The regulation and biological significance of genomic imprinting in mammals, J. Biochem（Review）., **133**, pp.699-711（2003）
8) Humpherys, D., Eggan, K., Akutsu, H., Hochedlinger, K., Rideout, W. M., Biniszkiewicz, 3rd, D., Yanagimachi, R. and Jaenisch, R.：Epigenetic instability in ES cells and cloned mice, Science, **293**, pp.95-97（2001）
9) Ogawa, H., Ono, Y., Shimozawa, N., Sotomaru, Y., Katsuzawa, Y., Hiura, H., Ito, M. and Kono, T.：Disruption of imprinting in cloned mouse fetuses from embryonic stem cells, Reproduction, **126**, pp.549-557（2003）
10) Dean, W., Santos, F., Stojkovic, M., Zakhartchenko, V., Walter, J., Wolf, E. and Reik, W.：Conservation of methylation reprogramming in mammalian development：aberrant reprogramming in cloned embryos, Proc. Natl. Acad. Sci. USA., **98**, pp.13734-13738（2001）
11) Humpherys, D., Eggan, K., Akutsu, H., Friedman, A., Hochedlinger, K., Yanagimachi, R., Lander, E. S., Golub, T. R., Jaenisch, R.：Abnormal gene expression in cloned mice derived from embryonic stem cell and cumulus cell nuclei, Proc. Natl. Acad. Sci. USA., **99**, pp.12889-12894（2002）
12) Bourc'his, D., Xu, G. L., Lin, C. S., Bollman, B. and Bestor, T. H.：Dnmt 3 1 and the establishment of maternal genomic imprints, Science, **294**, pp.2536-2539（2001）
13) Hata, K., Okano, M., Lei, H. and Li, E. ：Dnmt 3 L cooperates with the Dnmt 3 family of de novo DNA methyltransferases to establish maternal imprints in mice, Development, **129**, pp.1983-1993（2002）
14) Kaneda, M., Okano, M., Hata, K., Sado, T., Tsujimoto, N., Li, E. and Sasaki, H.：Essential role for de novo DNA methyltransferase Dnmt 3 a in paternal and maternal imprinting, Nature, **429**, pp.900-903（2004）
15) Kaneko-Ishino, T., Kuroiwa, Y., Miyoshi, Y., Kohda, T., Suzuki, R., Yokoyama, M., Viville, S., Barton, S. C., Ishino, F. and Surani, A.：Peg1/Mest imprinted gene on chromosome 6 identified by cDNA subtraction hybridization, Nat. Genet., **11**, pp.52-59（1995）
16) Kuroiwa, Y., Kaneko-Ishino, T., Kagitani, F., Kohda, T., Li, L-L., Tada, M., Suzuki, R., Yokoyama, M., Shiroishi, T., Wakana, S., Barton, S. C., Ishino, F. and Surani, A.：Peg3 imprinted gene on proximal chromosome 7 encodes for a zinc finger protein, Nat. Genet., **12**, pp.186-190（1996）
17) Miyoshi, N., Kuroiwa, Y., Kohda, T., Shitara, H., Yonekawa, H., Kawabe, T., Hasegawa, H., Barton, S. C., Surani, M. A., Kaneko-Ishino, T. and Ishino, F.：Identification of the Meg1/Grb10 imprinted gene on mouse proximal chromosome 11, a candidate for the Silver-Russell syndrome gene, Proc. Natl. Acad. Sci. USA., **95**, pp.1102-1107（1998）
18) Lee, J., Inoue, K., Ono, R., Ogonuki, N., Kohda, T., Kaneko-Ishino, T., Ogura, A. and Ishino,

F. : Erasing genomic imprinting memory in mouse clone embryos produced from day 11.5 primordial germ cells, Development, **129**, pp.1807-1817 (2002)

19) Yamazaki, Y., Mann, M. R., Lee, S. S., Marh, J., McCarrey, J. R., Yanagimachi, R., Bartolomei, M. S. : Reprogramming of primordial germ cells begins before migration into the genital ridge, making these cells inadequate donors for reproductive cloning, Proc. Natl. Acad. Sci. USA., **100**, pp.12207-12212 (2003)

20) Hiromi, M., Inoue, K., Kohda, T., Honda, A., Ogonuki, N., Yuzuriha, M., Mise, N., Matsui, Y., Baba, T., Abe, K., Ishino, F. and Ogura, A. : Birth of Mice Produced by Germ Cell Nuclear Transfer Genesis (in press)

21) Obata, Y., Kaneko-Ishino, T., Koide, T., Takai, Y., Ueda, T., Domeki, I., Shiroishi, T., Ishino, F. and Kono, T. : Disruption of primary imprinting during oocyte growth leads to the modified expression of imprinted genes during embryogenesis, Development **125**, pp. 1553-1560 (1998)

22) Obata, Y. and Kono, T. : Maternal primary imprinting is established at a specific time for each gene throughout oocyte growth, J. Biol. Chem., **277**, pp.5285-5289 (2002)

23) Hark, A. T., Schoenherr, C. J., Katz, D. J., Ingram, R. S., Levorse, J. M. and Tilghman, S. M. : CTCF mediates methylation-sensitive enhancer-blocking activity at the H19/Igf2 locus, Nature, **405**, pp.486-489 (2000)

24) Bell, A. C. and Fesenfeld, G. : Methylation of a CTCF-dependent boundary controls imprinted expression of the Igf2 gene, Nature, **405**, pp.482-485 (2000)

25) Hikichi, T., Kohda, T., Kaneko-Ishino, T. and Ishino, F. : Imprinting regulation of the murine Meg1/Grb10 and human GRB10 genes ; roles of brain-specific promoters and mouse-specific CTCF-binding sites, Nucl. Acids. Res., **31**, pp.1398-1406 (2003)

26) Sleutels, F., Zwart, R. and Barlow, D. P. : The non-coding Air RNA is required for silencing autosomal imprinted genes, Nature, **415**, pp.810-813 (2002)

27) Bielinska, B., Blaydes, S. M., Buiting, K., Yang, T., Krajewska-Walasek, M., Horsthemke, B. and Brannan, C. I. : De novo deletions of SNRPN exon 1 in early human and mouse embryos result in a paternal to maternal imprint switch, Nat. Genet., **25**, pp.74-78 (2000)

28) Lin, S. P., Youngson, N., Takada, S., Seitz, H., Reik, W., Paulsen, M., Cavaille, J. and Ferguson-Smith, A. C. : Asymmetric regulation of imprinting on the maternal and paternal chromosomes at the Dlk 1-Gtl 2 imprinted cluster on mouse chromosome 12, Nat. Genet., **35**, pp.97-102 (2003)

29) Kaneko-Ishino, T., Kohda, T., Ono, R. and Ishino, F. : Complementation hypothesis : The necessity of a monoallelic gene expression mechanism in mammals, Cytogenetic and Genome Research (in press)

30) Inoue, K., Kohda, T., Lee, J., Ogonuki, N., Mochida, K., Noguchi, Y., Tanemura, K., Kaneko-Ishino, T., Ishino, F. and Ogura, A. : Faithful expression of imprinted genes in cloned mice, Science, **295**, pp.297 (2002)

5 核移植クローンとリプログラミング

5.1 核移植クローンとは

核移植クローンとは,除核した卵子あるいは胚へドナー細胞核を移植して,胚や産仔を作出する技術である(図 5.1)。正確には,その用いるドナー細胞により受精卵クローンと体細胞クローンに分けられるが,一般に「核移植クローン」といえば体細胞クローンを意味することが多い。本章でもそれにならい,特に断りのない限り,クローンとは体細胞クローンとしている。

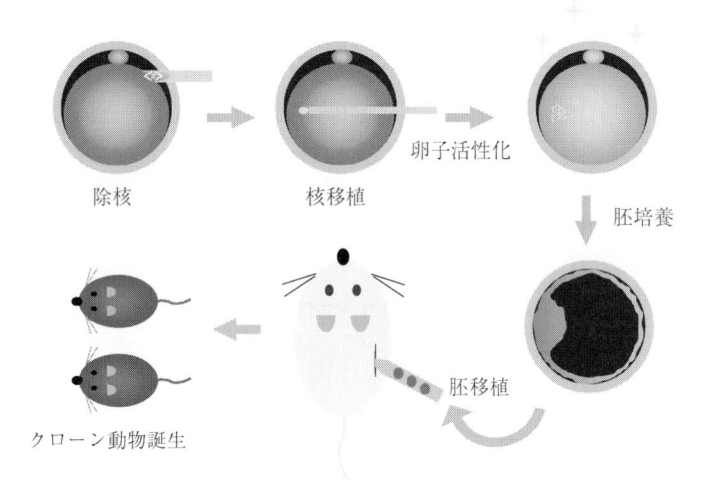

図 5.1 核移植クローン動物の作製

5.1.1 核移植クローンの歴史

しかしながら,哺乳類の核移植は受精卵クローンのほうが歴史的に古い。1980 年代より,発生が進行した受精卵の核に完全な個体を作り得る能力,すなわち全能性(totipotency)があるか否かを確かめるために実験が行われた。哺乳動物最初の核移植成功例は,1983 年のマウス前核期卵の核を別の卵に移植した実験であり[1],その後,ヒツジ[2],ウシ[3],ブ

タ[4]，マウス[5]，ウサギ[6]，サル[7] でも報告されている．一方，体細胞核移植クローンは，それより遅れて1996年にヒツジ由来の胎仔細胞を用いて，初めて作製に成功している[8]（翌年には成体細胞由来のクローンであるドリーが誕生[9]）．その後，マウス[10]，ウシ[11],[12]，ヤギ[13]，ブタ[14]~[16]，ネコ[17]，ウサギ[18]，ラバ[19]，ウマ[20]，ラット[21] の報告が続いている．

受精卵クローンは，割球の数がクローン胚作製可能数の上限になるため，多くの産仔を得ることができないが，体細胞クローンは体内に存在，あるいは体外で増殖した数だけのクローン胚を作製することができるので，理論上は，ほぼ無限のクローンが生み出せることになる．しかしながら，その成功が初めて報告されて以降，体細胞クローンはさまざまな出生率改善に関する研究が行われてきたが，依然として低いままである．以下，おもに核移植クローンとして現在最も広く研究されている体細胞核移植クローンについて述べる．

5.1.2 核移植クローンの手法

体細胞核移植クローン個体は，いずれの種でも一般的に以下の手法により作製される（図5.1参照）．① 未受精卵子の染色体除去（除核）．レシピエント卵子にはほぼ必ず未受精卵が使用される（受精卵クローンは，除核胚をレシピエントにすることも可能）．② 核ドナーのレシピエント卵子への導入（核移植）．電気パルスあるいはウイルス（マウスのみ）による膜融合法または卵子細胞質内注入法が用いられる．③ 卵子活性化．レシピエント卵子は第二減数分裂中期で停止しているので，人為的に活性化して減数分裂再開による胚発生を開始させる．細胞内カルシウムイオンの上昇（電気パルス，エタノール処理など）やタンパク質合成阻害により行う．④ 胚培養．各種の胚に適した培地や温度などの条件下で数日間培養を行う．⑤ 胚移植．発生した胚を仮親の子宮または卵管内に移植する．

5.1.3 核移植クローンの効率

クローン個体の作出効率は，受精卵クローンの場合はレシピエント卵とドナー核の細胞周期や核移植方法，活性化の方法などを十分に考慮すれば，かなり高い効率（マウスで57％[22]）でクローン産仔が得られていることが報告されている．しかしながら，体細胞クローンでは数パーセントの作出効率が一般的である（**表5.1**）．マウスでは，用いる核ドナーのマウス系統や細胞種を選択して改善が可能であるが，それでも10％程度である[23]．

また，体細胞クローンには出生前，出生後を通して多くの異常が観察される．多くの動物種で出生時には胎盤の形態異常がみられ（**図5.2**），ウシやヒツジのクローンでは周産期の死亡率が高い[26],[27]．さらに成長後にも，肥満[28],[29]，免疫力の低下[30],[31]，短命化[31] などの異常もみられる．これらの多くは，受精卵クローン産仔にはみられない．

受精卵クローンと体細胞クローンがほぼ同じ技術を用いているにもかかわらず，このよう

表 5.1 体細胞核移植クローンの効率〔文献 59) より改変〕

ドナー核			クローン効率（％）	
由来組織	細　胞	動物種	生存産仔/移植胚	生存産仔/再構築胚
胎仔・新生仔				
胎仔組織	線維芽細胞	多数	0.1〜2	0.05〜1.2
精巣	未成熟セルトリ	マウス	2.5	0.6
生殖巣	線維芽細胞？	マウス	2.3	1.2
肝臓	線維芽細胞？	ウシ	10	3.1
皮膚	線維芽細胞？	ウシ	18	7.0
脳	神経細胞	マウス	5〜12	1.1〜4.3
生殖巣	始原生殖細胞	マウス	0.7	0.2
成体				
乳腺	上皮？	ウシ，ヒツジ	3〜4	0.4〜0.7
卵胞	顆粒層細胞	ウシ，ブタ	1〜10	0.3〜6.9
卵胞	卵丘細胞	マウス，ネコ，ウサギ	0〜5.3	0〜4.3
精巣	セルトリ	マウス	0	0
卵管	上皮？	ウシ	12	4.0
尾	線維芽細胞	マウス	1	0.4
皮膚	線維芽細胞？	ウシ	7	2.3
胸腺	リンパ球	マウス	0	0
腹腔	マクロファージ	マウス	0	0
脾臓	白血球	マウス	0	0
血液	白血球	ウシ	2	0.4
脳	神経細胞？	マウス	0	0
肝臓	NKT 細胞	マウス	1.1	0.5
骨髄	造血幹細胞	マウス	0.7	0.3

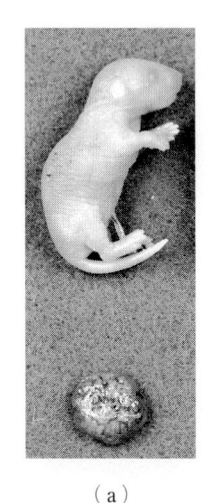

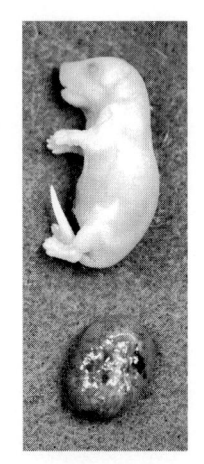

(a)　　　(b)

マウス産仔とその胎盤。図（a）：顕微授精産仔。図（b）：卵丘細胞クローン産仔。クローン産仔の胎盤は顕微授精産仔のそれより 2〜3 倍大きい。

図 5.2　クローンマウスにみられる胎盤過形成[24),25)]

にクローン個体作出効率や異常表現型の出現率に差が生じているということは，両者のゲノムが受精直後の状態に戻る過程，すなわちリプログラミング（reprogramming）の状態に差があることになる．では，そのリプログラミングとはなんであろうか．

5.2 ゲノムのリプログラミング

5.2.1 リプログラミングとは

リンパ球など特殊な一部の細胞を除き，個体を構成する体細胞のDNA配列は受精卵とまったく同じである。したがって，体細胞は分化していく過程でDNA配列以外のゲノム情報であるDNAメチル化やヒストンのメチル化，アセチル化など，ゲノム構造上の修飾を獲得していく。これらの情報はエピジェネティック（epigenetic）な情報と呼ばれている。核移植クローンでは，これらのエピジェネティックな情報が，再び受精直後の状態に初期化される必要がある。一般に，この過程をリプログラミングと呼んでいる。

では，なぜ体細胞ゲノムは卵子へ導入されるとリプログラミングを受けるのだろうか。当然ながら，リプログラミングという機構は核移植クローンを作製するために存在しているのではない。それは本来，次世代を産出するための受精に必要不可欠なシステムである。すなわち，配偶子として分化している（特有の遺伝子発現をしている）卵子や精子のゲノムを受精時までに完全にリセットさせ，次世代の新たな生命の発生を開始させるための機構なのである。核移植クローンはこの機構を利用しているにすぎない。体細胞核移植クローンの効率が非常に低いのは，このリプログラミングが不完全であるか，またはエラーが生じるためであると考えられる。それを裏づけるように，クローン胚やクローン個体におけるエピジェネティックな異常がさまざまな観点から解析されている。

5.2.2 核移植クローンにおけるエピジェネティック解析

〔1〕 **DNAメチル化**　ゲノムのエピジェネティックな修飾の一つとして最も重要なものの一つがDNAのメチル化である。DNAメチル化はDNA上のCpG配列を認識してシトシンにメチル基を付加する機構であり，遺伝子発現の不活性化（活性化の場合もある）やクロマチンの高次構造と大きなかかわりをもっている（6章参照）。体細胞は発生に伴い，不必要な遺伝子をメチル化することにより徐々に発現を抑制していくため，受精卵に比べてより多くのメチル化領域をもっていると考えられている。

初期胚におけるDNAメチル化の変化は，ゲノムワイドに高メチル化状態にある卵子と精子が受精することから始まり，受精後に脱メチル化過程をたどる。マウス，ラット，ウシ，ブタ，ヒトでは，その脱メチル化過程に雌雄前核で差が生じることが知られており，雄性前核は能動的な脱メチル化作用を受け，前核期に完全に低メチル化状態になる一方，雌性ゲノムは受動的な脱メチル化作用を受け，徐々にメチル化が低下する（6章参照）。

一方，ウサギ，ヒツジなどでは雌雄前核で差は生じず，同時に脱メチル化が進行する[32]。

多くの動物では，桑実胚期に最も低メチル化状態になり，胚盤胞期胚には高メチル化状態の内部細胞塊と低メチル化状態の栄養外胚葉に分化する（6章参照）。

では，高メチル化状態にある体細胞のメチル化は，核移植後，どのように変化していくのだろうか。ウシでは，このプロセスは受精卵とは明らかに異なる過程をとる[33]。移植された体細胞核は卵子の活性化後に能動的な脱メチル化作用を受け，4細胞期胚までに低メチル化状態になるものの，その後，通常の受精卵より早いサイクルでメチル化が始まり，胚盤胞期胚までに緩やかにメチル化が進行していくことが明らかになっている。一方，ブタではクローン胚の脱メチル化は体外受精胚と同様に進行し，4～8細胞期までは高メチル化状態で維持し，その後，胚盤胞期胚までに脱メチル化されていくことが示されている[34]。クローン胚ではいずれの種も受精卵と違い，オス・メスゲノム間の差がない脱メチル化が起きている。

一方，クローン胎仔についても，いくつかの興味深いDNAメチル化に対する研究が行われている。HumpherysらはES細胞を用いて刷込み遺伝子のDNAメチル化と発現を調べており，同じ株でもサブクローン依存性に大きな多様性があることを報告し，さらにそれらのES細胞に由来するクローン産仔の組織でもやはりメチル化と発現に多様性があることを明らかにしている[35]。またOhganeらは卵丘細胞由来のクローンマウス産仔の胎盤と皮膚を用いて自然交配由来の産仔との間にメチル化パターンの違いがあることを報告している[36]。

〔2〕 **ヒストンメチル化とアセチル化**　クロマチンを形成しているヒストンはメチル化，アセチル化，リン酸化，ADPリボシル化，ユビキチン化などのさまざまな翻訳後修飾を受けることによってクロマチンの高次構造を変化させ，転写，DNA複製，有糸分裂などの過程にかかわり，遺伝子機能の制御に重要な役割を果たしていると考えられている。Kimらは抗体染色を用いて，減数分裂期の卵子でヒストンH3，H4のいくつかのリジン残基（H3/K9（ヒストンH3の9番目のリジン残基の意），K14，H4/K5，K8，K12，K16）におけるアセチル化を詳細に調べており，GVBD～MⅡ期にかけてヒストンアセチル化がヒストン脱アセチル化酵素により特異的に減少することを明らかにしている[37]。さらにNIH3T3を核ドナーとした核移植胚を用いてヒストンの脱アセチル化を調べたところ，核移植後2時間で脱アセチル化が行われていることを示している。したがって核移植胚の脱アセチル化については生殖細胞のクロマチンと同等に進行していると考えられる。

さらに，Santosらはクローン胚と受精卵間のヒストンH3/K9メチル化の違いについて抗体染色を用いて調べており，受精卵の胚盤胞期胚が高メチル化の内部細胞塊と低メチル化の栄養外胚葉で明らかに異なるのに対し，クローン胚ではその差がほとんどないことを示している。筆者らは，この胚盤胞期胚におけるヒストンメチル化の異常がクローン胎仔における胎盤異常につながっているのではないかと考察している[38]。

〔3〕 **クローン胚におけるOct4の発現**　転写因子であるOct4は，初期胚の多能性と

深く関連している胚盤胞期胚の分化に必須の遺伝子で，将来胎仔に発生する予定である胚盤胞期胚の内部細胞塊に特異的に発現している．多くのクローン胚は初期発生の間に発生を停止してしまうため，この Oct 4 の発現異常となんらかの関連性があると予測されていた．Bortvin らが RT-PCR を用いて卵丘細胞，マウス ES 細胞由来のクローン胚盤胞期胚において Oct 4 とその関連遺伝子 10 種類が発現しているか否かを調べたところ，卵丘細胞由来のクローン胚では発現している遺伝子の割合は 62 ％であったのに対し，ES 細胞由来のクローン胚ではすべての遺伝子が発現していることを明らかにしている[39]．

また，Boiani らはマウス卵丘細胞クローン胚を作製し，Oct 4 の抗体染色と Oct 4 が発現している領域にのみ蛍光が現れる Oct 4-GFP 遺伝子導入マウスを用いて，クローン胚盤胞期胚でどのように Oct 4 が発現しているかどうかを調べている[40]．その結果，時間的には正常な発現が始まるものの，発現が弱い，内部細胞塊で発現していない，胚全体にランダムに発現しているなど，空間的に異常な発現を示している胚が非常に多く，また細胞培養ディッシュ上で培養を行ったときのコロニー形成率も受精卵と比べて低いことから，Oct 4 の発現異常がクローン胚の初期発生における発生停止や着床後における胎仔の異常につながっているのだろうと推測している．さらに彼らはこの研究を発展させ，クローン胚盤胞期胚は受精卵に比べて細胞数が少なく（マウスでは胚盤胞期胚の平均細胞数は受精卵の半分以下にしかならない），細胞数が多い胚では Oct 4 を正常に発現している胚が多いことに着目し，クローン胚どうしを 2 個あるいは 3 個接着させて作製した凝集胚では Oct 4 の発現領域が正常になり，出生率も大幅に改善させることを明らかにした[41]．

したがって，クローン胚の発生異常の一因として，Oct 4 の発現とそれまでの過程に関与する機構，そして Oct 4 異常に伴う関連遺伝子の発現異常がかかわっていると考えられる．しかしながら，筆者らの研究室で行った実験では，系統による差はあるものの，卵丘細胞由来のクローン胚における Oct 4 の空間的な発現異常は観察されず（未発表データ），いずれの胚でも受精卵と変わらず正常に Oct 4 を発現していた．したがって，これらの発現異常はクローン作製の手法などに左右されていると考えることもできる．

〔4〕 **卵子特異的ヒストン H 1 foo への置換**　クロマチンの基本的なユニットは，ヌクレオソームで 146 bp の DNA がヒストン H 2 A，H 2 B，H 3，H 4 の 4 種類のタンパク質からなる 8 量体を包み込み，リンカーヒストンであるヒストン H 1 により隣のヌクレオソームとつながっている．リンカーヒストン H 1 には多くのサブタイプが存在するが，なかでもヒストン H 1 foo は GV 卵から 2 細胞期胚まで卵子中に特異的に発現しているヒストンタンパク質である[42]．受精後は精子のヒストン H 1 もまもなく H 1 foo に置換されることがわかっており，これらの変化は初期発生におけるクロマチンの高次構造や転写制御に深くかかわっていると考えられている．Teranishi らは，体細胞核移植胚においてこのヒストン

H1fooへの置換がどのように行われているかをマウス線維芽細胞を核ドナーとして用いて観察を行った[43]。その結果，ドナー核のヒストンH1もレシピエント卵子への移植後約10分で急速にヒストンH1fooに置換されており，核移植胚におけるヒストンH1の置換プロセスには大きな支障がないことが明らかとなった。また，Gaoらも同時にマウス卵丘細胞を核ドナーとして用いて，同様の報告を出している[44]。

〔5〕 **用いる細胞種，系統の違いについて** マウスクローンでは卵丘細胞や線維芽細胞などの体細胞を核ドナーとして用いるよりも，胚性幹（ES）細胞を用いたほうが産仔が生まれやすいことが知られている[45]。これは，ES細胞が胚盤胞期胚の内部細胞塊に由来する細胞で，比較的リプログラミングされやすい状態にあること，体細胞では発現していないOct4などの多能性維持に必要な遺伝子がすでに発現していることなどが関連していると考えられる。しかし，一般にマウス細胞は長期培養によりそのエピジェネティック修飾を変化させやすい。ES細胞は長期培養が可能な多分化能を有する細胞であるが，そのクローン産仔には体細胞クローンよりはるかに多くの異常が観察される。これは，核ドナー細胞のエピジェネティックな不安定さを示していると思われる。実際，先に述べたES細胞由来クローンの刷込み遺伝子の発現の多様性に対し，卵丘細胞，セルトリ細胞由来のクローン胎仔では刷込み遺伝子発現の量，質ともに正常胎仔と大きな差がなく，出生時の形態異常も少ないことが明らかとなっている[46]。

新鮮な体細胞でも細胞種によるクローン効率の差がある。筆者らは成体由来の卵丘細胞と新生仔由来のセルトリ細胞を用いて，マウスクローンの産出効率を比較したところ，明らかにセルトリ細胞の効率のほうが高いことを報告している[23]（成体由来のセルトリ細胞はサイズが大きく，貪食胞をもっているため，核移植には適さない）。また，胎仔の脳神経細胞でも，採取部位により明らかなクローン効率の差が生じることが知られている[47]。

ドナー細胞の遺伝子背景もクローン効率を左右する。ウシでは，一般に黒毛和種はクローンを作出しやすいことが知られている。また，マウスでは，近交系よりも交雑種で体細胞クローンを作出しやすいが，唯一例外の近交系が129系統である[48]。そこで筆者らはさまざまなF1交雑型を用いてクローン作製を行ったところ，交雑系に129系統を含むとクローンの産出効率が改善することが明らかとなった[23]。129はES細胞を作出しやすい細胞としても汎用されており，そのエピジェネティックな情報が変化しやすく，容易にリプログラミングを受けるのではないかと推測される。今後は，129系統のゲノムを解析することで，リプログラミングの本態についてなんらかの情報が得られるかもしれない。

〔6〕 **体細胞核ドナーの遺伝子発現リプログラミング** 核移植胚が受精卵と同等に発生が進行していくためには，受精卵で発現している遺伝子がリプログラミングによって再び発現されなければならない。では，核ドナー細胞で発現している体細胞特異的遺伝子発現は核

移植後どうなっているのだろうか。Chung らは，卵丘細胞クローン胚が胚培養の培地よりも，体細胞の培養条件に近い高グルコース濃度のほうが発生効率が改善することを示している[49]。さらに Gao らは筋芽細胞クローン胚の培養条件が胚培養の培地よりも，筋芽細胞の培養条件に近いほうが，格段に胚発生率が改善し，胚盤胞期胚の細胞数が増加することを明らかにした[50]。この理由として，クローン胚はグルコースの消費量が通常の受精卵に比べて高いことを示し，筋肉で発現しているグルコース輸送タンパク GLUT 4 の発現が受精卵に比べて大幅に上昇していること，初期胚では，まだ細胞全体に分散して発現している GLUT 1 が 2 細胞期ですでに細胞膜上に発現していることを示した。これらの研究は，すなわち，核ドナーの体細胞の遺伝子発現がレシピエント卵子への核移植後もしばらくは完全に消去されていないことを表している。

5.2.3 生殖細胞におけるゲノムリプログラミング

以上のように体細胞クローンにおいてさまざまなエピジェネティックな異常が生じることは疑いなく，これらが核移植後のリプログラミングのエラーによることは容易に想像がつく。では，なぜ体細胞ゲノムはリプログラミングに障害があるのに，精子や卵子ゲノムは正常にリプログラミングされるのであろうか。ゲノムリプログラミングは，卵子ゲノムでは GVBD（卵核胞崩壊期）以降に，精子ゲノムでは受精後に起こると考えられているが，いずれも卵子中である。例えば，ヌクレオソームの一部を形成するヒストン H 1 は卵子中では GVBD 期に，精子では受精後に別のタイプに置換される。また，ヒストン修飾の一つであるアセチル化は，やはり卵子では GVBD 期に，精子は受精後にいったん低下することが明らかとされている。すなわち，生殖細胞ゲノムも体細胞ゲノムも卵子細胞質を通ることによりリプログラミングされることには変わりはないが，体細胞を用いた場合のみに効率が低下し，異常が生じる。ということは，その根本的な原因は，核移植クローンの過程にはなく有性生殖の過程にあるゲノムの変化，すなわち発生中の生殖細胞ゲノムにおけるエピジェネティックな変化を経ているか経ていないかに起因すると考えられる。その変化は，受精前後における全能性獲得のためのリプログラミングの準備とみなすこともできる。

最近，Seki らは，マウス始原生殖細胞（PGC）の形成から移動期にかけてヒストン H 3/K 9 の脱メチル化およびアセチル化，そしてゲノムワイドの DNA の脱メチル化が生じることを明らかにしており，生殖細胞への分化の最初のステップとして注目される[51]。一方，生殖隆起に入った直後の PGC に由来するクローン胎仔（胎齢 10.5 日）はまだ体細胞クローンに類似した表現型（胎盤の過形成など）を示すことが明らかになっている[52]。よって生殖細胞としてのエピジェネティックな変化（リプログラミングの準備）は，さらに後期の PGC あるいは配偶子形成過程で生じている可能性が高い。哺乳類のゲノムインプリンティングは

胎仔期 PGC（胎齢 12.5 日ころ）で DNA 脱メチル化により初期化されることが知られているが，それとほぼ時期を同じくしてゲノムワイドの DNA 脱メチル化が生じる。この時期に上記の生殖細胞としてのエピジェネティックな変化が起こっているのかもしれない。

最近，クローン動物のテロメア長の解析で興味深い結果が報告されている。体細胞クローンウシのテロメア長を調べたところ，多くの組織・臓器でテロメアの長さにばらつきがあったが，精子のみで正常範囲であったという[53]。すなわち除核卵子内でドナー細胞核のテロメア長を回復する機構がはたらくものの，正確な回復には生殖系列を経る必要があることを示している。これも生殖細胞で再プログラム化の準備をしているという証拠の一つであると思われる。今後は体細胞クローンのリプログラミング異常を明らかにしていくうえで，生殖細胞の形成過程におけるリプログラミングを解明していくことが不可欠になるであろう。

5.2.4 アフリカツメガエルを用いたリプログラミング因子の探索

では，卵子内にこれらのリプログラミング作用をつかさどる因子は本当に存在するのだろうか。残念ながら，これまでにリプログラミング因子と呼ぶことのできる明らかな分子は見つかっていないが，アフリカツメガエルを用いた研究から，いくつかの興味深い示唆が得られている。アフリカツメガエルは 1 回の採卵で数百個の卵子を得ることが可能であり，1 回の過排卵処理によって多くとも数十個しか取れない哺乳動物に対し，タンパク質の解析には最適な動物である。Kikyo らは，体細胞で最も基本的な転写因子である TATA binding protein が卵細胞質中で SWI 2/SNF 2 superfamily の一員である ISWI を含むクロマチンタンパク質リモデリング複合体により，ATP などのエネルギー存在下でクロマチンから離れることを明らかにしている[54]。さらに，彼らは卵細胞質中で核移植後の核小体の脱凝縮と phosphoprotein B 23 の核内での分散にかかわるタンパク質として，卵細胞質中より転写因子 FRGY 2 a と FRGY 2 b を単離することに成功している[55]。

5.3 核移植を用いた再生医療

クローン技術において再生医療に最も期待が集まっているのが核移植胚由来の ES 細胞（ntES 細胞）である。ES 細胞は個体のどの組織にも分化が可能な多能性をもった細胞であり，分化誘導によってさまざまな細胞を作り出すことが可能なため，この細胞を用いた臓器移植におおいに期待が集まっている。しかしながら，ここで問題になるのが移植臓器の拒否反応である。移植患者と HLA が異なる細胞は臓器移植に使用することができないため，適した型のドナーが現れなければ，移植を行うことはできない。ntES 細胞は，皮膚などから患者の体細胞を採取して，核移植を行い，クローン胚盤胞期胚を作製し，さらにこの胚盤胞

の内部細胞塊を培養してES細胞を得ることによって患者に移植可能な臓器を得ようとする技術である（**図5.3**）。

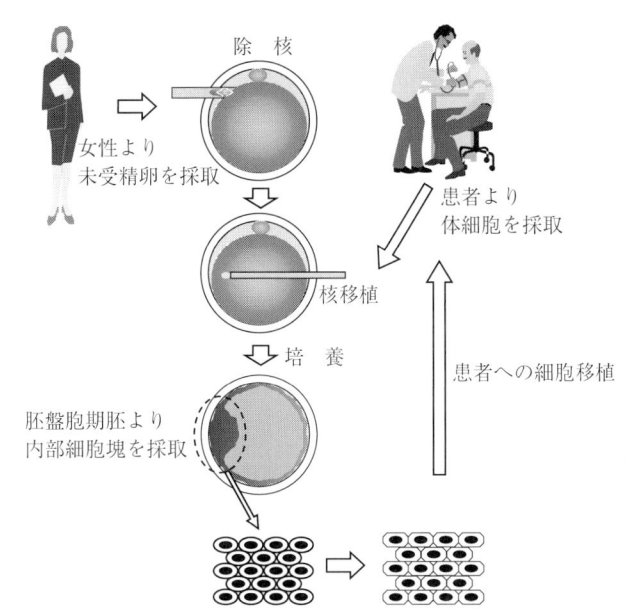

図5.3 ntES細胞の樹立方法とその利用

　体細胞クローンの成功後，最も早くこの技術が確立されたのは，ES細胞が汎用されているマウスであり，さまざまな細胞種への分化も可能であることが確認され[56]，実際に分化誘導した血球系細胞の移植による治療実験も成功している[57]。さらにヒトへの応用についてはすでに韓国でヒトntES細胞の樹立が報告されている[58]。わが国でも，2004年の内閣府総合科学技術会議の「ヒト胚の取扱いに関する基本的考え方」を受けて，研究用のヒトクローン胚作製の要件についての検討が開始されたものの，ヒトクローン胚の作製，取扱いや管理，また，ヒト未受精卵の入手方法など，その将来的な応用研究に関して解決されるべき倫理的問題が多く残されている。

引用・参考文献

1) McGrath, J. and Solter, D. : Nuclear transplantation in the mouse embryo by microsurgery and cell fusion, Science, **220**, 4603, pp.1300-1302（1983）
2) Willadsen, S. M. : Nuclear transplantation in sheep embryos, Nature, **320**, 6057, pp.63-65（1986）
3) Prather, R. S., Barnes, F. L., Sims, M. M., Robl, J. M., Eyestone, W. H. and First, N. L. : Nuclear transplantation in the bovine embryo : assessment of donor nuclei and recipient oocyte, Biol. Reprod., **37**, 4, pp.859-866（1987）

4) Prather, R. S., Sims, M. M. and First, N. L.：Nuclear transplantation in early pig embryos, Biol. Reprod., **41**, 3, pp.414-418 (1989)

5) Kono, T., Kwon, O. Y. and Nakahara, T.：Development of enucleated mouse oocytes reconstituted with embryonic nuclei, J. Reprod. Fertil, **93**, 1, pp.165-172 (1991)

6) Stice, S. L. and Robl, J. M.：Nuclear reprogramming in nuclear transplant rabbit embryos, Biol. Reprod., **39**, 3, pp.657-664 (1988)

7) Meng, L., Ely, J. J., Stouffer, R. L. and Wolf, D. P.：Rhesus monkeys produced by nuclear transfer, Biol. Reprod., **57**, 2, pp.454-459 (1997)

8) Campbell, K. H., McWhir, J., Ritchie, W. A. and Wilmut, I.：Sheep cloned by nuclear transfer from a cultured cell line, Nature, **380**, 6569, pp.64-66 (1996)

9) Wilmut, I., Schnieke, A. E., McWhir, J., Kind, A. J. and Campbell, K. H.：Viable offspring derived from fetal and adult mammalian cells, Nature, **385**, 6619, pp.810-813 (1997)

10) Wakayama, T., Perry, A. C., Zuccotti, M., Johnson, K. R. and Yanagimachi, R.：Full-term development of mice from enucleated oocytes injected with cumulus cell nuclei, Nature, **394**, 6691, pp.369-374 (1998)

11) Cibelli, J. B., Stice, S. L., Golueke, P. J., Kane, J. J., Jerry, J., Blackwell, C., Ponce de Leon, F. A. and Robl, J. M.：Cloned transgenic calves produced from nonquiescent fetal fibroblasts, Science, **280**, 5367, pp.1256-1258 (1998)

12) Kato, Y., Tani, T., Sotomaru, Y., Kurokawa, K., Kato, J., Doguchi, H., Yasue, H. and Tsunoda, Y.：Eight calves cloned from somatic cells of a single adult, Science, **282**, 5396, pp.2095-2098 (1998)

13) Baguisi, A., Behboodi, E., Melican, D. T., Pollock, J. S., Destrempes, M. M., Cammuso, C., Williams, J. L., Nims, S. D., Porter, C. A., Midura, P., Palacios, M. J., Ayres, S. L., Denniston, R. S., Hayes, M. L., Ziomek, C. A., Meade, H. M., Godke, R. A., Gavin, W. G., Overstrom, E. W. and Echelard, Y.：Production of goats by somatic cell nuclear transfer, Nat. Biotechnol., **17**, 5, pp.456-461 (1999)

14) Onishi, A., Iwamoto, M., Akita, T., Mikawa, S., Takeda, K., Awata, T., Hanada, H. and Perry, A. C.：Pig cloning by microinjection of fetal fibroblast nuclei, Science, **289**, 5482, pp.1188-1190 (2000)

15) Polejaeva, I. A., Chen, S. H., Vaught, T. D., Page, R. L., Mullins, J., Ball, S., Dai, Y., Boone, J., Walker, S., Ayares, D. L., Colman, A. and Campbell, K. H.：Cloned pigs produced by nuclear transfer from adult somatic cells, Nature, **407**, 6800, pp.86-90 (2000)

16) Betthauser, J., Forsberg, E., Augenstein, M., Childs, L., Eilertsen, K., Enos, J., Forsythe, T., Golueke, P., Jurgella, G., Koppang, R., Lesmeister, T., Mallon, K., Mell, G., Misica, P., Pace, M., Pfister-Genskow, M., Strelchenko, N., Voelker, G., Watt, S., Thompson, S. and Bishop, M.：Production of cloned pigs from in vitro systems, Nat. Biotechnol., **18**, 10, pp.1055-1059 (2000)

17) Shin, T., Kraemer, D., Pryor, J., Liu, L., Rugila, J., Howe, L., Buck, S., Murphy, K., Lyons, L. and Westhusin, M.：A cat cloned by nuclear transplantation, Nature, **415**, 6874, pp.859 (2002)

18) Chesne, P., Adenot, P. G., Viglietta, C., Baratte, M., Boulanger, L. and Renard, J. P.：

Cloned rabbits produced by nuclear transfer from adult somatic cells, Nat. Biotechnol., **20**, 4, pp.366-369 (2002)

19) Woods, G. L., White, K. L., Vanderwall, D. K., Li, G. P., Aston, K. I., Bunch, T. D., Meerdo, L. N. and Pate, B. J. : A mule cloned from fetal cells by nuclear transfer, Science, **301**, 5636, pp.1063 (2003)

20) Galli, C., Lagutina, I., Crotti, G., Colleoni, S., Turini, P., Ponderato, N., Duchi, R. and Lazzari, G. : Pregnancy : a cloned horse born to its dam twin, Nature, **424**, 6949, pp.635 (2003)

21) Zhou, Q., Renard, J. P., Le Friec, G., Brochard, V., Beaujean, N., Cherifi, Y., Fraichard, A. and Cozzi, J. : Generation of fertile cloned rats by regulating oocyte activation, Science, **302**, 5648, pp.1179 (2003)

22) Kwon, O. Y. and Kono, T. : Production of identical sextuplet mice by transferring metaphase nuclei from four-cell embryos, Proc. Natl. Acad. Sci. USA., **93**, 23, pp.13010-13013 (1996)

23) Inoue, K., Ogonuki, N., Mochida, K., Yamamoto, Y., Takano, K., Kohda, T., Ishino, F. and Ogura, A. : Effects of donor cell type and genotype on the efficiency of mouse somatic cell cloning, Biol. Reprod., **69**, 4, pp.1394-1400 (2003)

24) Wakayama, T. and Yanagimachi, R. : Cloning of male mice from adult tail-tip cells, Nat. Genet., **22**, 2, pp.127-128 (1999)

25) Hill, J. R., Burghardt, R. C., Jones, K., Long, C. R., Looney, C. R., Shin, T., Spencer, T. E., Thompson, J. A., Winger, Q. A. and Westhusin, M. E. : Evidence for placental abnormality as the major cause of mortality in first-trimester somatic cell cloned bovine fetuses, Biol. Reprod., **63**, 6, pp.1787-1794 (2000)

26) Wilmut, I., Beaujean, N., de Sousa, P. A., Dinnyes, A., King, T. J., Paterson, L. A., Wells, D. N. and Young, L. E. : Somatic cell nuclear transfer, Nature, **419**, 6907, pp.583-586 (2002)

27) Tsunoda, Y. : 核移植とゲノムの初期化, 実験医学 (増刊), **21**, 11, pp.143-147 (2003)

28) Tamashiro, K. L., Wakayama, T., Blanchard, R. J., Blanchard, D. C. and Yanagimachi, R. : Postnatal growth and behavioral development of mice cloned from adult cumulus cells, Biol. Reprod., **63**, 1, pp.328-334 (2000)

29) Tamashiro, K. L., Wakayama, T., Akutsu, H., Yamazaki, Y., Lachey, J. L., Wortman, M. D., Seeley, R. J., D'Alessio, D. A., Woods, S. C., Yanagimachi, R. and Sakai, R. R. : Cloned mice have an obese phenotype not transmitted to their offspring, Nat. Med., **8**, 3, pp.262-267 (2002)

30) Renard, J. P., Chastant, S., Chesne, P., Richard, C., Marchal, J., Cordonnier, N., Chavatte, P. and Vignon, X. : Lymphoid hypoplasia and somatic cloning, Lancet, **353**, 9163, pp.1489-1491 (1999)

31) Ogonuki, N., Inoue, K., Yamamoto, Y., Noguchi, Y., Tanemura, K., Suzuki, O., Nakayama, H., Doi, K., Ohtomo, Y., Satoh, M., Nishida, A. and Ogura, A. : Early death of mice cloned from somatic cells, Nat. Genet., **30**, 3, pp.253-254 (2002)

32) Beaujean, N., Hartshorne, G., Cavilla, J., Taylor, J., Gardner, J., Wilmut, I., Meehan, R. and Young, L. : Non-conservation of mammalian preimplantation methylation dynamics, Curr.

Biol., **14**, 7, pp.R 266-267 (2004)

33) Dean, W., Santos, F., Stojkovic, M., Zakhartchenko, V., Walter, J., Wolf, E. and Reik, W.：Conservation of methylation reprogramming in mammalian development：aberrant reprogramming in cloned embryos, Proc. Natl. Acad. Sci. USA., **98**, 24, pp.13734-13738 (2001)

34) Kang, Y. K., Koo, D. B., Park, J. S., Choi, Y. H., Kim, H. N., Chang, W. K., Lee, K. K. and Han, Y. M.：Typical demethylation events in cloned pig embryos. Clues on species-specific differences in epigenetic reprogramming of a cloned donor genome, J. Biol. Chem., **276**, 43, pp.39980-39984 (2001)

35) Humpherys, D., Eggan, K., Akutsu, H., Hochedlinger, K., Rideout, W. M., 3rd, Biniszkiewicz, D., Yanagimachi, R. and Jaenisch, R.：Epigenetic instability in ES cells and cloned mice, Science, **293**, 5527, pp.95-97 (2001)

36) Ohgane, J., Wakayama, T., Kogo, Y., Senda, S., Hattori, N., Tanaka, S., Yanagimachi, R. and Shiota, K.：DNA methylation variation in cloned mice, Genesis, **30**, 2, pp.45-50 (2001)

37) Kim, J. M., Liu, H., Tazaki, M., Nagata, M. and Aoki, F.：Changes in histone acetylation during mouse oocyte meiosis, J. Cell. Biol., **162**, 1, pp.37-46 (2003)

38) Santos, F., Zakhartchenko, V., Stojkovic, M., Peters, A., Jenuwein, T., Wolf, E., Reik, W. and Dean, W.：Epigenetic marking correlates with developmental potential in cloned bovine preimplantation embryos, Curr. Biol., **13**, 13, pp.1116-1121 (2003)

39) Bortvin, A., Eggan, K., Skaletsky, H., Akutsu, H., Berry, D. L., Yanagimachi, R., Page, D. C. and Jaenisch, R.：Incomplete reactivation of Oct 4-related genes in mouse embryos cloned from somatic nuclei, Development, **130**, 8, pp.1673-1680 (2003)

40) Boiani, M., Eckardt, S., Scholer, H. R. and McLaughlin, K. J.：Oct 4 distribution and level in mouse clones：consequences for pluripotency, Genes. Dev., **16**, 10, pp.1209-1219 (2002)

41) Boiani, M., Eckardt, S., Leu, N. A., Scholer, H. R. and McLaughlin, K. J.：Pluripotency deficit in clones overcome by clone-clone aggregation：epigenetic complementation?, Embo. J., **22**, 19, pp.5304-5312 (2003)

42) Tanaka, M., Hennebold, J. D., Macfarlane, J. and Adashi, E. Y.：A mammalian oocyte-specific linker histone gene H 1 oo：homology with the genes for the oocyte-specific cleavage stage histone (cs-H 1) of sea urchin and the B 4/H 1 M histone of the frog, Development, **128**, 5, pp.655-664 (2001)

43) Teranishi, T., Tanaka, M., Kimoto, S., Ono, Y., Miyakoshi, K., Kono, T. and Yoshimura, Y.：Rapid replacement of somatic linker histones with the oocyte-specific linker histone H 1 foo in nuclear transfer, Dev. Biol., **266**, 1, pp.76-86 (2004)

44) Gao, S., Chung, Y. G., Parseghian, M. H., King, G. J., Adashi, E. Y. and Latham, K. E.：Rapid H 1 linker histone transitions following fertilization or somatic cell nuclear transfer：evidence for a uniform developmental program in mice, Dev. Biol., **266**, 1, pp.62-75 (2004)

45) Wakayama, T., Rodriguez, I., Perry, A. C., Yanagimachi, R. and Mombaerts, P.：Mice cloned from embryonic stem cells, Proc. Natl. Acad. Sci. USA., **96**, 26, pp.14984-14989 (1999)

46) Inoue, K., Kohda, T., Lee, J., Ogonuki, N., Mochida, K., Noguchi, Y., Tanemura, K.,

Kaneko-Ishino, T., Ishino, F. and Ogura, A. : Faithful expression of imprinted genes in cloned mice, Science, **295**, 5553, p.297 (2002)

47) Yamazaki, Y., Makino, H., Hamaguchi-Hamada, K., Hamada, S., Sugino, H., Kawase, E., Miyata, T., Ogawa, M., Yanagimachi, R. and Yagi, T. : Assessment of the developmental totipotency of neural cells in the cerebral cortex of mouse embryo by nuclear transfer, Proc Natl. Acad. Sci. USA., **98**, 24, pp.14022-14026 (2001)

48) Wakayama, T. and Yanagimachi, R. : Mouse cloning with nucleus donor cells of different age and type, Mol. Reprod. Dev., **58**, 4, pp.376-383 (2001)

49) Chung, Y. G., Mann, M. R., Bartolomei, M. S. and Latham, K. E. : Nuclear-cytoplasmic "tug of war" during cloning : effects of somatic cell nuclei on culture medium preferences of preimplantation cloned mouse embryos, Biol. Reprod., **66**, 4, pp.1178-1184 (2002)

50) Gao, S., Chung, Y. G., Williams, J. W., Riley, J., Moley, K. and Latham, K. E. : Somatic cell-like features of cloned mouse embryos prepared with cultured myoblast nuclei, Biol. Reprod., **69**, 1, pp.48-56 (2003)

51) Seki, Y. and Matsui, Y. : 生殖系列におけるエピジェネティクスのプログラム，実験医学（増刊），**21**, 11, pp.136-142 (2003)

52) Miki, H., Inoue, K., Kohda, T., Honda, A., Ogonuki, N., Yuzuriha, M., Mise, N., Matsui, Y., Baba, T., Abe, K., Ishino, F. and Ogura, A. : Birth of mice produced by germ cell nuclear transfer, Genesis, in press, pp (2005)

53) Miyashita, N., Shiga, K., Fujita, T., Umeki, H., Sato, W., Suzuki, T. and Nagai, T. : Normal telomere lengths of spermatozoa in somatic cell-cloned bulls, Theriogenology, **59**, 7, pp.1557-1565 (2003)

54) Kikyo, N., Wade, P. A., Guschin, D., Ge, H. and Wolffe, A. P. : Active remodeling of somatic nuclei in egg cytoplasm by the nucleosomal ATPase ISWI, Science, **289**, 5488, pp. 2360-2362 (2000)

55) Gonda, K., Fowler, J., Katoku-Kikyo, N., Haroldson, J., Wudel, J. and Kikyo, N. : Reversible disassembly of somatic nucleoli by the germ cell proteins FRGY 2 a and FRGY 2 b, Nat. Cell. Biol., **5**, 3, pp.205-210 (2003)

56) Wakayama, T., Tabar, V., Rodriguez, I., Perry, A. C., Studer, L. and Mombaerts, P. : Differentiation of embryonic stem cell lines generated from adult somatic cells by nuclear transfer, Science, **292**, 5517, pp.740-743 (2001)

57) Rideout, W. M., 3rd, Hochedlinger, K., Kyba, M., Daley, G. Q. and Jaenisch, R. : Correction of a genetic defect by nuclear transplantation and combined cell and gene therapy, Cell, **109**, 1, pp.17-27 (2002)

58) Hwang, W. S., Ryu, Y. J., Park, J. H., Park, E. S., Lee, E. G., Koo, J. M., Jeon, H. Y., Lee, B. C., Kang, S. K., Kim, S. J., Ahn, C., Hwang, J. H., Park, K. Y., Cibelli, J. B. and Moon, S. Y. : Evidence of a pluripotent human embryonic stem cell line derived from a cloned blastocyst, Science, **303**, 5664, pp.1669-1674 (2004)

59) Oback, B. and Wells, D. : Donor cells for nuclear cloning : many are called, but few are chosen, Cloning Stem Cells, **4**, 2, pp.147-168 (2002)

6 DNA メチル化

6.1 はじめに

　個体の発生は受精卵からさまざまな細胞が分化し，それらが相互に影響し合うことで起こる。一つの個体のすべての細胞は基本的に同じゲノム DNA をもつが，分化した組織・細胞は多種多様であり，それぞれの機能，形態，性質は大きく異なる。これは，遺伝情報の使われ方に違いがあるからである。

　さまざまな細胞を比べると，DNA のメチル化，ヒストンタンパク質のアセチル化やメチル化などの修飾，さらにクロマチンの高次構造に違いがある。すなわち，ゲノムの情報には DNA の塩基配列である遺伝的な（genetic）情報と，ダイナミックに変化しうるエピジェネティックな（epigenetic）情報とがある。個々の細胞は，DNA メチル化をはじめとするエピジェネティックな付箋紙を付けることによって必要な遺伝子と不必要な遺伝子とを分類し，必要な情報だけを読み出している。しかも，その付箋紙はいったん運命決定された細胞系列では安定に伝達される。

　エピジェネティックな情報は，受精卵，胚性幹細胞（ES 細胞），組織幹細胞の分化能と運命に大きな影響を及ぼす。また，核移植によってクローン動物を作る際に起こるリプログラミングの少なくとも一部は，このエピジェネティックな修飾を初期状態に戻すことであると考えられる。よって，再生医療の発展のためにはエピジェネティクスを理解することが重要である。ここでは，最も基本的なエピジェネティックな機構の一つである DNA メチル化にスポットを当てて解説する。

6.2 DNA メチル化の基礎知識

6.2.1 DNA のメチル化とは

　哺乳類を含む脊椎動物の DNA メチル化は，シトシン残基（C）のピリミジン環 5 位炭素原子にメチル基が付加される反応で（図 6.1），これは，ゲノム DNA の唯一の生理的修飾で

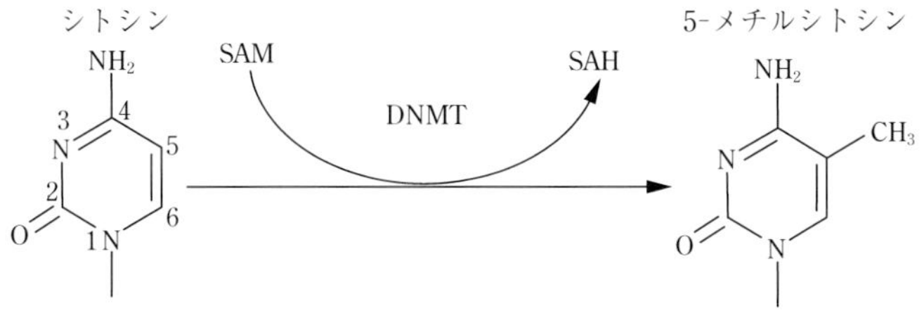

6.2 DNAメチル化の基礎知識

DNAメチル化酵素（DNMT）は，S-アデノシル-L-メチオニン（SAM）からシトシンの5位炭素にメチル基を転移して，5-メチルシトシンとする（SAH：S-アデノシル-L-ホモシステイン）。

図 6.1　DNA上のシトシンのメチル化

ある。DNAメチル化は1948年に仔ウシ胸腺で見つかった。脊椎動物では，メチル化の標的となるCのほとんどは5'-CpG-3'のCであり（一部例外もある），すべてのCpG配列の60〜90％がメチル化されている[1,2]。これはすべてのCの5％程度に相当する。

1959年，このCpGのメチル化は酵素によって導入されることが示された。すなわち，後述するDNAメチル化酵素（DNAメチルトランスフェラーゼ：DNMT）がS-アデノシル-L-メチオニン（SAM）をメチル基の供与体とし，DNA上のCにメチル基を転移する（図6.1参照）。CpG配列特異的なメチル化はDNMTの基質特異性による。

DNAのメチル化は，細菌から哺乳類までさまざまな生物により，さまざまな目的で利用されている。例えば，細菌は自分自身のゲノムDNAをメチル化（Cのほか，Aのメチル化もある）することにより制限酵素による切断を回避し，外来DNAのみを分解する防御機構の一部として利用している。また，動物や植物では発生における遺伝子発現制御のほか，ゲノムインプリンティングなどのエピジェネティックな現象，トランスポゾンの抑制，染色体構造の安定性にもDNAメチル化が寄与する（後述）。なお，出芽酵母や線虫などのモデル生物にDNAメチル化がみられないことから普遍性が疑われた時期もあったが，最近では，これらの生物がむしろ例外と考えられている。ショウジョウバエでも最近DNAメチル化が確認された。

6.2.2　de novo メチル化，維持メチル化と脱メチル化

ゲノムDNAのメチル化パターンは，確立・維持・消去といったダイナミックな過程の組合せで形成される（図6.2）。新規（de novo）メチル化は，非メチル化CpG配列のCにメチル基が転移される反応である。いったん両鎖ともメチル化されると，その状態は維持メチル化酵素によりDNA複製を経て安定に娘細胞に伝達される。維持メチル化にはCpG配列の対称性が深く関係している。すなわち，両鎖が完全にメチル化されたCpGは，DNA複製の際に半保存的に二つのヘミメチル化（二本鎖DNAの一方だけがメチル化された状態）

（a） *de novo* メチル化と維持メチル化

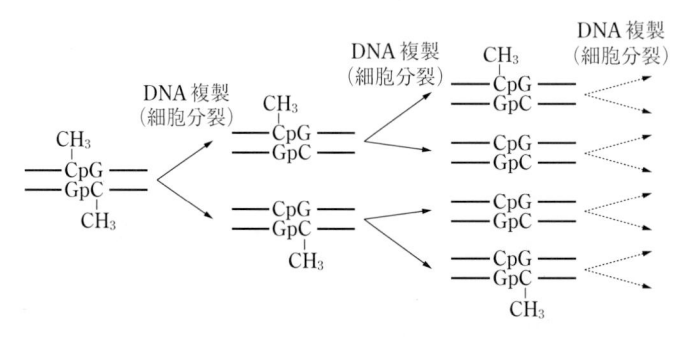

（b） 受動的脱メチル化

（c） 能動的脱メチル化

図 6.2 *de novo* メチル化，維持メチル化と脱メチル化の機構

CpG を生じる。CpG 配列の対称性のため二つのヘミメチル化 DNA は等価であり，1 種類の維持メチル化酵素により効率よく認識され，非メチル化 C にメチル基が転移される。

一方，脱メチル化には受動的なものと能動的なものがある。受動的脱メチル化では，DNA 複製時にメチル化の維持が行われず，CpG のメチル化が徐々に希釈されていく。能動的脱メチル化は酵素の作用により C からメチル基を外すか，DNA から 5-メチル C を除去する（その後修復されて C となる）反応である。しかし，脱メチル化酵素はまだ見つかっていない。

6.2.3 CpG 配列の頻度，分布と CpG アイランド

メチル化の標的となる CpG 配列は，脊椎動物のゲノムの C+G 含量から期待される頻度の 1/5 程度しか存在しない。これはメチル化された CpG が突然変異のホットスポットであり，脱アミノ化反応を介して TpG に変化しやすいことに基づく（図 6.3）。一方，変異を免れた CpG はゲノム上で非常に偏った分布を示し，クラスターを形成して島のように存在す

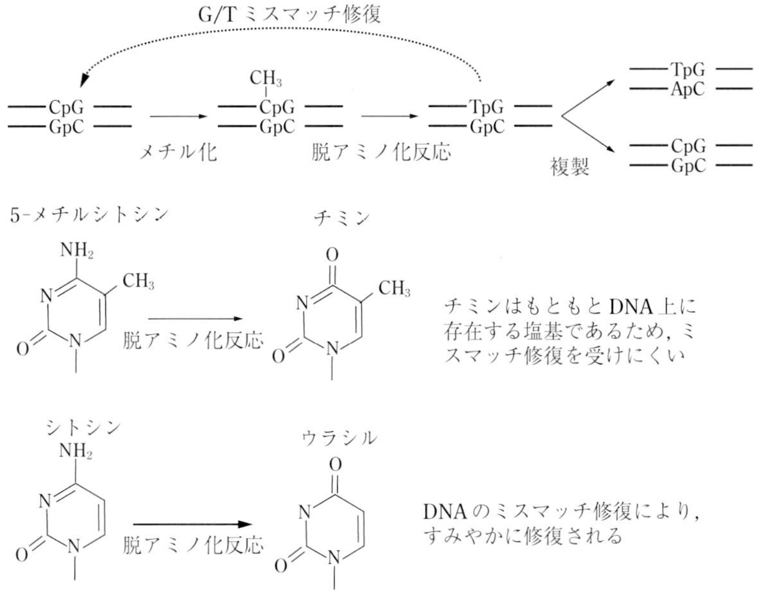

脱アミノ化反応による塩基置換は生体内で一定の頻度で起こっているが，ミスマッチ修復酵素により，すみやかに修復される。しかし，メチル化シトシンはチミンとして残るため，C → T 変異が起こりやすい。

図 6.3 脱アミノ化反応による 5-メチルシトシン→チミンへの変換

表 6.1 CpG アイランドの判定基準

	Grdinar-Garden[4]	Takai[5]
CpG スコア	>0.6	>0.65
G+C 含量（%）	>50	>55
長さ（bp）	>200	>500

る。この高密度の CpG から構成される約 1 kb 前後のゲノム領域を CpG アイランドと呼ぶ[3]。CpG アイランドを正確に定義することは難しいが，便宜上，**表 6.1** に示す 2 種類の基準がよく使われる[4),5)]。

　CpG アイランドは全ハウスキーピング遺伝子と一部の組織特異的遺伝子にみられ，多くの場合，プロモーターを含む形で存在する。CpG アイランドの中心部は，通常（その遺伝子の転写活性にかかわらず）生殖細胞を含むすべての組織で非メチル化状態に保たれる。ただし，ゲノムインプリンティングと X 染色体不活性化は例外であり，これらの場合には CpG アイランド内のすべての CpG がメチル化される。一方，CpG アイランドの辺縁部は組織や発生段階によってメチル化される場合がある[6]。

　組織特異的遺伝子の多くは CpG アイランドをもたないが，そのような遺伝子のプロモーターは転写が活発な組織では非メチル化状態であり，不活性な組織ではメチル化されている場合が多い。レトロトランスポゾン，サテライト DNA などの反復配列の CpG はたいてい

メチル化されている。あとに述べるように，DNA メチル化は転写に抑制的にはたらく。

6.3 マウス発生における DNA メチル化のダイナミクス

哺乳類の発生過程において，ゲノム全体のメチル化状態には大きな変動がみられる[7]（図6.4）。まず，受精卵には精子・卵子ゲノムのメチル化が持ち込まれる。最初の変化は精子由来ゲノムで特異的に起こり，受精後 2～6 時間の間に急激な脱メチル化を受ける[8]。この脱メチル化は DNA 複製を伴わない能動的な反応である。その後，卵割を繰り返す過程で両配偶子由来のメチル化のほとんどは桑実胚～胚盤胞期までに失われ，この時期にメチル化レベルは最低となる。これは維持メチル化を欠くことによる受動的な脱メチル化である。胚盤胞の内部細胞塊で de novo メチル化が始まり，着床後，形態形成が完了するころには成体の体細胞でみられる組織特異的なメチル化のパターンが確立する。X 染色体の不活性化に伴う CpG アイランドのメチル化もこの時期に起こる。

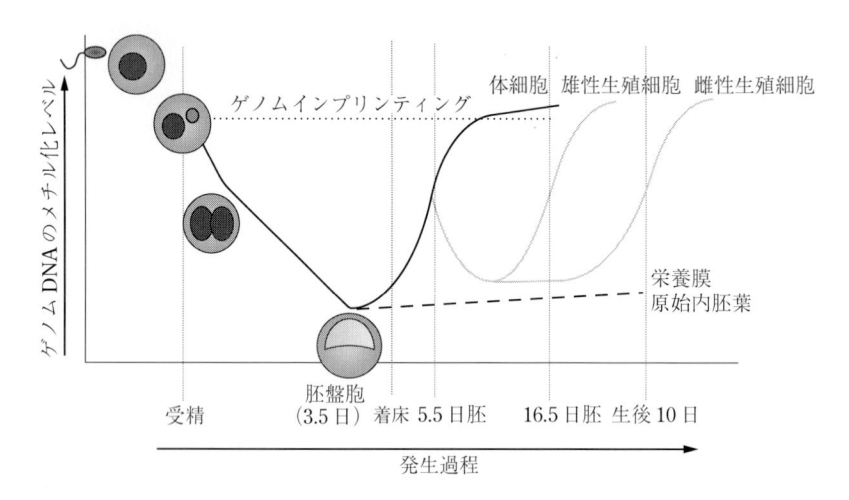

受精直後から桑実胚～胚盤胞までにゲノムワイドな脱メチル化が起こるが，ゲノムインプリンティングのメチル化は維持される。胚盤胞の内部細胞塊で de novo メチル化が始まり，着床後に胚葉が分かれて組織への分化が始まると，メチル化パターンが徐々に完成していく。また，生殖細胞系列（灰色の曲線）では，始原生殖細胞において一度脱メチル化され，オスでは 16～18 日胚，メスでは出生～出生 10 日後ぐらいに活発な de novo メチル化が起こる。

図 6.4 マウス発生過程におけるダイナミックな DNA メチル化の変化

これに対し，胎盤などの胚体外組織では着床後もメチル化レベルは比較的低く保たれている。未分化 ES 細胞は胚盤胞の内部細胞塊より樹立されるが，そのメチル化レベルは最も脱メチル化された状態より高く，分化した体細胞へややシフトした状態にあるようにみえる。ES 細胞を分化誘導すると明らかに de novo メチル化が起こる。

このように，マウスの発生過程ではゲノム DNA のメチル化レベルはダイナミックに変化し，メチル化が発生や分化にかかわる遺伝子の調節に使われていることが推測される．

6.4 細胞分化と DNA メチル化

DNA メチル化が細胞の分化にきわめて重要であることを示した最初の実験は，マウス胎仔由来の培養線維芽細胞である 10T1/2 で行われた．すなわち，10T1/2 細胞を DNA メチル化阻害剤（脱メチル化剤）である 5-アザシチジンで処理すると，筋芽細胞などへの分化転換がみられた[9]．筋芽細胞化した 10T1/2 細胞では筋形成に必要な bHLH タンパク質である MyoD 遺伝子のプロモーター領域が脱メチル化され，この遺伝子の発現が誘導されていた．同様に，Dnmt1 のアンチセンス RNA を使って脱メチル化を誘導すると，同様に筋分化が誘導される．これらの結果から，10T1/2 細胞でメチル化されていた MyoD が活性化されることで筋芽細胞への分化転換が生じたと推測される．

組織特異的な遺伝子の発生・分化に伴うメチル化の変化は個別に異なる．例えば，ES 細胞や生殖細胞などで発現がみられ，幹細胞の多能性の維持に必須な遺伝子である Oct 3/4 遺伝子は，発現する細胞では脱メチル化され，発現しない細胞ではメチル化される領域がある．また，分化前のナイーブ CD 4 陽性 T 細胞では IL-4 の発現は低く，IL-4 遺伝子の周辺領域に部分的なメチル化が認められるが，Th 1 細胞に分化した場合はさらに *de novo* メチル化され，Th 2 細胞へ分化した場合は脱メチル化により IL-4 を発現するようになる[10]．

また，アストロサイトの特異的分化マーカーであるグリア線維性酸性タンパク質（GFAP）遺伝子もメチル化による制御を受ける．胎生 11.5 日胚から調整した神経上皮細胞の GFAP プロモーターは高度にメチル化されているため，LIF（leukemia inhibitory factor）刺激により転写因子 STAT 3 を活性化しても GFAP プロモーターに結合できず，アストロサイトへの分化と GFAP の発現はみられない．しかし 14.5 日胚より回収した細胞の GFAP プロモーターは脱メチル化されており，LIF の刺激によりアストロサイトへの分化と GFAP の発現を誘導することができる[11]．このように，DNA メチル化は明らかに細胞分化とかかわっている．

最近，5-アザシチジンで骨髄間質細胞を処理すると，心筋細胞，骨細胞，神経細胞，脂肪細胞など，さまざまな細胞に分化することが報告された[12]．ゲノム DNA を脱メチル化することにより未分化 ES 細胞のように多分化能をもたせることができるのであろう．10T1/2 細胞の場合と似ているが，骨髄間質細胞は患者本人から比較的容易に得られるのが利点で，細胞治療ならびに臓器再生の供給源として期待される．しかし，5-アザシチジンは非特異的な脱メチル化を起こすので，安全性に問題がないか精査が必要である．

6.5 DNAメチル化酵素

哺乳類ではDNAをメチル化する酵素とその類似タンパク質として，五つのDNMTが報告されている。以下，マウスのメチル化酵素（Dnmt）について述べる[2]（図6.5）。

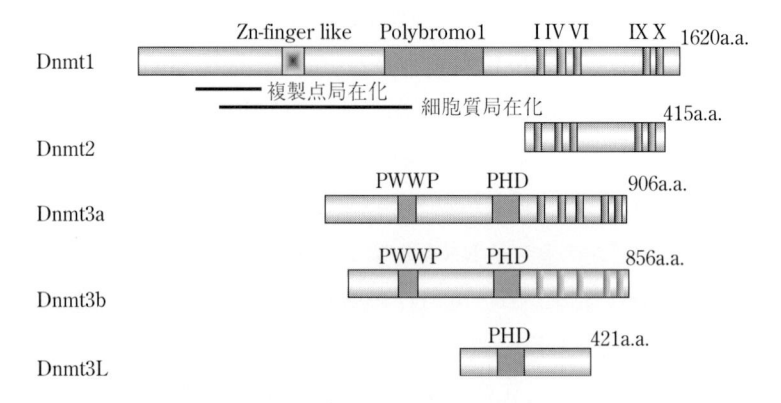

```
                  Zn-finger like  Polybromo1  I IV VI   IX X
Dnmt1      ▭▭▭▭▭▪▭▭▭▭▭▭▭▭▭▭▭▭▭▭▭▭▭▭▭▭▭▭▭▭▭▭ 1620a.a.
              ━━━━━━━━ 複製点局在化
                       ━━━━━━━━━━ 細胞質局在化
                                                  415a.a.
Dnmt2                                       ▭▭▭▭▭
                       PWWP    PHD         906a.a.
Dnmt3a                 ▭▭▭▭▭▭▭▭▭▭▭▭▭▭▭
                       PWWP    PHD         856a.a.
Dnmt3b                 ▭▭▭▭▭▭▭▭▭▭▭▭▭▭▭
                               PHD         421a.a.
Dnmt3L                         ▭▭▭▭▭
```

Dnmt1にはN末端側が短いDnmt1oと呼ばれる卵細胞型のアイソフォームが存在する。また，Dnmt3aにも同様にN末端が短いアイソフォーム，Dnmt3a2が存在する。Dnmt3bには触媒領域におけるスプライシングアイソフォームが多数存在する。PWWPドメイン：DNAや，ほかのタンパク質に結合するモチーフ。PHD（plant homeodomain）：クロマチン結合タンパク質にみられる配列で，タンパク質間相互作用に関与する。I～X：細菌II型シトシンメチル化酵素と相同なモチーフ。

図6.5 DNAメチル化酵素

分化した細胞でみられる主要なメチル化酵素はDnmt1である。Dnmt1はヘミメチル化CpG配列を好んで認識する維持メチル化酵素で，1988年に初めてマウスでクローニングされた。いくつかのアイソフォームがあるが，体細胞型Dnmt1は分子量180 000の比較的大きな分子で，C末端側の1/3程度の領域がメチル化触媒領域である。またN末端側の領域はDMAP1やPCNAなどの因子やDNAと結合し，細胞内での局在を制御している。一方，生殖細胞では体細胞とは異なるプロモーターから転写される。卵母細胞型のアイソフォームはDnmt1oと呼ばれ，N末端側の118アミノ酸を欠く[13]。また，パキテン期精母細胞ではこの細胞種に特異的な第1エキソンから転写されるが，この転写産物は翻訳されず，Dnmt1の量は急激に低下する。Dnmt1によるDNAのメチル化維持は重要で，Dnmt1欠損マウスは体節形成や器官形成の起こる9.5日胚以前に致死である[14]。

Dnmt2は分子量47 000のタンパク質であり，DNAメチル化触媒領域をもつが活性は高くない[15),16)]。分裂酵母やショウジョウバエからヒトに至るまで保存されているが，マウスでDnmt2を欠損してもなんの異常もみられず，生理的な機能はわかっていない。

1998年，EST解析によって de novo メチル化酵素である Dnmt3a，Dnmt3b が同定された。ともに分子量約 100 000 のタンパク質であり，それぞれ独立の遺伝子によりコードされている。C末端側に触媒領域がある。Dnmt3a 欠損マウスは出生後 4 週齢で致死となり，Dnmt3b を欠損すると胎生 13.5～16.5 日でサテライト DNA のメチル化の破綻を示して死亡する。また，Dnmt3a と Dnmt3b をダブルノックアウトした個体は，Dnmt1 欠損マウスと同様，胎生 9.5 日前後で致死となる[17]。着床後の de novo メチル化がうまくいかないためであろう。Dnmt3b はヒトの ICF 症候群の原因遺伝子である（コラム参照）。

Dnmt3 様タンパク質として同定された Dnmt3L は，触媒領域が欠けているために DNA メチル化の活性をもたない。Dnmt3L は生殖細胞特異的に発現し，その欠損マウスは一見正常に発生するが，オスは無精子症となる[18),19)]。この無精子症の精巣ではレトロウイルスの活性化が確認されている。またメスでは，卵子は形成されるがゲノムインプリンティングに関する de novo メチル化が起こらず，この卵子と野生型精子が受精した胚は致死である[18),19)]。Dnmt3L は de novo メチル化酵素の活性または標的特異性を調節するのではないかと考えられている。

> **DNA メチル化のしくみに異常のある遺伝病**
> ICF 症候群は，まれな劣性の遺伝病で，免疫不全（immunodeficiency），動原体不安定性（centromeric instability），顔貌異常（facial abnormalities）の頭文字を取って命名された。患者の解析から責任遺伝子座が 20 q 11.2 にマップされ，ここにある DNMT3B 遺伝子に変異が見つかった。患者では一部のサテライト DNA 領域が脱メチル化されており，対応する動原体近傍のヘテロクロマチンの脆弱化による異常な形状の染色体が認められる（多放射状染色体など）。Dnmt3b のノックアウトマウスは致死であり，ICF 症候群患者でも完全欠損は見つかっていない。
> Rett 症候群は自閉症，てんかん発作，ふらつき歩行などがみられる小児精神神経疾患である。X 連鎖優性遺伝形式をとり，罹患男児は胎生致死となるために，患者は女性のみとなる。Rett 症候群の責任遺伝子の候補座位がヒト X 染色体長腕末端部（Xq 28）であることが明らかになり，この領域の遺伝子を検索した結果，MeCP 2（後述）遺伝子に変異が見つかった。DNA メチル化と脳機能の関係を探る研究を加速させるきっかけとなった。

6.6 DNA メチル化に影響する因子

ゲノム中の特定の配列がメチル化されるには DNA メチル化酵素のほかに，クロマチンの再構成因子を必要とする。例えば，LSH は SNF 2 ファミリーに属するクロマチン再構成因子であるが，これは動原体近傍のサテライト DNA のメチル化とヘテロクロマチン形成に必要である[20)]。同様に SNF 2 ファミリーの一員である ATRX もサテライト DNA や rDNA

(リボソーム RNA 遺伝子のクラスター) のメチル化に必要である[21]。同様な因子はシロイヌナズナでも発見されている。一方，アカパンカビではヒストン H3 の9番目のリジン (H3-K9) をメチル化する酵素が欠損すると DNA メチル化が生じないことが知られている。このように，エピジェネティックな機構の間にはクロストークがある。

6.7　メチル化 DNA 結合タンパク質

ゲノム中のメチル化 CpG は一群のメチル化 DNA 結合タンパク質によって認識され，それらがヒストン修飾やそれに伴う転写抑制への橋渡し的な役割を担っている。その代表格が，メチル化 DNA 結合ドメイン (MBD) と呼ばれる一つの α ヘリックスと，四つの β シートで特徴づけられる約80アミノ酸のドメインをもつ五つのタンパク質群である[22),23)]（**表 6.2**）。

表6.2　MBD タンパク質の機能と構造

	メチル化DNAへの結合	生理機能	関連する分子・複合体	KO マウス	ヒト疾患との関連	アミノ酸数	各分子の構造
MeCP2	あり	転写抑制	SIN3 複合体	中枢神経異常	Rett 症候群	545	MBD TRD
MBD1	あり	転写抑制・DNA 修復	Suv39, HP1 MCAF など	神経発生異常 ゲノム不安定性		645	CXXC TRD
MBD2	あり	転写抑制	MeCP2 複合体 SIN3 複合体	Th 細胞の分化異常など	大腸がん抗原	478	コイルドコイル
MBD3	なし	転写抑制	NuRD 複合体	胎生致死		331	
MBD4	あり	DNA 修復	MLH1	C→T 変異の多発など	マイクロサテライト不安定性がん	647	グリコシラーゼ

最初に同定された MeCP2 は Rett 症候群の原因遺伝子であり（コラム参照），X 染色体上にある。オスの MeCP2 欠損マウスは致死だが，メスでは Rett 症候群と同様の神経症状が見られる。MeCP2 はヒト染色体ではゲノム全体に，マウス染色体では高度にメチル化されたサテライト DNA に多量に存在しており，メチル化 DNA 領域のグローバルな転写抑制にはたらくと考えられる。

MBD1 は N 末端側に MBD と核移行シグナルをもち，中央部の CXXC ドメインにおいては選択的なスプライシングを受ける。この MBD はメチル化 CpG 配列に結合するだけでなく，H3-K9 をメチル化する Suv39h1 やヘテロクロマチンタンパク質である HP1 との相互作用も担っており，DNA メチル化とヒストンのメチル化を結ぶ重要な経路である。MBD1 よる転写抑制はヒストン脱アセチル化酵素 (HDAC) 阻害剤であるトリコスタチン A や酪酸で解除されず，標的プロモーターから 3kb の距離をおいて抑制可能であり，これ

らの点はほかの MBD タンパク質による転写抑制と異なる。さらに MBD 1 はアルキル化剤などによる G や A のメチル化が生じた場合，メチル化プリングリコシラーゼとともに塩基除去修復を行う。

　MBD 2 は MeCP 1 複合体の構成分子の一つであり[24]，MBD 2 a と MBD 2 b の二つのアイソフォームがある。MBD 2 による転写抑制は HDAC 阻害剤で部分的にしか解除されず，別の抑制経路の存在が示唆されている。また MBD 2 と MBD 3 はアミノ酸レベルで 70 ％以上の相同性があるにもかかわらず，MBD 3 欠損マウスが胎生早期に致死になるのに対し，MBD 2 欠損マウスは子育て行動に異常が認められるものの，生存可能で生殖能力もある。

　MBD 3 はヌクレオソーム再構成活性と HDAC 活性をもつ Mi 2-NuRD 複合体の構成分子の一つである。MBD 3 には MBD を欠いたアイソフォーム MBD 3 b があり，哺乳動物細胞の Mi 2-NuRD 複合体ではこの MBD 3 b が主体となっている。MBD 3 自体がこの複合体をメチル化 DNA に呼び込むかどうかは不明である。

　MBD 4 はミスマッチ修復にはたらく分子であり，C 末端側に DNA グリコシラーゼドメインをもつ。MBD 4 は T/U-G ミスマッチから T または U を除去するグリコシラーゼ活性をもっており，メチル化 CpG の脱アミノ産物である T-G ミスマッチに親和性が高いことから，メチル化 DNA 領域の塩基除去修復にはたらくと考えられている。MBD 4 欠損マウスでは CpG 配列における C → T 変異の頻度が 3 倍に増加するので，これが生体内で CpG の変異とそれに基づく腫瘍化を抑制していると考えられる[25]。

　MBD ファミリー以外にも，細胞接着関連の転写抑制因子 Kaiso や免疫関連遺伝子などの転写調節因子である RFX（MDBP とも呼ばれる）など，MBD をもたないにもかかわらずメチル化 CpG へ親和性をもつタンパク質も知られている。

6.8　DNA メチル化による転写抑制の機構

　DNA メチル化が転写を抑制する機構を図 6.6 にまとめた[26]。まず，① 転写因子の一部は標的配列内にメチル化された CpG があると結合できず，これにより転写が抑制される場合がある。また，② メチル化 DNA 結合タンパク質の結合により，転写因子の標的配列へのアクセスが物理的にブロックされることも考えられる。さらに，③ メチル化 DNA 結合タンパク質のいくつかは HDAC や H 3-K 9 のメチル化酵素を含む転写抑制複合体を形成するので，そのはたらきによりさらに不活性なクロマチン状態が形成される（7 章参照）。④ メチル化された H 3-K 9 にはヘテロクロマチンタンパク質 HP 1 が結合し，これがさらに HDAC や DNMT をリクルートして，DNA のメチル化を維持するといった不活性化ループを形成する。このようにして，転写の抑制がより強固で永続的なものになると考えられる。

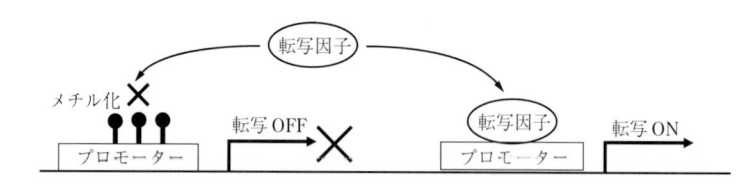

DNAのメチル化により転写因子のプロモーターへの結合が阻害される（上段）。DNAメチル化結合タンパク質による立体的阻害（中段）。DNAメチル化によるヒストン修飾の誘導とヘテロクロマチン形成（下段）。HMT：ヒストンメチル化酵素。HDAC：ヒストン脱アセチル化酵素。HP1：ヘテロクロマチンタンパク質1。

図6.6　DNAメチル化による転写抑制の模式図

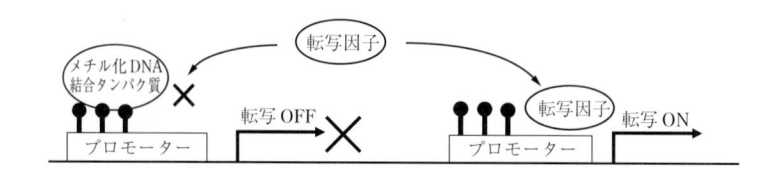

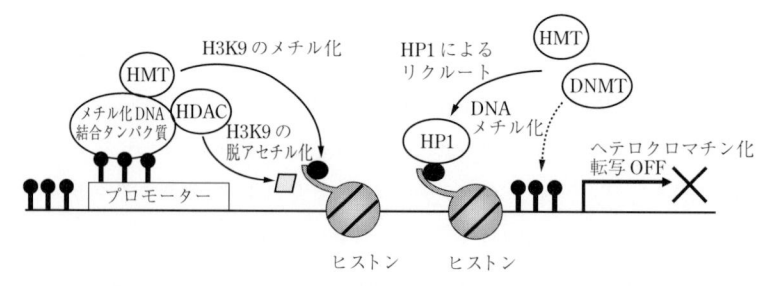

6.9　DNAメチル化のかかわるエピジェネティックな現象

　ゲノムインプリンティングとX染色体の不活化はDNAメチル化のかかわるエピジェネティックな現象である。ゲノムインプリンティング（刷込み）は哺乳類のオス・メスの配偶子形成過程で *de novo* メチル化により精子と卵子に特有なメチル化パターンを与えることをいう[27]。その結果、父親由来と母親由来のゲノムには機能的な差異が生じ、一部の遺伝子（全遺伝子の1％以下）は由来する親の性に依存した発現を示す[28]。インプリンティングは哺乳類の発生に重大な影響を与え、単為発生を妨げる現象としても知られている（4章参照）。
　X染色体の不活化は、二つ存在するメスのX染色体のうち一方をヘテロクロマチン化して不活性化することにより、メス・オス間における遺伝子量の補償を行うメカニズムである[29]。不活性化された側のX染色体上にあるCpGアイランドは高度にメチル化されてお

り，他の転写不活性領域と同じくヒストンH3およびH4のアセチル化がきわめて低く，ヒストンH3-K9やH3-K27のメチル化が多くみられる。しかし，DNAメチル化が1次シグナルと考えられるインプリンティングとは異なり，X不活化の開始にはDNAメチル化は必要なく，むしろ不活性状態の安定化因子としてはたらいている[30]。

6.10 DNAメチル化異常と発がん

がん細胞では，生理的な状態でメチル化されている遺伝子のプロモーター領域に加え，LINEやSINEといった反復配列が低メチル化状態となっている。またそれとは逆に，p16，VHL，RB，E-カドヘリン，BRCA1などのがん抑制遺伝子のCpGアイランドはしばしば高度にメチル化され，サイレンシングを受けている[31]。これらの異常なメチル化とDNMT1，DNMT3A，DNMT3Bの発現量には相関が認められず，原因はわかっていないが，メチル化を診断や治療の標的とする試みが始まっている。

6.11 DNAメチル化と再生医学

自己の細胞を用いて組織を修復する再生医療は，従来の移植手術の抱えるドナー確保や拒絶反応といった問題を克服する画期的な治療法として注目されている。成体から採取可能な組織幹細胞として，骨髄の造血幹細胞や間葉系幹細胞（間質細胞に含まれる）などが実際に使用され，間質細胞では脱メチル化剤を用いたエピジェネティックなリプログラミングが利用される[13]（6.4節参照）。しかし，これは標的遺伝子を絞れない盲目的なリプログラミングである。また，成体から採取できる幹細胞はわずかで，採取にはリスクを伴い，分化能にも限界がある。

これらの諸点を克服するため，患者の体細胞の核をドナーから提供された除核卵子に移植して，胚盤胞まで発生させたのち，ES細胞を樹立する方法が考えられている（NT-ES細胞）。これは体細胞核移植によるクローン動物作製技術を応用し，卵子と初期胚のもつリプログラミング能を利用するものである。このリプログラミングの実体はまだ明らかでないが，脱メチル化が重要な要素の一つであることは間違いない。

マウスでは比較的容易にNT-ES細胞を作出できることが証明されている。しかし，体細胞核移植によるクローンマウスの作製効率は2％程度で，大部分の胚は発生途中で致死となることから，NT-ES細胞の多くはなんらかの異常をもつ可能性がある。核移植胚のエピジェネティック異常にはインプリンティング，X染色体不活性化，組織特異的メチル化にかかわるさまざまな異常が含まれ，誕生したクローン動物においては胎盤肥大・肥満・短命

などの表現型が報告されている。NT-ES細胞由来の組織にも同様の異常が起こりうる。

体細胞核のリプログラミングをDNAメチル化の見地で論ずると，正常初期胚の低メチル化状態に近づけることが必要であるとともに，発生・分化に必須なゲノムインプリンティングのメチル化は維持する必要がある。このバランスのとれたリプログラミングの調節はいまだわれわれの手中になく，たまたまうまくいった胚だけが発生するのだろう（5章参照）。

6.12　DNAメチル化の解析手法

これまで述べてきたように，再生医療においては，細胞の分化能，分化状態，がん抑制遺伝子の異常なサイレンシングの有無を調べるため，DNAのメチル化状態をモニタリングする必要が出てくるであろう。DNAのメチル化状態の解析法は大きく分けて，メチル化感受性の制限酵素を利用したものと，bisulfite処理を利用したものがあり，それぞれ検出の感度，定量性，簡便性などが異なるので，実験の目的によって最適な方法を選択する必要がある[32]。

6.12.1　メチル化感受性制限酵素を利用する方法

CpGを認識配列内に含み，かつそれがメチル化されると切断できなくなるメチル化感受性制限酵素を利用する。よく用いられる制限酵素にHpaIIがあり，CCGGを認識するが，CpGがメチル化されていると切断できなくなる。この性質を利用して目的の部位が切断されているかどうかを，サザンブロット法やPCR法を用いて検出する。また，メチル化感受性の制限酵素で消化したゲノムDNAを二次元電気泳動で分離し，ゲノムワイドに解析する方法（RLGS法と呼ぶ）[33]も開発されている。

6.12.2　bisulfite処理を用いる方法

亜硫酸水素ナトリウム（bisulfite）処理による5-メチルCの解析は，現在最も汎用されているDNAメチル化の解析方法であり，DNAメチル化状態を1塩基レベルで検出・解析でき，PCRと組み合わせることにより少量のサンプルに対応可能という長所をもっている[34]。一本鎖に変性したDNAをbisulfite処理すると，スルホン化および加水脱アミノ化反応が起こる。続いて脱スルホン化するとCはUに変換される（図6.7）。しかし，5-メチルCではスルホン化の反応速度が非常に遅いので，変換されずに5-メチルCのまま残る。したがって，bisulfite処理をしたDNAを用いてPCRを行うと，5-メチルCはCとして，非メチル化CはTとして検出できる。この違いを検出するのに，シークエンス（特にpyroシークエンス）法，制限酵素を利用するCOBRA法などが利用されているが，マイクロアレイを用いる方法も開発されており，今後の発展が期待される。

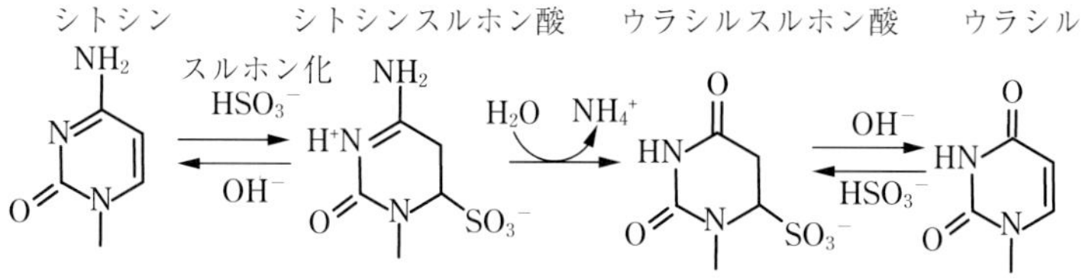

シトシン　　　　シトシンスルホン酸　ウラシルスルホン酸　　ウラシル

bisulfite 処理によるシトシン（C）→ウラシル（U）への変換反応。変換されたUはPCR反応を行うことによってチミン（T）に置き換わり，5-メチルCだけがそのまま残る。

図 6.7　bisulfite 処理の化学反応

DNA メチル化を解析する際に有益な情報が得られるウェブサイトを**表 6.3**にまとめた。

表 6.3　DNA メチル化を解析するのに役立つおもなウェブサイト（2005年12月現在）

DNA Methylation Database（DNA のメチル化のデータベース）
　http://www.methdb.de
DNA Methylation Society（メチル化の一般的な情報（一部有料））
　http://www.dnamethsoc.com
CpG island searcher（CpG アイランドの検索）
　http://cpgislands.usc.edu/
Emboss Cpgplot（CpG アイランドの検索・表示ソフト）
　http://www.hgmp.mrc.ac.uk/Software/EMBOSS/Apps/cpgplot.html
MethPrimer（bisulfite 解析の PCR プライマー設定補助ソフト）
　http://www.urogene.org/methprimer/
Meth Tools（bisulfite 実験の解析・表示ソフト）
　http://sarton.imb-jena.de/methtools/
大阪大学蛋白質研究所蛋白質生理機能研究部門（田嶋研究室ホームページ）
　http://www.protein.osaka-u.ac.jp/physiology/index_jp.html

6.13　DNA メチル化の操作の可能性

　再生医療やがんの治療においては，最終的に特定の遺伝子の DNA メチル化状態を人為的に操作できるようになることが望ましい。例えば 5-アザシチジンやその類似化合物はがんの治療に使われ始めているが，これらはグローバルな脱メチル化剤であり毒性も強い。標的特異的に脱メチル化を誘導するには程遠い状態である。また，哺乳動物細胞のもつ脱メチル化酵素の実体もいまだ不明であり，能動的な脱メチル化がどのようなしくみで行われているのか興味がもたれる。最近，siRNA（small interfering RNA）を用いて特定の CpG アイランドへメチル化を誘導するという試みもなされており，標的特異的な DNA メチル化が可能になるのでないかと期待されている。

6.14 おわりに

　DNA のメチル化は，正常な個体の発生や細胞の分化を制御する重要なしくみであり，その機構やはたらきを理解することは，再生医学をはじめとする幅広い分野に役立つ．特に核の初期化や細胞の多分化能を議論するのに，DNA メチル化をはじめとするエピジェネティックな制御は避けては通れない話題となってきた．細胞がメチル化すべき領域と，そうでない領域をどのように区別しているのか，生殖細胞や初期胚でみられる脱メチル化の機構はどのようなものかを解明することは，細胞核の初期化や脱分化を利用する組織の再構築といった再生医学の研究を，おおいに飛躍させると考えられる．

引用・参考文献

1) Bird, A.：DNA methylation patterns and epigenetic memory, Genes. Dev., **16**, 1, pp.6-21 (2002)
2) 田嶋正二：DNA メチル化機構とその役割，エピジェネティクス（佐々木裕之編），シュプリンガー・フェアラーク東京，pp.7-19 (2004)
3) Cross, S. H. and Bird, A. P.：CpG islands and genes, Curr. Opin. Genet. Dev., **5**, 3, pp.309-314 (1995)
4) Gardiner-Garden, M. and Frommer, M.：CpG islands in vertebrate genomes, Mol. Biol., **196**, 2, pp.261-282 (1987)
5) Takai, D. and Jones, P. A.：Comprehensive analysis of CpG islands in human chromosomes 21 and 22, Proc. Natl. Acad. Sci. USA., **99**, 6, pp.3740-3745 (2002)
6) 大鐘　潤，小田真由美，塩田邦郎：組織特異的 DNA メチル化と体細胞核移植クローン，エピジェネティクス（佐々木裕之編），シュプリンガー・フェアラーク東京，pp.147-154 (2004)
7) Li, E.：Chromatin modification and epigenetic reprogramming in mammalian development, Nat. Rev. Genet., **3**, 9, pp.662-673 (2002)
8) Mayer, W., Niveleau, A., Walter, J., Fundele, R. and Haaf, T.：Demethylation of the zygotic paternal genome, Nature, **403**, 6769, pp.501-502 (2000)
9) Taylor, S. M. and Jones, P. A.：Multiple new phenotypes induced in 10 T 1/2 and 3 T 3 cells treated with 5-azacytidine, Cell, **17**, 4, pp.771-779 (1979)
10) Ansel, K. M., Lee, D. U. and Rao, A.：An epigenetic view of helper T cell differentiation, Nat. Immunol., **4**, pp.616-623 (2003)
11) Takizawa, T., Nakashima, K., Nishimura, M., Ochiai, W., Uemura, A., Yanagisawa, M., Fujita, N., Nakao, M. and Taga, T.：DNA methylation is a critical cell-intrinsic determinant of astrocyte differentiation in the fetal brain, Dev. Cell., **1**, pp.749-758 (2001)
12) 梅澤明弘：再生医療とエピジェネティクス，エピジェネティクス（佐々木裕之編），シュプリ

ンガー・フェアラーク東京，pp.191-201（2004）

13) Mertineit, C., Yoder, J. A., Taketo, T., Laird, D. W., Trasler, J. M. and Bestor, T. H.：Sex-specific exons control DNA methyltransferase in mammalian germ cells, Development, **125**, 5, pp.889-897（1998）

14) Li, E., Bestor, T.H. and Jaenisch, R.：Targeted mutation of the DNA methyltransferase gene results in embryonic lethality, Cell, **69**, pp.915-926（1992）

15) Yoder, J. A. and Bestor, T. H.：A candidate mammalian DNA methyltransferase related to pmt 1 p of fission yeast, Hum. Mol. Genet., **7**, 2, 279-284（1998）

16) Okano, M., Xie, S. and Li, E.：Dnmt 2 is not required for de novo and maintenance methylation of viral DNA in embryonic stem cells, Nucleic. Acid. Res., **26**, pp.2536-2540（1998）

17) Okano, M., Bell, D. W., Haber, D. A. and Li, E.：DNA methyltransferases Dnmt 3 a and Dnmt 3 b are essential for de novo methylation and mammalian development, Cell, **99**, pp.247-257（1999）

18) Hata, K., Okano, M., Lei, A. H. and Li, E.：Dnmt 3 L cooperates with the Dnmt 3 family of de novo DNA methyltransferases to establish maternal imprints in mice, Development, **129**, pp.1983-1993（2002）

19) Bourc'his, D., Xu, G., Lin, C., Bollman, B. and Bestor, T. H.：Dnmt 3 L and the establishment of maternal genomic imprints, Science, **294**, pp.2536-2539（2001）

20) Dennis, K., Fan, T., Geiman, T., Yan, Q. and Muegge, K.：Lsh, a member of the SNF 2 family, is required for genome-wide methylation., Genes Dev., **15**, 22, pp.2940-2944（2001）

21) Gibbons, R. J., McDowell, T. I., Raman, S., O'Rourke, D. M., Garrick, D., Ayyub, H. and Higgs, D. R.：Mutations in ATRX, encoding a SWI/SNF-like protein, cause diverse changes in the pattern of DNA methylation, Nat. Genet., **24**, 4, pp.368-371（2000）

22) Wade, P. A.：Methyl CpG-binding proteins and transcriptional repression, Bioessays, **23**, 12, pp.1131-1137（2001）

23) 坂本快郎，市村隆也，渡邉すぎ子，中尾光善：メチル化DNA結合タンパク質と遺伝子発現制御，エピジェネティクス（佐々木裕之編），シュプリンガー・フェアラーク東京，pp.21-29（2004）

24) Meehan, R. R., Lewis, J. D., McKay, S., Kleiner, E. L., Bird, A. P.：Identification of a mammalian protein that binds specifically to DNA containing methylated CpGs, Cell, **58**, 3, pp.499-507（1989）

25) Millar, C. B., Guy, J., Sanson, O. J., Selfridge, J., MacDougall, E., Hendrich, B., Keightley, P. D., Bishop, S. M., Clarke, A. R. and Bird, A.：Enhanced CpG mutability and tumorigenesis in MBD 4-deficient mice, Science, **297**, 5580, pp.403-405（2002）

26) Bird, A. P. and Wolffe, A. P.：Methylation-induced repression—belts, braces, and chromatin, Cell, **99**, 5, pp.451-454（1999）

27) Kaneda, M., Okano, M., Hata, K., Sado, T., Tsujimoto, N., Li, E. and Sasaki, H.：Essential role for de novo DNA methyltransferase Dnmt 3 a in paternal and maternal imprinting, Nature, **429**, pp.900-903（2004）

28) Li, E., Beard, C. and Jaenisch, R.：Role for DNA methylation in genomic imprinting,

Nature, **366**, 6453, pp.362-365 (1993)

29) Heard, E.: Recent advances in X-chromosome inactivation., Curr. Opin. Cell. Biol., **16**, 3, pp.247-255 (2004)

30) Sado, T., Okano, M., Li, E. and Sasaki, H.: De novo DNA methylation is dispensable for the initiation and propagation of X chromosome inactivation, Development, **131**, 5, pp.975-982 (2004)

31) Jones, P. A. and Baylin, S. B.: The fundamental role of epigenetic events in cancer, Nat. Rev. Genet., **3**, 6, pp.415-428 (2002)

32) 金田篤志,牛島俊和:DNAメチル化の解析手法,Molecular Medicine, 39, 7, pp.824-832 (2002)

33) Hayashizaki, Y., Shibata, H., Hirotsune, S., Sugino, H., Okazaki, Y., Sasaki, N., Hirose, K., Imoto, H., Okuizumi, H., Muramatsu, M., Komatsubara, H., Shiroishi, T., Moriwaki, K., Katsuki, M., Hatano, N., Sasaki, H., Ueda, T., Mise, N., Takagi, N., Plass, C. and Chapman, V. M.: Identification of an imprinted U 2 af binding protein related sequence on mouse chromosome 11 using the RLGS method, Nat. Genet., **6**, 1, pp.33-40 (1994)

34) Clark, S. J., Harrison, J., Paul, C. L. and Frommer, M.: High sensitivity mapping of methylated cytosines, Nucleic. Acid. Res., **22**, pp.2990-2997 (1994)

7 ヒストン修飾

7.1 はじめに

　膨大な情報量を有するヒトの遺伝子は，クロマチン構造を形成して規則的に折り畳まれ，核内に収められている．しかしながら，クロマチンは遺伝子を有する単なる構造物ではなく，ダイナミックな遺伝子発現や，発生・分化を制御するために適した機能を有する．個体の形成は1個の受精卵に由来し，決められてプログラムに従って分裂を繰り返し，さまざまな細胞へと分化する．この分化した細胞は，最初の1個の受精卵と同一の遺伝情報をもちながら，おのおの異なった性質を有する．
　では，同じ遺伝情報をもちながら，なぜ千差万別な細胞へと変貌を遂げるのであろうか．その理由は遺伝子発現の違いにある．
　例えば，インスリンは膵臓β細胞においてのみ発現され，ほかの細胞では発現しない．これは，細胞は必要な遺伝子のみの発現を許容し，不要な遺伝子を封印する機構をもつことによる．この遺伝子発現パターンは遺伝子以外の要因，つまりエピジェネティックな要因により時間的，空間的制御を受けている．
　種々のエピジェネティックな要因が存在することが示唆されているが，そのなかでも重要な位置を占めるのがクロマチン構造である．真核生物のDNAは，ヌクレオソームを基本単位とするクロマチン構造を形成してヒストンおよび非ヒストンタンパク質とともに高度に折り畳まれていて，遺伝子の転写制御やDNAの複製・組換え・修復の際には，クロマチンの構造・機能のダイナミックな変換を必要とする[1]．
　クロマチンの変換は，ヒストンや非ヒストンタンパク質の修飾・ATP依存性のクロマチン再構築（リモデリング）・DNAのメチル化などにより制御される．このうちヒストンの翻訳後修飾には，アセチル化・リン酸化・メチル化・ユビキチン化・ADPリボシル化・グリコシル化・SUMO化などが報告されていて，特にアセチル化やメチル化はヒストンに特徴的な修飾である．
　これらの修飾の作用は，大きく分けて二つあると考えられる．一つ目は，修飾により化学

的な構造変換が生じてヌクレオソーム構造が変化し，クロマチン構造が弛緩してクロマチンリモデリング因子や転写因子などが作用しやすくなることである．ほかの多くのタンパク質のリン酸化と同様に，ヒストンのリン酸化はこうした化学的な作用が主体であろう．

　二つ目は，修飾部位がほかのタンパク質の認識部位となることである．クロマチン結合タンパク質に特徴的にみられるブロモドメインやクロモドメインは，それぞれアセチル化リジンおよびメチル化リジンを認識する．これらの結合は，リン酸化チロシンとそれを認識するSH2ドメインの関係によく似ていて，クロマチン構造変換のシグナル伝達のなかで分子会合を促進する一過程であると考えると理解しやすい．

　ヒストンの主たる修飾の一つであるリジン残基のアセチル化は，以前は電気的な中和による化学的な変換がその効果の中心であるとする考えが主流であった．しかし，現在ではメチル化と同様に分子会合の標識としての重要性がクローズアップされている．本章では，ヒストンの修飾の制御とそれらによる分子会合を介した転写調節機構について概説する．

7.2　クロマチンの構造

　クロマチンの基本構造単位は，ヒストンオクタマー（コアヒストン（ヒストンH2A，H2B，H3，H4）各2分子ずつの8量体より構成される）のまわりをDNAが1.75周巻くヌクレオソームコア粒子である．これが数珠状につがったものを，11 nmファイバーと呼ぶ．11 nmファイバーは，リンカーヒストンや非ヒストンタンパク質の関与により30 nmファイバーへ，そしてより高度なクロマチン構造へと凝縮される．

　コアヒストンは，N末端側の塩基性アミノ酸に富んだドメイン（ヒストンテール）とC末端側の球状のドメイン（ヒストンフォールド）からなっており，後者はヒストンオクタマーの形成に必要である．一方，前者のN末端の塩基性ドメインは，細胞内でリン酸化，アセチル化，メチル化，ユビキチン化などさまざまな修飾を受け，クロマチンの多様な機能発現を制御していると考えられている．

　2000年にAllisら[2]はヒストンの修飾を暗号としてとらえる"ヒストンコード"という概念を提唱した．これは各ヒストンのアセチル化・メチル化・リン酸化などの一連の修飾の組合せの状態がその遺伝子領域の状態などその後の"結果"を規定するとした考え方である．

　ヒストンコードの第一段階は修飾酵素による修飾であるが，この修飾は独立に制御されるのではなく，一つの修飾がほかの修飾に依存して連続的に促進されるために，一連の修飾のパターン（ヒストンコード）が形成されると考えられている．例えばヒストンH4の3番目のアルギニン（H4-R3）はアルギニンメチル化酵素であるPRMT1によりメチル化され，このメチル化がp300によるH4-K8（K；リジン）やH4-K12のアセチル化を誘導

することが報告されている[3]。また，遺伝子活性化に伴うコードとしては，ヒストンH3のアセチル化K9・リン酸化S10（S；セリン）・アセチル化K14がよく知られているが，この制御は，まずエンハンサーに結合する転写因子がアセチル化酵素であるGCN5をリクルートして近傍のH3-K9をアセチル化し，このアセチル化がリン酸化酵素によるH3-S10のリン酸化を誘導し，さらにこのリン酸化がGCN5によるH3-K14のアセチル化を促進することが報告されている[4,5]。

これとは逆に，H3-K9のメチル化は遺伝子のサイレンシングに関連しているが，H3-S10のリン酸化は，H3-K9のメチル化を阻害する。また，遺伝子サイレンシングに関してRad6（Ubc2）によるヒストンH2B-K123のユビキチン化がSET1によるH3-K4およびH3-K79のメチル化を促進することが報告されている[6,7]。このようにヒストンは局所的な遺伝子領域の状態や細胞の状況により，特定の修飾の状況を保持し，その修飾パターンがその後の遺伝子発現などの結果を規定すると考えられる。

ヒストンコードの第二段階は，修飾されたヒストンを認識する因子の会合である。この段階の主役となるのは修飾されたヒストンを認識するドメイン（ブロモドメインやクロモドメインなど）をもつ因子である。上記の遺伝子活性化の際にはH3-K9，H3-K14やH4-K8，H4-K12がアセチル化されるが，基本転写因子のTFIID複合体はブロモドメインをもつTAFII250を介してヒストンH3のアセチル化K9/14に結合してリクルートされ，クロマチンリモデリング因子SWI/SNF複合体はBRGを介してヒストンH4のアセチル化K8に結合してリクルートされ，転写が活性化される[6,7]。

後半の制御因子の会合に関する知見はまだまだ少ないが，前半のヒストン修飾の分子機構については多くの知見が蓄積されてきているので概説する。

7.3 ヒストンアセチル化酵素（HAT）

近年，転写のコアクチベーターのなかにHAT活性を有するものがあることがつぎつぎと報告され，転写活性とヒストンアセチル化の関係が裏づけられるようになった。また，最近では転写以外の生体の重要な反応にHATが関与していることが明らかとなりつつある[1,8]。HATは構造上の類似性をもとに，いくつかのファミリーに分類される（表7.1）。

7.3.1 GNATファミリー

1996年にAllisらがテトラヒメナを用いて初めてHATの精製に成功し，出芽酵母の転写因子として知られてきたGCN5が，種を越えて保存されたHATであることが示された[9]。また中谷らは，2種類のヒト相同遺伝子，PCAFとhGCN5をクローニングし，それ

7. ヒストン修飾

表7.1 ヒストンアセチル化酵素の分類〔細胞工学, 23, p.1136 (2004)〕

ファミリー	酵素	生物種	機能	基質
GNAT	GCN 5	酵母-哺乳類	転写活性化	ヒストン, 転写因子群
	PCAF	哺乳類	転写活性化	ヒストン, 転写因子群
p 300/CBP	p 300	哺乳類	転写活性化	ヒストン, 転写因子群
	CBP	哺乳類	転写活性化	ヒストン, 転写因子群
MYST	MOZ	線虫-哺乳類	転写活性化	ヒストン
	MORF	線虫-哺乳類	転写活性化	ヒストン
	HBO 1	哺乳類	DNA複製	ヒストン
	TIP 60	哺乳類	DNA修復・アポトーシス	ヒストン, 転写因子群
	MOF	哺乳類	転写活性化	ヒストン
	Enok	ショウジョウバエ	神経芽細胞増殖	ヒストン
	Chameau	ショウジョウバエ	PcG依存性の遺伝子抑制	ヒストン
	Mof	ショウジョウバエ	gene dosage compensation	ヒストン
	Sas 2	酵母	転写抑制	ヒストン
	Sas 3	酵母	転写伸長	ヒストン
	Esa 1	酵母	転写活性化・細胞周期制御	ヒストン
p 160	SRC-1	哺乳類	転写活性化	ヒストン
	ACTR	哺乳類	転写活性化	ヒストン
TAF II 250	TAF II 250	哺乳類	基本転写因子	ヒストン
HAT 1	HAT 1	酵母-哺乳類	ヒストンdeposition, 遺伝子抑制	ヒストン
TF IIIC	TF IIIC	酵母-哺乳類	基本転写因子	ヒストン
TF IIB	TF IIB	酵母-哺乳類	基本転写因子	TF IIB
ELP 3	ELP 3	哺乳類	転写伸長	ヒストン
CDY	CDY	哺乳類	精子形成	ヒストン
ECO 1	ECO 1	哺乳類	姉妹染色体接合	cohesinサブユニット
MCM 3 AP	MCM 3 AP	哺乳類	DNA複製	MCM 3
C IITA	C IITA	哺乳類	転写活性化	ヒストン
ARD 1	ARD 1	哺乳類	ユビキチン化	HIF 1α
ATF II	ATF II	酵母	転写因子	ヒストン
Nut 1	Nut 1	酵母	転写開始	ヒストン
Hpa 2	Hpa 2	酵母	未知	ヒストン
Hpa 3	Hpa 3	酵母	未知	未知

(注) PcG:ポリコーム遺伝子群

らが転写のコアクチベーターである p300/CBP に結合すること，およびウイルス性発がん遺伝子産物 E1A がその結合を阻害することを明らかにした[10]。PCAF と hGCN5 は，高等真核生物では酵母と相同性を示し，HAT 活性を有する C 末端領域以外に，ほかの転写因子と相互作用する N 末端領域をもつ点が特徴である[11]。

GNAT ファミリーにはほかに，転写伸長に関与する Elp3, 特異的塩基配列に結合する転写活性化因子 ATF-2, おもに細胞質にあって新生ヒストンのアセチル化を触媒する HAT1 などがある。

7.3.2 MYST ファミリー

GNAT ファミリーの HAT がおもに転写活性化作用をもつのに対し，MYST ファミリーの HAT がもつ機能は多岐にわたる[12]。酵母 Sas2 および Sas3 は接合遺伝子やテロメア遺伝子領域のサイレンシングに関与しており，ヒストンのアセチル化がつねに転写活性化につながるわけではないことを示唆している。

酵母以外でも MYST ファミリーに属する HAT がいくつか見つかっている。哺乳類では，HIV Tat に結合する因子として同定された Tip60, 染色体転座により異なる HAT である CBP に融合してある種の白血病の原因となる MOZ, そしてそのホモログの MORF, DNA 複製に関与する ORC のサブユニットの一つである ORC1 に結合する HBO1 などがある。

7.3.3 そのほかのファミリー

真核細胞では，タンパク質をコードする遺伝子は RNA ポリメラーゼ II によって転写される。正確な転写の開始には基本転写因子(TFⅡB, TFⅡD, TFⅡE, TFⅡF, TFⅡH)が必要であり，転写の最初のステップとして基本転写因子群と RNA ポリメラーゼ II がプロモーター上で開始前複合体（preinitiation complex）を形成する。TATA ボックスに結合するタンパク質として同定されて TBP（TATA-binding protein）とその関連タンパク質である TAF（TBP-associated factor）は TFⅡD（transcription factor for RNA polymerase ⅡD）複合体を形成する。これらの基本転写因子はほとんどすべての転写に共通であることから，普遍的転写因子（universal transcription factor）と呼ばれる。基本転写因子と転写因子の間の関係を仲介する因子として，さまざまな正・負のコファクターが存在する[13]。

1996 年，転写活性化因子と基本転写因子/RNA ポリメラーゼの橋渡し的役割しかないと考えられていた p300/CBP が，in vitro で HAT 活性をもつことが中谷らによって示された[14]。P300/CBP コアクチベーターとしての機能に HAT 活性が重要であることがその後

の解析から明らかになり，またそうでない場合にも p 300/CBP が PCAF などのほかの HAT と相互作用し，それらをプロモーター上にリクルートすることで転写活性化に寄与することが報告されている[15]。また核内レセプターのコアクチベーターである SRC-1 と，SRC-1 に構造上類似し，やはり核内レセプターのコアクチベーターとして機能する ACRT にも，弱いながら HAT 活性が認められる。さらに基本転写因子 TFⅡD のなかで最も分子量の大きいサブユニットである TAFⅡ250 も HAT 活性をもつ。

7.4 ヒストン脱アセチル化酵素（HDAC）

このように細胞には数多くの HAT が存在しているが，高等真核生物からヒストンを精製するとほとんどが脱アセチル化された状態である。これは強力な HDAC によるもので，1996 年に初めてその特異的な阻害剤を用いて精製された HDAC は，酵母の転写調節因子 RPD 3 のホモログであることが判明した。その後，複数の HDAC が見つかり，ヒストン脱アセチル化酵素は，ヒトで現在までに 18 種類，酵母で 3 種類が知られている。

ヒトの酵素は酵母の Rpd 3, Hda 1, Sir 2 との構造的な相同性からそれぞれクラスⅠ，Ⅱ，Ⅲ の三つに分類され，クラスⅡ はさらに構造上二つのサブグループⅡa と Ⅱb に分けられる（**表 7.2**）。

クラスⅠがユビキタスな発現なのに対して，クラスⅡは組織特異的な発現を示す。クラスⅠとⅡは一定の構造上の相同性があるが，クラスⅢはほかのクラスと相同性がない。クラスⅢは活性が NAD（nicotine amido dinucleotide）に依存していて，TrichostatinA や

表 7.2 ヒストン脱アセチル化酵素の分類〔細胞工学，23, p.1136 (2004)〕

	クラス I	クラス Ⅱa	クラス Ⅱb	クラス Ⅲ
ヒトタンパク質	HDAC 1, 2, 3, 8, 11	HDAC 4, 5, 7, 9	HDAC 6, 10	SIRT 1, 2, 3, 4, 5, 6, 7
酵母タンパク質	Rpd 3	Hda 1	Hda 1	Sir 2
基質	ヒストン, p 53, NF-κB	ヒストン	ヒストン, tubulin	ヒストン, tubulin p 53, TAF(Ⅰ)68
阻害剤感受性				
Trichostatin A	+	+	+	−
Trapoxin, Butyrate	+	+	−	−
Nicotinamide	−	−	−	+
Tubacin	−	−	+	−
細胞内局在	主として核	核・細胞質	核・細胞質	核（SIRT 1），細胞質（SIRT 2），ミトコンドリア（SIT 3）

Butyrateに非感受性であることが特徴である。

まず，クラスIのHDAC1とHDAC2はSin3複合体およびMi2/NuRDの2種類の主要なHDAC複合体を形成して，それぞれの複合体は塩基配列特異的なリプレッサーや，ヒトやマウスではメチル化GpC結合ドメイン（methyl-CpG binding domain：MBD）を含むMBDタンパク質と結合し，塩基配列あるいはDNAのメチル化に依存してヒストンを脱アセチル化して転写の不活性化にかかわっている。またDNAメチル化酵素のDnmt1やDnmt3aとも結合しており，DNAのメチル化に伴ってすみやかにヌクレオソームを脱アセチル化する機構が存在することを示唆している。

また，クラスIのHDAC3およびクラスIIのHDAC4，HDAC5は，それぞれ核内ホルモンレセプターコレプレッサーであるN-CoR/SMRTの異なる転写抑制ドメインで結合してターゲット遺伝子の発現を抑制している。特にHDAC4，HDAC5は筋分化と密接に関係しており，もともと核内でMEF2と結合して筋肉特異的な遺伝子群の転写を抑制していたものが，カリュモジュリン依存性のタンパクリン酸化酵素によってリン酸化されると細胞質に移動し，その結果，MEF2に依存した筋特異的遺伝子が活性化されることが明らかとなった[16]。これは，すみやかな遺伝子活性化の前提として，ヒストンの脱アセチル化による遺伝子の不活性化があることを示唆しており興味深い。

7.5 ヒストンリン酸化

ヒストンリン酸化の現象は古くから知られているが，いまだクロマチン構造変化に果たす正確な役割が明らかとなっていない。おもに研究は，細胞周期進行や転写活性化，抑制化に伴う修飾の変化を明らかにし，リン酸化とクロマチン構造の変化を明らかにし，さらにこれらのリン酸化酵素を同定する方向で進んできている[17]。

7.5.1 分裂間期におけるH3のリン酸化

分裂間期の細胞においても，ある種の刺激に応じてH3のSer10のリン酸化が引き起こされる[18]。分裂間期におけるH3のSer10リン酸化は，M期のリン酸化と異なりゲノム全体の構造には影響を与えないが，ある種の遺伝子の転写活性化に関与していると考えられる。例えば，卵胞刺激ホルモンによる細胞分化は，Ser10リン酸化とPKA活性の上昇を伴い，PKAにより制御されている遺伝子が活性化される。また，細胞増殖因子による刺激により，Ser10のすみやかな一過性のリン酸化が観察される。

このリン酸化により，Fos遺伝子やJun遺伝子などの前初期遺伝子群（immediateearlygene）の転写活性化が引き起こされる。例えば，EGF（epidermal growth factor）添加

によりRsk 2 (ribosomal S 6 kinase 2) が活性化され，Ser 10 のリン酸化が起こり，前初期遺伝子群の転写が活性化される。

RSK-2 遺伝子の変異は CLS (Coffi-Lowry syndrome) に関連している[19]。CLS 患者由来の繊維芽細胞では，Ser 10 残基の M 期でのリン酸化は正常に起こるが，EGF 刺激によるリン酸化は引き起こされない。この結果から Rsk 2 が直接あるいは間接に分裂間期での Ser 10 リン酸化にかかわっていることが示唆された。また，Msk1 (mitogen-and stress-activatedkinase I) が，Ser 10 リン酸化と転写活性化にかかわるという報告もある。ショウジョウバエでは JIL-I と名付けられた新規の染色体局在性のキナーゼが，分裂間期の Ser 10 リン酸化にかかわると報告されている。JIL-1 活性の低下は，Ser 10 リン酸化の減少，ユークロマチン領域の減少，および転写の不活性化につながる。これらの報告から，分裂間期における H 3 の Ser 10 残基のリン酸化が転写活性化に関与している可能性が示唆された。

7.5.2 転写活性化のメカニズム

一つの可能性としては，H 3 の Ser 10 リン酸化がヒストンテールの正の電荷を減少させ，ヒストンテールとリンカー DNA 間の相互作用が弱まり，クロマチン構造が弛緩するので転写因子が結合し，転写活性化につながることが考えられる。

また別の可能性として，Ser 10 のリン酸化がヒストンのほかの修飾を制御して，その結果として転写が活性化することも考えられる。

H 3 の Ser 10 リン酸化は Lys 9 残基と Lys 14 残基のアセチル化を促進し[20]，Lys 9 残基のメチル化を抑制する[21]（図 7.1）。H 3 テールのアセチル化は転写の活性化につながり，Lys 9 のメチル化は転写を抑制するので，Ser 10 リン酸化によるアセチル化の促進，および Lys 9 メチル化の抑制は転写活性化につながる。

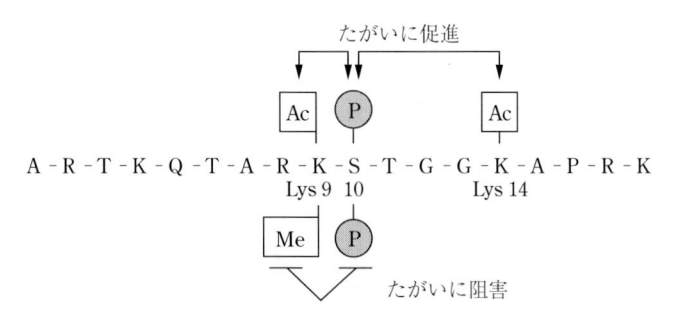

図 7.1 H 3 の N 末端の翻訳後修飾の相互作用

7.6 ヒストンメチル化

ヒストン，特にコアヒストン（H2A，H2B，H3，H4）のN末端修飾が転写制御を含むクロマチンの構造や機能に重要な役割をもつことは，近年では多くの研究者が認めることである[22]。近年，SU（VER）3-9ファミリー分子がヒストンリジンメチル化酵素であることが明らかにされた結果，ヒストンメチル化修飾の研究は精力的に進み，ヒストンメチル化コードは当初考えられていた以上に複雑で多岐にわたる機能をもつことが判明してきている。図7.2に，これまでに明らかにされたヒストンをメチル化する酵素とその基質特異性をまとめた。

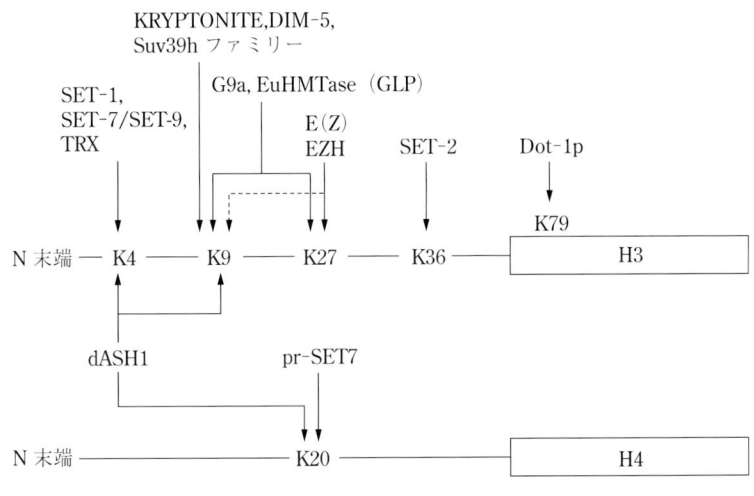

図7.2　ヒストンリジンのメチル化

このなかで，特に解析の進んでいるH3-K4とH3-K9のメチル化修飾の機能に関して説明する。R3-K4のメチル化修飾に関しては，これまで酵母から哺乳類に至るまでその酵素が同定されている。出芽酵母のSET-1，分裂酵母のSET1，ショウジョウバエや哺乳類のSET-7/SET-9，哺乳類のALL-1/MLL，HRX，HTRXはいずれも *in vitro* でH3-K4にメチル基を転移する活性があること，すべてではないものの欠損株や個体の解析からこれらの分子が *in vivo* で確かにH3-K4のメチル化修飾にかかわることが示されている。

基本的に，H3-K4のメチル化修飾は転写の活性化とリンクしていることがいくつかの解析から示されている。一つは，H3-K4のメチル化修飾を特異的に認識する抗体を用いた解析から，つぎに述べる転写と負にリンクしているH3-K9のメチル化修飾とその存在様式が対をなしているということ，特にニワトリのβグロビン領域での解析から，転写が不活性なヘテロクロマチン領域ではH3-K9が高メチル化状態にあるのに対してH3-K4は低

メチル化状態にあること，転写が活性化している領域との境界部分ではH3-K9が低メチル化状態でH3-K4が高メチル化状態になるということが判明した[23),24)]。また，転写が活性化している遺伝子の転写調節領域を調べると，不活化されている状況に比べて明らかにH3-K4が高メチル化状態にあることが，いくつもの遺伝子で示された。

このような結果から，H3-K4のメチル化修飾は，H3-K9のメチル化修飾によって形成されるヘテロクロマチン領域の広がりを阻止する機能，あるいは転写活性化の維持に重要な役割をもつのではないかと考えられている。最近の解析からは，H3-K4のメチル化修飾のうち，特にトリメチル化修飾が転写活性化と機能相関していることが示されている[25)]。タンパク質のメチル化修飾はアセチル化やリン酸化と異なり，モノメチル化だけでなくジメチル化やトリメチル化が起こることが生化学的にわかっており，このようなメチル化修飾の質的な違いも異なるヒストンコードとして利用されている可能性が出てきている。

前述したように，H3-K9のメチル化修飾は多くの場合H3-K4のメチル化修飾と対をなしており，特にヘテロクロマチンの形成や転写の不活性化とのリンクが示されている。これまでに，ウイルスから哺乳類までH3-K9のメチル化酵素が同定されており，最も解析の進んでいる分子には前述の分裂酵母CLR4，ショウジョウバエのSU（VER）3-9，哺乳類のSuv39hL2，G9aなどがある。このなかでSU（VER）3-9ファミリー分子であるCLR4，SC（VER）3-9，Suv39hl，2はペリセントロメア領域におもな局在を示すのに対して，G9aはおもにユークロマチン領域に存在する。その存在様式の違いから，哺乳類のSUV39HとG9aは異なる機能を担っていることが示唆されてきたが，ノックアウト細胞やマウスを用いた解析から，確かにそれぞれが特異な機能をもつこと，さらにそれぞれが，ペリセントロメア・ヘテロクロマチン領域とユークロマチン領域の中心的H3-K9メチル化酵素であることが示されている[26),27)]。

さらに，最近の解析からは，SUV39Hはおもにヘテロクロマチン領域のトリメチル化修飾，G9aはユークロマチン領域のジメチル化修飾に重要な役割をもつことが示されている。H3-K9のメチル化修飾の機能としては，ヘテロクロマチン形成や転写の不活性化に関与することが示されてきたヘテロクロマチンタンパク質HP1（分裂酵母ではSwi6）のヘテロクロマチン局在が，SUV39HあるいはCLR4の欠損株では失われること[26),28)]，その後の解析からHP1はK9がメチル化されたH3に対して高親和性を示すことから[29),30)]，SUV39Hなどによるペリセントロメア領域のH3-K9メチル化修飾は，HP1がヘテロクロマチン領域にリクルートされ，局在，拡張していくために必須の役割を果たしていること，その結果としてセントロメアを含むヘテロクロマチン領域の機能的高次構造の形成や維持，転写阻害が誘導されると推察されている。

最近では，HP1のリクルートだけでなく，異なるメチル化ヒストンコードが異なる分子

をヒストンにリクルートするという報告が相次いでいる[31]。

7.7 ヒストン脱メチル化酵素の存在

　アセチル化やリン酸化修飾には，アセチル基やリン酸基を転移する活性だけでなく，外す活性（脱アセチル化酵素，脱リン化酵素）が存在し，拮抗する2種類の酵素のバランスで，これらの修飾や，修飾によりコントロールされる染色体の機能が調節されている。一方，タンパク質のメチル化修飾は，アセチル化やリン酸化と比べて化学的に非常に安定な修飾であることがわかっている。しかもこれまで，メチル基を外す活性（脱メチル化酵素）の存在は報告されていない。このようなことから，メチル化修飾の中心的な機能は，長期記憶的なエピジェネティックマークとしてはたらいていると考えられてきた。例えば，賦活化X染色体の形成・維持やインプリント遺伝子の成体を通しての発現制御，組織特異的遺伝子発現制御，などである。しかし最近では，細胞周期や細胞の活性化によって，短期間にヒストンメチル化修飾の状況が変わることが示され，必ずしもメチル化修飾がロングラスティングなマークとして機能しているわけではないことが示唆されている。そのような観点からすると，脱メチル化酵素が存在するのかもしれない。

　また，複製とカップルしないようなヒストンH3バリアントのヌクレオソームへの出入りが存在するように，メチル基を外すのではなくメチル化修飾の入っていないヒストンを短期間に入れ替えることができれば，脱メチル化酵素が存在しなくても同じ機能を遂行することができる。あるいは，修飾を受けたN末端部分を切り離すということでもよいのかもしれない。

7.8 お わ り に

　ヒストンの修飾酵素は白血病などの疾病に関与する因子が多い。例えば，ヒストンメチル化酵素であるMLL（ショウジョウバエのTRXのヒト相同タンパク質），ヒストンアセチル化酵素p300/CBPやMOZ/MORFは，ヒト急性骨髄性白血病でみられる染色体転座によりほかの遺伝子産物との融合タンパク質を生じる。すなわちヒストン修飾の異常が急性白血病の発症に重要であることを示唆している。

　ヒストンの修飾は遺伝子の発現制御のほか，染色体の凝集，アポトーシス，DNA複製，DNA修復，細胞分化など多くの生命現象と密接に関連する。おそらくは細胞内外からのさまざまなシグナルの観点として制御されているのであろう。今後は，これらの上流のヒストン修飾酵素を制御するシグナル伝達と下流のヒストンコードのアウトプットの分子メカニズ

ムの解明が進んでいくことで，全体像が明らかになっていくものと思われる。

引用・参考文献

1) 北林一生：ヒストン修飾を介した転写制御，細胞工学，**23**，pp.1134-1138（2004）
2) Strahl, B. D. and Allis, C. D.：The language of covalent histone modifications, Nature, **403**, pp.41-45（2000）
3) Wang, H. et al.：Methylation of histone H4 at arginine 3 facilitating transcriptional activation by nuclear hormone receptor, Science, **293**, pp.853-857（2001）
4) Agalioti, T. et al.：Deciphering the transcriptional histone acetylation code for a human gene, Cell, **111**, pp.381-392（2002）
5) Turner, B. M. et al.：Cellular memory and the histone code, Cell, **111**, pp.285-291（2002）
6) Sun, Z. W., et al.：Ubiquitination of histone H2B regulates H3 methylation and gene silencing in yeast, Nature, **418**, pp.104-108（2002）
7) Briggs, S. D., et al.：Gene silencing：trans-histone regulatory pathway in chromatin, Nature, **418**, pp.498（2002）
8) Chen, H. et al.：HATs on and beyond chromatin, Curr. Opin. Cell. Biol., **13**, pp.218-224（2001）
9) Brownell, J. E. et al.：Tetrahymena histone acetyltransferase A：a homolog to yeast Gcn5p linking histone acetylation to gene activation, Cell, **84**, pp.843-851（1996）
10) Yang, X. J. et al.：A p300/CBP-associated factor that competes with the adenoviral oncoprotein E1A, Nature, **382**, pp.319-324（1996）
11) 黒岡尚徳：ヒストンのアセチル化と転写制御，実験医学，**19**，pp.2158-2164（2001）
12) Sterner, D. E. et al.：Acetylation of histones and transcription-related factors, Microbiol. Mol. Biol. Rev., **64**, pp.435-459（2000）
13) 岡田誠治：転写抑制因子と造血制御，Molecular Medicine，**38**，pp.804-812（2001）
14) Ogryzko, V. V. et al.：The transcriptional coactivators p300 and CBP are histone acetyltransferases, Cell, **87**, pp.953-959（1996）
15) Puri, P. L. et al.：Differential roles of p300 and PCAF acetyltransferases in muscle differentiation, Mol. Cell., **1**, pp.35-45（1997）
16) MiKinsey, T. A. et al.：Signal-dependent nuclear export of a histone deacetylase regulates muscle differentiation, Nature, **408**, pp.106-111（2000）
17) 木村圭志，花岡文雄：注目のエピジェネティックスがわかる，pp.45-52，羊土社（2004）
18) Prigent, C. et al.：Phosphorylation of serine 10 in histone H3, what for？, J. Cell. Sci., **116**, pp.3677-3685（2003）
19) Sassone-corsi, p. et al.：Requirement of Rsk-2 for epidermal growth factor-activated phosphorylation of histone H3, Science, **285**, pp.886-891（1999）
20) Cheung, P. et al.：Synergistic coupling of histone H3 phosphorylation and acetylation in response to epidermal growth factor stimulation, Mol. Cell., **5**, pp.905-915（2000）
21) Rea, S. et al.：Regulation of chromatin structure by site-specific histone H3 methyltrans-

ferases, Nature, **406**, pp.593-599 (2000)

22) 眞貝洋一：ヒストンのメチル化修飾と転写制御，実験医学，**21**，pp.1429-1434 (2003)

23) Noma, K. et al.：Transitions in distinct histone H3 methylation patterns at the heterochromatin domain boundaries, Science, **293**, pp.1150-1155 (2001)

24) Litt, M. D. et al.：Correlation between histone lysine methylation and developmental changes at the chicken beta-globin locus, Science, **293**, pp.2453-2455 (2001)

25) Santos-Rosa, H. et al.：Active genes are tri-methylated at K4 of histone H3, Nature, **419**, pp.407-411 (2002)

26) Peters, A. H. et al.：Loss of the Suv39h histone methyltransferases impairs mammalian heterochromatin and genome stability, Cell, **107**, pp.323-337 (2001)

27) Tachibana, M. et al.：G9a histone methyltransferase plays a dominant role in euchromatic histone H3 lysine 9 methylation and is essential for early embryogenesis, Genes & Dev, **16**, pp.1779-1791 (2002)

28) Nakayama, J. et al.：Role of histone H3 lysine 9 methylation in epigenetic control of heterochromatin assembly, Science, **292**, pp.110-113 (2001)

29) Lachner, M. et al.：Methylation of histone H3 lysine 9 creates a binding site for HP1 proteins, Nature, **410**, pp.116-124 (2001)

30) Bannister, A. J. et al.：Selective recognition of methylated lysine 9 on histone H3 by the HP1 chromo domain, Nature, **410**, pp.120-124 (2001)

31) Cao, R. et al.：Role of histone H3 lysine 27 methylation in Polycomb-group silencing, Science, **298**, pp.1039-1043 (2002)

8 胚性幹細胞における未分化性維持機構

8.1 はじめに

　卵と精子の受精により誕生する受精卵は，子宮壁に着床し発生することにより，完全なる個体を作り出す。成体に存在する200種類ともいわれる細胞に加えて，羊膜や胎盤など，胚外組織の細胞にも分化する。分化全能性とは，子宮という理想的な環境に置かれたとき，胚外組織を含めて，完全なる個体を作り出す能力である。受精卵が卵割してできる2細胞期や4細胞期卵の透明帯を除去し，分離した割球を子宮に移植すると完全なる個体を作り出すことができる。したがって，この時期の割球においては分化全能性が維持されている（図8.1）。

　8細胞期になると，分離した割球を子宮に移植しても個体発生は起こらない。しかし8細胞期の割球とほかの8細胞期卵との間でキメラ卵を作製して子宮に移植すると，割球は胚外組織を含むすべての細胞へと分化する能力を維持している。卵割が進み16細胞期や桑実胚期になると割球は全能性を失っていく。そして胚盤胞になると栄養外胚葉と内部細胞塊という二つの細胞集団が生じる。栄養外胚葉は羊膜などの胚外組織を作り出す。

　一方，内部細胞塊の細胞は，生殖細胞を含むすべての体組織と，一部の胚外組織（原始内胚葉など）に分化するが，栄養外胚葉には分化できないし，単独では個体発生をもたらさないので，分化全能性は失っている。内部細胞塊の能力は広義の分化全能性，もしくは分化多能性と表現される。本章では分化多能性と表現する。

　内部細胞塊からは，多能性を維持したエピブラスト（原始外胚葉）と，分化細胞である原始内胚葉が生じ，子宮壁内に着床する。エピブラストは，原腸形成により三胚葉へと分化し，多能性を失う。一部の細胞は始原生殖細胞となり生殖巣に移動する。オスにおいては始原生殖細胞から精子幹細胞を経て精子が形成され，メスにおいては卵が形成される。これらの生殖細胞は多能性を失っている。しかし精子と卵が受精することにより全能性が復活することから，生殖細胞は世代を越えて全能性を伝搬していると考えられる。

　胚性幹細胞（embryonic stem cell：ES細胞）は胚盤胞の内部細胞塊から樹立され，分化多能性を維持したまま無限に増殖可能な幹細胞である[1]（図8.1）。始原生殖細胞からもES

8.1 はじめに

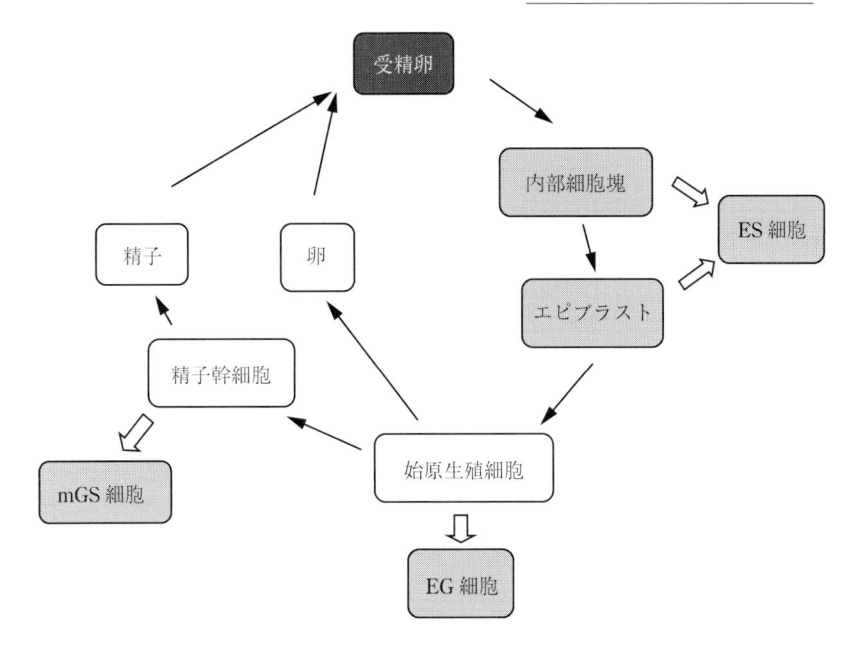

[図: 受精卵 → 内部細胞塊 → エピブラスト → 始原生殖細胞 → 卵／精子 → 受精卵のサイクル。内部細胞塊およびエピブラストから ES 細胞、始原生殖細胞から EG 細胞、精子幹細胞から mGS 細胞が樹立される。]

マウスの発生は，受精卵が全能性を維持したまま分裂することによって始まる。受精後約4日目に最初の細胞運命決定が起こり，胎盤のもとである栄養外胚葉と，多能性である内部細胞塊が生じる。ES 細胞は内部細胞塊より樹立される。内部細胞塊においては2回目の運命決定が起こり，分化細胞である原始内胚葉と多能性を維持したエピブラストが生じる。原腸形成によりエピブラストにおいて多能性は失われるが，生殖細胞を通して次世代へ伝搬される。生殖細胞からも多能性幹細胞（EG 細胞および mGS 細胞）が樹立される。全能性細胞を黒，多能性細胞を灰色，そのほかの細胞を白で示した。

図 8.1 マウスにおける全（多）能性の伝搬と多能性幹細胞

細胞と類似した多能性細胞が樹立されており，胚性生殖細胞（embryonic germ cell：EG 細胞）と呼ばれる。さらに最近，新生仔の精巣からも多能性細胞である mGS 細胞（multipotent germline stem cell）が樹立された[2]。

ES 細胞，EG 細胞，mGS 細胞は，すべて多能性を維持したまま半永久的に増殖する（**図 8.2**）。ES 細胞は 1981 年にマウスで初めて単離され，ノックアウトマウスという革新的な技術をもたらした。1998 年にはヒト受精卵から ES 細胞が樹立され，糖尿病，神経疾患，心筋疾患などに対する再生医療への応用が期待されている。例えば，I 型糖尿病の患者に対して脳死者の膵臓から単離した β 細胞を移植する膵島移植が最近行われているが，一人の患者の治療には脳死者二人からの膵臓が必要である。ES 細胞を大量培養したあとで，β 細胞に分化させることができれば，多くの患者にとって福音となる（**図 8.3**）。

ES 細胞が分化多能性と高い増殖能を維持する分子機構を明らかにすることは，いくつかの理由からきわめて重要な課題である。通常，ES 細胞はマウスに由来するフィーダー細胞や牛胎児血清を含んだ培地により分化多能性が維持される。臨床応用を考えた場合，動物細胞や血清を用いることは，未知ウイルスへの懸念などから認められない。ES 細胞が特性を

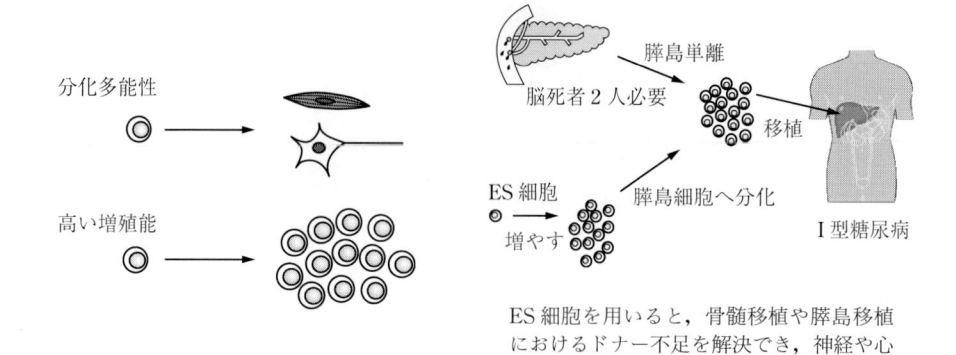

図8.2　ES細胞の特性

図8.3　ES細胞を用いた再生医学

ES細胞を用いると，骨髄移植や膵島移植におけるドナー不足を解決でき，神経や心筋細胞移植にも応用できる可能性がある。

維持する分子機構を明らかにし，フィーダー細胞や動物血清を使用しない培養法を確立する必要がある。またES細胞において多能性が維持される分子機構が明らかになれば，患者自身の体細胞を加工して，ES細胞に類似した多能性と増殖能をもった細胞を樹立できるかも知れない。それによりES細胞がもつ倫理的課題や移植後の拒絶反応を克服することができる。最近の研究の進展により，分化多能性能維持機能にかかわる多くの転写因子やシグナル経路が明らかとなってきた（図8.4）。

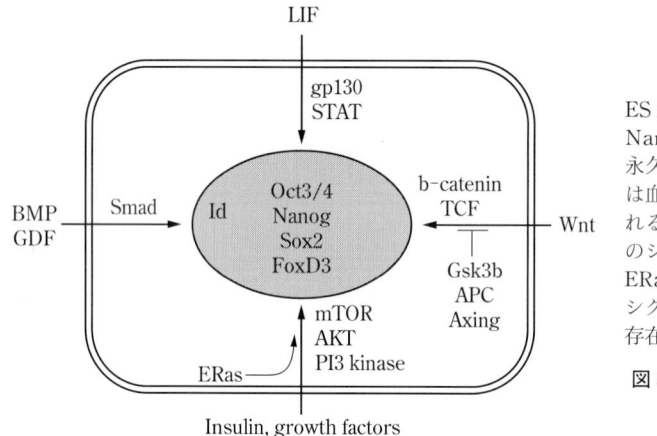

図8.4　ES細胞の多能性を維持するシグナル伝達経路

ES細胞においてはOct3/4やNanogの発現と分化多能性が半永久的に維持される。そのためには血清やフィーダー細胞中に含まれる増殖因子やサイトカインからのシグナルが必要である。また，ERasのように内在性にこれらのシグナル経路を活性化する機構も存在する。

8.2　LIF/gp 130/STAT 3

　マウスES細胞は，マウス胎仔から採取した線維芽細胞（mouse embryonic fibroblast：MEF）上で内部細胞塊細胞を培養することにより樹立された。さらにその後の培養においてもMEFをフィーダー細胞として用いることにより未分化性が維持されることから，MEFが産生するES細胞の分化抑制因子（differentiation inhibitory activity：DIA）の存

在が予想された。さらに buffalo rat liver cell line の培養上清を ES 細胞培地に加えることにより，フィーダー細胞なしでも未分化状態を保てることがわかり，同培養上清中にも DIA が含まれていると考えられた。1988 年に DIA は LIF（leukeamia inhibitory factor）であることが明らかにされた。LIF を培地に加えることにより，フィーダー細胞を用いなくてもマウス ES 細胞が維持できるようになった。

LIF が LIF 受容体に結合すると，LIF 受容体と gp 130 の二量体が形成され，その細胞内ドメインにおいて複数のチロシンがリン酸化される。リン酸化チロシンにはさまざまなエフェクター因子が SH 2 ドメインを介して結合する。代表的なものとして，STAT（signal transducer and activator of transcription）3 や Shp 2（SH 2-domain containing phosphatase 2）がある。

LIF は IL 6（interleukin 6）スーパーファミリーに属するサイトカインである。IL 6 受容体は IL 6 が結合することにより，やはり gp 130 と複合体を作る。LIF 受容体とは異なり IL 6 受容体には細胞内ドメインがなく，gp 130 の細胞内ドメインのみがチロシンリン酸化される。ES 細胞においては IL 6 受容体が発現していないので，IL 6 を培地に加えても効果を示さない。しかし IL 6 とともに，IL 6 受容体の細胞外ドメイン（soluble IL 6 receptor）を ES 細胞培地に添加すると，gp 130 のチロシンリン酸化が誘導され，LIF に代わって ES 細胞の未分化状態を保つことができる。この結果は，gp 130 シグナルが未分化維持に必須であることを示している。

gp 130 のチロシン基のなかで STAT 3 結合部位に変異を入れると，ES 細胞の未分化状態を維持できなくなる[3]。さらに STAT 3 ドミナント変異体を ES 細胞で強制発現させると，ES 細胞の分化が誘導される。またエストロゲン受容体の細胞ドメインと gp 130 の細胞内ドメインからなるキメラ受容体を発現させた ES 細胞においては，エストロゲン受容体アゴニストであるタモキシフェンが LIF に代わって分化多能性を維持できる[4]。STAT 3 の結合部位であるチロシンを変異させたキメラ受容体を発現させた細胞は，タモキシフェンによって分化状態を維持できない。したがって，血清存在下においては，gp 130 による STAT 3 の活性化がマウス ES 細胞の多能性維持に十分であると考えられる。

しかし LIF/gp 130/STAT 3 経路は内部細胞塊における分化多能性維持には不要である。LIF 遺伝子ノックアウトマウスは正常の胚発生を示し，gp 130 や STAT 3 ノックアウトマウスにおいても，内部細胞塊は正常に形成され，原腸形成期以降に致死となる。一方，マウスには diapause と呼ばれる現象が存在する。これは授乳中のマウスが妊娠したとき，受精卵が胚盤胞の状態で授乳期終了まで着床せずに数週にわたって発生を停止し，授乳終了後に正常の発生を再開する現象である。この間，内部細胞塊は分化多能性を維持する。しかし，gp 130 ノックアウトマウスにおいては diapause の間に多能性が失われ，正常の発生は再開

しない[5]。これは LIF/gp 130/STAT 3 経路が分化多能性の長期維持に重要であることを示唆している。

ヒトやサルの ES 細胞の多能性は MEF 上で維持されるが，LIF によっては維持されない。またサル ES 細胞に STAT 3 のドミナントネガティブ変異体を導入しても分化は誘導されない。したがって，霊長類 ES 細胞の多能性は LIF/STAT 3 以外の因子によって維持されていると考えられる。

8.3 Oct 3/4

Oct 3/4 は，胚細胞および生殖細胞において特異的に発現する POU（Pit，Oct，Unc）ファミリーに属する転写因子として同定された[6],[7]。二つのグループがほぼ独自に同じタンパク質を同定し Oct 3 および Oct 4 として報告しており，本書では Oct 3/4 と記載する。International Nomenclature Committee による名称は POU 5 F 1 である。Oct 3/4 は未受精卵で発現しており，受精卵でも発現が続く。胚盤胞になると内部細胞塊に発現が限局し，エピブラストでも発現が続くが，原腸形成以降は始原生殖細胞でのみ発現する。オスでは精子幹細胞では発現するが，成熟精子では発現しない（図 8.5）。メスでは卵でも Oct 3/4 が発現している。

Oct 3/4 ヘテロ変異マウスは外観上正常で，メス・オスともに生殖能力があり，妊娠および出産にも異常は認められない[8]。しかしホモ変異マウスは着床前後に致死となり，胚盤胞から内部細胞塊を単離し培養すると，未分化細胞の増殖はみられず，栄養外胚葉へと分化し

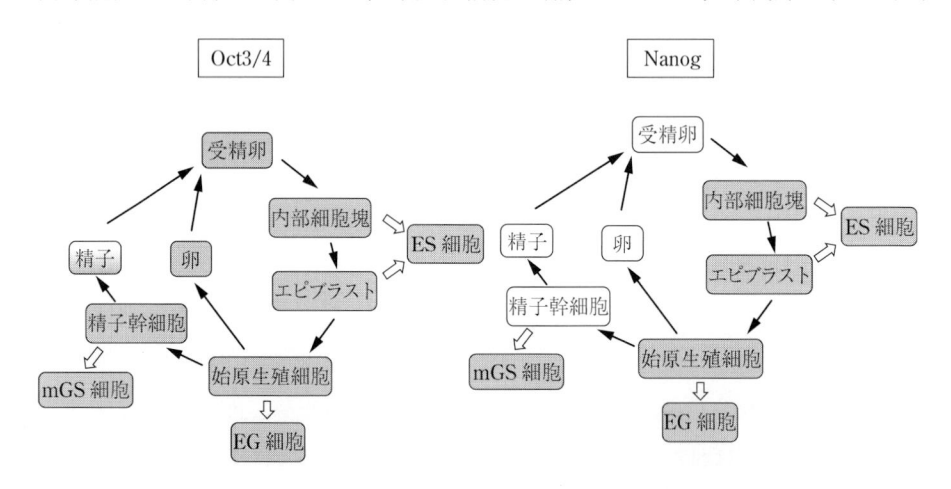

発現細胞を灰色で示した。Oct 3/4 は図 8.1 に登場する精子以外のすべての細胞で発現する。一方，Nanog は多能性細胞に限局して発現する。

図 8.5　Oct 3/4 と Nanog の発現パターン

てしまう。ヘテロ ES 細胞は正常であるが，ホモ変異 ES 細胞は樹立することができない。

　ES 細胞においてコンディショナル発現系を用いて Oct 3/4 の発現を増加させると，正常と比べてわずか 50％程度に増加するだけで，原始内胚葉や中胚葉への分化が誘導される[9]。これはエピブラストの胚盤腔に面した一層の細胞が原始内胚葉に分化するときや，胚性腫瘍細胞 F9 がレチノイン酸により原始内胚葉に分化するときに，Oct 3/4 の発現量が一過性に上がることと矛盾しない。

　一方，遺伝子ノックアウトとコンディショナル発現系を組み合わせることにより，ES 細胞における Oct 3/4 の発現を正常の半分以下に抑制すると，栄養外胚葉へのすみやかな分化が観察される。したがって Oct 3/4 は，3 方向（未分化維持，栄養外胚葉への分化，そして原始内胚葉や中胚葉への分化）へのスイッチとして作用しており，未分化維持のためには Oct 3/4 の発現量がきわめて狭い範囲で維持される必要があることが示された（図 8.6）。

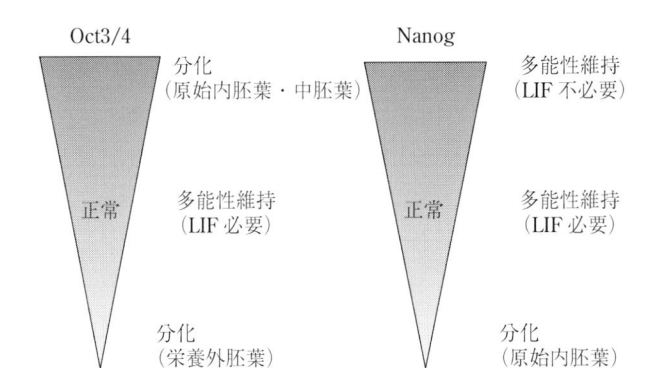

逆三角型は Oct 3/4 や Nanog の発現量を示す。Oct 3/4 はその発現量により 3 方向スイッチとして ES 細胞の運命を決定する。一方，Nanog は 2 方向スイッチとして機能する。

図 8.6　Oct 3/4 と Nanog による ES 細胞の運命決定

　では適切量の Oct 3/4 発現は，ES 細胞の多能性維持に十分であろうか。恒常的プロモーターにより Oct 3/4 の発現が細胞の分化状態にかかわらず適切量に保たれた ES 細胞においても，培地から LIF を除去すると，正常 ES 細胞と同様にすみやかに分化が誘導される。したがって，Oct 3/4 単独では ES 細胞における多能性維持には十分でなく，LIF シグナルとの協調が必要であると考えられる。

　Oct 3/4 を含む POU 転写因子はオクタマー配列（ATTA/TGCAT）に結合する。Oct 3/4 の標的遺伝子としては Osteopontin, Fgf 4, UTF 1, Fbx 15, Rex 1 などが知られている。Ostepontin 遺伝子の場合，Oct 3/4 は ATTTGAAATGCAAAT という部分オクタマー配列（ATTAG）と完全オクタマー配列（ATGCAAAT）が 2 塩基を挟んで反対向きに並んでいる配列（palindromic-oct-regulatory-element：PORE）に結合する[10]。この際，二つの Oct 3/4 がホモダイマーを形成し，それぞれ部分オクタマー配列と，完全オクタマー配列に結合する。どちらかの配列を変異させると，Oct 3/4 はモノマーでしか結合できなくなり，転写活性は著しく弱くなる。したがって Osteopnin 遺伝子においては Oct 3/4 が

PORE 配列上でホモダイマーを形成することが転写活性に重要である。

一方，ほかの標的遺伝子の場合は，Oct 3/4 はヘテロダイマーを形成する。Fgf 4, UTF 1, Fbx 15 の場合はオクタマー配列の横に Sox 結合配列があり，Oct 3/4 は Sox 2 とヘテロダイマーを形成してこれらの遺伝子の転写を活性化する。Fbx 15 における Oct 3/4 結合配列（TTTATCAT）は，典型的なオクタマー配列（ATTA/TGCAT）からは2塩基異なっており，Oct 3/4 は Sox 2 とヘテロダイマーを形成したときにのみ，この配列に結合できる[11]。Rex 1 の場合は，Oct 3/4 は未同定の因子 Rox 1 とヘテロダイマーを形成する。このようにオクタマー配列単独では Oct 3/4 の転写活性には不十分であり，ホモダイマーやヘテロダイマーの形成をもたらす周囲の塩基配列が重要であることがわかる。またそのような配列のなかでは，オクタマー配列から多少異なる配列であっても Oct 3/4 は結合できるようである。

ヒト ES 細胞でも Oct 3/4 は特異的に発現している。RNAi によりヒト ES 細胞において Oct 3/4 をノックダウンすると原始内胚葉系列への分化が誘導される[12]。したがって Oct 3/4 はヒト ES 細胞においても分化多能性維持に重要であるが，マウスとは異なる役割を果たしている可能性がある。

8.4 Sox 2

転写因子 Sox 2 は Sox（SRY-related HMG box）ファミリー転写因子の一つであり，胚性腫瘍細胞において Oct 3/4 と協調して Fgf 4 の発現を活性化する因子として同定された[13]。Oct 3/4 と Sox 2 による協調的な遺伝子発現活性化は上述の UTF 1 や Fbx 15 以外に，Oct 3/4 や Sox 2 自身において報告されている。

一方，Osteopnin 遺伝子において Sox 2 は Oct 3/4 ホモダイマーが結合する PORE 配列のすぐ近傍に結合し，Oct 3/4 による活性化を抑制している[10]。エピブラストから原始内胚葉へと分化する際には，Sox 2 の発現が低下するとともに Oct 3/4 の発現が一過性に上昇するため，Osteopnin 遺伝子が活性化されると考えられる。

Sox 2 は Oct 3/4 と同様に母性因子として未受精卵に存在し，その後の受精卵，内部細胞塊，および生殖細胞において発現している。さらに，Sox 2 は神経幹細胞においても発現する。

Sox 2 ホモ変異胚においてはエピブラストが形成されず，着床直後に胎生致死となる[14]。ホモ変異の胚盤胞は一見正常であるが，*in vitro* において培養すると未分化細胞は増殖せず，栄養外胚葉および原始内胚葉系の細胞のみが観察された。Sox 2 ホモ変異 ES 細胞は，ホモ変異胚盤胞から樹立できないし，ヘテロ ES 細胞を高濃度の G 418 で選択することによ

っても単離できない。これらの結果はSox 2がマウス内部細胞塊とES細胞の両者で分化多能性維持に必須の役割を果たすことを示している。ヒトES細胞においてもSox 2は発現しているが，その役割は不明である[15]。

8.5 Nanog

　Nanogは，マウスES細胞や初期胚で特異的に発現する遺伝子群ECAT（ES cell associated transcript）の一つとして同定された，既知のどのグループ（Hoxなど）にも属さない新しいタイプのホメオボックスタンパク質である[16],[17]。Nanogの発現は受精後早期の卵では認められず，桑実胚の中央部で初めて発現が確認される。その後，胚盤胞の内部細胞塊において発現が最大になる。原腸形成に伴いNanogの発現は低下し，分化した細胞ではその発現は認められない。Oct 3/4と異なり始原生殖細胞での発現は受精後13日目ごろに消失する（図8.5参照）。

　Nanogノックアウト胚は，着床直後に致死となる。受精後5.5日においてノックアウト胚はエピブラストを欠損している。また胚盤胞から内部細胞塊を単離し培養すると未分化細胞は増殖せず，原始内胚葉系の細胞に類似した細胞のみが出現する。一方，ES細胞においてNanog遺伝子をホモ変異にすると，増殖は可能であるが未分化状態を保つことはできず，原始内胚葉系列へと分化してしまう。Nanogヘテロ変異ES細胞が正常ES細胞に比べて分化しやすいという報告もある。

　一方，NanogをマウスES細胞において過剰に発現させても分化は誘導されない。また，Nanog過剰発現ES細胞は，LIF非存在下でも長期間にわたって未分化状態を維持できた。またES細胞を浮遊培養すると胚様体を形成し，最外層は原始内胚葉へと分化するが，この部位でNanogの発現は消失する。Nanogを強制発現させたES細胞から胚様体を形成させると原始内胚葉への分化が抑制された。したがってNanogは2方向（未分化と原始内胚葉への分化）へのスイッチとして作用する（図8.6参照）。

　Nanogの発現は複数の転写因子により制御されている。転写開始点の近傍にあるオクターマー配列とSox結合配列に，Oct 3/4とSox 2が結合し，協調してNanogの発現を活性化する。さらにSox 2はさらに上流のエンハンサーにOct 3/4とは無関係に結合し，Nanogの発現調節を行っている。一方，p 53はNanog遺伝子の2か所に結合し，コリプレッサーSin 3をリクルートすることにより転写を抑制する[18]。ヒトES細胞においてもNanogは発現しており[15]，未分化状態維持に関与することが示唆されている。さらにクロマチン免疫沈降とDNAマイクロアレーを組み合わせたいわゆるChIP on chip法により，ヒトES細胞において，Oct 3/4, Sox 2, Nanogの3転写因子は多くの標的遺伝子を共有

しており，自分自身を含む多能性促進因子の発現を促進する一方で，組織特異的な分化に必要なホメオボックスタンパク質（Pax 6，Mies 1，Otx 1 など）の発現を抑制していることが示された[19]。

8.6 FoxD 3

FoxD 3 は最初，マウスの ES 細胞で特異的に発現している転写因子 genesis として報告された。その後，ES 細胞だけでなく初期胚発生時のエピブラストや神経細胞での発現も確認された。FoxD 3 は Oct 3/4 と協調して転写調節することが示唆されている。

FoxD 3 ホモ変異マウスにおいては，エピブラストの欠損と胚外外胚葉の拡大が特徴的であり，受精後 6.5 日目ごろに致死となる[20]。ホモ変異の胚盤胞は形態では野生型と変わらず Oct 3/4 や Sox 2 も発現しているが，内部細胞塊を in vitro で培養すると分化多能性を維持できず分化してしまう。FoxD 3 ホモ変異 ES 細胞は，ホモ変異胚盤胞から樹立できないし，ヘテロ ES 細胞においてもう一度，相同組換えを試みることによっても単離できない。一方，ヒト ES 細胞において，FoxD 3 が発現していない細胞株の報告がある[15]。

8.7 BMP/GDF

マウス ES 細胞においては，細胞密度の高い状態では，LIF 添加した無血清培地を用いて，フィーダー細胞を用いなくとも未分化状態を維持することができる。しかし細胞密度が低いと，LIF だけでは未分化状態を維持できないことから，ES 細胞やフィーダー細胞が分泌する液性因子，もしくは血清中に含まれる因子が LIF と協調して作用していることが示唆される。

この因子の候補として TGF-β（transforming growth factor β）スーパーファミリーに属する BMP（bone morphogenetic protein）4 や GDF（growth differentiation factor）9 が報告されている[21]。無血清培養系において，LIF 単独ではマウス ES 細胞から神経細胞への分化が，BMP 4 単独では中胚葉への分化が誘導されるが，両者を併用すると未分化状態が維持できる。BMP 4 や GDF 9 は Id（inhibitor of differentiation）を介してマウス ES 細胞から神経への分化を抑制し，LIF と協調することにより ES 細胞の多能性を維持すると考えられる。ヒト ES 細胞においては，BMP が分化を誘導するという報告もあり，今後の解析が待たれる。

8.8 Wnt/β-catenin

　Wnt は細胞膜上の受容体（Frizzled, LRP 5/6）に結合し, dishevelled を活性化する。活性化された dishevelled は Axin と結合する。Axin は APC（adenomatous polyposis coli）および GSK（glycogen synthase kinase）3α とともに β-catenin をリン酸化し，その分解を促進しているが, dishevelled が Axin と結合すると β-catenin のリン酸化が抑制される。非リン酸化型の β-catenin は安定化され核内へ移行し, TCF/LEF と協調して転写因子として機能する。

　ES 細胞では, APC 欠損 ES 細胞を使った研究により Wnt/β-catenin シグナリング経路が分化多能性維持にはたらいていることが示された[22]。

　また GSK 3β の阻害剤である BIO（6-bromoindirubin-3'-oxime）は，マウスとヒト ES 細胞の分化多能性維持を促進することが報告された[23]。LIF がヒト ES 細胞の分化多能性を維持できないことから, Wnt シグナリング経路の分化多能性維持への関与の発見は重要である。しかし, Wnt が神経や中胚葉への分化を誘導するという報告もあり, ES 細胞の分化多能性維持における Wnt シグナリング経路の役割はさらに詳細な解析が必要である。

8.9 PI 3 キナーゼ/ERas/mTOR

　PI 3 キナーゼはホスファチジルイノシトール（PI）をリン酸化するリン酸化酵素であり，細胞死を抑制し，増殖を促進することが知られている。PI 3 キナーゼの阻害剤で ES 細胞の増殖能が低下すること, PI 3 キナーゼの機能に抑制的にはたらく PTEN（phosphatase and tensin homolog deleted on chromosome ten）を ES 細胞で欠損させると増殖能が増加することが報告されており, PI 3 キナーゼは ES 細胞においても増殖を促進していると考えられる。

　最近, PI 3 キナーゼが ES 細胞の分化多能性の維持にもはたらくことが報告された[24]。PI 3 キナーゼの阻害剤や PI 3 キナーゼのドミナントネガティブ変異体の導入により, LIF 存在下にもかかわらず ES 細胞の分化が促進された。このことより, PI 3 キナーゼは ES 細胞の増殖だけでなく，分化多能性の維持にも機能していることが示唆される。

　マウス ES 細胞においては, PI 3 キナーゼは増殖因子により活性化されるだけでなく, Ras ファミリータンパク質の ERas（ES cell expressed ras）により恒常的に刺激を受けている[25]。Ras ファミリータンパク質は，不活性化態では GDP に結合しているが，増殖因子などの刺激を受けると GEF（GTP-GDP exchange factor）のはたらきにより GTP に結合

した活性型となる．刺激がなくなると Ras 自身がもつ GTPase 活性により GDP に結合した不活性型に戻る．GTPase 活性に関与するアミノ酸が変異すると Ras は恒常活性型のがん遺伝子へと変化する．ところが ERas は，変異とは関係なしに変異型がん遺伝子に相当するアミノ酸配列を有しており，90％以上が GTP と結合した活性型となっている．

Ras は Raf 1, RalGDS, PI 3 キナーゼなど，複数のエフェクター因子と結合し，シグナルを伝える．恒常活性型の HRas 変異体を ES 細胞で強制発現すると Raf およびその下流の MAP キナーゼのはたらきにより分化が誘導され増殖は停止する．一方，ERas は PI 3 キナーゼを特異的に活性化しており，ES 細胞の増殖を内在的に促進している．

PI 3 キナーゼにより活性化される因子として mTOR (mammalian target of rapamycin) がある．TOR はその名のとおり，免疫抑制剤ラパマイシンの標的因子として同定された．mTOR ノックアウトマウスは着床前後に致死となる[26]．ホモ変異の胚盤胞を in vitro で培養すると，内部細胞塊，栄養外胚葉ともに増殖できない．また ES 細胞で mTOR をノックアウトすると，増殖が停止する．したがって mTOR は初期胚細胞や ES 細胞の増殖に必須の役割を果たしていると考えられる．

8.10　Src

Src ファミリーの cYes はマウスとヒトの ES 細胞において高発現しており，LIF 刺激によって活性化される[27]．この活性化は Src キナーゼ阻害剤により抑制される．この阻害剤によって STAT 経路の抑制は認められなかったことより，LIF/STAT 経路とは別に LIF/Src 経路の存在が示唆された．

また，Src キナーゼ阻害剤処理により ES 細胞の分化が誘導されることが報告された．LIF により Src キナーゼの一つである Hck が活性化されること，恒常的活性化型の Src キナーゼの発現により低濃度 LIF 条件下において分化多能性を維持できることも報告されており，LIF/Src シグナリング経路が ES 細胞の分化多能性維持に機能していることが考えられる．ヒト ES 細胞でも Src キナーゼ阻害剤の効果が認められていることも注目される．

8.11　お わ り に

受精卵，内部細胞塊，そして ES 細胞は，Oct 3/4 や Sox 2 を共通して発現している（図 8.7）．しかし受精卵が全能性であるのに対して，内部細胞塊や ES 細胞は多能性であり，単独で個体発生につながることはない．これに対応した発現を示すのが Nanog である．一方，内部細胞塊（エピブラスト）と ES 細胞においても大きな違いがある．ES 細胞におい

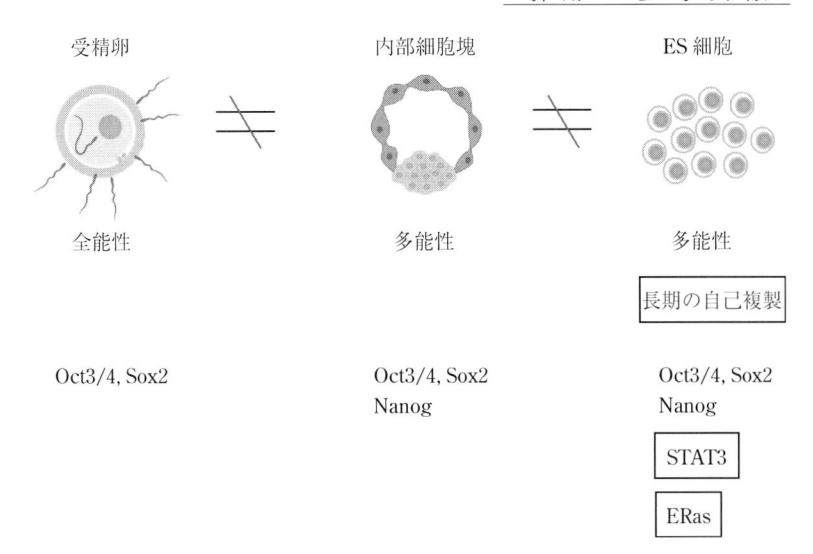

```
        受精卵              内部細胞塊              ES 細胞

         ≠                    ≠

        全能性                多能性                 多能性
                                                ┌─────────┐
                                                │長期の自己複製│
                                                └─────────┘

      Oct3/4, Sox2         Oct3/4, Sox2          Oct3/4, Sox2
                           Nanog                 Nanog
                                                ┌─────┐
                                                │STAT3│
                                                └─────┘
                                                ┌─────┐
                                                │ERas │
                                                └─────┘
```

Nanog は全能性細胞や生殖細胞では発現せず，多能性を規定している因子であると考えられる。ES 細胞において多能性を長期間維持するためには，ERas や STAT 3 が必要である。

図 8.7 受精卵，内部細胞塊および ES 細胞の比較

てはERasが発現しているし，その多能性維持にSTAT 3が必須である。

分化多能性維持機構を考える場合，ES細胞と初期胚で共通する分子機構と，ES細胞の長期間にわたる自己複製を可能にする分子機構を区別して考える必要がある。前者は初期発生の根幹にかかわる分子機構であり，ヒトとマウスで保存されていると考えられる。Oct 3/4，Nanog，Sox 2などがこれに該当する。一方，ES細胞は科学者が作り出した人工的な細胞であり，正常発生においては数日間のみ維持される分化多能性，言い換えればOct 3/4やNanogの発現を半永久的に維持する必要がある。その能力のある因子やシグナル経路は一つとは限らないし，初期胚における多能性維持には関与しない場合もある。また，進化上の選択圧が少ないので，ヒトとマウスで違いがあっても不思議ではない。ヒトES細胞の臨床応用のためには完全無血清培地による多能性維持が必須条件であり，今後，正常発生における生理的な役割にとらわれることなく，多くの因子のスクリーニングが必要である。

引用・参考文献

1) Chambers, I., Smith, A.：Self-renewal of teratocarcinoma and embryonic stem cells, Oncogene, **23**, pp.7150–7160（2004）
2) Kanatsu-Shinohara, M. et al.：Generation of pluripotent stem cells from neonatal mouse testis, Cell, **119**, pp.1001–1012（2004）

3) Niwa, H., Burdon, T., Chambers, I., Smith, A. : Self-renewal of pluripotent embryonic stem cells is mediated via activation of STAT 3, Genes. Dev., **12**, pp.2048-2060 (1998)

4) Matsuda, T. et al. : STAT 3 activation is sufficient to maintain an undifferentiated state of mouse embryonic stem cells, Embo J, **18**, pp.4261-4269 (1999)

5) Nichols, J., Chambers, I., Taga, T., Smith, A. : Physiological rationale for responsiveness of mouse embryonic stem cells to gp 130 cytokines, Development, **128**, pp.2333-2339 (2001)

6) Niwa, H. : Molecular mechanism to maintain stem cell renewal of ES cells, Cell Struct Funct, **26**, pp.137-148 (2001)

7) Pesce, M., Scholer, H. R. : Oct-4 : gatekeeper in the beginnings of mammalian development, Stem Cells, **19**, pp.271-278 (2001)

8) Nichols, J. et al. : Formation of pluripotent stem cells in the mammalian embryo depends on the POU transcription factor Oct 4, Cell, **95**, pp.379-391 (1998)

9) Niwa, H., Miyazaki, J., Smith, A. G. : Quantitative expression of Oct-3/4 defines differentiation, dedifferentiation or self-renewal of ES cells, Nat. Genet., **24**, pp.372-376 (2000)

10) Botquin, V. et al. : New POU dimer configuration mediates antagonistic control of an osteopontin preimplantation enhancer by Oct-4 and Sox-2, Genes. Dev., **12**, pp.2073-2090 (1998)

11) Tokuzawa, Y. et al. : Fbx 15 is a novel target of Oct 3/4 but is dispensable for embryonic stem cell self-renewal and mouse development, Mol. Cell. Biol., **23**, pp.2699-2708 (2003)

12) Hay, D. C., Sutherland, L., Clark, J., Burdon, T. : Oct-4 knockdown induces similar patterns of endoderm and trophoblast differentiation markers in human and mouse embryonic stem cells, Stem Cells, **22**, pp.225-235 (2004)

13) Yuan, H., Corbi, N., Basilico, C., Dailey, L. : Developmental-specific activity of the FGF-4 enhancer requires the synergistic action of Sox 2 and Oct-3, Genes. Dev., **9**, pp.2635-2645 (1995)

14) Avilion, A. A. et al. : Multipotent cell lineages in early mouse development depend on SOX 2 function, Genes. Dev., **17**, pp.126-140 (2003)

15) Ginis, I. et al. : Differences between human and mouse embryonic stem cells, Dev. Biol., **269**, pp.360-380 (2004)

16) Chambers, I. et al. : Functional expression cloning of nanog, a pluripotency sustaining factor in embryonic stem cells, Cell, **113**, pp.643-655 (2003)

17) Mitsui, K. et al. : The Homeoprotein Nanog Is Required for Maintenance of Pluripotency in Mouse Epiblast and ES Cells, Cell, **113**, pp.631-642 (2003)

18) Lin, T. et al. : p 53 induces differentiation of mouse embryonic stem cells by suppressing Nanog expression, Nat. Cell. Biol. (2004)

19) Boyer, L. A. et al. : Core Transcriptional Regulatory Circuitry in Human Embryonic Stem Cells, Cell, **122**, pp.947-956 (2005)

20) Hanna, L. A., Foreman, R. K., Tarasenko, I. A., Kessler, D. S., Labosky, P. A. : Requirement for Foxd 3 in maintaining pluripotent cells of the early mouse embryo, Genes. Dev., **16**, pp.2650-2661 (2002)

21) Ying, Q. L., Nichols, J., Chambers, I., Smith, A. : BMP induction of Id proteins suppresses

differentiation and sustains embryonic stem cell self-renewal in collaboration with STAT 3, Cell, **115**, pp.281-292 (2003)

22) Kielman, M. F. et al.：Apc modulates embryonic stem-cell differentiation by controlling the dosage of beta-catenin signaling, Nat. Genet., **11**, p.11 (2002)

23) Sato, N., Meijer, L., Skaltsounis, L., Greengard, P., Brivanlou, A. H.：Maintenance of pluripotency in human and mouse embryonic stem cells through activation of Wnt signaling by a pharmacological GSK-3-specific inhibitor, Nat. Med., **10**, pp.55-63 (2004)

24) Paling, N. R., Wheadon, H., Bone, H. K., Welham, M. J.：Regulation of embryonic stem cell self-renewal by phosphoinositide 3-kinase-dependent signalling, J. Biol. Chem. (2004)

25) Takahashi, K., Mitsui, K., Yamanaka, S.：Role of ERas in promoting tumour-like properties in mouse embryonic stem cells, Nature, **423**, pp.541-545 (2003)

26) Murakami, M. et al.：mTOR Is Essential for Growth and Proliferation in Early Mouse Embryos and Embryonic Stem Cells, Mol. Cell. Biol., **24**, pp.6710-6718 (2004)

27) Anneren, C., Cowan, C. A., Melton, D. A.：The Src family of tyrosine kinases is important for embryonic stem cell self-renewal, J. Biol. Chem., **279**, pp.31590-31598 (2004)

9 幹細胞のシグナル伝達
～ 血管新生因子 ～

9.1 はじめに

　細胞活動は酸素に依存することから，血管はすべての組織の機能維持に最も必須な器官の一つである。血管は，ヒトにおいて全長約10万kmに及び，その基本構成細胞である血管内皮細胞が覆う面積は約7 000 m²，重量は約1 kgと考えられており，体内のあらゆる部位に分布する人体最大の臓器と捉えることができる。

　木の枝あるいは葉脈のように，一定の組織空間に階層性をもって秩序正しく分布する血管は，末梢組織へ過不足なく酸素や栄養を供給するうえで不可欠なものである。また血管は，単に血液，酸素を末梢に供給するためにのみ存在するのではなく，血管内皮細胞が臓器発生の際に臓器特異的細胞との細胞間相互作用により，臓器・器官の形態形成に重要な役割を果たすことや，その後の組織維持のために臓器の幹細胞システムを支持することが明らかとされ，血管システムの成体における役割の重要性に対する関心は，ますます高まっているといえる。

　臨床医学では，固形腫瘍に対しては，血管新生を抑制することによる腫瘍の縮小・消失が期待され，抗血管新生療法が試みられている。逆に，虚血性疾患では血管新生を促進することが望まれており，再生医学を考えるうえで，血管新生の制御は，臨床応用に最も近い領域の一つであると考えられている。

　成体において認められる血管新生は，腫瘍や炎症などさまざまな病態の進展に深くかかわっており，この血管新生を治療標的として，種々の病態を改善する血管治療が臨床段階に入ってきている。血管新生促進を標的とする治療に関しては，心筋虚血や下肢の虚血性疾患に対して，VEGFやHGFなどのサイトカイン治療や骨髄細胞や末梢血幹細胞移植を用いた細胞治療など新生血管再生治療がすでに施行されている。また，血管新生抑制を標的とする治療に関しては，悪性腫瘍における病的な血管新生の抑制により腫瘍の増大・転移を抑制することを目的として，抗VEGF中和抗体が従来の抗腫瘍薬剤との併用という形で臨床の場での使用が認可され使用開始されているところである。血管新生の制御を標的とする治療が

可能になってきたのは，幹細胞から始まる血管形成の分子基盤が，血管形成に必須の血管新生因子やその受容体の機能解析を通して明らかになってきたことに起因する．

本章では，この血管システム形成が，どのような分子やシグナルによって制御されているかを概説する．

9.2 血管システムの発生

9.2.1 血管内皮細胞の起源

血管システムが完成するまでには，多段階の過程を経ること，複数の分子により相互的かつ階層性をもって制御されていることが明らかとなっている[1,2]．血管システムは，個体発生において最も早期にその形成が開始される．胚発生初期に，外胚葉と内胚葉との間を遊走する細胞群として中胚葉が誘導され出現する．卵黄嚢においては，胚体外中胚葉（extraembryonic mesoderm）のうち側板中胚葉（lateral plate mesoderm）に由来する，造血系細胞と血管内皮細胞の両細胞系譜への分化能力を有する前駆細胞であるヘマンジオブラスト（hemangioblast）が血島（blood island）と呼ばれる細胞集団を形成する（図9.1）．

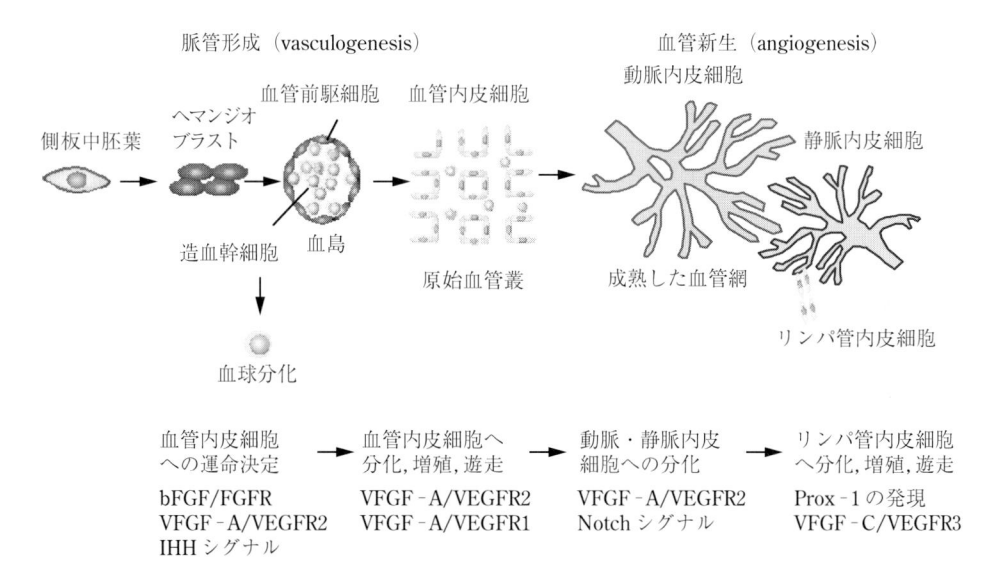

中胚葉由来の血管，血球共通の祖先細胞ヘマンジオブラストから，血管前駆細胞が誘導され未熟な網状の原始血管叢を形成する（脈管形成-vasculogenesis）．引き続き，既存の血管をもとに発芽，凹入などを繰り返し，大小不同のある階層性をもつ動脈，静脈，毛細血管からなる血管網が形成される（血管新生-angiogenesis）．リンパ管は静脈から発芽し原始リンパ嚢を形成すると考えられている．

図9.1 血管内皮細胞の発生と動静脈内皮細胞およびリンパ管内皮細胞分化〔高倉伸幸編：基礎から臨床応用までの血管研究がわかる，p.29，羊土社（2004）〕

このヘマンジオブラストの存在に関しては，これまで in vitro での研究で，ES 細胞から造血系細胞と血管内皮細胞の両方の系譜に分化することのできるコロニーを誘導できることが根拠となっていた。ごく最近，Mount Sinai 医科大学の Keller らにより，生体においてもマウス胎仔の原腸陥入期の原始線条に，中胚葉由来のヘマンジオブラストが存在することが示された[3]。ヘマンジオブラストは中胚葉の一細胞集団であり，中胚葉マーカーの brachyury や VEGF 受容体である Flk-1 を発現し，それらは血島を形成する以前に，血液細胞になるか血管内皮細胞になるかの運命決定がすでになされていることが明らかとなった。

このヘマンジオブラストから血島を形成する過程は，胚体外内胚葉（extraembryonic visceral endoderm）から産生される VEGF-A（vascular endothelial growth factor-A）や Indian hedgehog（Ihh）により誘導・制御されている。血島の内側の細胞は血球に分化し，それを取り囲むように位置する外側の細胞が血管内皮細胞に分化し原始血管叢（primary vascular plexus）を形成する。この際に，内皮細胞に特異的に発現している細胞接着因子 VE-カドヘリンによって細胞どうしが連結し管腔構造物を形成する。その後，胎仔内においても胚体域の内臓中胚葉（splanchnopleuric mesoderm）に由来する造血系細胞と血管内皮細胞の共通の幹細胞にあたるヘマンジオブラストが血管内皮前駆細胞（angioblast）を経て血管内皮細胞に分化し，背側大動脈（dorsal aorta）などの大血管を形成することが知られている。

トリのブラストディスク（胚盤）を培養し血管内皮細胞を分化誘導する実験系では，塩基性繊（線）維芽細胞増殖因子（basic fibroblast growth factor：bFGF）が存在しない培養条件では血島や血管内皮細胞が出現しないことが報告されており，中胚葉からヘマンジオブラストへの分化・運命決定（commitment）には bFGF も重要な役割を果たしていると考えられている。

9.2.2 血管システム構築

血管内皮細胞への分化決定後，血管内皮細胞は大小不同のない血管網である原始血管叢を形成する。この過程は脈管形成/血管発生（vasculogenesis）と呼ばれ，おもに VEGF により調節される。引き続き，血管内皮細胞がさまざまな刺激に応じて，発芽（sprouting），分枝（branching），融合（fusion），凹入（intussusception），退縮（pruning/regression）などの応答をして，径の均一な原始血管叢から新たな大小不同のある管腔が形成される。この過程は血管新生（angiogenesis）と呼ばれている。発芽や分枝は，もともと血管のない組織へ新しい血管が侵入していくときの様式である。

一方，血管がすでに分布した組織において血管密度を増加させるときの様式としては，凹入が主であるが，発芽や分枝がまったく関与しないわけではない。この時期から管径の変化

や動脈内皮細胞・静脈内皮細胞への分化が始まり，さらに血管平滑筋細胞や壁細胞で覆われた管状の血管内皮細胞という血管の基本型が完成される。

血管システム成熟の際にみられるこのような血管の退縮と新生の繰り返し過程を，リモデリング（remodeling）という。このリモデリングの過程を経て階層性をもった大小の血管からなる成熟した血管システムが形成される。血管内皮の細胞レベルでは，リモデリングの過程は細胞の離解，遊走，接着，生存，細胞死という行動で捉えられており，さまざまなシグナルによりリモデリングが制御されていることがわかってきた。

代表的なものとしてチロシンキナーゼの活性化を介するシグナル（血小板由来成長因子 platelet derived growth factor：PDGF-B とその受容体 PDGFR β シグナル，アンジオポエチン-Tie 2 受容体シグナル，エフリン B 2-EphB 受容体シグナル），セリン-スレオニンキナーゼの活性化を介するシグナル（TGF β とその受容体 TGF β R 2）インテグリンシグナル，マトリックスメタロプロテアーゼによる制御などがある。PDGF-B は血管内皮細胞と壁細胞両方に発現するが，その受容体の発現は壁細胞に限局しており，壁細胞の分化調節，増殖にかかわる。実際に PDGF のアイソフォームの一つ，PDGF-B を欠損したマウスにおいて壁細胞の裏打ちのない血管を認めている。

同様に，アンジオポエチン-1 とその受容体 Tie 2 は，その遺伝子欠損マウスの血管が不完全な壁細胞の被覆を認めることから内皮細胞と壁細胞の接着，安定化に寄与し，そのはたらきはインテグリンの活性化を介することが示唆されている。また，このシグナルの欠失で

表 9.1　VEGF/VEGFR，angiopoietin/TIE，Ephrin/Eph ファミリーの遺伝子欠失マウス心血管系表現型

遺伝子	致死時期	遺伝子欠失マウスの表現型
VEGF-A	E 10.5	ヘテロで胎生致死
VEGFR-1/Flt-1	E 8.5〜9.5	背側大動脈および成熟した血管内皮細胞の欠損，血管構築不全 卵黄嚢血島形成の異常，およびそれに続く血管新生における内皮細胞の形態異常・過剰増殖
VEGFR-2/Flk-1	E 8.5〜9.5	卵黄嚢血島形成不全，成熟した血管内皮細胞の欠損
VEGFR-3/Flt-4	E 10.5〜12	血管リモデリング不全，大血管内腔の狭小化と不均一化
angiopoietin-1	E 12.5	血管の分岐欠損およびリモデリング不全，血管内皮細胞の球形化（TIE-2 遺伝子欠失マウスと同様の表現型）
angiopoietin-2	E 12.5〜P 1	血管の構築不全，出血および浮腫
TIE-1	E 13.5〜P 1	E 13.5 までは正常な血管構築。E 18.5 での全身の出血と浮腫
TIE-2	E 10.5	血管の分岐欠損（血管の大小の区別なく単一な血管拡張），およびリモデリング不全，心肉柱の形成不全
Ephrin-B 2	E 10.5	血管の分岐欠損（動・静脈への分化異常），およびリモデリング不全，心肉柱の形成不全（Ang-1 および TIE-2 欠失破壊マウスに類似した表現型）
EphB 2/EphB 3	E.10.5	約 30 %にその程度は弱いものの，Ephrin-B 2 および EphB 4 遺伝子欠失マウスに類似の表現型
EphB 4	E 10.5	Ephrin-B 2 遺伝子欠失マウスと同様の表現型を認める

は，血管のリモデリングに異常を認め，原始血管叢の過程で止まっている（**表9.1**）。TGFβは，血管内皮細胞の分化成熟に重要な役割を果たしている。一方，血管平滑筋/ペリサイトに対しては，分化や細胞外マトリックス産生を促進すると考えられており，前述のPDGF-Bと協調的に，もしくはそれに引き続いて作用し，血管平滑筋層の形成に重要であると考えられている。

9.3 血管内皮細胞の分化

9.3.1 動脈・静脈内皮細胞分化

脊椎動物では，血液は心臓から動脈に送り込まれ，毛細血管・静脈を経て心臓へ戻るといった閉鎖循環系であることが知られている。これらすべての血管に共通の構成細胞は，血管内腔を敷石状に被覆する内皮細胞であるが，動脈内皮細胞・静脈内皮細胞で，その分子的相違などは不明であった。

1998年にカリフォルニア工科大学のAndersonらのグループから，血流循環が開始される以前のマウス胎仔の解析から，静脈内皮細胞にEphB4，動脈内皮細胞にその特異的リガンドであるエフリンB2が選択的に発現していることが報告され[4]，初めて動脈と静脈の相違をを分子レベルで語れるようになった。さらに，ハーバード大学のFishmanらのグループのゼブラフィッシュを用いた研究により，動脈と静脈の分化制御機構が明らかにされた。FishmanらはENUを用いたゼブラフィッシュの飽和変異体プロジェクトのなかでGridlockという背側大動脈の形成に異常をきたすゼブラフィッシュを見いだし，原因遺伝子としてbHLH型転写因子（Gridlock）の異常によることを明らかにした。

この遺伝子は，哺乳類ではHRT（Hairy-related transcriptional factor）やHesr（Hairy/Enhancer-of-spilit-related）など，さまざまな呼ばれ方をしている。また，Notchおよびそのリガンドである JaggedやDeltaが動脈にのみ発現することから，Notchシグナルが血管の動脈・静脈化に関与することが示唆されていた。その後の研究で，Hesrの発現をNotchが制御していること，さらにNotchの上流にVEGF，sonic hedgehog（Shh）のシグナルが存在することが明らかとなり，血管内皮細胞の動脈内皮細胞への分化を促進するシグナルとして注目されている（**図9.2**）。

Andersonのグループの向山らがマウスを用いた解析により，皮下の知覚神経，シュワン細胞から分泌されるVEGFにより隣接した血管は動脈化し，離れた部位の血管は静脈化することを報告した。

これら一連の研究により，血管発生においては，脊索（せきさく）からのShhシグナルがVEGFを誘導し，VEGFがNotchシグナルを誘導し，活性化されたNotchシグナルがHesrの転写を

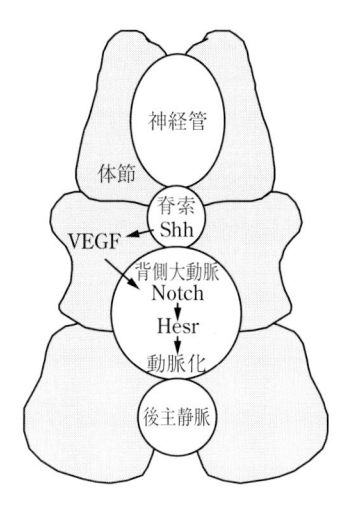

Shhは体節に作用しVEGFの発現を誘導し，VEGFは血管内皮細胞に作用してNotchを活性化し，さらにNotchにより誘導されたHesrの活性化により血管内皮細胞は動脈化すると考えられている．

図9.2 動脈内皮細胞分化の分子カスケード
〔高倉伸幸 編：基礎から臨床応用までの血管研究がわかる，p.34，羊土社（2004）〕

活性化するというカスケードが血管内皮細胞の動脈化誘導に重要であることがわかる．しかしながら，向山らは in vitro の実験で，エフリンB2陰性の血管内皮細胞がVEGF添加では約半数しかエフリンB2陽性の動脈内皮細胞に形質変換しないことを示している．つまりこの結果は，前述のShh-VEGF-Notch-Hesrのカスケードだけでは説明できない動静脈分化の分子機構が，まだほかに存在しうることを示している．実際，フランス大学のEichmannらは，トリの胚を用いた実験で，動脈内皮細胞のエフリンB2の発現は血流のシェアストレス（ずり応力）のシグナルによっても制御されていることを報告している．

このように，Shh-VEGF-Notch-Hesrの活性化が血管内皮細胞の動脈内皮細胞への分化を誘導していることが明らかにされてきた．一方で内皮細胞の静脈化は，上述のシグナルの遮断，もしくはシグナルがないことが静脈内皮細胞への分化を規定していると考えられ，静脈化の分化運命決定は動脈化のデフォルトであると考えられていた．

しかし最近，ベイラー医科大学のTsaiらが，核内受容体の一つであるCOUP-TF IIが血管内皮おいては静脈内皮にのみ発現すること，COUP-TF IIの血管内皮特異的遺伝子欠損マウスではすべての血管内皮細胞が分子マーカー上，動脈化してしまうこと，反対に血管内皮細胞を特異的に強発現させるとすべての血管内皮細胞が分子マーカー上，静脈化してしまうことを明らかにした．TsaiらはこのCOUP-TF IIがNotchの発現を負に制御していることによると説明しており，単に静脈内皮細胞への分化が動脈化のデフォルト経路ではないことを明らかにした．

9.3.2 リンパ管の発生

古典的な色素注入実験の結果から，リンパ管は静脈から発芽することが予測されていた．また，リンパ管内皮細胞は血管内皮細胞とよく似た形質をもつことから両者はその発生系譜

を共有すると推察されていたが，分子機構も含めて，その形成過程は近年までほとんど不明であった。

1999年に，リンパ管内皮細胞への分化のマスター遺伝子と考えられるホメオボックス型転写因子Prox1が同定され，その遺伝子欠損マウスの報告がなされた。マウス胎仔（胎生10.5日）において，頸部静脈の外側に限局した部分の静脈内皮細胞にProx1の発現が誘導され，その部分が発芽してリンパ管の原基である原始リンパ嚢（lymph sac）を形成するという概念が提唱された[5]（図9.3）。

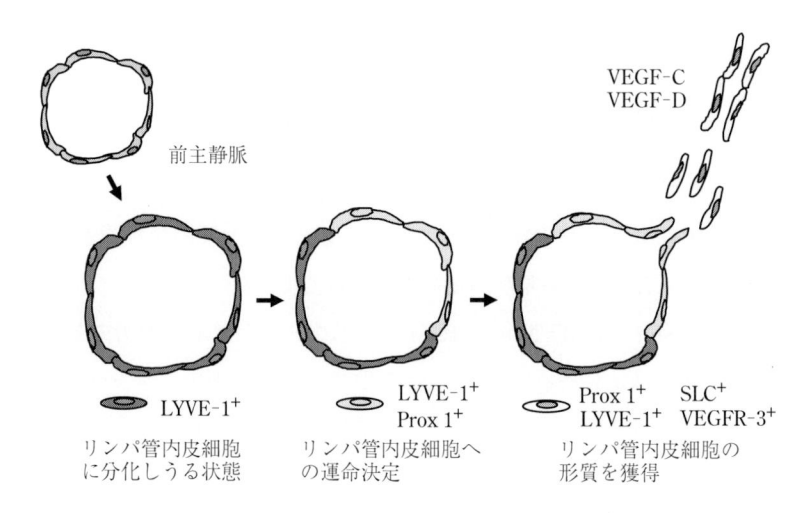

静脈内皮細胞の一部がLYVE-1陽性となり，リンパ管内皮細胞に分化しうる状態になる。その細胞にリンパ管のマスター遺伝子Prox1が発現し，さらにリンパ管内皮細胞への運命決定がなされる。引き続きその細胞がVEGFR-3を介したVEGF-Cのはたらきにより，増殖・遊走し，原始リンパ嚢を形成すると考えられている。

図9.3 リンパ管内皮細胞への分化機構〔髙倉伸幸 編：基礎から臨床応用までの血管研究がわかる，p.35，羊土社（2004）〕

Prox1のノックアウトマウスは，リンパ管を完全に欠失して胎生10.5日で致死となることはそれを裏づけている。一方，血管新生の中心的な分子機構をつかさどる受容体型チロシンキナーゼVEGFR-1およびVEGFR-2のファミリーとして報告されたVEGFR-3は，成体においてリンパ管に特異的に発現しており，リガンドであるVEGF-C，VEGF-Dによって活性化されるVEGFR-3シグナルは，発生期や成体の病態におけるリンパ管形成に必須であることが示されている。YoonらはVEGF-Cについてその強力なリンパ管形成作用に着目して，リンパ管還流を障害して作成したリンパ浮腫モデルマウスに，アデノウイルスにより導入したVEGF-Cが，リンパ管の再生を促しリンパ浮腫を改善することを見いだし，リンパ浮腫を伴うさまざまな病態の改善に寄与しうる可能性を示している。アンジオポエチン-2やVEGF-Cのco-receptorであるニューロピリン-2，膜タンパクポドプラニンなど

は，おのおのの遺伝子欠損マウスにおいて体内の一部のリンパ管の欠失の表現型が認められることより，リンパ管形成における再構築（remodeling），成熟，維持にはたらく分子として考えられている。血管形成に重要なはたらきを示す分子それ自身や，その分子の近縁の分子が，リンパ管形成に対しても重要なはたらきをもっていることは，血管，リンパ管含め全身の脈管システムの包括的な形成機構の存在を示唆しており，興味がもたれるところである。

9.4 *in vitro* 分化誘導システムを用いた血管構築

胚性幹細胞（embryonic stem cell：ES 細胞）は，マウス初期胚（胚盤胞）のなかに存在する未分化幹細胞である内細胞塊（inner cell mass）を培養して樹立された細胞であり，個体を形成するあらゆる種類の細胞に分化する能力をもつだけでなく，細胞系譜によっては，*in vitro* の培養系において細胞の分化段階を再現することができる。さらにこの ES 細胞の分化誘導系は，実際の個体発生の過程を部分的に再現できるだけでなく，組織によっては，その組織を再構築できるため，再生医学の分野でも注目を集めている。

血管の分野においては，京都大学の山下らのグループが，ES 細胞を用いて，二次元的には血管内皮細胞分化を，三次元的には血管構造の構築の再現に成功している。この研究グループは，ES 細胞を LIF（leukemia inhibitory factor）非存在下で培養することにより未分化性維持機構が損なわれ，数日後には VEGF 受容体の Flk-1 を発現する細胞が出現してくることを見いだし，この Flk-1 陽性細胞群にヘマンジオブラストが含まれていると予測し，この細胞をフローサイトメトリーにて純化・培養し，*in vivo* と *in vitro* で ES 細胞由来の Flk-1 陽性細胞から血管の構成細胞である血管内皮細胞と血管平滑筋細胞，さらには血液細胞へ分化誘導できることを明らかにした[6]。

さらに添加因子などの培養条件を工夫することで，血管内皮細胞のシート状構造物と平滑筋 α アクチン陽性の血管壁細胞を選択的に誘導できることも見いだしている。最近では，動脈内皮細胞，静脈内皮細胞，リンパ管内皮細胞，それぞれに選択的に分化誘導できる可能性も示しており，期待されている。

ES 細胞由来の血管構成細胞の移植による血管再生医療も，動物実験のモデルで試行されている。同グループは，担がんヌードマウスの腫瘍周囲に ES 細胞由来細胞を注入・移植したところ，移植した ES 細胞由来の細胞が内皮細胞および壁細胞として腫瘍内の新生血管形成に貢献していることを報告した。最近ではマウスに加えて，サルおよびヒト ES 細胞からの血管分化についても詳細に研究が行われており，倫理的な問題は残るもののヒトへの直接的な細胞治療としてのみならず，新しい遺伝子治療や治療薬の開発のスクリーニングに応用

されるなど，さまざまな臨床へのフィードバックが期待されている。

　しかしながらこれら期待の大きいヒト ES 細胞では，樹立の際にウシなどの血清が培養液に使用されており，ヒトには存在しない細胞表面の糖タンパク質が存在することが明らかとなり，かりにヒトに移植した場合，この糖タンパク質が「異物」として認識され，強い免疫拒絶反応を受けるため治療に使用できないなど，ほかの問題点も浮上してきている。

9.5　血管新生療法

9.5.1　血管新生タンパク，遺伝子，造血性サイトカインを用いた血管新生治療

　血管新生のメカニズムの解明が進むにつれて，血管新生を正に制御する因子と負に制御する因子が明らかになってきた（図9.4）。そのなかで，まず正の制御因子が虚血性疾患の治療を考えるうえで注目を集めるようになった。特に bFGF，VEGF，HGF（hepatocyte growth factor）などの血管内皮細胞増殖因子は，その強力な血管新生作用ゆえに，組換えタンパク質を用いた治療や，局所への遺伝子導入治療の可能性が検討されてきた。実際，過去に多くのグループが，bFGF と VEGF について，虚血心筋動物モデルで，その組換えタンパク質の投与が病態を改善させることを報告し，研究成果をもとに，大規模数の冠動脈疾患患者での二重盲検試験が行われたが，結果は VEGF タンパク，bFGF タンパクとも効果があまりないと結論づけられた[7),8)]。遺伝子の局所への導入による治療でも，アデノ bFGF

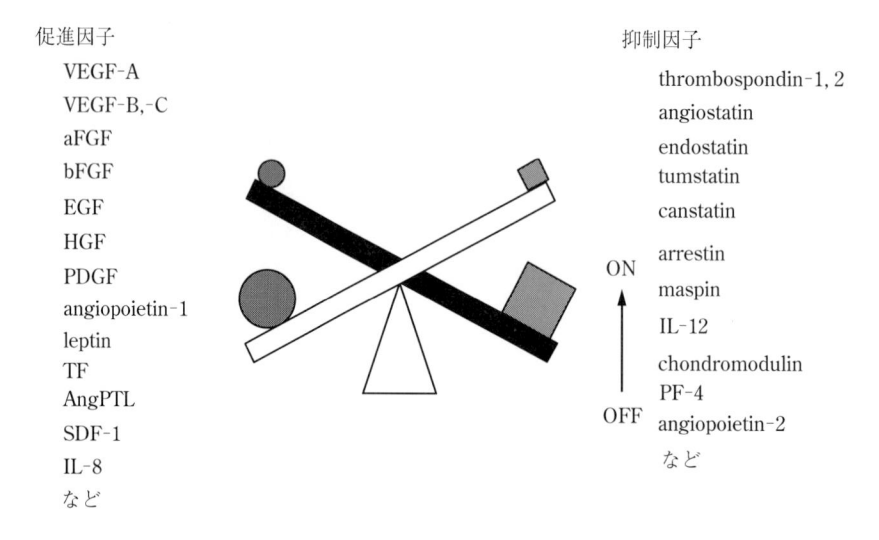

促進因子
VEGF-A
VEGF-B,-C
aFGF
bFGF
EGF
HGF
PDGF
angiopoietin-1
leptin
TF
AngPTL
SDF-1
IL-8
など

抑制因子
thrombospondin-1, 2
angiostatin
endostatin
tumstatin
canstatin
arrestin
maspin
IL-12
chondromodulin
PF-4
angiopoietin-2
など

ON
↑
OFF

血管新生は，その場における血管新生促進因子と抑制因子とのトータルバランスが血管新生のスイッチとなり，その異常が血管新生が関与するさまざまな病態形成にかかわっていると考えられている。

図9.4　血管新生誘導シグナルのバランス

の心筋内注入は二重盲検試験で有効性がないことが確認された．わが国においては，大阪大学の森下らのグループが，肝細胞増殖因子（HGF）に血管内皮細胞に対して強力な増殖作用があることを明らかにし，さらに内皮細胞保護因子でもあることを見いだした．現在，大阪大学を中心として，閉塞性動脈硬化症などの疾患に対してHGFプラスミドの局所注入による遺伝子治療の臨床治験が行われている．

一方，10章とも関連するが，造血性サイトカインであるGM-CSF（granulocyte-macropharge colony-stimulating factor）やG-CSF（granulocyte colony stimulating factor）が骨髄から血管内皮前駆細胞を末梢血に動員させるという報告がなされていた．GM-CSFに関しては，その基礎データーをもとに二重盲検試験にて冠動脈疾患患者に対し投与したところ，その血管新生への効果が実際の臨床でも実証されたという報告もあるが，さらなる長期的かつ大規模な検討が必要であると考えられる．

9.5.2 細胞移植治療

タフツ大学の浅原（現，東海大学）らにより，流血中に血管内皮前駆細胞（endothelial progenitor cells：EPC）が存在することが報告され[9]，成体に存在する血管内皮の前駆細胞をターゲットとした研究が進展した．従来，成体における血管新生は，既存の血管内皮細胞の発芽的増殖と遊走によるもののみであると理解されていたが，成体の末梢血液中にCD 34陽性細胞が存在し，その分画のなかに血管内皮細胞に分化しうる内皮前駆細胞が存在することが明らかにされた．これらの内皮前駆細胞は，一定条件での培養下で細胞集塊を形成した．さらにそれらの細胞は，免疫細胞化学染色やフローサイトメトリーによる解析によって，内皮細胞に特徴的な抗原（CD 31, CD 34, Flk 1, Tie 2など）を発現していることが判明したのみならず，Acetyl-LDLの取込み能があることなどから，機能的にも内皮細胞であることが明らかとなった．つまりこれは，成体における血管形成において，発芽的血管新生以外に骨髄から動員された内皮前駆細胞が，局所への接着し，分化・増殖することを意味すると同時に，ヒトにおける血管前駆細胞を用いた血管再生療法の可能性に大きな前進をもたらした．

その成果として実際に，閉塞性動脈硬化症などの疾患で，自己骨髄中の単核細胞を虚血部位に移植するという細胞移植による血管再生療法が盛んに行われ，期待どおりの効果を上げている．この分子機構としては，従来，血管前駆細胞が虚血部位で血管内皮細胞に分化し，新生血管に貢献しているとも考えられたが，最近ではその関与は比較的少なく，骨髄中の単核球分画に含まれる血小板などのさまざまな血球細胞から分泌されるサイトカイン，血管新生因子による血管新生誘導がおもな作用であることが示唆されてきている．

引用・参考文献

1) Risau, W. : Mechanism of angiogenesis, Nature, **386**, pp.671-674 (1997)
2) Yancopoulos, G. D. et al. : Vascular-specific growth factors and blood vessel formation, Nature, **407**, pp.242-248 (2000)
3) Huber, T. L., Kouskoff, V., Fehling, H. J., Palis, J. and Keller, G. : Haemangioblast commitment is initiated in the primitive streak of the mouse embryo, Nature, **432**, pp.625-630 (2004)
4) Wang, H. U. et al. : Molecular distinction and angiogenic interaction between embryonic arteries and veins revealed by ephrin-B 2 and its receptor Eph-B 4, Cell, **93**, pp.741-753 (1998)
5) Oliver, G. : Lymphatic vasculature development, Nature review Immunology, **4**, pp.35-45 (2004)
6) Yamashita, J. et al. : Flk 1-positive cells derived from embryonic stem cell serve as vascular progenitor, Nature, **408**, pp.92-96 (2000)
7) Henry, T. D., Mckendall, G. R., Azrin, M. A. et al. : VEGF in ischemic for vascular angiogenesis (VIVA) trial : one year follow up, Circulation, **102**, II-309 (2000)
8) Simon, M., Annex, B. H., Laham, R. J. et al. : Pharmacological treatment of coronary artery disease with recombinant fibroblast growth factor-2. Double-blind, randomized, controlled clinical trial, Circulation, **105**, pp.788-793 (2002)
9) Asahara, T. et al. : Isolation of putative progenitor endothelial cells for angiogenesis, Science, **275**, pp.964-967 (1997)

10 幹細胞のシグナル伝達
〜 ケモカイン 〜

10.1 はじめに

　幹細胞を理解するために，その定義ともなっている重要な機能である長期生存・自己複製と多分化能を制御する分子機構が注目されている。しかしながら，血液系，生殖細胞系などでは，発生過程で組織幹細胞やそれから分化した前駆細胞が臓器間をダイナミックに移動するほか，成体において，組織幹細胞は臓器内のニッチと呼ばれる特定の場所（微小環境）に局在しており，組織の維持や疾病・傷害後の再生の過程でニッチ内外を適切に移動していると考えられ，幹細胞の移動，定着という細胞動態の制御も，その発生や機能発現において重要であると考えられる。

　一方，免疫系を含む血液系は，血球（リンパ球）が生体で最も動的な細胞系列であること，臓器間の移動には末梢血管をおもな経路としているという特色を有しており，その組織幹細胞である造血幹細胞を末梢血管に注入し，骨髄に移動定着させ，血液・免疫系を完全に再生させる骨髄移植は，白血病，悪性リンパ腫の治療を中心に臨床応用され，大きな成功を収めている。さらに，未来の医療の一つとして期待される神経幹細胞や血管前駆細胞を含む種々の組織幹細胞，前駆細胞を用いた再生医療においても，幹細胞，前駆細胞を機能させたい場所に効率良く移動定着させることが重要となる。このように，幹細胞の移動，定着という細胞動態の理解は，生物学，基礎医学のみならず臨床医学においても重要であるが，その制御の分子機構は長年明らかではなかった。そのなかで，近年，細胞運動を制御する活性が強いサイトカイン群として知られるケモカインファミリーのメンバーが，幹細胞，前駆細胞において重要な役割を担うことが明らかになってきている。

　ケモカインとは，四つのシステイン残基の位置が保存された構造で定義された分子量約1万の小型のサイトカインのファミリーで，受容体はサイトカインとしては珍しく，膜7回貫通Gタンパク質結合型である[1,2]。現在までに約40個と多くのメンバーが同定され，初めの二つのシステインの間にアミノ酸が一つ存在するCXCケモカイン（CXCL（CXC chemokine Ligand）のあとに番号をつけて命名される）と存在しないCCケモカイン

(CCL のあとに番号をつけて命名される)に大別される。1970 年代の後半に CXC ケモカインの CXCL 4（PF-4）が初めて同定され，1980 年代の後半に，CCL 2（MCP-1），CXCL 8（IL-8）が，好中球の走化性を誘導する分子として同定されるに至り，ケモカインは白血球を炎症局所に集積させる炎症性メディエイターとして機能することが明らかとなった。なお，走化性の誘導は，細胞がかろうじて通ることのできる穴のあいた仕切りで区切られた二つの空間の一方に細胞，もう一方に走化性誘導因子を入れておき，一定時間後，走化性誘導因子を入れた空間に移動した細胞数を測定するボイデンチェンバー（boyden chamber）ケモタキシスアッセイにより解析された。

次いで，1990 年，CC ケモカインの CCL 3（MIP-1α）が，未分化な血液前駆細胞の増殖を抑制することが示されたが，その後の遺伝子欠損マウスの解析では，CCL 3 の造血への関与は認められなかった。その後，1996 年になり，CXC ケモカインの CXCL 12（SDF-1/PBSF）が，造血を含む発生現象に必須であることが明らかにされ，初めてケモカインの組織幹細胞または前駆細胞における重要な役割が示された[3]。現在までに，ケモカインは炎症に加え，器官形成，免疫監視のためのリンパ球の再循環，免疫反応，ウイルス感染など多くの生命現象で必須の役割を担うことが示されている[1,2]。しかし，多くのケモカインファミリーのメンバーのなかで，組織幹細胞への機能が明らかになっているのは CXCL 12 のみであり，CXCL 12 は，進化生物学的にもケモカインのプロトタイプであるという考えもある。そこで本章では，CXCL 12 に焦点を当てて概説する。

10.2　CXCL 12 とその受容体 CXCR 4 について

CXCL 12 は 1993 年，分泌タンパク，膜結合タンパクを選択的に同定するシグナルシークエンストラップ法を用いて骨髄ストローマ細胞株が産生する新規のケモカイン SDF-1 として単離され[4]，次いで，骨髄ストローマ細胞株が産生する B リンパ球前駆細胞の増殖を促進する因子 PBSF として発現クローニング法により同定された[5]。PBSF は，SDF-1 と同一の分子であった。その後，1999 年のキーストン会議でケモカイン，ケモカイン受容体を統一的に命名することが提唱され，SDF-1/PBSF は，CXC ケモカインリガンド 12（CXCL 12）と命名された。

CXCL 12 の受容体は CXCR 4 と呼ばれる膜 7 回貫通 G タンパク質結合型受容体である。CXCR 4 は，1996 年，CD 4 とともにエイズウイルス（HIV-1）の宿主細胞への侵入に必要なウイルス受容体でもあること[6]，CXCL 12 がそのリガンドであることが明らかにされた[7,8]。多くのケモカイン受容体は，複数のリガンドと反応するが，CXCR 4 遺伝子欠損マウス（CXCR 4 の遺伝子のみを欠損したマウス）と CXCL 12 欠損マウスの表現型が同一で

あることから，CXCL 12 と CXCR 4 は，1 対 1 の生理的なリガンド受容体関係にあることが示された[3),9),10)]。

CXCL 12 の生理機能は，遺伝子欠損マウスを用いた研究を中心に解明が進んだ。CXCL 12 欠損マウス，CXCR 4 欠損マウスは，胎生致死であるが，胎児の解析より，CXCL 12, CXCR 4 は，胎児の発生過程における骨髄への造血幹細胞，前駆細胞，血液細胞のホーミング，B リンパ球の生成のほか，心室中隔の形成，胃腸管を栄養する大型の血管の形成，神経形成における小脳顆粒細胞や海馬の顆粒細胞前駆細胞および介在ニューロンの移動，胎児の発生過程における生殖細胞の移動に必須であることが明らかとなっている[9)~16)]。

CXCR 4 を介した細胞内シグナル伝達機構はほかの多くのケモカイン受容体と同様に十分明らかでない。近年，サイトカイン受容体を介した細胞内シグナル伝達機構の研究の進展により，同じ受容体でも細胞，機能によりその細胞内シグナル伝達機構は異なることが明らかになりつつある。CXCR 4 の下流に関しても，種々の細胞株を用いた研究で，三量体 G タンパク質，特に G αi, Map キナーゼ，PI 3 キナーゼ，Jak, Rho キナーゼなど多くのサイトカイン受容体で用いられる細胞内シグナル伝達分子が関与しているとの報告があるが，生理機能との対応がなされておらず，CXCR 4 に特異性のある細胞内シグナル伝達機構を含め，どの機能にはどの分子が重要なのかは今後の問題である。

近年，遺伝子欠損マウスを用いた解析で，CXCL 12 による脾臓の B リンパ球の走化性誘導に Dock 2, RapL が必須であることが示された[17),18)]。しかしながら，脾臓の B リンパ球における CXCL 12 の機能は明確になっておらず今後の研究の進展が待たれる。

10.3 造血幹細胞の胎生期での臓器間の移動における CXCL 12 の役割

はじめに述べたように，造血幹細胞は胎生期の発生過程で臓器間をダイナミックに移動することが知られている。哺乳類において造血幹細胞は，胎生 9.5 日ごろ，AGM 領域と呼ばれる尾側の大動脈の血管内皮細胞付近で発生し[19)]，胎児肝に移動すると考えられており，胎児肝が胎児期の造血の中心臓器となる。そして，胎生期の終盤に，胎児肝より末梢血管を経て，成体の造血の場である骨髄に至る。

その移動の制御の分子機構は長らく明らかでなかったが，1996 年，CXCL 12 欠損マウスの未分化な血液前駆細胞や骨髄球系細胞の数は，胎児肝で正常であるが，胎児骨髄で著減していることから，CXCL 12 が胎生期における造血細胞の骨髄へのホーミング（移動・定着）に重要な役割を果たすことが示された[3)]。

次いで，造血幹細胞の唯一の定量法である競合下造血再構成法を用いて CXCL 12 欠損マ

ウス胎児の造血幹細胞数が定量され，CXCL 12 欠損マウスの造血幹細胞は，正常マウスと比較して胎児肝で著差なかったが，骨髄では著明に減少しており，末梢血では著増していた[13]（**図 10.1**）。

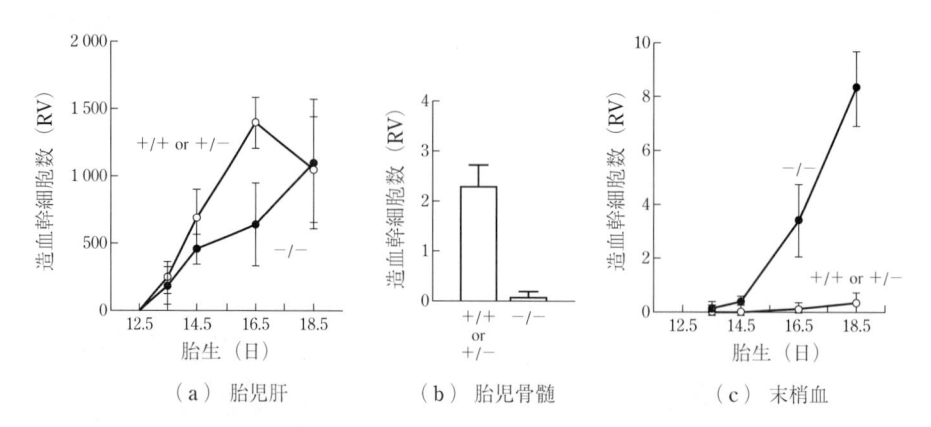

（a）胎児肝　　（b）胎児骨髄　　（c）末梢血

正常マウス（○），CXCL 12 欠損マウス（●）の発生過程での胎児肝，胎児骨髄，末梢血における造血幹細胞数を競合的造血再構成法により定量した〔文献 13）より改変〕。

図 10.1　発生過程での造血幹細胞の骨髄へのホーミングにおける CXCL 12 の役割

これより，胎児期において，造血幹細胞の末梢血から骨髄へのホーミングに CXCL 12 が必須の役割を果たすことが明らかとなった（**図 10.2**）。

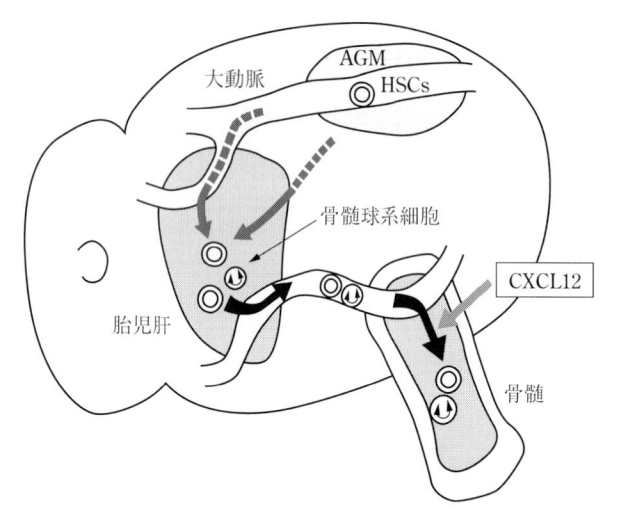

図 10.2　胎生期の造血における造血幹細胞（HSC）のダイナミックな移動と CXCL 12 の作用点

また，血管内皮細胞特異的に CXCL 12 を発現するトランスジェニックマウスと CXCL 12 欠損マウスと交配することにより，CXCL 12 欠損マウスの血管内皮細胞のみに CXCL 12 を発現させたところ，造血幹細胞の骨髄への定着が完全に回復した[13]。さらに，CXCL 12 遺伝視座に GFP 遺伝子を挿入した CXCL 12/GFP ノックインマウスを用いた解析で，CXCL 12 の生理的な発現細胞を可視化したところ，CXCL 12 は，正常マウスの胎児

骨髄の血管内皮細胞そのものには発現していないが，CXCL 12 発現細胞は，血管に隣接して分布していることが明らかになった[13]（図10.3）。以上の結果より，胎児骨髄の血管内皮周囲の CXCL 12 発現細胞から分泌された CXCL 12 が，末梢血管から骨髄への造血幹細胞のホーミングを支持することが示唆された（図10.4）。また，胎児骨髄に定着した造血幹細胞は，CXCL 12 発現細胞の近傍に位置することが予想され，CXCL 12 発現細胞は，胎児骨髄の造血幹細胞のニッチ（幹細胞，前駆細胞が維持される骨髄内の限局された微小環境）としてはたらいている可能性がある。

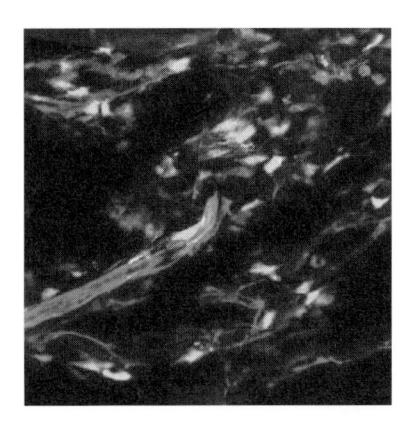

CXCL 12/GFP ノックインマウスを血管内皮マーカー PECAM-1 に対する抗体で免疫染色した。緑色は CXCL 12 発現細胞，赤色は血管内皮細胞。CXCL 12 発現細胞は血管内皮細胞の近傍に分布する。

図 10.3 胎生 18.5 日目の骨髄における CXCL 12 発現細胞の分布（口絵 2 参照）〔Ara, T. et al., Immunity, **19**, pp. 257-267（2003）より転載〕

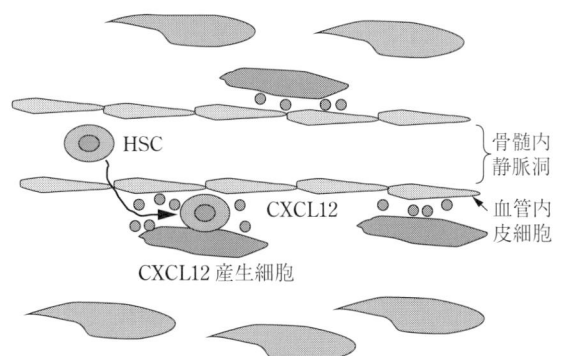

図 10.4 骨髄内の血管の血管内皮細胞近傍に分泌された CXCL 12 が，発生過程での造血幹細胞の骨髄へのホーミングを支持する。

10.4　始原生殖細胞の胎生期での臓器間の移動における CXCL 12 の役割

発生過程で組織幹細胞がダイナミックに移動する細胞種として，血液系のほかに生殖細胞系が知られている。しかし，その移動を制御するサイトカインは長らく明らかではなかった。生殖細胞の組織幹細胞は，始原生殖細胞と呼ばれ，SCF は，その移動経路で発現し，SCF やその受容体 c-*kit* の変異マウス（それぞれ Sl マウス，W マウス（11 章参照））では

始原生殖細胞が欠損することが知られているが，SCFは，始原生殖細胞の移動定着でなく移動経路における生存，増殖を支持すると考えられている。マウスの始原生殖細胞は，胎生7.5日ごろ，胚の尾方にある尿膜基部で観察可能となり，尾側の腸管膜内を体軸に沿って前進し，胎生10.5日ごろより体幹の中央付近で両側の将来生殖腺になる生殖隆起に侵入する（**図10.5**）。そして，胎生12日ごろより生殖隆起で活発に増殖し，将来の卵や精子への成熟に備える。

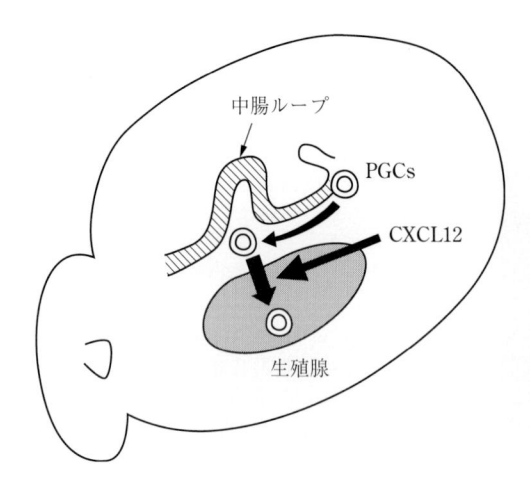

図10.5 生殖細胞の発生における胎生期での始原生殖細胞（PGC）のダイナミックな移動とCXCL 12の作用点

CXCL 12欠損マウスの始原生殖細胞を解析したところ，その数は，出現部位の尿膜基部，移動経路である腸間膜において正常マウスと比較して著明な差は認められなかったが，胎生11.5日以降の生殖隆起では3分の1～4分の1に減少していた[14]。しかし，CXCL 12欠損マウスにおける生殖隆起での始原生殖細胞の増幅は，正常マウスと同様であったので，欠損マウスの生殖隆起における始原生殖細胞数の低下は，生殖隆起への始原生殖細胞のホーミングが障害されたためと考えられる（図10.5）。

一方，哺乳動物のみならず魚類においても始原生殖細胞は，発生過程でダイナミックに移動することが知られている。代表的な実験動物であるゼブラフィッシュでは，モルフォリノ法により，生体内の特定の遺伝子の機能を抑制することができる。CXCL 12とCXCR 4の機能が抑制されたゼブラフィッシュでは，始原生殖細胞の移動が異常となることが見いだされた[15]。さらに，変異原であるエチルニトロソウレア（ENU）により生殖細胞の移動に異常が認められるようになった変異ゼブラフィッシュの一つの原因遺伝子がCXCR 4であることが見いだされた[16]。いずれの変異ゼブラフィッシュも，表現型の強いものでは，生殖腺に存在するべき始原生殖細胞が生殖腺にまったく存在せず，胚全体に異所性に分布しており，魚類においては，発生過程における始原生殖細胞の移動の初期からCXCL 12が必須の役割を果たす。

これら一連の研究より，発生過程における始原生殖細胞の移動において，CXCL 12 の機能は，魚類，哺乳類において保存されており，哺乳類では，作用点がより限局され，依存度が低いことが明らかとなった．

10.5 造血における骨髄内でのニッチ細胞の同定と造血幹細胞，前駆細胞の動態および CXCL 12 の役割

骨髄では，解剖学的に区分されていない均質な空間のなかで，9 種類以上の異なる系列の血球が生成されるが，その時間空間的なメカニズムは，明らかでない．これまで長年，骨髄内の造血を支持する細胞は形態的に識別される細網細胞によって支持されると考えられ，細網細胞は，接着因子 VCAM-1 を発現すると報告されている[20],[21]．

ところが，最近，成体骨髄内の CXCL 12 発現細胞と B リンパ球の生成に必須のサイトカインである IL-7 を発現する細胞の局在が，前述の CXCL 12/GFP ノックインマウスを用いて組織学的に解析され，CXCL 12 発現細胞と IL-7 発現細胞が別に存在し，CXCL 12 発現細胞は，VCAM-1 陽性細胞の約 4 分の 1 にすぎないことが明らかとなった[22]（図 10.6）．CXCL 12 発現細胞は，骨髄内にほぼ一様に分布し神経細胞のように突起を出していた．さらに造血幹細胞を含む多能性造血前駆細胞を濃縮すると考えられている c-kit$^+$Sca-1$^+$ 細胞の局在を免疫染色で解析したところ，その大部分が CXCL 12 発現細胞の突起に結合していることが明らかにされた（図 10.7）．これより CXCL 12 が造血幹細胞に作用し，CXCL 12 発現細胞が成体骨髄においても造血幹細胞ニッチとしてはたらいている可能性がある．

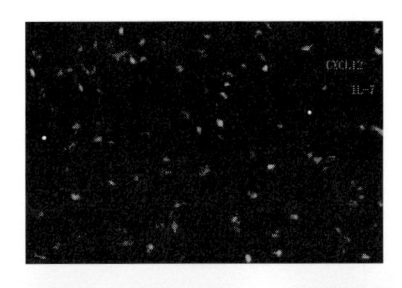

CXCL 12 発現細胞と IL-7 発現細胞は，別の細胞で，骨髄内で一様に離れて分布する（X 10）．CXCL 12 発現細胞は長い突起を有する．

図 10.6 骨髄における CXCL 12 発現細胞（緑）と IL-7 発現細胞（赤）の局在（口絵 3 参照）〔Tokoyoda, K. et al., Immunity, **20**, pp.707-718（2004）より転載〕

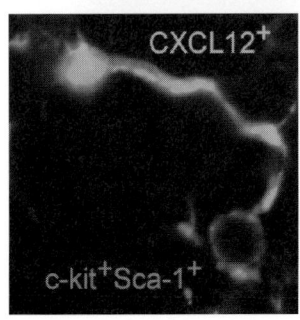

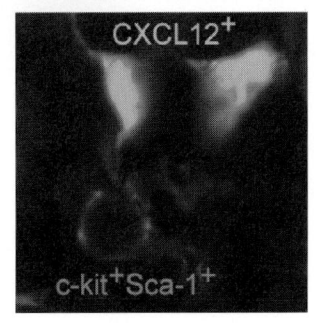

c-kit$^+$Sca-1$^+$ は，造血幹細胞を含む多能性造血前駆細胞を濃縮し，大部分の c-kit$^+$Sca-1$^+$ 細胞は，CXCL 12 発現細胞の突起と接着している．

図 10.7 骨髄における c-kit$^+$Sca-1$^+$ 細胞の局在（口絵 4 参照）〔Tokoyoda, K. et al., Immunity, **20**, pp.707-718（2004）より転載〕

一方，c-kit⁺Sca-1⁺細胞がBリンパ球に分化するとpre-pro-B細胞となり，以後pro-B細胞，pre-B細胞の順に分化が進む．CXCR 4欠損造血幹細胞によって造血を再構築された放射線キメラマウスを用いた解析より，成体のBリンパ球造血において，最も早期の前駆細胞であるpre-pro-B細胞の発生にCXCL 12が必須であることが明らかとなった[23]．

そこでflk-2, c-kit, IL-7 Rの発現を指標に，pre-pro-B細胞，pro-B細胞，pre-B細胞が可視化され，大部分のpre-pro-B細胞はCXCL 12発現細胞に接着し，大部分のpro-B細胞は，CXCL 12発現細胞から離れており，pro-B細胞の発生に必須であることが知られているIL-7を発現する細胞に接着していることが示された．さらに，pre-B細胞の多くは，CXCL 12発現細胞，IL-7発現細胞いずれとも接着していなかった（図10.8）．これらの結果より，骨髄内で，造血を支持するニッチとしての機能をもつ特定の細網細胞が同定され，前駆細胞は分化段階によりニッチ間を移動することが明らかとなり，CXCL 12は，特定のニッチでの特定の前駆細胞の維持を行っていることが示唆される（図10.8）．

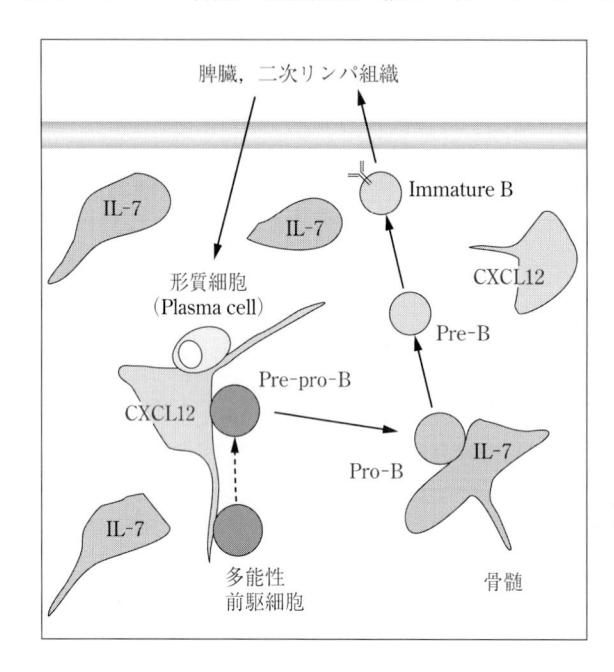

図10.8 成体骨髄での多能性造血前駆細胞からのBリンパ球の発生における前駆細胞の移動とニッチ細胞との相互作用〔文献22）より改変〕

一方，骨髄で分化を完了した未熟Bリンパ球は，骨髄から末梢血管を経て脾臓に至り，抗原刺激を受け抗体産生に特化した形質細胞に分化したあと，一部が再び骨髄に帰ってくる．特に，寿命が長い形質細胞は，骨髄に集積すると考えられ，2回目以降の感染に対してより迅速に対応する免疫記憶に重要であると考えられている．CD 19プロモーターにより，成熟Bリンパ球以降の分化段階でBリンパ球特異的にCXCR 4を欠損させたマウスでは，脾臓の形質細胞数は著差はないが，骨髄の形質細胞は著明に減少していた．さらに，骨髄内での形質細胞の局在を解析したところ，大部分がCXCL 12発現細胞に接着していた．これ

らより，形質細胞の骨髄へのホーミングに CXCL 12 は必須であり，最終分化した B リンパ球である形質細胞は，多能性造血前駆細胞や，最も早期の B リンパ球前駆細胞である pre-pro-B 細胞と同じニッチ細胞に局在することが明らかとなった（図 10.8 参照）。

10.6　おわりに　―生物学・基礎医学的側面と臨床医学的側面から―

　ケモカイン CXCL 12 およびその受容体 CXCR 4 は，血球系，生殖細胞系において臓器間の組織幹細胞の移動定着を支持していることが明らかとなっている。血液系と生殖細胞系は，成体においても構成的に発生が行われるという点で共通しており，いずれにおいても胎生期のダイナミックな移動過程のなかで，CXCL 12 は最終的に成体で幹細胞が局在する臓器へのホーミング特異的に機能しているのは興味深い。これは，CXCL 12 またはその発現細胞が成体での幹細胞に重要な役割を果たしている可能性を示すとも考えられる。

　また，神経系や神経提細胞と異なり，血液系は移動経路に血管が含まれる。生殖細胞も鳥類の発生過程では血管を介して移動すると考えられており，血管と幹細胞との相互作用が CXCL 12 の特異的な機能と関連する可能性がある。また，進化の過程で骨髄が造血臓器として中心的な役割を果たすのは爬虫類からと考えられており，骨髄が存在しない魚類において CXCL 12 が生殖細胞や生殖腺で機能しているという事実も，進化生物学的に興味深い。さらに，造血幹細胞，前駆細胞のホーミングとがんの転移は，末梢血管を介した定常的な臓器間の細胞の移動定着という共通点をもっており，実際，CXCR 4 は乳がんをはじめとする多くの種類のがんの転移に関与する可能性が報告されている[24),25)]。また，CXCL 12 は組織幹細胞の移動定着に重要であるが，CXCL 12 欠損マウスの胎児骨髄の造血幹細胞は著減しているものの存在し，胎児生殖腺の始原生殖細胞は 3 分の 1～4 分の 1 存在することから，これらのプロセスを制御するほかのケモカインやサイトカインが存在する可能性がある。

　一方，発生過程における造血幹細胞の骨髄へのホーミングにおいて，血管周囲の CXCL 12 発現細胞により産生される CXCL 12 が重要な役割を果たしていると考えられる。炎症においては，白血球が局所の組織へ集積する際，ケモカインが血管内腔の白血球のインテグリンを活性化し，血管内皮細胞への強固の接着を誘導すると考えられており，造血幹細胞においても同様なのか，血管内皮細胞を通過したあとのニッチを含む血管外の組織内で機能するのか，CXCL 12 の作用機序は今後の興味深い問題である。また，成体の骨髄においては，造血幹細胞を含む多能性前駆細胞分画の細胞が，CXCL 12 発現細胞の突起に結合していることから，CXCL 12 および CXCL 12 発現細胞が，成体の造血幹細胞，多能性前駆細胞においても機能している可能性があり，興味深い。

　近年，BMP 受容体（BMPRIA）欠損マウス，活性型 PTH 受容体トランスジェニックマ

ウスで，c-kit$^+$Sca-1$^+$細胞と骨芽細胞がともに増加していること，c-kit$^+$または，Sca-1$^+$のBrdUを長期に保持している細胞（BrdU-LTR）の大部分が骨芽細胞に接着していることから，骨芽細胞が造血幹細胞ニッチであると報告された[25),26)]。一方，静止期にある5-FU抵抗性のTie-2$^+$の未分化造血細胞は骨芽細胞の近傍に局在し，骨芽細胞が産生するTie-2のリガンドAngiopoietin-1により，静止期の維持と生存が支持されていることが示された[27)]。しかし，造血幹細胞はc-kit$^+$Sca-1$^+$細胞の10％以下であると考えられていること[28)]，c-kit$^+$やSca-1$^+$のBrdU-LTR細胞や5-FU抵抗性のTie-2$^+$の未分化造血細胞も造血幹細胞そのものであるといえないことから，造血幹細胞は，可視化されておらず，その局在が証明されたとはいえない。造血幹細胞がphase（静止期，増殖期，分化期）により局在を異にするなど複数のニッチが存在する可能性もあり，造血幹細胞の局在や維持，それらの制御におけるCXCL 12の役割は今後の問題である。

現在，最も臨床応用が進んでいる再生医療の一つである骨髄幹細胞移植において，ドナー（造血幹細胞を患者に提供する人）の不足が大きな問題となっている。これを克服するための有望な手段である自家骨髄移植や末梢血骨髄移植においては，移植効率を上げたり，末梢血に幹細胞をより多く出現させることが重要である。CXCL 12が造血幹細胞の骨髄へのホーミングに関与していることから，SCFなどの刺激によりドナーの造血幹細胞や前駆細胞のCXCR 4の発現を高めることや，造血幹細胞・前駆細胞が細胞表面に発現しているCXCL 12分解酵素であるCD 26の活性を抑制することにより，骨髄移植の効率を上げることができる可能性が報告されている[29)〜30)]。また，CXCR 4の阻害剤をG-CSFと併用することにより，末梢血の造血幹細胞，前駆細胞を増やすことができることが示され，これは米国で臨床応用に向けて研究が進んでいる。

一方，近年，組織障害や疾病からの再生において骨髄に局在する組織幹細胞，前駆細胞の局所への動員が重要であることが示され[31)]，CXCL 12は，そのプロセスに関与し，CXCL 12の投与が虚血性疾患モデルの症状を改善することが報告されている[32),33)]。したがって，さまざまな組織幹細胞，前駆細胞を用いた再生医療においてもCXCL 12の機能制御が有用である可能性がある。

以上より幹細胞におけるケモカインの機能は，生物学・基礎医学と臨床医学両面において重要であり，今後の研究の進展が期待される。

引用・参考文献

1) Baggioline, M. et al.：Annu. Rev. Immunol., **15**, pp.675-705（1997）
2) 細胞工学，**19**，5（2000）

3) Nagasawa, T. et al. : Nature, **382**, pp.635-638 (1996)
4) Tashiro, K. et al. : Science, **261**, pp.600-603 (1993)
5) Nagasawa, T. et al., : PNAS, **91**, pp.2305-2309 (1994)
6) Feng, T. et al. : Science, **261**, pp.872-877 (1996)
7) Bleul, C. C. et al. : Nature, **382**, pp.829-833 (1996)
8) Oberlin, E. et al. : Nature, **382**, pp.833-835 (1996)
9) Tachibana, K. et al. : Nature, **393**, pp.591-594 (1998)
10) Zou, Y. -R. et al. : Nature, **393**, pp.595-599 (1998)
11) Bagri, A. et al. : Development, **129**, pp.4249-4260 (2002)
12) Stumm, R. K. et al. : J. Neurosci., **22**, pp.5865-5878 (2002)
13) Ara, T. et al. : Immunity, **19**, pp.257-267 (2003)
14) Ara , T. et al. : PNAS, **100**, pp.5319-5323 (2003)
15) Doitsidou, M. et al. : Cell, **111**, pp.647-659 (2002)
16) Knaut, H. et al. : Nature, **421**, pp.279-282 (2003)
17) Fukui, Y. et al. : Nature, **412**, pp.826-831 (2001)
18) Katagiri, K. et al. : Nature Immunol. **5**, pp.1045-1051 (2004)
19) de Bruijin, et al. : Immunity, **16**, pp.673-683 (2002)
20) Weiss, L : Anat. Rec. **186**, pp.161 (1976)
21) Jacobsen, K. et al. : Blood, **87**, pp.73-82 (1996)
22) Tokoyoda, K. et al. : Immunity, **20**, pp.707-718 (2004)
23) Egawa, T. et al. : Immunity, **15**, pp.323-334 (2001)
24) Muller, A. et al. : Nature, **410**, pp.50-56 (2001)
25) Zhang, J. et al. : Nature, **425**, pp.836-841 (2003)
26) Calvi, L. M. et al. : Nature, **425**, pp.841-846 (2003)
27) Osawa, M. et al. : Science, **273**, pp.242-245 (1996)
28) Arai, F. et al. : Cell, **118**, pp.149-161 (2004)
29) Peled, A. et al. : Science, **283**, pp.845-848 (1999)
30) Christopherson II, K. W. et al. : Science, **305**, pp.1000-1003 (2004)
31) Asahara, T. et al. : Science, **275**, pp.964-967 (1997)
32) Yamaguchi, J-I. et al. : Circulation, **17**, pp.1322-1328 (2003)
33) Askari, A. T. et al. : Lancet, **362**, pp.697-703 (2003)

11 幹細胞のシグナル伝達
～KIT～

11.1 はじめに

　KIT は，c-*kit* 遺伝子にコードされるレセプター型チロシンキナーゼ（receptor tyrosine kinase：RTK）であり，そのリガンド（増殖因子）は幹細胞因子（stem cell factor：SCF）である。KIT は構造的にリガンドの結合する細胞外領域（extracellular domain：ECD），細胞膜貫通領域（transmembrane domain：TMD），細胞質内で細胞膜貫通領域近傍にある傍細胞膜領域（juxtamembrane domain：JMD），細胞内の酵素活性をもつチロシンキナーゼ領域（tyrosine kinase domain：TKD）に分かれる（図 11.1）。

　傍細胞膜領域は KIT の二量体形成に深く関与する構造と考えられている。レセプター型チロシンキナーゼは，それぞれがもつ特徴的な構造からいくつかのクラスに分類されており，細胞外領域に免疫グロブリン様の 5 回繰返し構造をもち，チロシンキナーゼ領域が介在部（kinase insert：KI）により，TK1D と TK2D に二分されているという特徴的な構造か

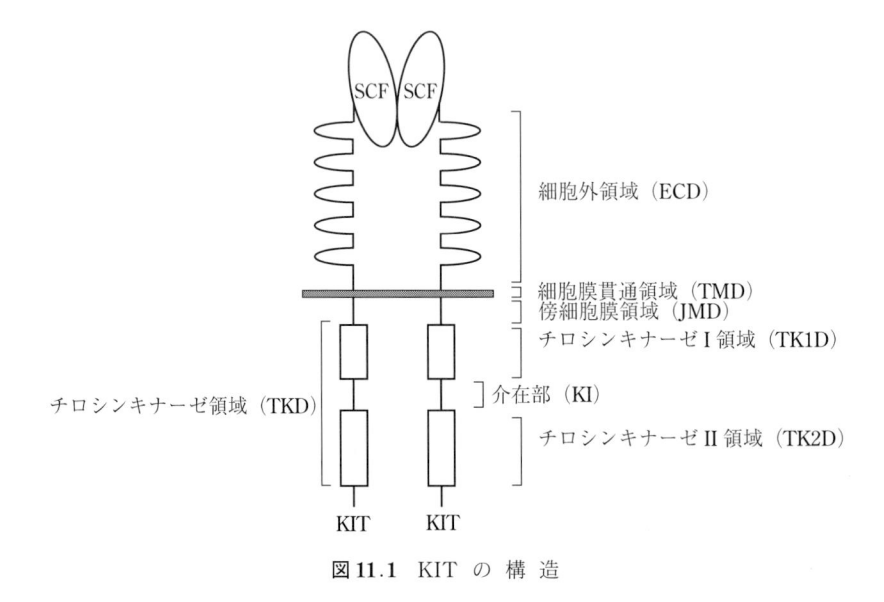

図 11.1　KIT の構造

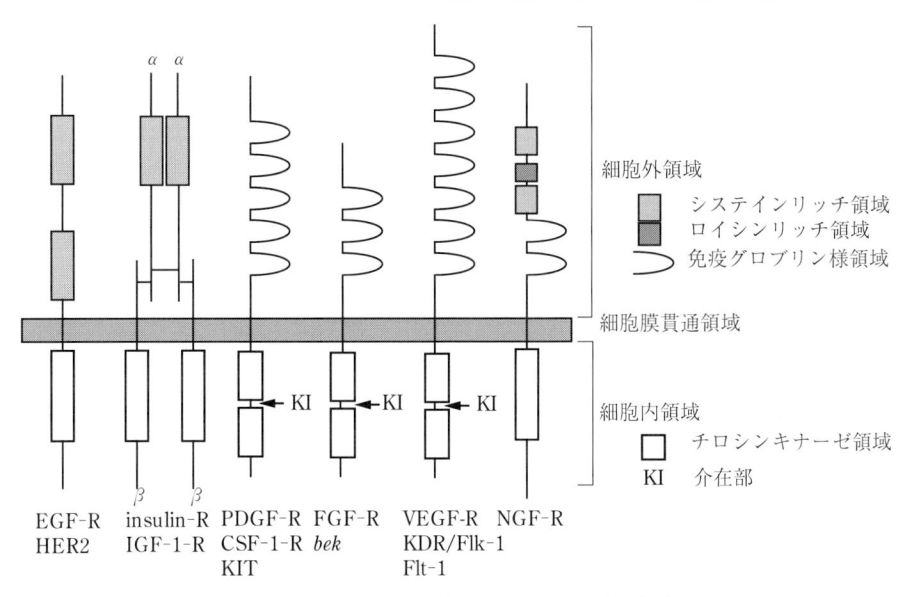

図11.2 レセプター型チロシンキナーゼの分類

ら，CSF-1受容体（c-fms遺伝子産物）[2]，FLT 3[2]，PDGFR α[2]，PDGFR β[2] 等とともにClass III のレセプター型チロシンキナーゼに分類されている（**図11.2**）。がん遺伝子として単離された遺伝子の細胞性ホモローグの多くが，増殖因子やレセプターをコードしていることがわかっているが，c-*kit* 遺伝子も，1986年にネコ線維肉腫の原因ウイルスであるHardy Zuckerman 4 feline sarcoma virus 内に見つけられたがん遺伝子 v-*kit*[1] の正常ホモローグとして，1988年にクローニングされたものである[2]。

Class III のレセプター型チロシンキナーゼの多くは，正常の造血に重要な役割を果たしている。例えば，CSF-1受容体は単球・マクロファージ・破骨細胞系の細胞の分化・増殖に必須であり，KIT と FLT 3 は造血系幹細胞の生存・分化・増殖に必要である。PDGFR β は巨核球造血に重要と考えられている。

11.2　W および Sl 突然変異マウス

11.2.1　W 突然変異マウス（KIT の機能喪失性突然変異マウス）

c-*kit* 遺伝子は，上述のようにがん遺伝子の細胞性ホモローグとして1988年に見つけられたものであるが，それよりずっと以前から c-*kit* 遺伝子の機能喪失性突然変異によるマウスであるということがわからないままに，dominant white spotting (W) 遺伝子座に異常をもつマウス（W 突然変異マウス）を使って，実際には c-*kit* 遺伝子の役割に関するさまざまな研究がなされた。W 突然変異マウスは，すでに1908年に最初のタイプが報告されて

いたので，実際に遺伝子異常の分子メカニズムが明らかにされるまでに80年を要したことになる[3]。このW突然変異マウスの場合，突然変異のある対立遺伝子を一つもつヘテロ（heterozygous）マウスでは皮膚に白斑を生じるので，優性白斑（dominant white spotting）と呼ばれていたが，アルビノ動物のようにメラノサイトはあるがメラニン色素を合成する酵素の活性が低下・喪失しているのではなく，白斑部の皮膚にはメラノサイト自身が存在しない．2個のどちらもが突然変異のある対立遺伝子となっているマウス（後述するW/W^{V}マウスなど）では，全身がメラノサイト欠損症のために白くなるが，アルビノマウスで目が赤い（白色赤眼）のとは異なって目は黒い（白色黒眼）．これは，アルビノのようにメラノサイトはあってもメラニン色素が合成できないために全身のどこでもメラニン色素がないのとは異なり，皮膚のメラノサイトと網脈絡膜の色素上皮細胞の分化経路が異なっているため，皮膚のメラノサイトは欠損しているが網脈絡膜には色素細胞が分化してくることによりこのようになる．

W突然変異マウスの研究は，W遺伝子座がc-*kit*遺伝子そのものであることがわかってみると，KITの機能の研究そのものであったわけであるが，この研究は，上述のようなW遺伝子座の2個の対立遺伝子がともに変異をもつマウスを用いることで進展した．このようなマウスの代表的なものはW/W^{V}マウスというものである．W遺伝子座には多くの変異型（対立遺伝子）があり，Wのほか，W^v，W^x，W^{37}，W^{44}，W^{sh}，W^{jic}，W^{f}などが含まれる．W/Wマウスはチロシンキナーゼ活性の障害程度が重篤で，周産期に貧血のために死亡してしまうため，詳しい研究を行いにくかった．そこでWに比べて障害程度の弱い対立遺伝子であるW^{V}を1個とWを1個もつ二重ヘテロマウス（W/W^{V}マウス）を作製すると，成獣にまで育つマウスが得られた．W/W^{V}マウスはメラノサイト欠損と貧血以外にも，生殖細胞を欠損するために不妊となる．この3症状に加えて，このW/W^{V}マウスでマスト細胞を欠損していることが1978年に見つけられた[4]．さらに，W遺伝子座がc-*kit*遺伝子そのものであることがわかったあとの1992年にはW/W^{V}マウスにおいて消化管の自発運動を調節しているカハール介在細胞も欠損していることがわかった[5]．けっきょく，現在ではこのW/W^{V}マウスは，メラノサイト，赤血球，生殖細胞，マスト細胞，カハールの介在細胞という5種類の細胞の分化に異常を示すことがわかっており，これはすなわちW遺伝子座す

表11.1 c-*kit*/SCFの機能喪失性
突然変異マウスの症状

1. メラノサイト欠損による白色毛
2. 赤血球産生の低下による貧血
3. 生殖細胞欠損による不妊
4. マスト細胞の欠損
5. ICCの欠損による消化管運動障害

なわち c-kit 遺伝子がこれら5種類の細胞の分化・増殖に必須の役割を果たしていることを示している（**表 11.1**）。

11.2.2　Sl 突然変異マウス（SCF の機能喪失性突然変異マウス）

　白色黒眼の W 突然変異マウスと，症状の点では区別がつかない別の突然変異マウスも古くから知られていた．すなわち，メラノサイト欠損，貧血，生殖細胞欠損，マスト細胞欠損を示す，Steel（Sl）遺伝子座の異常による Sl 突然変異マウスである（表 11.1 参照）．遺伝子そのものが同定されるまえに，W 遺伝子座が第5染色体上にあり，Sl 遺伝子座は第10染色体にあることが示されており，異なる遺伝子異常によると考えられる変異マウスがきわめて類似した症状を発現することから，両者は緊密な関係をもつタンパクをコードする遺伝子であろうことは想像されていた．W 遺伝子座の場合と同様に Sl 遺伝子座にも多くの変異型（対立遺伝子）があり，そのなかには Sl のほか，Sl^d，Sl^t などが含まれる．また，Sl/Sl マウスは W/W マウスと同様に貧血の程度が重篤で，周産期に死亡してしまう．Sl 遺伝子座に Sl^d と Sl の1個ずつの対立遺伝子をもつ二重ヘテロマウス（Sl/Sl^d マウス）は成獣まで育ち，W/W^v マウスと同様にメラノサイト欠損，貧血，不妊，マスト細胞欠損の症状を示すことが明らかにされ，Sl 遺伝子座の本体が KIT のリガンドである SCF をコードしている遺伝子であることがわかったあとには，カハールの介在細胞も欠損していることが示された．これはすなわち Sl 遺伝子座がこれら5種類の細胞の分化・増殖に必須の役割を果たしていることを示している（表 11.1 参照）．

11.2.3　W 遺伝子座と Sl 遺伝子座の関係

　上述のように，W 突然変異マウスと Sl 突然変異マウスはきわめて類似した症状を示すが，その症状を発現するメカニズムは異なっている．このことについては，それぞれの遺伝子座の本体が明らかにされる以前に，骨髄細胞や皮膚などの移植実験により示された．
　一部を簡単に紹介する．W/W^v マウスに野生型マウスの骨髄細胞を移植すると貧血やマスト細胞の欠損が改善し，また W/W^v マウスに Sl/Sl^d マウス由来の骨髄細胞を移植しても貧血やマスト細胞の欠損が改善する．一方，Sl/Sl^d マウスに同様に野生型マウスの骨髄細胞を移植しても貧血やマスト細胞の欠損が改善されず，もちろん Sl/Sl^d マウスに W/W^v マウス由来の骨髄細胞を移植しても貧血やマスト細胞の欠損は改善しない．これは，W 突然変異マウスは多分化能血液幹細胞自体の異常であるため，正常の骨髄細胞を移入すれば症状が改善するが，Sl 突然変異マウスでは多分化能血液幹細胞を支持している微小環境に異常があるので，正常の骨髄細胞を移入しても，それらの細胞は支持されずに症状は改善しないことを示している[4]．

11.3　W と KIT および Sl と SCF

11.3.1　W 遺伝子座と c-*kit* 遺伝子

上述のように，1986 年にネコ線維肉腫からがん遺伝子 v-*kit*[2] が見つけられ，c-*kit* 遺伝子は 1987 年にそのホモローグとしてクローニングされたわけであるが[1]，c-*kit* 遺伝子産物がレセプター型チロシンキナーゼであろうことは一次構造の特徴から想定されはしたものの，その当時は W 遺伝子座との関連についてはまったく考えられていなかった。

まったく別に行なわれた c-*kit* 遺伝子の研究と W 突然変異マウスの研究が関連づけられたのは 1988 年のことである[6]。W 19^H という W 遺伝子座に大きな欠失を示す対立遺伝子をもつマウスでは，c-*kit* 遺伝子も欠けていることが見つかり，別の W 突然変異マウスでは c-*kit* 遺伝子のコーディング領域内に明らかな塩基配列の異常が発見された[6]。つまり，W 遺伝子座が c-*kit* 遺伝子そのものであることがわかったわけで，これにより KIT の生理的意義が一気に明らかになった。

ヒトでも c-*kit* 遺伝子の機能喪失性突然変異が見つかっている。白斑症が優性に遺伝する家系において c-*kit* 遺伝子を調べたところ，白斑をもつ人々にのみ，c-*kit* の対立遺伝子の 1 個に異常が見つかったものである[7]。

11.3.2　Sl 遺伝子座と SCF

1988 年，上述のように W 遺伝子座が c-*kit* 遺伝子そのもので，レセプター型チロシンキナーゼ KIT をコードしており，多分化能血液幹細胞やマスト細胞の表面に発現していることが明らかにされた。W 突然変異マウスと Sl 突然変異マウスの研究から考えて，Sl 遺伝子は KIT のリガンドをコードしているに違いないと想定されて研究が進められ，実際，Sl 遺伝子が KIT に結合してその活性化を引き起こす増殖因子（KIT ligand）をコードしていることが明らかにされた[8]。この増殖因子は多分化能血液幹細胞に作用する因子であることから，一般的には幹細胞因子（stem cell factor：SCF）と呼ばれている。また，マスト細胞の維持・増殖にはたらく物質として分離された経緯もあり，MGF（mast cell growth factor）と呼ばれることもある。さらにマウスの Sl 遺伝子座にコードされた因子であることから，SLF（steel factor）とも呼ばれる。SCF をコードする遺伝子が Sl 遺伝子座に相当する第 10 染色体上に位置することも確かめられ，Sl 遺伝子座が SCF をコードしている遺伝子そのものであることも明らかにされた。SCF は GM-CSF や IL 7 と協調して，骨髄球系細胞やリンパ球系細胞の増殖を支持し，エリスロポイエチンと協調して赤芽球系細胞の増殖に強力にはたらくことが知られており，これは血液幹細胞の増殖に SCF-KIT 系が重要なは

たらきをしていることを示す事実である．また，Sl/Sl^{d}マウスにSCFを全身投与すると貧血が改善し，局所投与によりマスト細胞が出現してくることは，SCF-KIT系がそれぞれの前駆細胞（幹細胞）ではたらいていることを示している．

　SCFの構造は，細胞外領域，細胞膜貫通領域，細胞質内領域からなる膜結合タンパク（membrane bound form）であるが，いろいろなproteaseの作用により切断され膜非結合型（soluble form）が生成されると考えられている．SCFはPDGF，VEGF，M-CSF等と同様に二量体構造をとり，レセプターの二量体形成を容易に引き起こすことができるものと考えられる．

11.4　KITのシグナル伝達系

　種々の幹細胞の分化や増殖には，さまざまな増殖因子とレセプターが関与しており，上述のようにメラノサイト，赤血球，生殖細胞，マスト細胞，カハールの介在細胞という5種類の細胞の分化・増殖に必須のはたらきをしているのがSCF-KIT系である．多くの増殖因子のレセプターは，KITのようにチロシンキナーゼ型レセプターであり，TGFβスーパーファミリーのレセプターのようにセリン-スレオニン型レセプターであるものはどちらかというとまれである．

　KITを含むレセプター型チロシンキナーゼは，リガンドが結合するとレセプターの高次構造の変化が起こり，二つのレセプターが会合して二量体を形成する（dimerization）．二量体形成により活性化されたレセプターは，自己の細胞質内に存在する特定のチロシン残基をリン酸化する（自己リン酸化：autophosphorylation）．レセプターの自己リン酸化は，細胞内のさまざまなシグナル伝達物質がレセプターに結合する場を提供し，チロシンリン酸化部位周辺を特異的に認識するSH2（Src homology 2）ドメインをもついろいろなシグナル伝達分子（SH2タンパク）と結合する．SH2タンパクの代表的なものとしては，Grb2，Shc，SHP2，PLC-γ，Statなどがある．レセプターと結合するSH2タンパクには，酵素活性をもつものと酵素活性をもたずにアダプターとしての機能をもつものとがある．酵素活性をもつSH2タンパクは，レセプターなどのチロシンリン酸化部位と結合することでチロシンがリン酸化され，レセプターと同様に高次構造の変化により活性化される．以下にレセプター型チロシンキナーゼからのシグナル伝達系について記す（**図11.3**）．

　レセプター型チロシンキナーゼからのシグナル伝達の重要な経路としては，Ras-MAPK系がある．Ras-MAPK系にはいくつかの異なった系が含まれるが，ここでは最も一般的な系について述べる．酵素活性をもたないアダプターSH2タンパクであるShcやSHP2が介在して，または介在せず直接にGrb2と結合する．このGrb2は同じく酵素活性をもたな

11. 幹細胞のシグナル伝達 〜KIT〜

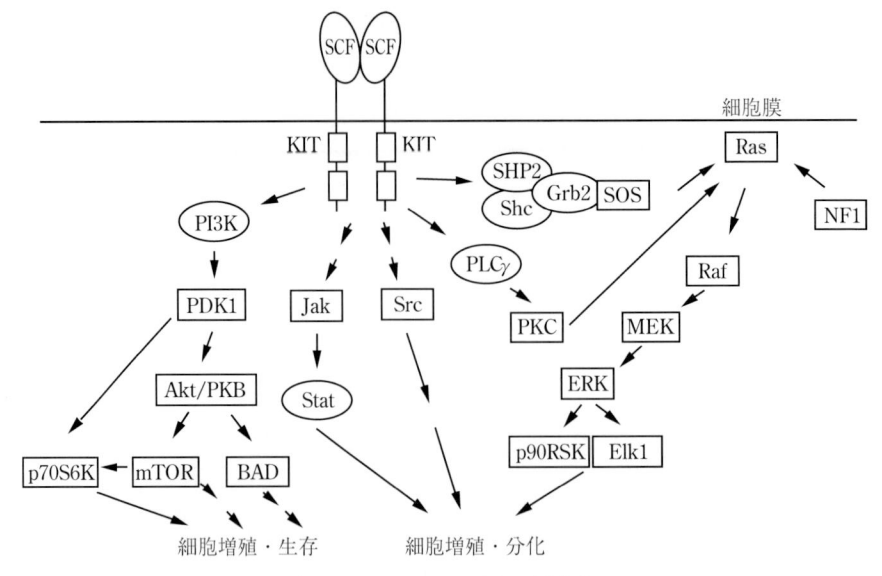

図11.3 KITのシグナル伝達系

いSH2タンパクで，グアニンヌクレオチド交換因子であるSos（son of sevenless）と複合体を形成し，これがレセプターと結合して活性化され，これが細胞膜に移動して細胞膜にあるRasを活性化する。この経路はレセプター型チロシンキナーゼだけでなく，サイトカインレセプター，インテグリン複合体などにおけるシグナル伝達に普遍的にみられるRas活性化経路であることがわかっている。活性化されたRasは，Raf（MAPKKK），MEK（MAPK），ERK（MAPK）へと順にセリン-スレオニンキナーゼ活性をもつ分子を活性化させて，核内に移動したERKがp90RSKの活性化やc-myc，Elk1の活性化による遺伝子発現を引き起こす。

　レセプター型チロシンキナーゼからはPI3KとAktを介してシグナルが伝達される経路（PI3K-Akt系）もある。PI3Kはp110とp85と呼ばれる二つの分子からなり，p110が酵素活性をもち，p85はアダプターSH2タンパクである。このp85がレセプターと結合し，ヘテロ二量体を形成しているp110の高次構造が変化することによりPI3Kの活性化が起こる。活性化されたPI3KはPI-3,4,5-Pを生成して，これがPDK1を介してセリン-スレオニンキナーゼ活性をもつAkt/PBKと結合して活性化する。このシグナルはさまざまな分子を介して細胞のアポトーシスの抑制にかかわっている。PI3Kの下流にはp70S6Kを活性化する系もかかわっているが，これにはAktによるmTORの活性化を介したものと，PDK1から直接活性化するものがある。レセプター型チロシンキナーゼのなかには，PI3Kのp85との結合部位がなくてもチロシンキナーゼの活性化によりチロシンリン酸化された物質とp85が結合することにより活性化されることもある。

レセプター型チロシンキナーゼからのそのほかのシグナル伝達経路として，Jak キナーゼを介したものも知られている。Jak キナーゼは SH 2 ドメインをもたないが，なんらかの機序によりレセプター型チロシンキナーゼと結合して活性化される。SH 2 タンパクである Stat は，活性化された Jak キナーゼとの結合によりチロシンリン酸化され，Stat どうしが二量体を形成して核内へ移行する。これが転写因子として c-myc などの遺伝子のプロモーターにはたらいて遺伝子発現を起こすものである。

ホスホリパーゼ Cγ（PLCγ）もレセプター型チロシンキナーゼからのシグナル伝達経路に関与している。活性化されたレセプター型チロシンキナーゼとの結合により活性化した SH 2 タンパクである PLCγ は，PI 4,5-P を分解し，IP (inositol phosphate)-3 と diacylglycerol (DAG) を産生する。IP-3 は小胞体からの Ca^{2+} の遊離を促進し，細胞内 Ca^{2+} の濃度を高める。DAG はプロテインキナーゼ C（PKC）の活性化を起こす。PKC は現在少なくとも 11 種類が存在し，Raf をリン酸化することがわかっているので，ERK の活性化には PKC-Raf-MEK-ERK という経路も存在する。

レセプター型チロシンキナーゼの活性化を負に調節している因子としては，リン酸化チロシンホスファターゼがあり，活性化されたレセプター型チロシンキナーゼの不活化にはたらき，シグナルの強さを調節していると考えられている。

以上のように，KIT をはじめとするレセプター型チロシンキナーゼにはこれまでに明らかにされているだけでもさまざまなシグナル伝達経路が存在し，その詳細が不明なものを含めると，きわめて複雑である。レセプターが異なっていても，細胞内のシグナル伝達分子は重複して使われることが多いが，どの伝達経路（分子）が主として使われるかはレセプターの種類により異なる。また，同じレセプターを介したシグナルでも，細胞種が異なると細胞内に存在するシグナル伝達物質の種類や量が異なり，このようなことにより異なったシグナルが伝わることになると考えられている。

11.5 c-kit 遺伝子の機能獲得性突然変異

11.5.1 マスト細胞性腫瘍

c-kit 遺伝子の機能喪失性突然変異マウスではマスト細胞が欠損しているが，反対に KIT の機能が高まるような突然変異では，マスト細胞の腫瘍を引き起こすことが明らかにされた[9,10]。これはマスト細胞性腫瘍の細胞株について，c-kit 遺伝子の突然変異の有無が調べられ，いくつかのマスト細胞性腫瘍株で c-kit 遺伝子の突然変異が見つかり，それらの変異 KIT はリガンドである SCF を加えなくとも，構成的に活性化していたというものである[9,10]。これらの変異型 c-kit 遺伝子は，IL-3 依存性に増殖する非腫瘍性のマスト細胞株

(IC-2細胞) に導入すると，IC-2細胞をマスト細胞性腫瘍としての性質をもつ細胞に変化させた[11]。

マスト細胞性腫瘍株で見つかった c-*kit* 遺伝子の機能獲得性突然変異の多くは，TK2Dの特定のアスパラギン酸がチロシンかバリンに変化したものであった（図11.4）。実際にヒトの患者から得たマスト細胞腫瘍でも，同じ部位のアスパラギン酸がバリンに代わるタイプの突然変異が多くみられた[12),13)]。ヒトのマスト細胞腫瘍の全例に c-*kit* 遺伝子の突然変異がみられるわけではないが，c-*kit* 遺伝子の突然変異がみられるもののほうがより悪性で，例えば子供のマスト細胞腫瘍である色素性じんま疹の多くは良性で自然に消退するが，c-*kit* 遺伝子の機能獲得性突然変異をもつ例は，進行して死亡する場合が多い。

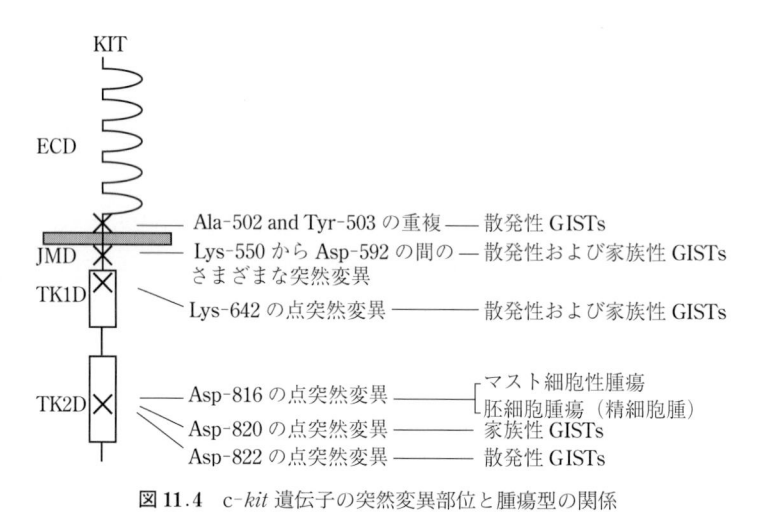

```
KIT

ECD

JMD ——— Ala-502 and Tyr-503 の重複 ——— 散発性 GISTs
    ——— Lys-550 から Asp-592 の間の ——— 散発性および家族性 GISTs
        さまざまな突然変異
TK1D
    ——— Lys-642 の点突然変異 ——— 散発性および家族性 GISTs

TK2D ——— Asp-816 の点突然変異 ——— ┐マスト細胞性腫瘍
                                  │胚細胞腫瘍（精細胞腫）
     ——— Asp-820 の点突然変異 ——— 家族性 GISTs
     ——— Asp-822 の点突然変異 ——— 散発性 GISTs
```

図11.4　c-*kit* 遺伝子の突然変異部位と腫瘍型の関係

11.5.2　c-*kit* 遺伝子と消化管間質細胞腫

上述のように，c-*kit* 遺伝子の機能喪失性突然変異はマスト細胞の欠損を引き起こし，c-*kit* 遺伝子の機能獲得性突然変異はマスト細胞腫瘍の原因になる。c-*kit* 遺伝子の機能喪失性突然変異はカハールの介在細胞の欠損も引き起こすので，c-*kit* 遺伝子の機能獲得性突然変異はカハールの介在細胞由来の腫瘍の原因になる可能性がある。この可能性を考えた1998年当時，カハールの介在細胞から由来する腫瘍は，ヒトでもヒト以外の動物でもまったく知られていなかった。カハールの介在細胞は消化管の筋層に存在する間葉系細胞で，消化管の自発運動を統御する細胞である。そのころの消化管の間葉系腫瘍は，細胞起源の不明な消化管間質細胞腫（gastrointestinal stromal tumor：GIST）の概念が普及しつつあったが，この腫瘍がカハールの介在細胞から由来する腫瘍である可能性を考えて c-*kit* 遺伝子の発現を免疫組織化学で調べたところ，ほとんどの GIST は KIT を発現していた[14)]。現在では，GIST はカハールの介在細胞の前駆細胞（間葉系細胞の幹細胞）から由来すると考えら

れている。

　GIST の大部分の例（80～90 %）で c-kit 遺伝子の突然変異が見つかり[14]，この変異は機能獲得性であった。KIT の構成的な活性化は，確かに下流域の MAPK や Akt のリン酸化を引き起こしていることもわかった。GIST で最も高頻度でみられる KIT の機能獲得性突然変異は，マスト細胞性腫瘍とは異なって JMD のものである（GIST 全体の 70～85 %）が，ほかにも ECD の突然変異や，TK1D や TK2D の突然変異もみられる（図 11.4 参照）[15),16]。

　大部分の GIST は孤発性で，c-kit 遺伝子の突然変異は腫瘍細胞にのみ認められ，ほかの細胞ではみられない。少数ではあるが生殖細胞系列に c-kit 遺伝子の機能獲得性突然変異をもつ家系が存在し[17]，c-kit 遺伝子の機能獲得性突然変異をもつヒトには多発性に GIST が発生する（家族性多発性 GIST）。この家族性 GIST 患者では，肉眼的には正常にみえる腸管壁にも，カハールの介在細胞の過形成が広範にみられ，これを基盤にして多発性の GIST が発生してくる[18]。このことはカハールの介在細胞と GIST の関係を如実に物語っていると思われる。また，この家系のなかで c-kit 遺伝子の突然変異をもっている人は，すべての細胞に c-kit 遺伝子の機能獲得性突然変異をもっているので，GIST 以外にも皮膚の色素沈着症やマスト細胞性腫瘍を起こすこともある（**表 11.2**）。最近では，ノックイン技術を使ってこのような多発性 GIST 家系のモデルマウスが作成されている。ヒトと異なり盲腸に 1 か所のみ GIST に相当する腫瘍がみられ，ICC の過形成に相当する像は小腸にはみられない。

表 11.2　c-kit 遺伝子の機能獲得性突然変異をもつ家系にみられる症状

1. カハールの介在細胞の過形成を基盤とした GIST の多発
2. 陰部や手指の色素沈着
3. マスト細胞性腫瘍

11.5.3　KIT 活性阻害薬

　染色体転座による BCR-ABL の形成は，非レセプター型のチロシンキナーゼ（ABL）を構成的に活性化して慢性骨髄性白血病（CML）の原因となっているが，構成的に活性化した ABL の ATP 結合部位に拮抗的に結合して ABL の活性を阻害する化合物が理論的に合成された。それが分子標的薬の Imatinib（STI-571, 商品名 Gleevec or Glivec）である[19]。Imatinib は KIT の ATP 結合部位にも拮抗的に結合して KIT の活性の阻害効果も有することが明らかにされた（図 11.5）[20]。GIST にみられるほとんどの変異型 KIT の構成的活性化は Imatinib で抑制され，これに伴って確かに下流域の MAPK や Akt の活性化も抑制されることも明らかにされたが，マスト細胞性腫瘍でみられるような TK2D の変異は KIT の抑制効果が低く，MAPK や Akt の抑制も不十分となり治療効果は期待しにくい。現在では転移・再発をきたした GIST 患者に対する治療薬として実際に使われており，良好な抗腫

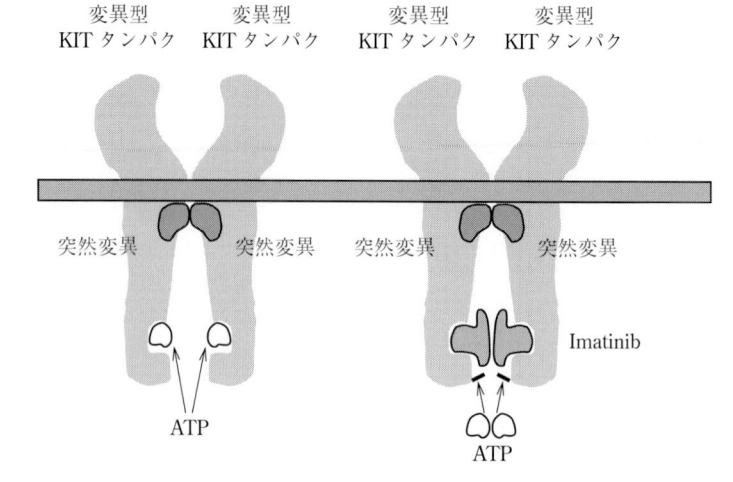

図11.5 ImatinibによるKITの活性化抑制機序

瘍効果を示すことが明らかにされている[21]。この薬剤は，PDGFRの活性も抑えることがわかっており，PDGFR αの突然変異をもつGISTにも有効である可能性がある。最近では，Imatinibに耐性を示す突然変異を抑えるための，同様の分子標的薬も開発されつつある。このような選択的なチロシンキナーゼ阻害薬は，各種の幹細胞の実験にも使用できる可能性がある。

11.6 お わ り に

SCF-KIT系の研究は，実際にはW/W^{v}マウス・Sl/Sl^{d}を用いた変異個体の観察に始まり，c-kit遺伝子の解明がされるや急速に進展した。c-kit遺伝子の異常がマスト細胞やカハールの介在細胞の腫瘍化の原因となっているという事実は，腫瘍が未分化な幹細胞から発生するという概念と考えあわせると，幹細胞のレベルでの遺伝子異常が，SCF-KIT系を重要としている細胞系での腫瘍を引き起こしているということになる。さらに，異なった領域でのc-kit遺伝子の突然変異が異なった細胞種の腫瘍化と関係するという事実は，異なる細胞内でのSCF-KITシグナル伝達系の複雑さを示すものであり，この機序の解明が，シグナル系の違いを明らかにするものと期待される。

引用・参考文献

1) Yarden, Y., Kuang, W. J., Yang-Feng, T. et al.：Human protooncogene c-kit：a new cell surface receptor tyrosine kinase for an unidentified ligand, EMBO. J., **6**, pp.3341-3351 (1987)

2) Besmer, P., Murphy, J. E., George, P. C., Qiu, F., Bergold, P. J., Lederman, L., Snyder, Jr. H. W., Broudeur, D., Zuckerman, E. E., Hardy, W. D.：A new acute transforming feline retrovirus and relationship of its oncogene v-kit with the protein kinase gene family, Nature, **320**, pp.415-421 (1986)

3) Russell, E. S.：Hereditary anemias of the mouse：a review for geneticists, Adv. Genet., **20**, pp.357-459 (1979)

4) Kitamura, Y., Go, S. and Hatanaka, K.：Decrease of mast cells in W/W^v mice and their increase by bone marrow transplantation, Blood, 52, pp.447- (1978)

5) Maeda, H., Yamagata, A., Nishikawa, S., Yoshinaga, K., Kobayashi, S., Nishi, K. et al.： Requirement of c-kit for development of intestinal pacemaker system, Development, **116**, pp.369-375 (1992)

6) Chabot, B., Stephenson, D. A, Chapman, V. M., Besmer, P., Bernstein, A.：The proto-oncogene c-kit encoding a transmembrane tyrosine kinase receptor maps to the mouse W locus, Nature, **335**, pp.88-89 (1988)

7) Giebel, L. B., Spritz, R. A.：Mutation of the KIT (Mast/Stem Cell Growth Factor Receptor) Protooncogene in Human Piebaldism, Proc. Natl. Acad. Sci. USA., **88**, pp.8696-8699 (1991)

8) Zsebo, K. M., Williams, D. A., Geissler, E. N., Broudy, Y. C., Martin, F. H., Atkins, H. L., Hsu, R. Y., Birkitt, N. C., Okino, K. H., Murdock, D. C., Jacobson, F. W., Langley, K. E., Smith, K. A., Takeishi, T., Cattanach, B. M., Galli, S. J., Suggs, S. V.：Stem cell factor is encoded at the Sl locus of the mouse and is the ligand for the c-kit tyrosine kinase receptor, Cell, **63**, pp.213-224 (1990)

9) Furitsu, T., Tsujimura, T., Tono, T., Ikeda, H., Kitayama, H., Koshimizu, U., Sugahara, H., Butterfield, J. H., Ashman, L. K., Kanayama, Y., Matsuzawa, Y., Kitamura, Y., Kanakura, Y.：Identification of mutations in the coding sequence of the proto-oncogene c-kit in a human mast cell leukemia cell line causing ligand-independent activation of c-kit product, J. Clin. Invest., **92**, pp.1736-1744 (1993)

10) Tsujimura, T., Furitsu, T., Morimoto, M., Isozaki, K., Nomura, S., Matsuzawa, Y., Kitamura, Y., Kanakura, Y.：Ligand-independent activation of c-kit receptor tyrosine kinase in a murine mastocytoma cell line P-815 generated by a point mutation, Blood, **83**, pp.2619-2626 (1994)

11) Hashimoto, K., Tsujimura, T., Moriyama, Y., Yamatodani, A., Kimura, M., Tohya, K., Morimoto, M., Kitamaya, H., Kanakura, Y., Kitamura, Y.：Transforming and differentiation-inducing potentials of constitutively activated c-kit mutant genes in the IC-2 murine interleukin-3-dependent mast cell line, Am. J. Pathol., **148**, pp.189-200 (1996)

12) Nagata, H., Worobec, A. S., Oh, C. K., Chowdhury, B. A., Tannenbaum, S., Suzuki, Y., Metcalfe：Identification of a point mutation in the catalytic domain of the protooncogene c-kit in peripheral blood mononuclear cells of patients who have mastocytosis with an associated hematologic disorder, Proc. Natl. Acad. Sci. USA., **92**, pp.10560-10564 (1995)

13) Longley, B. J., Tyrrell, L., Lu. S-Z., Ma, Y-S., Langley, K., Ding, T-G., Duffy, T., Jacobs, P., Tang, L. H., Modlin, I.：Somatic c-kit activating mutation in urticaria pigmentosa and

aggressive mastocytosis : establishment of clonality in a human mast cell neoplasm, Nature Genet, **12**, pp.312-314 (1996)

14) Hirota, S., Isozaki, K., Moriyama, Y., Hashimoto, K., Nishida, T., Ishiguro, S., Kawano, K., Hanada, M., Kurata, A., Takeda, M., Tunio, G. M., Matsuzawa, Y., Kanakura, Y., Shinomura, Y., Kitamura, Y. : Gain-of-function mutations of c-kit in human gastrointestinal stromal tumors, Science, **279**, pp.577-580 (1998)

15) Hirota, S., Nishida, T., Isozaki, K. et al. : Gain-of-function mutation at the extracellular domain of KIT in gastrointestinal stromal tumours, J. Pathol., **193**, pp.505-510 (2001)

16) Lasota, J., Wozniak, A., Sarlomo-Rikala, M. et al. : Muttions in exons 9 and 13 of KIT gene are rare events in gastrointestinal stromal tumors, Am. J. Pathol., **157**, pp.1091-1095 (2000)

17) Nishida, T., Hirota, S., Taniguchi, M., Hashimoto, K., Isozaki, K., Nakamura, H., Kanakura, Y., Tanaka, T., Takabayashi, A., Matsuda, H., Kitamura, Y. : Familial gastrointestinal stromal tumours with germline mutation of the KIT gene, Nature Genet, **19**, pp.323-324 (1998)

18) Hirota, S., Nishida, T., Isozaki, K., Taniguchi, M., Nishikawa, K., Ohashi, A. et al. : Familial gastrointestinal stromal tumors associated with dysphagia and novel type germline mutation of KIT gene, Gastroenterology, **122**, pp.1493-1499 (2002)

19) Druker, B. J., Tamura, S., Buchdunger, E., Ohno, S., Segal, G. M., Fanning, S., Zimmermann, J., Lydon, N. B. : Effects of a selective inhibitor of the Abl tyrosine kinase on the growth of Bcr-Abl positive cells, Nat. Med., **2**, pp.561-566 (1996)

20) Heinrich, M. C., Griffith, D. J., Druker, B. J., Wait, C. L., Ott, K. A., Zigler, A. J. : Inhibition of c-kit receptor tyrosine kinase activity by STI 571, a selective tyrosine kinase inhibitor, Blood, **96**, pp.925-932 (2000)

21) Joensuu, H., Roberts, P. J., Sarlomo-Rikala, M., Andersson, L. C., Tervahartiala, P., Tuveson, D., Silberman, S., Capdeville, R., Dimitrijevic, S., Druker, B., Demetri, G. D. : Effect of the tyrosine kinase inhibitor STI 571 in a patient with a metastatic gastrointestinal stromal tumor, N. Engl. J. Med., **344**, pp.1052-1056 (2001)

12 幹細胞のシグナル伝達
～STAT 3 と他のシグナルのクロストーク～

12.1 はじめに

　近年の幹細胞研究の進歩によって，神経幹細胞（neural stem cells），造血幹細胞（hematopoietic stem cells），間葉系幹細胞（mesenchymal stem cells）などの体性幹細胞や胚性幹細胞（embryonic stem cells：ES 細胞）についての特性や応用に関する知見が蓄積しつつある。これらを再生医療に応用する際には，各幹細胞の維持および分化の機構を理解したうえで，移植治療に十分な質・量の細胞を供給することが重要な課題の一つである。

　インターロイキン，インターフェロン，コロニー刺激因子などの，細胞増殖・分化にかかわるポリペプチドはサイトカインと総称される。サイトカインは生体内の種々の組織から産生され細胞間相互作用を担う分子として機能しているが，幹細胞の未分化性の維持や分化の進行においても重要な役割を果たすことが明らかにされている。

　本章では，将来的に神経疾患の再生医療に応用される可能性がある神経幹細胞に注目し，その分化に重要な役割を果たすインターロイキン 6（interleukin-6：IL-6）ファミリーのサイトカインとその下流因子 signal transducer and activator of transcription 3（STAT 3）の作用機序について概説する。また，神経幹細胞の分化を例に，複数の細胞外シグナルを統合的に調節する細胞内シグナル伝達経路のクロストークについて述べる。さらに，基礎研究で得られた成果を神経系の疾患治療に応用する試みと現状を紹介する。

12.2 神経幹細胞の性質

　高等動物の中枢神経系は，信号を伝達するニューロンとその機能を調節・補助するグリア細胞から成り立っている。グリア細胞はさらに，シナプス形成の調節やニューロンへの栄養因子の供給を行うアストロサイトと，ニューロンを包み込むミエリン鞘を形成して跳躍伝導をもたらすオリゴデンドロサイトに分類される。これら 3 種は機能的に特殊化した細胞であるが，いずれも共通の前駆細胞，すなわち，神経幹細胞から派生したものである。

ヒト成体脳における神経幹細胞の存在や胎児脳由来の細胞の治療応用が報告されているが，ヒトの神経幹細胞はその入手上の問題等から，分化制御に関する研究がまだ広くは行われていないのが現状である。現在の哺乳類の神経幹細胞研究には，入手と培養が比較的容易なげっ歯類の組織・細胞がよく使用されている。特にマウスは遺伝子の改変が可能であり，樹立された遺伝子改変マウス系統を実験動物バンクから入手可能な場合もあり，遺伝学的手法を用いた解析を行うことができる点で優れている。

胎生期のマウス終脳には神経幹細胞が多く含まれており，特に脳室周囲には未分化神経系細胞のマーカーであるネスチン陽性の細胞が存在する。終脳を機械的に分散して適切な条件下で培養すると，未分化状態を維持した細胞を含む集団として継代培養を行うことができる。Reynoldsらは，非接着性の培養皿中で終脳の幹細胞画分を神経細胞塊（neurosphere）として維持する方法を確立した[1]。未分化状態を維持するには，培地中に増殖因子である塩基性線維芽細胞増殖因子（basic fibroblast growth factor：bFGF）または上皮細胞増殖因子（epidermal growth factor：EGF）を添加することが必須である。数日間の培養によって単一細胞由来のneurosphereが形成され，形成したneurosphereを再び分散して培養すると2世代目以降のneurosphereを得ることができる。分散した細胞は接着のためにポリリジンやポリオルニチン，フィブロネクチンなどでコートした培養皿を用いると単層培養を行うことができる。さらに無血清培養も可能であり，未同定の成分を含む血清の影響を排除した実験を行うことができる。

このようにして得られた未分化な細胞は，分化因子の存在下で，ニューロン，アストロサイト，オリゴデンドロサイトの各細胞系譜へと分化させることができる。分化因子の作用効果は，それ自身の性質に加えて受け取る側の細胞の状態にも依存するため，添加する因子の種類や濃度だけでなく，処理する細胞の生物種や単離する組織・時期によっても分化する細胞種は異なる。例えば，マウス胎仔の終脳由来の神経上皮細胞は，胎生後期の胚から得た場合にIL-6ファミリーのサイトカインであるleukemia inhibitory factor（LIF）によってグリア繊維性酸性タンパク質（glial fibrillary acidic protein：GFAP）陽性のアストロサイトに分化するのに対し，胎生中期の胚から得た細胞を同様に培養してもGFAP陽性アストロサイトは出現しない[2]。これは後述するように，サイトカインシグナル以外に細胞内在性プログラムが細胞の運命決定に重要な役割を果たしているからである。興味深い現象であると同時に複雑な問題であるが，LIFなどのIL-6ファミリーサイトカインは，胎生期マウス神経上皮細胞に対してはアストロサイトの分化促進因子として作用する一方で，成体マウス神経幹細胞の細胞数の維持に関与することを示唆する報告もある[3]。また，マウスES細胞がLIFにより未分化状態を維持することはよく知られた現象であるが[4]（図12.1），ヒトやサルなど霊長類のES細胞は，マウスES細胞と異なりLIFで未分化状態を維持することはで

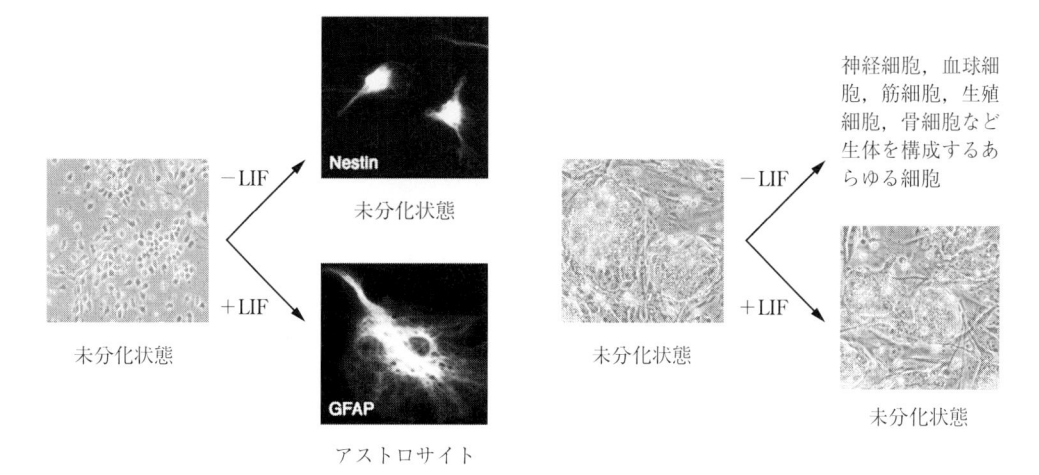

(a) マウス神経上皮細胞：LIF は神経上皮細胞からアストロサイトへの分化を誘導する。

(b) マウス ES 細胞：ES 細胞に対しては，逆に未分化状態維持のための必須因子として作用する。

図 12.1 LIF が幹細胞に及ぼす影響（口絵 5 参照）

きない．IL-6 ファミリーによるシグナル伝達経路そのものは広く保存されている一方で，生物種・細胞種によって異なる作用をする意義については，現在も解析が行われているところである．

12.3 JAK-STAT シグナル伝達経路が制御するアストロサイト分化機構

　LIF を含む IL-6 ファミリーのサイトカインは，神経上皮細胞をはじめ，T 細胞，B 細胞，マクロファージ，線維芽細胞，血管内皮細胞など，さまざまな細胞から分泌される．同ファミリーの分子としては LIF 以外に ciliary neurotrophic factor (CNTF), interleukin-11 (IL-11), oncostatin M (OSM), cardiotrophin-1 (CT-1), cardiotrophin-like cytokine (CLC) が知られており，すべて神経上皮細胞に対してアストロサイト分化誘導活性をもつ．IL-6 ファミリーのサイトカインは，膜タンパク質 gp 130 を含んだ受容体複合体を介してシグナルを細胞内へ伝達する[5]（図 12.2 (a)）．IL-6 と IL-11 は可溶型または膜結合型の IL-6 受容体・IL-11 受容体と結合し，この結合が gp 130 のホモ二量体化を引き起こす．LIF と CT-1 は LIF 受容体に結合し，LIF 受容体/gp 130 のヘテロ二量体が形成される．CNTF にも可溶型・膜結合型の CNTF 受容体が存在するが，このシグナルは LIF 受容体へ伝わり LIF 受容体/gp 130 複合体が形成される．

　bFGF や EGF などの受容体と異なり，IL-6 ファミリーの受容体自身は酵素活性をもたない．その代わりに受容体の細胞内領域には Janus kinase (JAK) と呼ばれるチロシンキナ

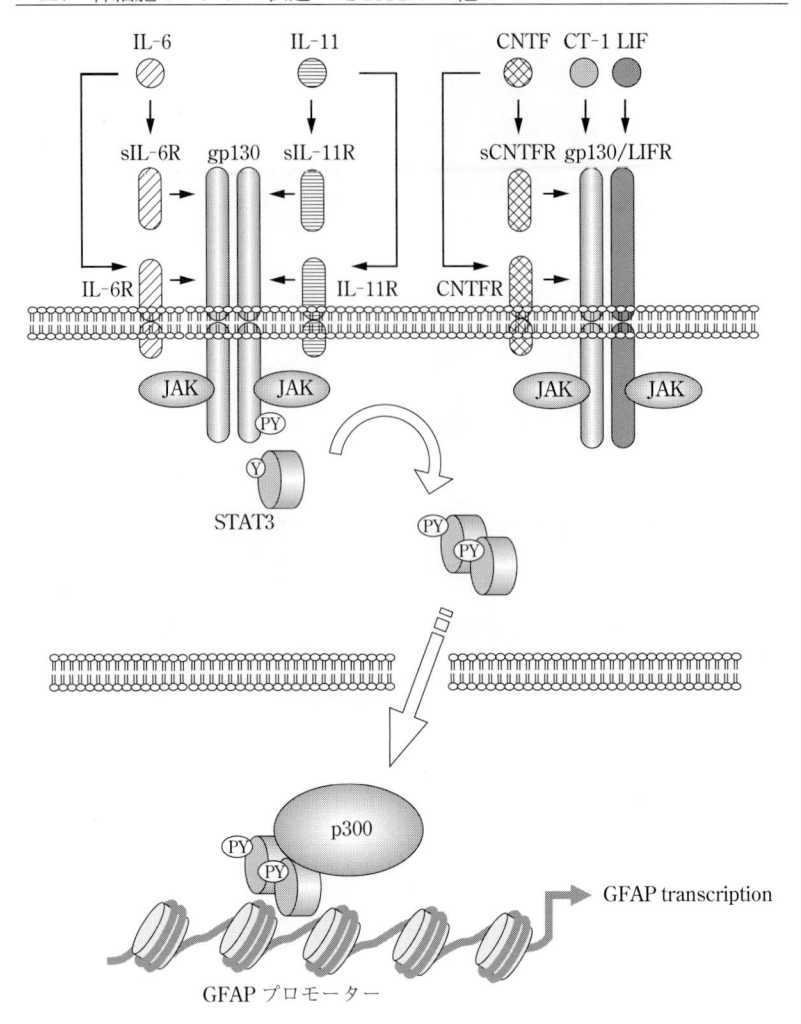

（a） IL-6ファミリーのサイトカインによって受容体とgp130の二量体化が起こり，細胞内のJAKが活性化する。チロシンリン酸化された受容体/gp130複合体にSH2ドメインを介して結合したSTAT3は，JAKによるリン酸化を受けて二量体化する。核へ移行したSTAT3はコアクチベーターp300とともにGFAPなどの標的遺伝子のプロモーター領域に結合し転写調節を行う。

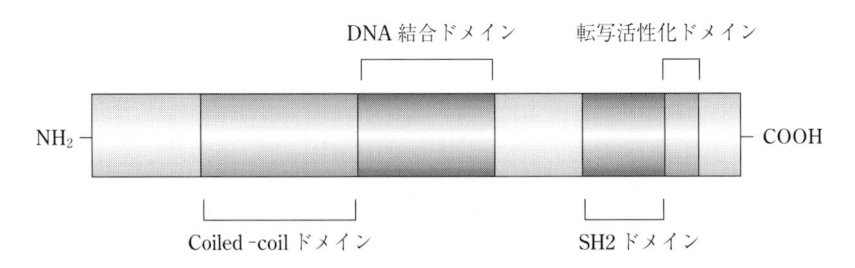

（b） STAT3の構造

図12.2　神経上皮細胞におけるJAK-STATシグナル伝達経路

ーゼが結合している。リガンド刺激によってgp130を含む受容体が二量体化するとJAKが活性化し，gp130のチロシン残基がリン酸化される。リン酸化チロシン残基はSrc-homology-2 domain（SH2ドメイン）をもつタンパク質と結合するが，gp130を介したシグナル伝達の際には，おもに転写因子STAT3が受容体に引き寄せられる。STAT3の構造を図12.2（b）に示す。STAT3には中央にβシートを含むDNA結合ドメイン，C末側にSH2ドメインと転写活性化ドメインが存在する。STAT3はSH2ドメインを介してチロシンリン酸化されたgp130に結合し，自身もJAKによって705番目のチロシン残基のリン酸化を受けて二量体化する。その後，核へ移行して標的遺伝子の調節領域に結合し，その発現を調節する。

　IL-6ファミリーによるシグナル伝達に共通して必要とされるgp130を欠損したマウスの終脳では，GFAP陽性アストロサイトの数が激減する[6]。またLIF受容体欠損マウスの神経上皮由来単層培養細胞はニューロン支持能が減少していることが報告されている[7]。これらの結果は，STAT3の関与するシグナル伝達経路が生体におけるGFAP陽性成熟アストロサイトの分化や機能発現のために重要であることを示している。

12.4　アストロサイト分化に関与する細胞内シグナル伝達経路のクロストーク

12.4.1　STAT3経路とBMP-Smad経路とのクロストーク

　上述のIL-6ファミリーのほかに，transforming growth factor β（TGFβ）スーパーファミリーに属するbone morphogenetic protein（BMP）ファミリーのサイトカインもアストロサイト分化誘導活性をもつことが報告されている。BMP2の場合，リガンドが細胞表面に存在するBMP2受容体と結合すると，受容体のうち，まずII型受容体が活性化し，会合しているI型受容体をリン酸化する。活性化したI型受容体は続いて細胞質内に存在している転写因子Smad1（あるいはSmad5, Smad8）をリン酸化し，リン酸化されたSmad1はTGFβシグナル伝達経路の共通因子としてはたらくSmad4とともに核へ移行する。神経上皮細胞の核に移行したSmad1を含む複合体はGFAPプロモーター中に存在するSmad1認識配列に結合し，GFAP遺伝子の転写活性化を行う。BMP2の場合にもサイトカイン処理の4日後に，抗GFAP抗体で免疫染色される細胞が検出される。

　興味深いことに，胎生14.5日目由来の神経上皮細胞をLIFあるいはBMP2とともに培養しても2日目にはGFAP陽性アストロサイトは出現しないが，LIFとBMP2の両方を同時に加えて培養した場合には2日目にGFAP陽性の細胞が顕著に出現する[8]。この相乗効果は，LIFとBMP2の下流ではたらくSTAT3とSmad1が核内でコアクチベーターp300のN末，C末を介して転写活性化複合体を形成し，GFAP遺伝子を含めた下流の標

的遺伝子を効率よく転写活性化することによる．この効果は，LIF 以外の IL-6 ファミリーサイトカインである CNTF，IL-11，OSM，CT-1，CLC と BMP ファミリーの BMP 4，BMP 7 との間にもみられる．生体内には多くのサイトカイン産生細胞が存在し，さまざまなサイトカインが標的細胞に分泌されることから，STAT 3 と Smad 1 が共通のコアクチベーター p 300 とともに GFAP 遺伝子を発現制御する機構は，複数の細胞外シグナルを核内で統合するシグナルクロストークのモデルとして考えることができる（**図 12.3**）．

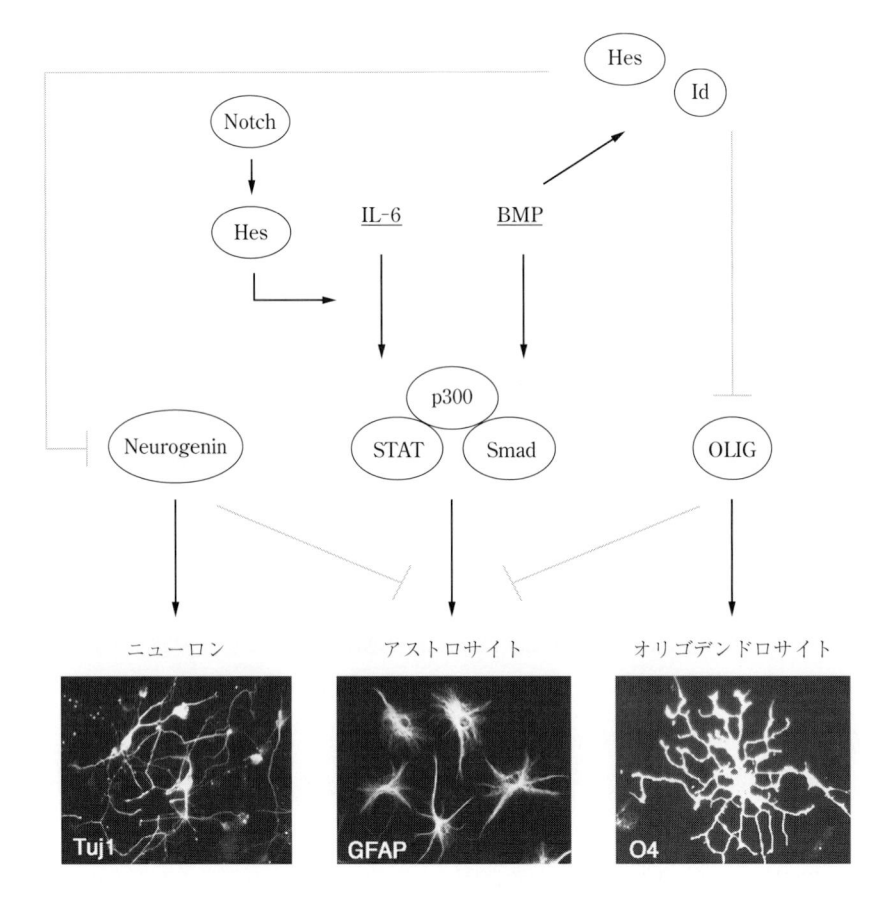

黒い線と矢印は促進経路，灰色の線は抑制経路を示す．細胞外因子の下流でSTAT 3 をはじめとするさまざまな転写因子が物理的な相互作用を介して競合し，それぞれの分化経路を排他的に促進する．

図 12.3 シグナル伝達クロストークによる神経幹細胞の分化制御機構（下段の写真は口絵 6 参照）

神経上皮細胞をアストロサイト分化誘導性サイトカイン BMP 2 で処理した場合，顕著なニューロン分化の抑制が観察される．その際，BMP 刺激による Smad 経路の活性化を介して helix-loop-helix（HLH）型転写因子の Hes-5，Id 1，Id 3 が誘導される[9]．これらの因子は後述するニューロン分化促進性の basic helix-loop-helix（bHLH）型転写因子群の作

12.4 アストロサイト分化に関与する細胞内シグナル伝達経路のクロストーク

用を阻害する（図12.3参照）。したがって，アストロサイトの分化シグナルであるBMP2はSTAT3活性化シグナルとクロストークしてアストロサイトへの分化を促進するだけでなく，同時にニューロン分化を抑制する作用をもっており，この作用が加わることで神経幹細胞は，よりアストロサイトへの分化に傾いた状態になると考えられる。

12.4.2 STAT3活性化シグナルと細胞内在性プログラムのクロストーク

胎生後期（14.5日目）の胚由来の神経上皮細胞では，核へ移行したSTAT3が成熟アストロサイトに特異的な中間径フィラメントであるGFAPの遺伝子のプロモーターに結合し，転写活性化を行う。LIF処理4日後には，抗GFAP抗体で免疫染色される細胞骨格を検出することができる。これに対して胎生中期（11.5日目）の胚由来の神経上皮細胞では，LIF刺激でSTAT3のリン酸化が生じるにもかかわらず，培養4日後においてもGFAP陽性細胞が出現しない。これはGFAPプロモーターに存在するSTAT3認識配列，5'-TTCCGAGAA-3'中のCGジヌクレオチドのC残基がメチル化を受けており，このメチル基がSTAT3と標的配列間の結合の物理的な障害となり転写活性化を妨げているためである。GFAPプロモーター中のメチル化の頻度は発生過程の進行に伴って低下し，胎生後期にはSTAT3活性化シグナルに応じてGFAPプロモーターの転写活性化が行われる。この結果は，細胞分化の運命づけは細胞外来性のシグナルだけで決定されるわけではなく，細胞内在性のプログラムとクロストークしながら決定されること，さらにDNAのメチル化が細胞内在性プログラムの分子メカニズムとして機能することを意味する[2]。

12.4.3 Notch-Hes経路とSTAT3経路とのクロストーク

Notchは膜貫通型のタンパク質であり，隣接する細胞の表面に発現しているDelta, JaggedがリガンドとなりシグナルがÂ力される。リガンドとの結合によってNotchが活性化されると細胞内領域がγセクリターゼによって切り出され，切り出された細胞内ドメイン（Notch intracellular domain：Notch ICD）が核へ移行する。Notch ICDは核内で転写因子RPBJκ/CBF1と結合し，標的遺伝子の転写活性化を引き起こす。神経幹細胞画分ではNotch経路の活性化によりHes遺伝子が発現する。

上述のように，Hesはニューロン分化促進性のbHLH因子群のはたらきを阻害することでニューロン分化を抑制するが，これと同時に，Notchにより誘導されたHes-1は核内に存在するJAK2とSTAT3のスキャホールドタンパク質として機能し，両者の結合とSTAT3の活性化を生じやすくすることが示されている[10]。この効果によってJAK-STAT経路が効率的に活性化し，neurosphereから出現するGFAP陽性細胞の数が増えることから，Notch-Hes経路とJAK-STAT経路のクロストークもアストロサイトの分化に重要な

役割を果たしていることが示唆される（図12.3参照）。一方，NotchシグナルとBMP2シグナルがクロストークしてHes-5遺伝子の転写を相乗的に誘導することも報告されており[11]，アストロサイト分化とニューロン分化が排他的であるしくみを考察するうえで興味深い。

12.5　アストロサイト分化とニューロン分化・オリゴデンドロサイト分化の相互作用

12.5.1　STAT3経路とニューロン分化シグナルのクロストーク

　ニューロン分化はbHLH型転写因子によって正に制御されている[12]。このファミリーの転写因子のうち，クラスIと呼ばれる組織特異的な発現パターンを示す因子には，Mash1，Math1，Neurogenin1，Neurogenin2，NeuroD1などがある。いずれの遺伝子もノックアウトすると神経系に異常が認められ，例えばNeurogenin1ノックアウトマウスでは頭部の感覚ニューロンが発生しない。クラスIIに分類されるE12やE47はEタンパク質と総称され，クラスIの因子とダイマーを形成してEボックスと呼ばれる標的配列（5'-CAXXTG-3'）に結合し，下流の遺伝子の転写活性化を行う。bHLHモチーフはDNAとの結合に関与するbasic regionと，タンパク質間相互作用に関与するhelix-loop-helixモチーフからなる。上述のIdはHLHモチーフをもつがbasic regionを欠いており，DNAに結合することができないためbHLH型転写因子に結合してその機能を阻害する。Hesは転写のコリプレッサーを標的遺伝子のプロモーター上にリクルートすることで転写抑制を行う。

　Neurogenin1を神経上皮細胞に導入するとニューロン分化が促進されるが，一方でアストロサイト分化は抑制される。この点に関して，Neurogenin1がCBP（p300類似コアクチベーター）およびSmadと結合することでアストロサイト誘導性の転写複合体STAT3/CBP（p300）/Smad1の形成を阻害すること，さらにLIFによるSTAT3のリン酸化を阻害することが示されている[13]。アストロサイト誘導性サイトカインBMP2は，Hes-5とId1，Id3を誘導することでニューロン分化を抑制するが，逆にまたNeurogeninもニューロン分化を促進する一方でアストロサイト分化を積極的に抑制していることになる。これらのことはニューロンとアストロサイトの分化シグナルがたがいに競合的にはたらき，両細胞系譜間に排他的な相互作用が存在することを示唆する。この *in vitro* 培養系で得られたNeurogenin1の作用メカニズムによって実際の生体内での神経発生を説明することができる。すなわち，Neurogenin1の発現量が高い神経発生初期にはニューロン分化が優位であり，その後Neurogenin1の発現量が下がることでSTAT3の機能が優勢になり，胎生後期のGFAP遺伝子プロモーターの脱メチル化と相まってアストロサイトが分化すると考えられる[14]。

12.5.2 STAT 3 経路とオリゴデンドロサイト分化シグナルのクロストーク

オリゴデンドロサイト分化にかかわる因子としては，bHLH 型転写因子である OLIG 1，OLIG 2 が知られている[15]。OLIG 1 ノックアウトマウスは生存可能であるが，脊髄のオリゴデンドロサイトの成熟が野生型に比べて遅れる。OLIG 2 ノックアウトマウスは出生直後に致死であり，オリゴデンドロサイトは発生しない。さらに OLIG 1/OLIG 2 遺伝子のダブルノックアウトマウスの脊髄では通常，オリゴデンドロサイトが発生する腹側領域に異所的なアストロサイトが生じる[16]。この結果は，OLIG ファミリーのタンパク質がアストロサイトの分化を阻害する可能性を示唆する。実際に神経上皮細胞で強制発現させた OLIG 2 タンパク質は p 300 と結合することで LIF シグナル下流の STAT 3/p 300 複合体の形成を妨げ，GFAP 陽性アストロサイトの分化を抑制する[17]。すなわちオリゴデンドロサイト分化促進因子はアストロサイト分化シグナル伝達経路を阻害する。

逆に，アストロサイト分化促進因子である BMP ファミリーは，オリゴデンドロサイトの分化を阻害することが知られている。OLIG ファミリーの転写因子は E タンパク質と結合することができるため，両者が核内でオリゴデンドロサイト特異的な遺伝子の転写活性化を行う可能性がある。BMP 4 処理によって誘導される Id 2 と Id 4 は，OLIG タンパク質，E タンパク質と結合でき，さらに BMP 処理によって OLIG タンパク質の細胞内局在が核から細胞質へ変化することから，Id が複合体を細胞質にとどめることで標的遺伝子の転写活性化を妨げるモデルが提唱されている[18]。

STAT 3/p 300/Smad 1 と Neurogenin 1 が，ニューロンとアストロサイトの分化を競合することと同様に，アストロサイトとオリゴデンドロサイトの細胞系譜も STAT 3/p 300/Smad 1 と OLIG 1/OLIG 2 によって排他的に制御されていることが示唆される。

12.6 神経系疾患における再生医療の現状

グリア細胞と異なり成熟ニューロンには分裂能がないために，一度，事故や病気で神経系の細胞を損傷すると，失われた神経機能は修復できないと考えられてきた。しかし，分化マーカーの単離・培養方法の開発・細胞分離装置の進歩などにより，成体の中枢神経系にも適切な条件下で培養すると，ニューロンへと分化する神経幹細胞が確かに存在していることが明らかになった。このため，神経疾患に対する新しい戦略として，これらの神経幹細胞を標的とした治療法の開発が進められつつある。

治療法の一つとして，失われた細胞を外来性の細胞で補う細胞移植が考えられている。すでにパーキンソン病の治療として，中絶胎児の中脳から得た黒質ドーパミンニューロンを患者の脳に移植し，一部で有意な改善効果が認められたという臨床報告がある[19]。しかし，胎

児組織を取り扱うには倫理的な問題があり，現状では，移植する細胞の調達面においても患者1人分の移植のために数体分の中絶胎児が必要とされており，一般的な治療法として普及するには解決すべき点が多い．さらに，この報告で移植した細胞の有効性を客観的に評価するために行ったシャム手術（ここでは頭蓋を開けて細胞移植を行わずに縫合した）は，のちにその是非について大きな議論を呼んだ．このように，ヒトに対する細胞移植による神経系疾患の治療実績は乏しいのが現状である．

しかし，少なくとも動物実験においては移植により神経機能が改善するという報告が確実に増えており，これと並行して移植する細胞の調製方法が検討されている．幹細胞を単に増殖させるだけでは生体内に移植した際に，がん化や予想外の細胞系譜に分化する危険があるが，神経幹細胞の分化制御機構をさらに明らかにすることで，少量の細胞を安全な状態で大量に調製して治療に役立てることができる可能性がある．また，ES 細胞や成体に存在するとされる多能性幹細胞を神経系の細胞に分化させることも検討されている．今後の課題として導入した細胞の生着率が著しく低いことなどが挙げられる．

これとは別に，内在性の細胞を利用することで神経機能を回復させるアプローチがある．*in vitro* 培養系ではニューロンへ分化する神経幹細胞が得られるのに対して，生体内では軸索の再生すら起きないことから，生体内にはなんらかの神経再生阻害機構があることが示唆される．脊髄損傷の場合では，損傷を受けた組織から分泌される IL-6 ファミリーや BMP ファミリーのサイトカインによってグリア瘢痕が生じ，これによってニューロンの再生と軸索の伸長が妨げられると考えられている．そこでグリア瘢痕を構成するアストロサイトの発生を阻害することを目的とした研究が行われている．

神経上皮細胞を用いた研究から，アストロサイトの形成には JAK-STAT 経路が重要な役割を果たしていることが明らかにされているため，このシグナル伝達経路を遮断すればグリア瘢痕の形成が抑制されることが考えられる．最近，IL-6 受容体の機能阻害抗体がヒトの自己免疫疾患の治験薬として使用され始めた．神経疾患に関しては，まだ動物実験での報告であるが，同種の抗体を脊髄損傷のモデルマウスに注射することでアストロサイトの出現とグリア瘢痕の形成が抑えられ，マウスの神経機能が改善することが報告された[20]．IL-6 ファミリーのサイトカインは分化誘導以外にも損傷時の免疫応答にも大きな影響があるため，損傷後のどの段階で JAK-STAT 経路を遮断するのがよいかなど，治療効果を最適化するために検討すべき点は多いが，臨床応用に向けた基礎研究を進めることで神経疾患にもこれらの抗体や JAK-STAT 経路の特異的阻害薬が利用可能であると考えられる．

12.7 まとめと今後の展望

　JAK-STAT 経路など，神経幹細胞内におけるさまざまなシグナル伝達経路のクロストークと，それらによる分化制御のメカニズムが分子レベルで明らかになってきた．シグナル伝達経路そのものは，他の生物種・細胞種においても保存されているため，異なる性質の幹細胞についての研究成果を考えあわせることも重要である．これらの結果は幹細胞分化の基本概念を理解するうえで重要なだけでなく，再生医療への応用面から社会的にも注目されている．基礎研究によって得られる成果が今後の再生医療に貢献されることを期待したい．

引用・参考文献

1) Louis, S. A., Reynolds, B. A. : Generation and differentiation of neurospheres from murine embryonic day 14 central nervous system tissue, Methods. Mol. Biol., **290**, pp.265-280 (2004)
2) Takizawa, T., Nakashima, K., Namihira, M., Ochiai, W., Uemura, A., Yanagisawa, M. et al. : DNA methylation is a critical cell-intrinsic determinant of astrocyte differentiation in the fetal brain, Dev. Cell., **1**, 6, pp.749-758 (2001)
3) Shimazaki, T., Shingo, T., Weiss, S. : The ciliary neurotrophic factor/leukemia inhibitory factor/gp 130 receptor complex operates in the maintenance of mammalian forebrain neural stem cells, J. Neurosci., **21**, 19, pp.7642-7653 (2001)
4) Burdon, T., Smith, A., Savatier, P. : Signalling, cell cycle and pluripotency in embryonic stem cells, Trends. Cell. Biol., **12**, 9, pp.432-438 (2002)
5) Taga, T., Kishimoto, T. : Gp 130 and the interleukin-6 family of cytokines, Annu. Rev. Immunol., **15**, pp.797-819 (1997)
6) Nakashima, K., Wiese, S., Yanagisawa, M., Arakawa, H., Kimura, N., Hisatsune, T. et al. : Developmental requirement of gp 130 signaling in neuronal survival and astrocyte differentiation, J. Neurosci., **19**, 13, pp.5429-5434 (1999)
7) Koblar, S. A., Turnley, A. M., Classon, B. J., Reid, K. L., Ware, C. B., Cheema, S. S. et al. : Neural precursor differentiation into astrocytes requires signaling through the leukemia inhibitory factor receptor, Proc. Natl. Acad. Sci. USA., **95**, 6, pp.3178-3181 (1998)
8) Nakashima, K., Yanagisawa, M., Arakawa, H., Kimura, N., Hisatsune, T., Kawabata, M. et al. : Synergistic signaling in fetal brain by STAT 3-Smad 1 complex bridged by p 300, Science, **284**, 5413, pp.479-482 (1999)
9) Nakashima, K., Takizawa, T., Ochiai, W., Yanagisawa, M., Hisatsune, T., Nakafuku, M. et al. : BMP 2-mediated alteration in the developmental pathway of fetal mouse brain cells from neurogenesis to astrocytogenesis, Proc. Natl. Acad. Sci. USA., **98**, 10, pp.5868-5873 (2001)

10) Kamakura, S., Oishi, K., Yoshimatsu, T., Nakafuku, M., Masuyama, N., Gotoh, Y. : Hes binding to STAT 3 mediates crosstalk between Notch and JAK-STAT signaling, Nat. Cell. Biol., **6**, 6, pp.547-554 (2004)

11) Takizawa, T., Ochiai, W., Nakashima, K., Taga, T. : Enhanced gene activation by Notch and BMP signaling cross-talk, Nucleic. Acids. Res., **31**, 19, pp.5723-5731 (2003)

12) Ross, S. E., Greenberg, M. E., Stiles, C. D. : Basic helix-loop-helix factors in cortical development, Neuron, **39**, 1, pp.13-25 (2003)

13) Sun, Y., Nadal-Vicens, M., Misono, S., Lin, M. Z., Zubiaga, A., Hua, X. et al. : Neurogenin promotes neurogenesis and inhibits glial differentiation by independent mechanisms, Cell, **104**, 3, pp.365-376 (2001)

14) Sauvageot, C. M., Stiles, C. D. : Molecular mechanisms controlling cortical gliogenesis, Curr Opin Neurobiol, **12**, 3, pp.244-249 (2002)

15) Rowitch, D. H., Lu, Q. R., Kessaris, N., Richardson, W. D. : An 'oligarchy' rules neural development, Trends Neurosci, **25**, 8, pp.417-422 (2002)

16) Zhou, Q., Anderson, D. J. : The bHLH transcription factors OLIG 2 and OLIG 1 couple neuronal and glial subtype specification, Cell, **109**, 1, pp.61-73 (2002)

17) Fukuda, S., Kondo, T., Takebayashi, H., Taga, T. : Negative regulatory effect of an oligodendrocytic bHLH factor OLIG 2 on the astrocytic differentiation pathway, Cell. Death. Differ., **11**, 2, pp.196-202 (2004)

18) Samanta, J., Kessler, J. A. : Interactions between ID and OLIG proteins mediate the inhibitory effects of BMP 4 on oligodendroglial differentiation, Development, **131**, 17, pp. 4131-4142 (2004)

19) Freed, C. R., Greene, P. E., Breeze, R. E., Tsai, W. Y., DuMouchel, W., Kao, R. et al. : Transplantation of embryonic dopamine neurons for severe Parkinson's disease, N. Engl. J. Med., **344**, 10, pp.710-719 (2001)

20) Okada, S., Nakamura, M., Mikami, Y., Shimazaki, T., Mihara, M., Ohsugi, Y. et al. : Blockade of interleukin-6 receptor suppresses reactive astrogliosis and ameliorates functional recovery in experimental spinal cord injury, J. Neurosci. Res., **76**, 2, pp.265-276 (2004)

13 幹細胞のシグナル伝達 〜BMP〜

13.1 はじめに

　幹細胞（stem cell）は，①未分化な状態を維持しつつ細胞分裂によって自らの細胞を生み出す自己複製能（self-renewal），②複数の種類の細胞に分化しうる多分化能（multipotency），によっておおむね特徴づけられる。幹細胞は，三胚葉系のすべての細胞を構築できる胚性幹細胞（embryonic stem cell：ES細胞），おもに特定の組織に存在して組織再生の再生を担う組織幹細胞に大別される。組織幹細胞が，所属する組織の枠組みを越えて分化する現象，すなわち幹細胞の可塑性についての報告もある。

　本章で詳述する骨形成因子（bone morphogenetic protein：BMP）は transforming growth factor-β（TGF-β）スーパーファミリーに属する因子である。TGF-β スーパーファミリーは多彩な生理作用を有するサイトカイン群であり，哺乳類では現在までに約30種類の因子が知られている。このほか，TGF-β，Activin，Inhibin，Nodal，ミューラー管抑制因子（Mullerian inhibiting substance：MIS）などが含まれる[1]。

　BMPファミリーに属する因子は現在までに10種類以上が知られており，大まかにBMP-2/4，BMP-5/6/7，GDF（growth/differentiation factor）-5/6/7の三つの群に分類される。

　BMPは当初，異所性に骨を形成する因子として報告された。その後，初期発生において腹側中胚葉を誘導する活性や，神経・血管・血液・骨軟骨などさまざまな組織・器官形成における主体的な役割が明らかとなった。多様な細胞において，増殖・分化や生存・アポトーシスの制御にかかわることも示されている。

　幹細胞の自己複製および分化は，多彩なシグナル経路による制御のもとに置かれている。本章では，ES細胞および組織幹細胞の自己複製・分化制御におけるBMPシグナルの役割について，なるべく最近の知見を交えつつ詳述する。

　まず，BMPのシグナル伝達機構，およびシグナル構成因子のノックアウトマウスの表現型について解説する。さらに，マウスおよびヒトES細胞，それぞれの組織幹細胞におけるBMPシグナルの役割について解説する。

13.2 BMP のシグナル伝達

　TGF-β スーパーファミリーの受容体は細胞内にセリン-スレオニンキナーゼ領域をもち，その構造と機能からI型とII型に分類される。リガンドが結合すると，I型受容体とII型受容体がヘテロ四量体を形成する。II型受容体は恒常的に活性化された状態にある。I型受容体の細胞膜近傍の細胞内領域にはグリシンとセリンに富むGS領域が存在し，リガンドが結合すると，この部位がII型受容体によってリン酸化され，活性型となる。活性化されたI型受容体は，細胞内シグナル伝達因子 Smad を認識し，これを活性化する。

　BMPシグナルに関与するI型受容体として，ALK（activin receptor-like kinase）-2, ALK-3（BMPR-IA），ALK-6（BMPR-IB）が知られている。BMP-2/4 は ALK-3 と ALK-6 に，BMP-5/6/7 は ALK-2 と ALK-6 に，GDF-5/6/7 は ALK-6 に結合する。

　一方，BMP の結合するII型受容体は BMPR-II（BMP type II receptor）である。おもに Activin/Nodal が結合するII型受容体である ActR-II（activin type II receptor）および ActR-IIB にも，BMP は結合しうる。細胞外で BMP に結合するアンタゴニストとして，Noggin, Chordin, Gremlin など多くの分子がある。

　細胞内シグナル伝達因子である Smad は，哺乳類では現在まで8種類が知られ，R-Smad（receptor-regulated Smad），Co-Smad（common-partner Smad），I-Smad（inhibitory Smad）の三つに分類される。BMP シグナルを伝達する R-Smad は，Smad 1/Smad 5/Smad 8 であり，I型受容体によりリン酸化された R-Smad は，Co-Smad である Smad 4 と結合して核内に移行し，標的遺伝子の転写制御にかかわる。

　I-Smad である Smad 6/Smad 7 は，活性化されたI型受容体に結合して R-Smad の活性化に競合し，シグナルを抑制する。さらに I-Smad は，R-Smad と Co-Smad の複合体形成も阻害する。I-Smad は BMP 刺激によって誘導され，負のフィードバックループを形成する。

　核内移行した R-Smad と Co-Smad の複合体は，直接 DNA に結合するだけでなく，Runx などの転写因子を介して間接的に DNA に結合する。転写コアクチベーターである p300 や CBP（CREB binding protein）は，Smad 複合体と結合して転写活性を促進する。これらはヒストンアセチル化酵素（histone acetyltransferase：HAT）活性を有し，クロマチン構造をほぐすことによって転写促進に寄与する。

　一方，転写コリプレッサーである c-Ski, SnoN などは，Smad 複合体と結合して転写活性を抑制する。これらはヒストン脱アセチル化酵素（histone deacetylase：HDAC）を呼び込むことで転写活性を抑制する（図13.1）。

13.2 BMPのシグナル伝達

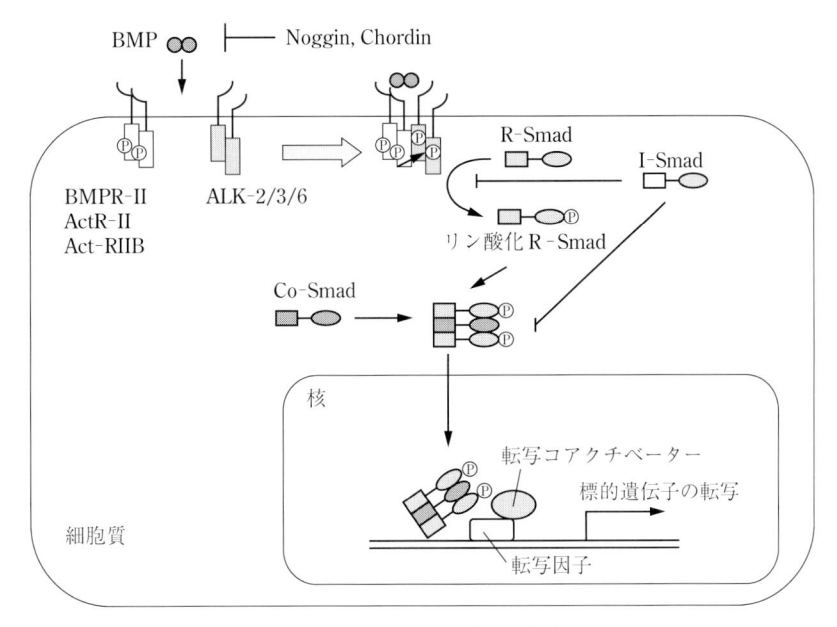

図 13.1 BMPのシグナル伝達

　I型受容体や R-Smad，I-Smad のタンパク量はユビキチン・プロテアソーム系による制御を受け，これが細胞のシグナルへの応答性を調節している。HECT型 E3 ユビキチンリガーゼである Smurf 1 (Smad ubiquitination regulatory factor 1) は Smad 1/Smad 5 を認識し，シグナル非依存的にユビキチン化してプロテアソームによる分解を促進する。Smurf 1 は I-Smad を介した間接的な結合によっても，Smad 1/Smad 5 をユビキチン化する。Smurf 1/Smurf 2 は核内で I-Smad と結合し，その核外への汲み出しを行う。核外移行した Smurf-I-Smad 複合体は細胞膜付近に局在し，I型受容体と結合する。こうして，I-Smad のみならず I 型受容体のユビキチン化も促進する。以上のような多岐にわたるメカニズムで，Smurf 1/Smurf 2 は BMP シグナルを抑制する[2]（**図 13.2**）。

　BMP シグナルの標的遺伝子として代表的なものは Id (inhibitor of differentiation) であり，Id 1～Id 4 の四つが知られている。一般的に Id は細胞分化を抑制し，細胞増殖を促進する機能を有する。bHLH (basic helix loop helix) 型の転写因子は，E2A など各組織に広く（ユビキタスに）発現しているものと，組織特異的に発現しているものに大別される。両者は E-box と呼ばれる DNA 配列を含むプロモーター領域に結合し，標的遺伝子の発現を促進する。Id は HLH 領域を有し，ユビキタスに存在する bHLH タンパクの DNA への結合を阻害する。

　組織特異的な bHLH 因子として，筋組織における MyoD や myogenin，神経細胞における neurogenin，NeuroD，Mash 2 などがある。上記のような機序により，BMP シグナルは筋細胞や神経細胞への分化を抑制する。Mash 2 や myogenin などは，ユビキタスに存在す

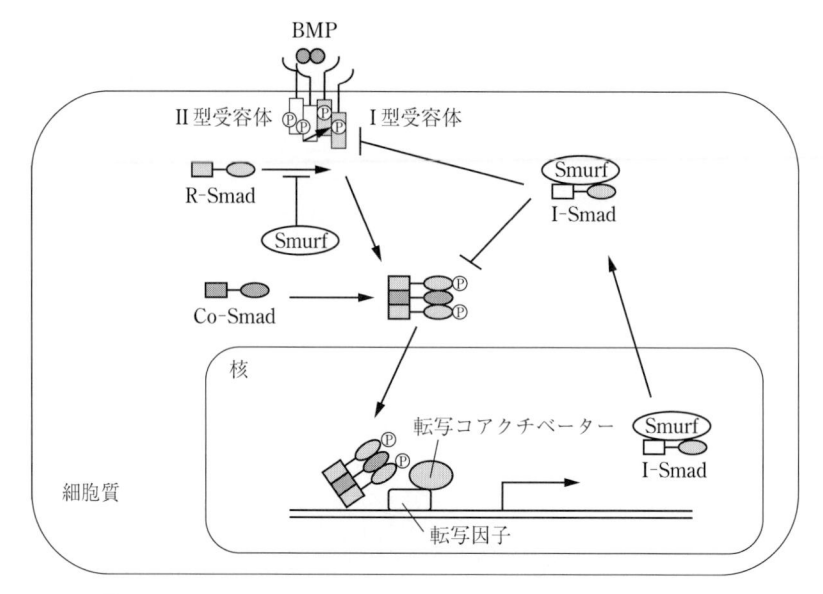

図 13.2 E3ユビキチンリガーゼ Smurf による BMP シグナルの調節

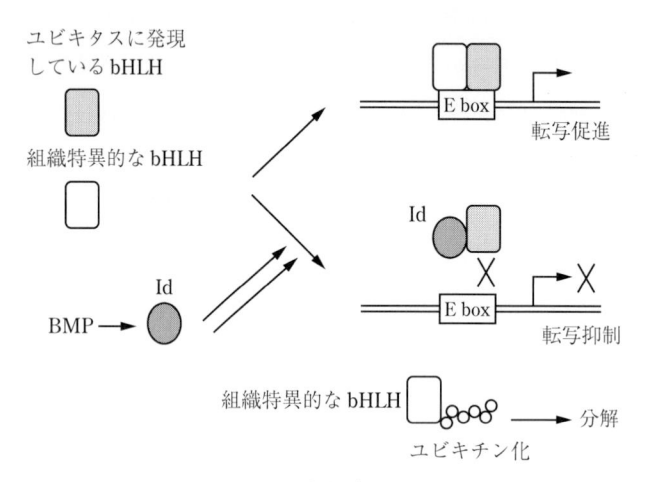

図 13.3 BMP の標的遺伝子 Id の機能

る bHLH タンパクから遊離するとユビキチン化とプロテアソームによる分解を受けることが知られている（**図 13.3**）。

13.3 マウスの発生における BMP シグナルの役割

BMP-2 と BMP-4 の欠損マウスでは初期発生で異常がみられる。BMP-2 欠損マウスは羊膜・絨毛膜および心臓の形成異常を呈する。BMP-4 欠損マウスでは，その多くは原腸陥入・中胚葉形成が阻害され，一部発生が進むものでも胚体外組織に異常を認め，胎生

6.5〜9.5日目に致死となる[3),4)]。

BMP-5の変異マウスは自然界に存在し，耳介の低形成・頭蓋骨異常・胸郭異常を示す．BMP-7欠損マウスは腎糸球体の無形成・眼の欠損・骨格異常が認められる[5)]．BMP-5とBMP-7のダブルノックアウトマウスでは，胎生10.5日目に致死となる．よってBMP-5とBMP-7は，発生過程において機能的代償が存在すると考えられる[6)]．

BMP-6欠損マウスは胎生期での胸骨骨化遅延を示す以外に明らかな異常を示さないが[7)]，BMP-6とBMP-7の両者に変異のあるマウスは心臓形成に異常をきたし，胎生10.5〜15.5日目に致死となる[8)]．BMP-10は発生過程の心臓に発現が認められ，その欠損マウスでは心臓形成の異常と心筋細胞の増殖阻害が認められている[9)]．

Ⅰ型受容体であるALK-2はBMP-5/6/7のシグナル伝達に関与する．ALK-2は原腸陥入以前には胚体外臓側内胚葉（extra-embryonic visceral endoderm）に，原腸陥入の過程で胚体および胚体外組織に発現する．ALK-2欠損マウスでは原腸陥入に障害が生じ，中胚葉が形成されない．正常の胚盤胞に変異ES細胞を注入すると，三胚葉系の組織が形成されること，変異体の胚盤胞に正常ES細胞を注入しても原腸陥入の障害が回復しないことから，胚体外組織におけるALK-2を介したシグナルが原腸陥入には必須であると示唆されている[10),11)]．

ALK-3欠損マウスではエピブラスト（epiblast）の細胞増殖低下が起こり，さらに中胚葉形成に障害をきたして胎生7.5日目に致死となる[12)]．ALK-6欠損マウスでは付属肢骨格の異常が認められるが，致死的な障害は報告されていない[13)]．

筆者らの研究室で作成したBMPR-Ⅱ欠損マウスでは，円筒胚の段階で発生が停止し，中胚葉形成がみられなかった．この表現型は形態的にALK-3の欠損マウスと類似していた[14)]．Nodal，そのⅠ型受容体であるALK-4，あるいはⅡ型受容体のActR-ⅡとActR-ⅡBのダブルノックアウトではいずれも円筒胚の段階で胎生致死となり中胚葉が形成されない[15)〜17)]．よって原腸陥入・中胚葉形成においてBMPのみならずActivin/Nodalも必須のシグナルとして機能している可能性がある．

Smad 4のノックアウトマウスでは胎生7.5日目以前に致死となり，原腸陥入が障害されて中胚葉が誘導されない[18)]．変異ES細胞を正常胚に注入すると原腸陥入は回復するが，前後軸形成に障害が起こる．Smad 4はTGF-βスーパーファミリーのシグナル伝達に共通のCo-Smadである．したがってSmad 4欠損マウスの表現型は，BMPだけでなくActivin/Nodalなど他のシグナルを遮断した効果も想定しなければならない．

R-SmadであるSmad 1のノックアウトでは胎生10.5日目までに致死となり，羊膜など胚体外組織の異常や始原生殖細胞の減少を呈する[19)]．Smad 5欠損マウスでは胎生11.5日目までに致死となり，心血管異常や卵黄嚢の異常など多彩な表現型を呈する[20)]．Smad 8の欠損マウスについてはいまだ報告がない．Smad 1，Smad 5，Smad 8には機能的重複が存

在する可能性があり，これらの表現型には慎重な解釈が必要である。

以上の知見から，原腸陥入前後の初期発生の段階において，ALK-2/3 と BMPR-II を介した BMP シグナルが必須の役割を担っており，そのリガンドとして BMP-4 が重要な位置を占めていることが示唆される。

13.4　マウス ES 細胞の自己複製における BMP シグナルの役割

マウス ES 細胞は受精後 3.5 日目の胚盤胞の内部細胞塊から得られる細胞である。1981年に初めて樹立されて以来，遺伝子改変動物の作成など基礎研究に幅広く応用されてきた。一方で，ES 細胞は再生医療においてさまざまな組織を構築する細胞の供給源として，近年になって大きな注目を集めている。

一般的に組織幹細胞の多くは静止期に近い状態で存在し，相対的に低い分裂能力をもつ (slow cycling)。そして必要に応じて特定の前駆細胞に分化し，高い増殖能を獲得して組織の再生を行う。これと対照的に，ES 細胞は無制限の増殖能を有しており，形質転換した細胞やがん細胞に類似した特質である。実際にマウス ES 細胞をヌードマウスに移植すると，がん細胞と同様に奇形腫（teratoma）を形成することができる。

マウス ES 細胞は LIF（leukemia inhibitory factor）を添加した培地において，未分化性を維持した状態で培養することができる[21]。ほかに未分化性維持にかかわる因子として，転写因子 Oct-4 が知られている[22]。また，ホメオボックス遺伝子である Nanog が同定され，LIF とは独立に ES 細胞の自己複製を維持する因子であることが明らかとなった[23),24)]（8 章参照）。

さらに，マウス ES 細胞の未分化性維持における BMP の関与について，最近になって複数のグループから報告がなされた[25),26)]。Ying らは，BMP-4/BMP-2/GDF-6 が無血清培養条件で LIF と協調して，ES 細胞の未分化性維持にはたらくと報告した。BMP の標的遺伝子である Id を強制発現させると BMP の効果を代替できることから，Id が BMP の主要なエフェクター分子であると報告している。ただしこの実験系において，ES 細胞の未分化性を維持するためには BMP だけでなく LIF が必要である。LIF の非存在下で，BMP 単独で ES 細胞を刺激すると，神経分化が抑制される一方，中胚葉への分化が促進される。

血清中には BMP を含め中胚葉誘導因子が存在すると考えられ，BMP シグナルが存在しない無血清培養条件では神経外胚葉への分化が進みやすい[27]。また，Ying らの実験系では N 2 B 27 という添加物を加えた培地を使用しており，この条件で分化を促すと半数以上の細胞が神経細胞に分化し，LIF 存在下でも神経分化の傾向を示す[28]。BMP が ES 細胞においても神経分化抑制因子として機能しうることを考えると，Ying らの実験における BMP のおもな作用は，神経外胚葉への分化抑制であることを考慮すべきと思われる（図 13.4）。

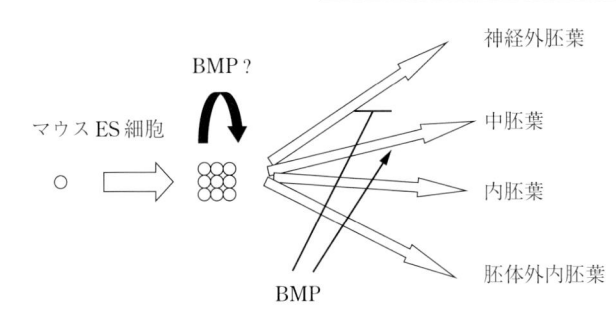

図13.4 マウスES細胞におけるBMPシグナルの役割

一方，QiらはBMPがES細胞の自己複製を促進している別のメカニズムを報告した。BMP-4によるES細胞の自己複製の促進効果は，p38 MAPK（mitogen-activated protein kinase）の阻害剤であるSB 203580，あるいはErk MAPKシグナルの阻害剤であるPD 98059の添加によって代替された。またBMP-4欠損ES細胞をBMPで刺激すると，p38およびErkのリン酸化が抑制された。したがってBMPの効果はMAPKの抑制によるものと結論している。

Yingらの論文ではBMP刺激後のp38の活性化を示しており，Qiらとは相反する結果となっている。マウスES細胞におけるBMPの役割については今後のより詳細な解析が待たれる。

13.5 ヒトES細胞におけるBMPシグナルの役割

1998年にThomsonらが初めてヒトES細胞の培養に成功し，ヒト初期胚を操作することの倫理的な議論も重なり，マスコミでも大きく報じられた[29]。以来，ヒトES細胞に関する報告が相次いでおり，マウスES細胞との相違点も明らかになってきた。

第一に，マウスES細胞を未分化性を維持した状態で培養するには，培地にLIFを添加する必要があるが，ヒトES細胞の培養では必須ではない。一部のヒトES細胞ではLIFの受容体であるgp 130やLIFR（LIF receptor）の発現が認められない[30]。第二に，ヒトとマウスでは発現遺伝子群に大きな差異があるようである。Satoらの報告では，ES細胞特異的な遺伝子の発現パターンをマウスとヒトで比較すると，両者に共通する遺伝子は約20％でしかない[31]。細胞周期・アポトーシス関連因子やサイトカインの発現パターンについても大きな相違が存在する[32]。第三に，ヒトES細胞から栄養胚葉（trophoblast）を作成することが可能であるが，マウスES細胞では困難である。

Xuらは，ヒトES細胞を無血清培養下でBMP-4で刺激すると，栄養胚葉に分化すると報告した[33]。DNAマイクロアレイによる発現解析により，CG（chorionic gonadtropin），LH（lutenizing hormone）など栄養胚葉・胎盤組織に発現する遺伝子の上昇を認めた。さ

らに培養液中にCG，estradiol，progesteroneなど，胎盤から分泌されるホルモンの上昇も確認した．一方，Peraらは，ヒトES細胞を血清およびフィーダー細胞存在下でBMP-2で刺激すると，胚体外内胚葉系の細胞に分化し，分化した細胞自身からのBMP-2の発現も上昇すると報告した[34]（**図13.5**）．

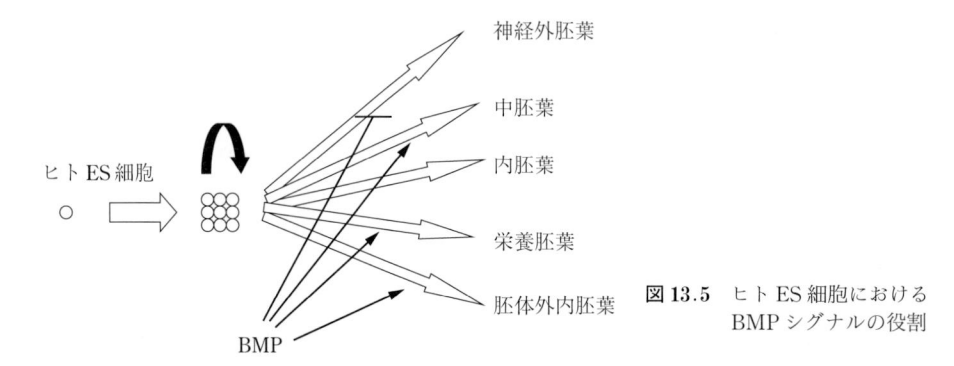

図13.5 ヒトES細胞におけるBMPシグナルの役割

BMP刺激によるマウスES細胞とヒトES細胞の反応性や分化能力の違いは，種の相違によるものか，ES細胞の由来する胚の分化段階の相違によるものか不明であり，今後の研究の進展を見守る必要がある．

13.6　間葉系幹細胞の分化制御におけるBMPシグナルの役割

　間葉系幹細胞は骨髄中に存在し，骨芽細胞・軟骨細胞・脂肪細胞・筋細胞への分化能を有する[35]．骨形成は造血幹細胞に由来する破骨細胞と，間葉系幹細胞に由来する骨芽細胞の相互作用によりなされる．BMPは当初から骨再生の促進因子として知られ，すでに臨床応用の試みもある．BMP刺激によって間葉系幹細胞から筋細胞への分化が抑制され，骨芽細胞への分化が促進される．この過程においてBMP標的遺伝子であるIdの重要性が指摘されている[36]．

　転写因子Runx 2は骨芽細胞への分化に必須の転写因子であり，BMPの標的遺伝子であるDlx 5の発現上昇を介して，Runx 2の発現が誘導される．さらにRunx 2はSmadと協調して標的遺伝子の転写を調節し，これが骨芽細胞への分化制御に関与している[37]．間葉系幹細胞から軟骨細胞への初期分化にはSOX 9がマスター遺伝子として機能するが，後期にはRunx 2が分化調節因子としてはたらくことも知られている（**図13.6**）．

　マウス筋芽細胞C2C12は培養条件に依存して筋細胞・脂肪細胞・骨芽細胞へと分化することができ，間葉系幹細胞に近い形質を有している．C2C12をBMP-4で刺激したり，TGF-βのI型受容体阻害剤であるSB 431542を培地に添加することによって，骨芽細胞の

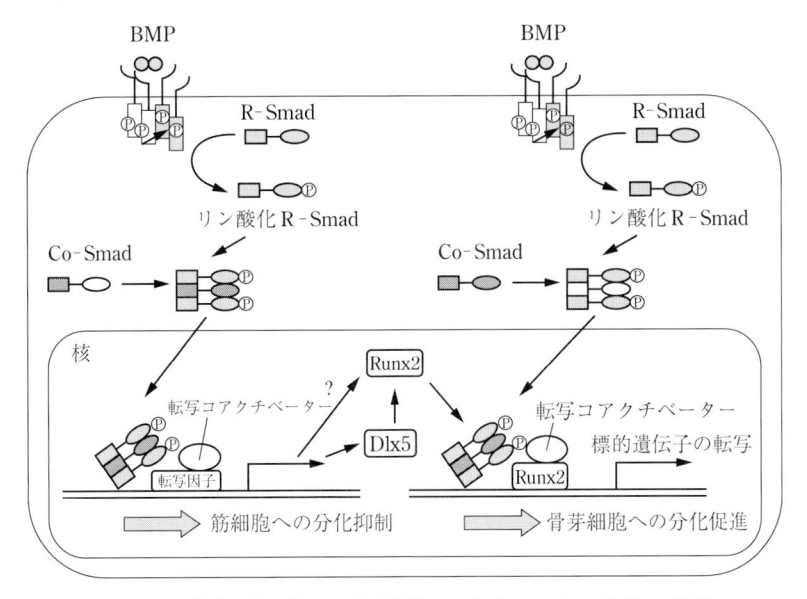

図 13.6 間葉系幹細胞から骨芽細胞への分化における BMP の役割

分化が促進される。内因性の TGF-β の活性を阻害することで，標的遺伝子である I-Smad の発現が抑制され，これにより BMP シグナルが増強されると考えられている[38]。

13.7 血管内皮前駆細胞・造血幹細胞における BMP シグナルの役割

Yamashita らは ES 細胞を *in vitro* で分化誘導し，Flk-1 陽性の側部中胚葉に相当する細胞を培養すると，血管内皮細胞と血管平滑筋細胞が得られると報告した[39]。血液細胞も側部中胚葉から発生し，血液細胞は血管内皮前駆細胞に由来する可能性が指摘されている[40]。

無血清培養条件で，ES 細胞から Flk-1 陽性細胞に分化させるためには BMP-4 刺激が必要であり，血清の有無にかかわらず noggin によって Flk-1 陽性細胞の誘導効率は低下する。さらに Flk-1 陽性細胞から効率的に血液細胞や血管内皮細胞へ分化させるためには，BMP-4 に加え VEGF（vascular endothelial growth factor）のシグナルが重要である[41]。

発生過程において，造血は卵黄嚢，胎児肝，そして骨髄にて行われる。あらゆる血球細胞への多分化能を有する造血幹細胞（hematopoietic stem cell：HSC）は胎生期の AGM（aorta-gonad-mesonephros）領域にて形成され，のちに肝や骨髄に移行して造血にかかわると考えられている。

Bhardwaj らは，Shh（sonic hedgehog）処理によりヒト造血幹細胞分画が増幅され，この効果は BMP-4 のアンタゴニストである noggin により阻害されると報告した。さらに BMP-4 による増殖促進は hedgehog 抗体によって影響を受けない[42]。したがって，ヒト造

血幹細胞の増殖は，hedgehog によって発現誘導された BMP-4 により制御されていることが示唆された。

血管内皮・血液の前駆細胞である hemangioblast の存在する卵黄嚢の血島（blood island）や，造血幹細胞が派生する AGM 領域においては BMP-4 の高い発現が認められる[43]。したがって，ES 細胞の *in vitro* 分化系だけでなく，*in vivo* における血管内皮細胞や造血幹細胞・血液細胞の発生においても BMP シグナルが重要であることが示唆されている。

13.8 神経幹細胞の分化制御における BMP シグナルの役割

神経幹細胞は，マウスでは胎生 8.5 日目ごろに出現し，成体においても維持されている。胎児期では radial glia と呼ばれる細胞，成体では海馬の一部や脳室周辺の脳室下帯に存在する細胞が神経幹細胞に相当すると考えられている。脳から分離した神経幹細胞は，EGF（epidermal growth factor）ないし FGF（fibroblast growth factor）-2 の存在下で，ニューロスフェア法という浮遊培養系によって純化・増幅させることができる。

神経幹細胞はニューロン（neuron）あるいはグリア細胞へと分化しうる多分化能を有している。グリア細胞は大まかにアストロサイト（astrocyte）およびオリゴデンドロサイト（oligodendrocyte）に分類できる。BMP は Id の発現を介してニューロンへの分化を抑制し，他方でアストロサイトへの分化を促進する。（図 13.7）

Taga らは胎生 14.5 日目の神経上皮細胞からアストロサイトへの分化誘導において，LIF と BMP-2 のシグナルが相乗的に作用することを明らかにした。それぞれの下流因子である

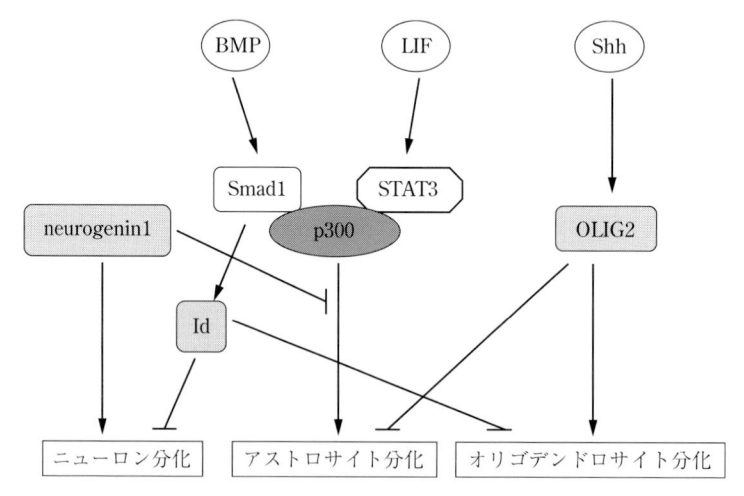

図 13.7 神経幹細胞分化における BMP シグナルの役割

STAT 3 と Smad 1 が転写共役因子 p 300/CBP と複合体を形成し，標的遺伝子の転写を誘導していることが明らかにされた[44]（12 章参照）。

bHLH タンパクである neurogenin はニューロンへの分化を促進する一方で，アストロサイトへの分化を抑制する。この機序として，ニューロンへの分化促進はプロモーター領域の E-box への結合による標的遺伝子の転写誘導，アストロサイトへの分化抑制は STAT 3-p 300/CBP-Smad 1 複合体の形成阻害によって行われていると報告された[45]。

同じく bHLH タンパクである OLIG 2 は Shh により誘導され，オリゴデンドロサイト分化を促進してアストロサイトへの分化を抑制する[46]。BMP-4 はニューロン分化だけでなくオリゴデンドロサイトへの分化も抑制する。BMP により誘導された Id（Id 2，Id 4）が，OLIG 2 による E-box を介した転写活性を阻害すると考えられている[47]。

13.9　始原生殖細胞形成における BMP シグナルの役割

始原生殖細胞（primordial germ cell：PGC）は，発生に伴って生殖細胞に分化し，さらに卵子や精子など配偶子に分化する細胞である。始原生殖細胞を SCF（stem cell factor）を発現するフィーダー細胞上で LIF および FGF-2 の存在下で培養すると，EG 細胞（embryonic germ cell）と呼ばれる細胞に変化し，ES 細胞と同様の多分化能を獲得する。

始原生殖細胞は発生段階において原腸陥入のあと，7.25 日胚までにエピブラスト基部の細胞から分化することが示されており，この過程で胚体外外胚葉からの BMP-4 が誘導シグナルとしてはたらく[48]。Smad 1 欠損マウスでは始原生殖細胞が減少することも，BMP がその発生過程に重要であることを裏づけている。最近になって，in vitro で ES 細胞から生殖細胞への分化誘導に成功したとの報告があり，この系でも BMP-4 が分化促進的にはたらくことが示された[49]。

13.10　腸管上皮幹細胞における BMP シグナルの役割

腸管上皮幹細胞は，腸上皮の陰窩（クリプト）に存在し，分裂を繰り返して腸管上皮の絨毛構造を構築し，さらに粘膜傷害が発生したときの再生に関与する。腸管上皮幹細胞からの細胞分化・増殖においては Wnt シグナルの下流にある β-catenin が重要な役割を担っている。

腸管において特異的に ALK-3 を欠損するマウスでは多発性の腸ポリープが発生し，腸管組織では β-catenin の核内への集積が認められると報告された[50]。よって，ALK-3 を介した BMP シグナルが β-catenin の活性を抑制し，腸管上皮幹細胞からの上皮の増殖を負に制御している可能性がある。

13.11 おわりに

　ES 細胞や組織幹細胞の自己複製・分化・増殖制御における BMP の役割について概説した。BMP は神経外胚葉の分化を抑制し，中胚葉の分化を促進する。さらに中胚葉に由来する幹細胞，すなわち造血幹細胞や間葉系幹細胞の自己複製・分化制御に重要な役割を担う。

　発生過程の組織・器官形成における BMP シグナルの重要性は，シグナル構成因子の欠損マウスの表現型からも明らかである。今後は発生時期・分化段階や組織・器官に特異的な遺伝子発現・遺伝子欠損による表現型の解析によって，その役割がより詳細に明らかになると思われる。

　1990 年代には BMP をはじめ，TGF-β スーパーファミリーの主要なシグナル経路が急速に明らかとなった。そして 2000 年前後から最近に至るまで，ほかのシグナル経路とのクロストークに関する報告が相次いでいる。しかし，その分子レベルでのメカニズムは十分に明らかにされていない。BMP シグナルは，ほかのシグナル経路との協調によって，幹細胞の増殖・分化・自己複製の制御に寄与していると考えられる。組織の再生に寄与しうる幹細胞の再生医療へのポテンシャルの大きさは自明であろう。さらに幹細胞とがんとの密接な関連を裏づける報告も多い。幹細胞生物学の進展が近い将来，幅広い臨床応用に貢献し，さまざまな疾患の克服として結実することを期待したい。

引用・参考文献

1) Miyazawa, K., Shinozaki, M., Hara, T., Furuya, T., Miyazono, K.：Two major Smad pathways in TGF-beta superfamily signalling, Genes. Cells., **7**, 12, pp.1191-1204（2002）
2) Murakami, G., Watabe, T., Takaoka, K., Miyazono, K., Imamura, T.：Cooperative inhibition of bone morphogenetic protein signaling by Smurf 1 and inhibitory Smads, Mol. Biol. Cell., **14**, 7, pp.2809-2817（2003）
3) Zhang, H., Bradley, A.：Mice deficient for BMP 2 are nonviable and have defects in amnion/chorion and cardiac development, Development, **122**, 10, pp.2977-2986（1996）
4) Winnier, G., Blessing, M., Labosky, P. A., Hogan, B. L.：Bone morphogenetic protein-4 is required for mesoderm formation and patterning in the mouse, Genes. Dev., **9**, 17, pp.2105-2116（1995）
5) Dudley, A. T., Lyons, K. M., Robertson, E. J.：A requirement for bone morphogenetic protein-7 during development of the mammalian kidney and eye, Genes. Dev., **15**, 9, 22, pp.2795-2807（1995）
6) Solloway, M. J., Robertson, E. J.：Early embryonic lethality in Bmp 5；Bmp 7 double

mutant mice suggests functional redundancy within the 60 A subgroup, Development, **126**, 8, pp.1753-1768 (1999)

7) Solloway, M. J., Dudley, A. T., Bikoff, E. K., Lyons, K. M., Hogan, B. L., Robertson, E. J.: Mice lacking Bmp 6 function, Dev. Genet., **22**, 4, pp.321-339 (1998)

8) Kim, R. Y., Robertson, E. J., Solloway, M. J.: Bmp 6 and Bmp 7 are required for cushion formation and septation in the developing mouse heart, Dev. Biol., **15**;235, 2, pp.449-466 (2001)

9) Chen, H., Shi, S., Acosta, L., Li, W., Lu, J., Bao, S., Chen, Z., Yang, Z., Schneider, M. D., Chien, K. R., Conway, S. J., Yoder, M. C., Haneline, L. S., Franco, D., Shou, W.: BMP 10 is essential for maintaining cardiac growth during murine cardiogenesis, Development, **131**, 9, pp.2219-2231 (2004)

10) Mishina, Y., Crombie, R., Bradley, A., Behringer, R. R.: Multiple roles for activin-like kinase-2 signaling during mouse embryogenesis, Dev. Biol., **213**, 2, pp.314-326 (1999)

11) Gu, Z., Reynolds, E. M., Song, J., Lei, H., Feijen, A., Yu, L., He, W., MacLaughlin, D. T., van den Eijnden-van Raaij, J., Donahoe, P. K., Li, E.: The type I serine/threonine kinase receptor ActRIA (ALK 2) is required for gastrulation of the mouse embryo, Development, **126**, 11, pp.2551-2561 (1999)

12) Mishina, Y., Suzuki, A., Ueno, N., Behringer, R. R.: Bmpr encodes a type I bone morphogenetic protein receptor that is essential for gastrulation during mouse embryogenesis, Genes. Dev., **9**, 24, pp.3027-3037 (1995)

13) Yi, S. E., Daluiski, A., Pederson, R., Rosen, V., Lyons, K. M.: The type I BMP receptor BMPRIB is required for chondrogenesis in the mouse limb, Development, **127**, 3, pp.621-630 (2000)

14) Beppu, H., Kawabata, M., Hamamoto, T., Chytil, A., Minowa, O., Noda, T., Miyazono, K.: BMP type II receptor is required for gastrulation and early development of mouse embryos, Dev. Biol., **221**, 1, pp.249-258 (2000)

15) Conlon, F. L., Lyons, K. M., Takaesu, N., Barth, K. S., Kispert, A., Herrmann, B., Robertson, E. J.: A primary requirement for nodal in the formation and maintenance of the primitive streak in the mouse, Development, **120**, 7, pp.1919-1928 (1994)

16) Gu, Z., Nomura, M., Simpson, B. B., Lei, H., Feijen, A., van den Eijnden-van Raaij, J., Donahoe, P. K., Li, E.: The type I activin receptor ActRIB is required for egg cylinder organization and gastrulation in the mouse, Genes. Dev., **12**, 6, pp.844-857 (1998)

17) Song, J., Oh, S. P., Schrewe, H., Nomura, M., Lei, H., Okano, M., Gridley, T., Li, E.: The type II activin receptors are essential for egg cylinder growth, gastrulation, and rostral head development in mice, Dev. Biol., **213**, 1, pp.157-169 (1999)

18) Sirard, C., de la Pompa, J. L., Elia, A., Itie, A., Mirtsos, C., Cheung, A., Hahn, S., Wakeham, A., Schwartz, L., Kern, S. E., Rossant, J., Mak, T. W.: The tumor suppressor gene Smad 4/Dpc 4 is required for gastrulation and later for anterior development of the mouse embryo, Genes. Dev., **12**, 1, pp.107-119 (1998)

19) Tremblay, K. D., Dunn, N. R., Robertson, E. J.: Mouse embryos lacking Smad 1 signals display defects in extra-embryonic tissues and germ cell formation, Development, **128**, 18,

pp.3609-3621 (2001)

20) Chang, H., Huylebroeck, D., Verschueren, K., Guo, Q., Matzuk, M. M., Zwijsen, A. : Smad 5 knockout mice die at mid-gestation due to multiple embryonic and extraembryonic defects, Development, **126**, 8, pp.1631-1642 (1999)

21) Matsuda, T., Nakamura, T., Nakao, K., Arai, T., Katsuki, M., Heike, T., Yokota, T. : STAT 3 activation is sufficient to maintain an undifferentiated state of mouse embryonic stem cells, EMBO. J., **18**, 15, pp.4261-4269 (1999)

22) Niwa, H., Miyazaki, J., Smith, A. G. : Quantitative expression of Oct-3/4 defines differentiation, dedifferentiation or self-renewal of ES cells, Nat. Genet., **24**, 4, pp.372-376 (2000)

23) Chambers, I., Colby, D., Robertson, M., Nichols, J., Lee, S., Tweedie, S., Smith, A. : Functional expression cloning of Nanog, a pluripotency sustaining factor in embryonic stem cells, Cell, **113**, 5, pp.643-655 (2003)

24) Mitsui, K., Tokuzawa, Y., Itoh, H., Segawa, K., Murakami, M., Takahashi, K., Maruyama, M., Maeda, M., Yamanaka., S. : The homeoprotein Nanog is required for maintenance of pluripotency in mouse epiblast and ES cells, Cell, **113**, 5, pp.631-642 (2003)

25) Ying, Q. L., Nichols, J., Chambers, I., Smith, A. : BMP induction of Id proteins suppresses differentiation and sustains embryonic stem cell self-renewal in collaboration with STAT 3, Cell, **115**, 3, pp.281-292 (2003)

26) Qi, X., Li, T. G., Hao, J., Hu, J., Wang, J., Simmons, H., Miura, S., Mishina, Y., Zhao, G. Q. : BMP 4 supports self-renewal of embryonic stem cells by inhibiting mitogen-activated protein kinase pathways, Proc. Natl. Acad. Sci. USA., **101**, 16, pp.6027-6032 (2004)

27) Tropepe, V., Hitoshi, S., Sirard, C., Mak, T. W., Rossant, J., van der Kooy D. : Direct neural fate specification from embryonic stem cells : a primitive mammalian neural stem cell stage acquired through a default mechanism, Neuron, **30**, 1, pp.65-78 (2001)

28) Ying, Q. L., Stavridis, M., Griffiths, D., Li, M., Smith, A. : Conversion of embryonic stem cells into neuroectodermal precursors in adherent monoculture, Nat. Biotechnol., **21**, 2, pp.183-186 (2003)

29) Thomson, J. A., Itskovitz-Eldor, J., Shapiro, S. S., Waknitz, M. A., Swiergiel, J. J., Marshall, V. S., Jones, J. M. : Embryonic stem cell lines derived from human blastocysts, Science, **282**, 5391, pp.1145-1147 (1998)

30) Ginis, I., Luo, Y., Miura, T., Thies, S., Brandenberger, R., Gerecht-Nir, S., Amit, M., Hoke, A., Carpenter, M. K., Itskovitz-Eldor, J., Rao, M. S. : Differences between human and mouse embryonic stem cells, Dev. Biol., **269**, 2, pp.360-380 (2004)

31) Sato, N., Sanjuan, I. M., Heke, M., Uchida, M., Naef, F., Brivanlou, A. H. : Molecular signature of human embryonic stem cells and its comparison with the mouse, Dev. Biol., **260**, 2, pp.404-413 (2003)

32) Bhattacharya, B., Miura, T., Brandenberger, R., Mejido, J., Luo, Y., Yang, A. X., Joshi, B. H., Ginis, I., Thies, R. S., Amit, M., Lyons, I., Condie, B. G., Itskovitz-Eldor, J., Rao, M. S., Puri, R. K. : Gene expression in human embryonic stem cell lines : unique molecular signature, Blood, **103**, 8, pp.2956-2964 (2004)

33) Xu, R. H., Chen, X., Li, D. S., Li, R., Addicks, G. C., Glennon, C., Zwaka, T. P., Thomson, J. A.：BMP 4 initiates human embryonic stem cell differentiation to trophoblast, Nat. Biotechnol., **20**, 12, pp.1261-1264（2002）
34) Pera, M. F., Andrade, J., Houssami, S., Reubinoff, B., Trounson, A., Stanley, E. G., Ward-van Oostwaard, D., Mummery, C.：Regulation of human embryonic stem cell differentiation by BMP-2 and its antagonist noggin, J. Cell. Sci., **117**（Pt 7）pp.1269-1280（2004）
35) Pittenger, M. F., Mackay, A. M., Beck, S. C., Jaiswal, R. K., Douglas, R., Mosca, J. D., Moorman, M. A., Simonetti, D. W., Craig, S., Marshak, D. R.：Multilineage potential of adult human mesenchymal stem cells, Science, **284**, 5411, pp.143-147（1999）
36) Peng, Y., Kang, Q., Luo, Q., Jiang, W., Si, W., Liu, B. A., Luu, H. H., Park, J. K., Li, X., Luo, J., Montag, A. G., Haydon, R. C., He, T. C.：Inhibitor of DNA binding/differentiation helix-loop-helix proteins mediate bone morphogenetic protein-induced osteoblast differentiation of mesenchymal stem cells, J. Biol. Chem., **279**, 31, pp.32941-32949（2004）
37) Miyazono, K., Maeda, S., Imamura, T.：Coordinate regulation of cell growth and differentiation by TGF-beta superfamily and Runx proteins, Oncogene, **23**, 24, pp.4232-4237（2004）
38) Maeda, S., Hayashi, M., Komiya, S., Imamura, T., Miyazono, K.：Endogenous TGF-beta signaling suppresses maturation of osteoblastic mesenchymal cells, EMBO. J., **23**, 3, pp.552-563（2004）
39) Yamashita, J., Itoh, H., Hirashima, M., Ogawa, M., Nishikawa, S., Yurugi, T., Naito, M., Nakao, K., Nishikawa, S.：Flk 1-positive cells derived from embryonic stem cells serve as vascular progenitors, Nature, **408**, 6808, pp.92-96（2000）
40) Fujimoto, T., Ogawa, M., Minegishi, N., Yoshida, H., Yokomizo, T., Yamamoto, M., Nishikawa, S.：Step-wise divergence of primitive and definitive haematopoietic and endothelial cell lineages during embryonic stem cell differentiation, Genes. Cells., **6**, 12, pp.1113-1127（2001）
41) Park, C., Afrikanova, I., Chung, Y. S., Zhang, W. J., Arentson, E., Fong, G h. G., Rosendahl, A., Choi, K.：A hierarchical order of factors in the generation of FLK 1- and SCL-expressing hematopoietic and endothelial progenitors from embryonic stem cells, Development, **131**, 11, pp.2749-2762（2004）
42) Bhardwaj, G., Murdoch, B., Wu, D., Baker, D. P., Williams, K. P., Chadwick, K., Ling, L. E., Karanu, F. N., Bhatia, M.：Sonic hedgehog induces the proliferation of primitive human hematopoietic cells via BMP regulation, Nat. Immunol., **2**, 2, pp.172-180（2001）
43) Marshall, C. J., Kinnon, C., Thrasher, A. J.：Polarized expression of bone morphogenetic protein-4 in the human aorta-gonad-mesonephros region, Blood, **96**, 4, pp.1591-1593（2000）
44) Nakashima, K., Yanagisawa, M., Arakawa, H., Kimura, N., Hisatsune, T., Kawabata, M., Miyazono, K., Taga, T.：Synergistic signaling in fetal brain by STAT 3-Smad 1 complex bridged by p 300, Science, **284**, 5413, pp.479-482（1999）
45) Sun, Y., Nadal-Vicens, M., Misono, S., Lin, M. Z., Zubiaga, A., Hua, X., Fan, G., Greenberg, M. E.：Neurogenin promotes neurogenesis and inhibits glial differentiation by independent

mechanisms, Cell, **104**, 3, pp.365-376 (2001)
46) Fukuda, S., Kondo, T., Takebayashi, H., Taga, T.: Negative regulatory effect of an oligodendrocytic bHLH factor OLIG 2 on the astrocytic differentiation pathway, Cell Death Differ, **11**, 2, pp.196-202 (2004)
47) Samanta, J., Kessler, J. A.: Interactions between ID and OLIG proteins mediate the inhibitory effects of BMP 4 on oligodendroglial differentiation, Development, **131**, 17, pp. 4131-4142 (2004)
48) Hayashi, K., Kobayashi, T., Umino, T., Goitsuka, R., Matsui, Y., Kitamura D.: SMAD 1 signaling is critical for initial commitment of germ cell lineage from mouse epiblast, Mech. Dev., **118**, 1-2, pp.99-109 (2002)
49) Toyooka, Y., Tsunekawa, N., Akasu, R., Noce T.: Embryonic stem cells can form germ cells in vitro, Proc. Natl. Acad. Sci. USA., **100**, 20, pp.11457-11462 (2003)
50) He, X. C., Zhang, J., Tong, W. G., Tawfik, O., Ross, J., Scoville, D. H., Tian, Q., Zeng, X., He, X., Wiedemann, L. M., Mishina, Y., Li, L.: BMP signaling inhibits intestinal stem cell self-renewal through suppression of Wnt-beta-catenin signaling, Nat. Genet., **36**, 10, pp.1117-1121 (2004)

14 幹細胞のシグナル伝達
〜 Wnt シグナル 〜

14.1 Wnt シグナル研究の流れ

　Wnt シグナル研究は，いまから約 30 年前にショウジョウバエの遺伝学的解析において，翅のないショウジョウバエの変異体 *wingless* が見いだされたことから開始された[1]。このハエは，複眼や胸部の剛毛，中腸等にも異常が認められ，胚では分節形成の異常（前後の極性を示すクチクラ構造の異常）が認められた。分節形成に関する遺伝子は分節遺伝子（segment polarity gene）と呼ばれるが，*wingless* の異常と類似または逆の表現型を示す分節遺伝子のなかで，*dishevelled*，*shaggy*，*armadillo*，*pangolin* が *wingless* と遺伝学的に関連することが示された。Dishevelled は哺乳動物の Dvl に，Shaggy はタンパク質リン酸化酵素 glycogen synthase kinase-3（GSK-3）に，Armadillo は β-カテニンに，Pangolin は転写因子 T-cell factor/Lymphoid enhancer factor（Tcf/Lef）に相当することが明らかになり，Wnt シグナルは進化的に保存されていると考えられるようになった[2],[3]（**図 14.1**）。

　哺乳動物における Wnt のシグナル研究は，がんウイルス研究に端を発した。1982 年にマウス乳がんウイルスにより誘導される遺伝子 *int-1* が同定された[4]。Int-1 はアミノ酸配列から分泌タンパク質と推定された。Int-1 と Wingless のアミノ酸配列の相同性が高いためにこれらのタンパク質は Wnt-1（Wingless＋Int-1）と呼ばれるようになった。さらに Wnt-1 を上皮細胞に発現させると形質転換することが確認され，Wnt シグナルによる細胞のがん化も注目されるようになった。Wingless はショウジョウバエの発生に重要であることが判明していたので Wnt-1 に類似した複数の Wnt ファミリーが同定されると，種々の Wnt のノックアウトマウスが作製された[5]。その結果，欠損する Wnt の種類によりおのおの多彩な表現型を示すことが明らかになった。例えば，Wnt-1 のノックアウトマウスでは中脳と小脳の欠失が，Wnt-2 のノックアウトマウスでは胎盤の発生異常が，Wnt-3a のノックアウトマウスでは体節の欠失と神経管の過形成，尾芽の消失が認められた。したがって，Wnt が哺乳動物においても発生生物学的に重要であることが決定的になった。現在，ヒト，マウスには 19 種類の Wnt が存在する。

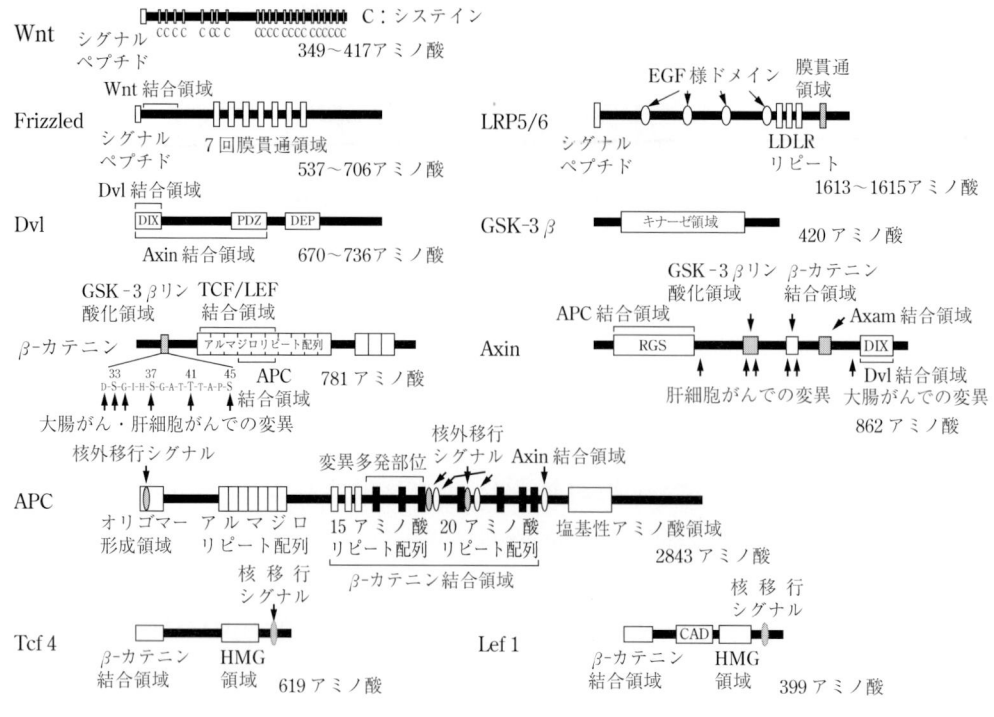

図 14.1 Wnt シグナル伝達経路の主要構成タンパク質の構造

発生生物学の歴史においては両生類の研究が古くから大きな貢献をしてきた。Wnt とのかかわりでは，1989 年にアフリカツメガエル初期胚に *int-1* mRNA を発現させると二次体軸が形成されることが見いだされた[6]。一方，Wnt シグナルの抑制因子はアフリカツメガエル初期胚の頭部構造の形成を阻害した。このように，Wnt に関する研究は遺伝学や発生生物学，腫瘍学という異なる研究領域から独自に開始され，それらの統一的な理解が深まるにつれて，Wnt は生物学的に重要な分子として位置づけられるようになった。

14.2 細胞内 Wnt シグナル伝達経路の概要

上述したように，ショウジョウバエの遺伝学に端を発した Wingless/Wnt の研究は，発生生物学や腫瘍学的アプローチによっても解析が進み，多様な研究領域を包括してきた。Wnt は分泌型糖タンパク質であり，Wnt により活性化される細胞内のシグナル伝達経路は多細胞生物の発生に必須のシステムであり，細胞の分化や増殖，極性の維持，運動，自己複製等多彩な細胞機能を制御する。Wnt シグナル伝達経路には，つぎの 3 種類が存在すると考えられている。

14.2.1 β-カテニン経路

カドヘリンの結合タンパク質として細胞接着に重要な役割を果たす β-カテニンは，Wnt シグナル伝達経路の構成タンパク質として転写制御に関与しており，β-カテニンを介するシグナル伝達経路は β-カテニン経路（図 14.2）または古典的経路（canonical pathway）と呼ばれている[7]。Wnt の非存在下では，細胞質の β-カテニンは Axin や adenomatous polyposis coli（APC），GSK-3β，カゼインキナーゼ I（CKI），Dvl 等の複数の Wnt シグナル伝達経路構成タンパク質と複合体を形成している[8]~[10]。この複合体中で，β-カテニンは CKI と GSK-3β によるリン酸化を受けて，リン酸化された β-カテニンはユビキチン化され，プロテアソームで分解される。その結果，細胞質の β-カテニンの量は低いレベルで保たれている。さらに，GSK-3β はこの複合体中で Axin をリン酸化することによって Axin を安定化し，APC をリン酸化することによって APC の β-カテニンに対する親和性を高めるという二つの機序で β-カテニンの分解を促進する[11],[12]。

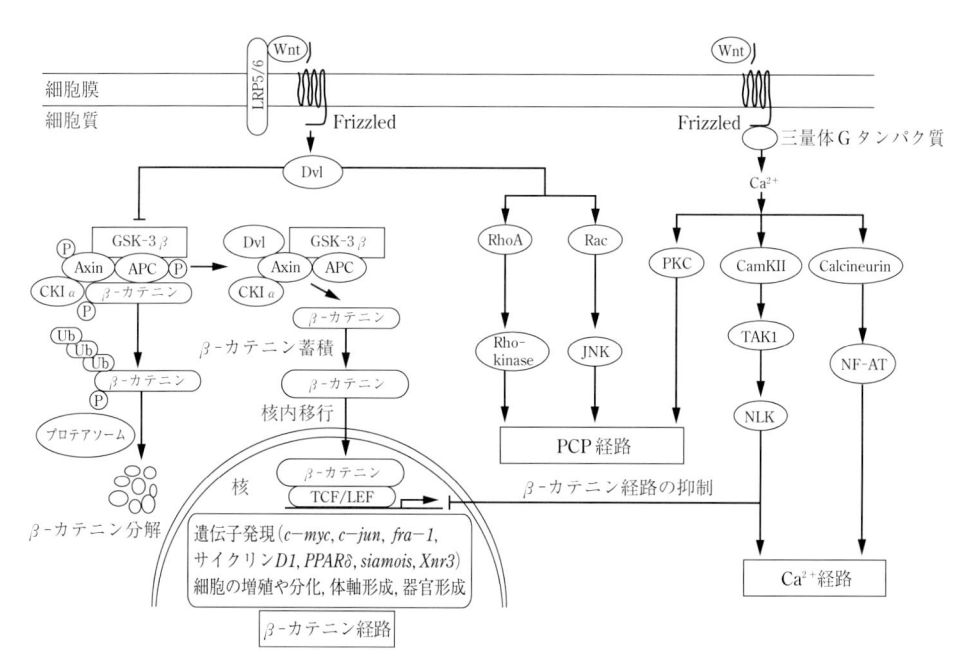

図中の Ⓟ はリン酸化を，Ⓤb は，ユビキチン化を表す

図 14.2 Wnt シグナル伝達経路

Frizzled（Fz）は 7 回膜貫通型の受容体でヒトでは 10 種類の遺伝子からなるサブファミリーを形成しており，1 回膜貫通型受容体 low-density lipoprotein receptor-related protein（LRP）5/6 とともに Wnt の共役受容体となる[13]。Wnt が Fz/LRP 受容体複合体と結合すると，Dvl は Fz に，Axin は LRP に結合する。詳細な機構は不明であるが，その結

果，GSK-3βによるβ-カテニンのリン酸化が抑制されるとβ-カテニンはユビキチン化を免れ，分解が停止する。細胞質内で蓄積したβ-カテニンは核内に移行し，転写因子Tcf/Lefと結合して，転写活性を促進する[14]。その結果，*c-myc*，*c-jun*，*fra-1*，サイクリン*D1*，*peroxisome proliferator-activated receptor δ（PPAR δ）*，*siamois*，*Xnr3*などの標的遺伝子の発現が誘導されて，細胞の増殖や分化，初期発生時の体軸形成や器官形成などが制御される（**表14.1**）。

表14.1 β-カテニン経路により発現誘導される遺伝子

1. ヒト				
c-myc	c-jun	ITF-2	Id 2	Survivin
サイクリンD 1	fra-1	claudin-1	uPAR	FoxN 1
TCF 1	MMP-7	VEGF	Gastrin	MMP-26
LEF 1	Axin-2	Frizzled 7	CD 44	BMP 4
PPARδ	Nr-CAM	Follistatin	EphB/ephrin-B	
2. マウス				
Brachyury	FGF 4	Proglucagon	VEGF-C	Cox-2
Cdx-1	connexin 43	cyclooxygenase-2	MDR-1	IL-6
Pitx 2	Twist	IGF-I, II	sFRP-2	
Keratin	Stromelysin	Proliferin-2, 3	Eda	
movo 1	WISP-1, 2	Emp	Wrch-1	
3. ラット				
ret	connexin 43			
4. アフリカツメガエル				
Siamois	fibronectin	engrailed-2	myogenic bHLH	connesin 30
Xnr 3	connexin 43	twin	RARγ	
5. ゼブラフィッシュ				
dharma/bozozok	nacre	Cdx 4		
6. ショウジョウバエ				
Ubx	wingless	Engrailed		

14.2.2 PCP経路

上皮細胞には頂部-基部軸に沿った極性に加えて，頂部-基部軸と直交する平面に沿った極性（平面内細胞極性，planar cell polarity：PCP）が存在する（**図14.3**）。ショウジョウバエでの*wingless*や*fz*の変異体で，翅表面の翅毛・体表面を覆う感覚毛の方向や，複眼を構成する光受容細胞の配列の方向が異常になることから，これらの表現型を制御するシグナル伝達経路の存在が明らかになり，PCP経路（図14.2）と呼ばれている[15]。後述するCa^{2+}経路とあわせて，これらは非古典的経路（non-canonical pathway）と呼ばれている。脊椎動物でもPCP経路は保存されており，アフリカツメガエルではWnt-11がリガンドとなりDvlにシグナルを伝達し，初期発生時の原腸形成の際などにみられる細胞運動（convergent extension movement）を制御する[16]。原腸形成は脊椎動物の発生において，三胚葉を正しく位置づけ，その後の胚葉分化や臓器形成の空間的配置を決定する重要なイベントである。

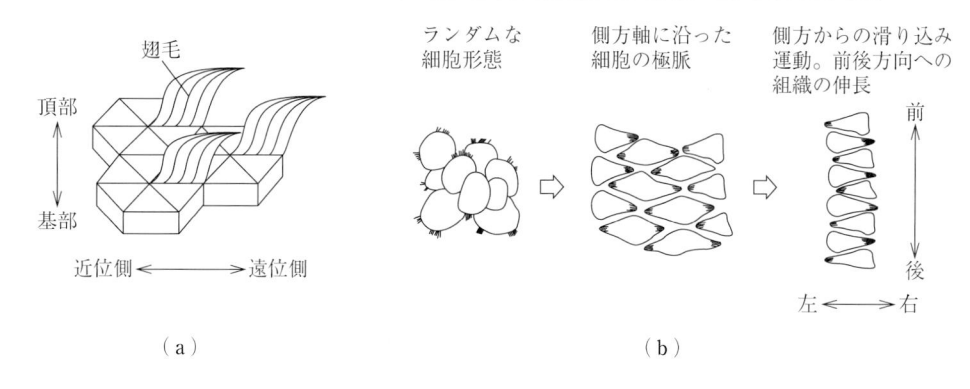

14.2 細胞内Wntシグナル伝達経路の概要

(a) ショウジョウバエの翅表面に形成される翅毛。個々の細胞の遠位側の頂部端でアクチンが重合し，形成された翅毛は翅の先端方向に伸長する。
(b) 原腸形成運動における収束伸長。原腸形成期の中胚葉組織では極性化した細胞が，たがいに側方軸に沿って滑り込むことで収束し，前後軸方向へ伸長する。

図 14.3 平面内細胞極性（PCP）

細胞レベルでは，中胚葉組織において，細胞が極性化してたがいに滑り込むことで，収束伸長と呼ばれる伸長運動が行われる。この複数の細胞による極性制御と運動制御の総和として表現される原腸形成運動は，球形の胚を前後軸方向に伸長した形態に変化させる。ゼブラフィッシュやアフリカツメガエルの原腸形成異常を引き起こす複数の原因遺伝子がショウジョウバエのPCP経路の構成遺伝子と類似していることから，PCP経路により原腸形成が制御されると考えられるようになった。哺乳動物では，マウスのneural tube defect（NTD）変異は二分脊椎症を示すが，この原因遺伝子はショウジョウバエのPCP経路を構成する遺伝子と類似していることも判明した[17]。マウスNTDでは，PCP経路が破綻するために原腸形成運動が不完全となり，神経管が完全に閉鎖しないと考えられる。

本経路ではWntシグナルは，FzからDishevelled/Dvlに伝達され，RhoやRacなどのRhoファミリーの低分子量Gタンパク質を活性化する。この際には，β-カテニン経路に必要とされるLRP5/6は関与していないとされている[15]。Racはc-jun N-terminal kinase（JNK）を活性化し，原腸形成の際の細胞運動を制御する[18]。RhoAはRho-associated kinase（Rho-kinase）を活性化して，Rho-kinaseはアクチン線維形成を介して細胞極性の制御や細胞運動に関与する[19),20)]。Dishevelled/Dvlによる低分子量Gタンパク質の活性化の分子機構は不明であるが，Dvl結合タンパク質Dishevelled-associated activator of morphogenesis 1（Daam 1）はRhoAとも複合体を形成することにより，PCP経路でのRhoAの活性化に関与すると考えられている[21]。PCP経路の構成タンパク質であるRhoとRacは細胞の極性や運動の制御に重要である。Rhoが細胞運動に対して抑制的に，Racが促進的に作用することとあわせて，PCP経路においてWntはRhoとRacの時間的空間的活性化を協調的に行うことにより，細胞の極性や運動を制御すると考えられる。

14.2.3 Ca^{2+} 経路

アフリカツメガエル初期胚においては，Wnt-5aやFz2を発現させると，受容体共役型三量体Gタンパク質を介して細胞内Ca^{2+}が動員されて，カルモデュリン依存性キナーゼII（CamK II）とprotein kinase C（PKC）が活性化されるシグナル伝達経路が存在することが示され，本経路はCa^{2+}経路（図14.2）と呼ばれる[22]。Wnt-11やFz7からのシグナルも三量体Gタンパク質を介してPKCを活性化して，原腸形成の際の細胞運動を制御する[23]。また，Wnt-5aがCa^{2+}動員を介してcalcineurin（Ca^{2+}で活性化されるホスファターゼ）およびnuclear factor of activated T cells（NF-AT）を活性化する可能性も知られている[24]。Wnt-5aによって活性化されたNF-ATは，Dvlとβ-カテニンとの間に作用してβ-カテニン経路を抑制し，アフリカツメガエル胚の体軸形成を抑制する。

これに対して，哺乳動物細胞においては，Wnt-5aがCamK IIを介して，TGF-activated kinase-1（TAK-1）とNemo-like kinase（NLK）を活性化することが示された[25]。活性化したNLKはTcf/Lefをリン酸化することにより，これらの転写因子のDNAとの親和性を低下させ，β-カテニン経路による遺伝子発現を抑制する。したがって，細胞内で分岐したWntシグナルは再び相互に関連しながら遺伝子発現や細胞の運動などを巧妙に調節する可能性が考えられる。また，転移能の高い悪性黒色腫ではWnt-5aが高発現していることから，Ca^{2+}経路による細胞運動の制御が示唆されている[26]。実際に，悪性黒色腫細胞においてWnt-5aはPKCを活性化して，PKCの阻害剤はその浸潤能を抑制した。

14.3 ES細胞とWntシグナル

Wntシグナルが胚性幹細胞（ES細胞）の自己複製に関与する可能性が示唆されている。内胚葉，外胚葉，中胚葉の三つの胚葉に属する少なくともそれぞれ1種の細胞に分化できる能力（pluripotency）を有しながら増殖を続けることがES細胞の自己複製の特徴である[27]。マウスES細胞はleukemia inhibitory factor（LIF）とウシ胎仔血清，支持細胞の存在下において，pluripotencyを維持しながら自己複製を行う。LIFはgp130受容体に結合してsignal transducer and activation of transcription（STAT3）を介して，Oct3/4等の未分化能に関与する遺伝子発現を促進するが，その詳細な分子機構は不明である（8章参照）。また，LIFに加えて，ウシ胎仔血清と支持細胞から供給される未知の因子がマウスES細胞の自己複製を促進すると考えられている。したがって，ES細胞の自己複製を制御する細胞外の分子とそれにより活性化される細胞内シグナル伝達機構を明らかにすることが本研究領域の必須の課題である。

14.3.1 APC欠損マウスとES細胞

APCはβ-カテニン分解に関与する重要ながん抑制遺伝子産物であり，ヒト大腸がんではその70％以上に遺伝子の変異が認められることからAPCノックアウトマウスが作製され，がん研究に用いられてきた[28),29)]。ES細胞をマウスの皮下に注射すると奇形種ができる。この奇形種はpluripotencyを有したES細胞由来であり，外胚葉および中胚葉，内胚葉由来の種々のよく分化した組織から構成されている。APC欠損マウスから作製したES細胞由来の奇形種では，神経や骨，軟骨，毛髪を有した上皮への分化が抑制される[30)]。また*in vitro*でES細胞をLIF非存在下で培養すると90％以上が分化するが，APC欠損マウスから作製したES細胞では分化の程度が著しく抑制される。興味深いことにAPCの変異の種類によりβ-カテニンの発現量が異なり，β-カテニンの発現量に依存してpluripotencyが制限される。さらにβ-カテニン自身の変異によりβ-カテニンが安定化するマウスのES細胞由来の奇形種もAPC欠損マウスのES細胞と同様に分化が抑制される。したがってES細胞の分化はβ-カテニン経路の活性化により抑制されると考えられる（図14.4）。

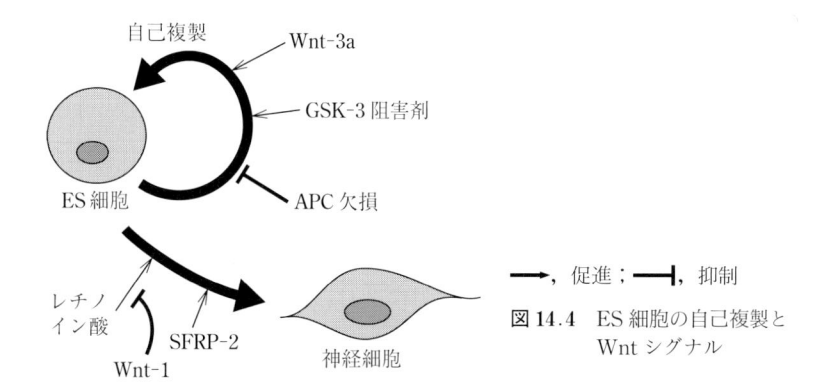

図14.4 ES細胞の自己複製とWntシグナル

ES細胞はレチノイン酸により神経細胞に分化するが，この際にSecreted Frizzled-related protein-2（sFRP-2）の発現が増加する[31)]。sFRP-2はWntの受容体であるFzの細胞外領域と相同性の高い配列を有している細胞外分泌タンパク質であり，WntまたはFzと結合することによりWntシグナルを抑制する[32)]。sFRP-2の過剰発現がレチノイン酸依存性の神経細胞への分化を促進すること，逆にWnt-1の過剰発現がレチノイン酸依存性の神経細胞への分化を抑制することから，Wntシグナルにより未分化性が維持されることが示唆される。

14.3.2 WntによるES細胞の自己複製の制御

WntシグナルがES細胞の分化を抑制するという知見に加えて，ES細胞の自己複製を促進することが示された[33)]。未分化状態のES細胞ではTcf活性が高く，かつGSK-3の阻害

薬（BIO）によりβ-カテニンが蓄積すると，未分化能のマーカー遺伝子であるRex-1の発現が増加する．また，BIO存在下で培養したES細胞をマウスの皮下に注射すると，神経上皮や軟骨，毛髪を有する上皮を含む三胚葉からなる奇形種が形成され，これはLIF存在下で培養したES細胞と同様であった．これらはマウスES細胞の実験結果であるが，さらに重要な点は，LIF依存性にpluripotencyを維持することができないヒトES細胞においても，BIOやWnt-3a conditioned mediumがその細胞増殖を促進して未分化能を維持することである．これらの実験結果だけでは，WntがES細胞の未分化能を維持したまま継代できるのか不明であり，また血清中の因子の作用を増強しているだけの可能性も否定できない．これらの点を明らかにするためには，支持細胞や血清を必要としないES細胞を樹立して，精製Wntタンパク質を作用させる実験系を確立することが必須である．もし，Wntが単独で自己複製を制御できるのであれば，ヒトES細胞を増殖させるという意味において，再生医療を確立するための重要な細胞増殖因子となる可能性が高い（図14.4参照）．

14.4 EC細胞とWntシグナル

胚性がん腫細胞（embryonic carcinoma cells：EC細胞）はテラトカルシノーマの幹細胞である．テラトカルシノーマは三胚葉性の種々の組織とそれらを生み出す幹細胞からなっている[34),35)]．EC細胞は腫瘍細胞として未分化な状態で増殖を繰り返すとともに，胚細胞に類似した多分化能を保っている．さらに，EC細胞はES細胞に比べて容易に培養できるので，哺乳動物の初期発生や細胞分化におけるWntシグナルの役割を解析する有用なモデル細胞になっている．EC細胞は多数報告されているが，ここではF9細胞およびP19細胞とWntシグナルとの関係について述べる．

14.4.1 F9細胞とWntシグナル

F9細胞はレチノイン酸の処理により，遠位内胚葉に分化する．Fz1をF9細胞に発現させるとWnt-8により遠位内胚葉に分化し，また，Fz2とWnt-5aの組合せでも同様の分化を示す[36),37)]．しかし，リガンドと受容体の組合せが異なれば，分化は起こらなかった．Wnt-8とWnt-5aはそれぞれβ-カテニン経路とCa^{2+}経路を活性化することから，両経路ともF9細胞の分化に独立して関与すると考えられる．さらに，レチノイン酸はβ-カテニンの蓄積とTcfの転写活性化を誘導して，Tcfのドミナントネガティブ型はレチノイン酸依存性の遠位内胚葉への分化を抑制する．したがって，F9細胞の分化にβ-カテニン経路が関与することが示唆される（図14.5）．

一方，F9細胞をバクテリア培養用皿で培養することにより細胞集合塊を作成して，レチ

14.4 EC 細胞と Wnt シグナル

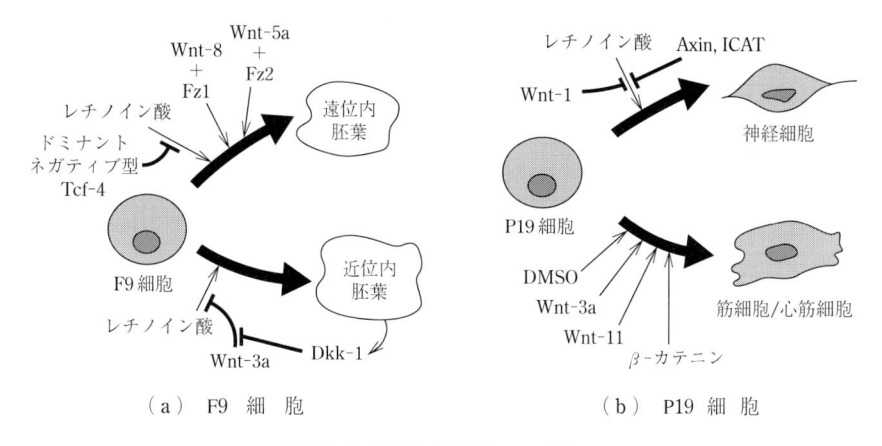

図 14.5 EC 細胞と Wnt シグナル

ノイン酸を作用させると近位内胚葉に分化できる．この条件下に，Wnt-3a conditioned medium は近位内胚葉への分化を抑制する[38]．Dickkopf-1（Dkk-1）は細胞外の分泌タンパク質であり，LRP 5/6 と結合することにより Wnt シグナルを抑制するが[32]，レチノイン酸により Dkk-1 が誘導される．このために，分化後には Wnt シグナルが抑制される．したがって β-カテニン経路はレチノイン酸による F9 細胞の内胚葉への分化を抑制するが，一度分化してしまうと Wnt が作用しにくいために分化が促進される状態になると考えられる．

14.4.2 P 19 細胞と Wnt シグナル

P 19 細胞は培養条件により，外胚葉（神経細胞）と中胚葉（筋細胞と心筋細胞）に分化する[39]．レチノイン酸により P 19 細胞が神経細胞に分化する際には，Wnt-1, 4, 6 遺伝子が発現するとともに，MASH-1 や GAP-43 等の神経特異的マーカー遺伝子が誘導され，細胞形態は細長くなり神経様突起も形成される[40]．Wnt-1 を P 19 細胞に過剰発現させると，レチノイン酸による神経特異的マーカー遺伝子の発現が抑制され，細胞形態も異常となる．また，レチノイン酸は Axin の低下と β-カテニンの安定化を誘導する[41]．さらに，Axin や ICAT を発現させることにより β-カテニン経路を恒常的に阻害すると，レチノイン酸依存性の神経細胞への分化は抑制される．したがって，P 19 細胞の神経細胞への分化に β-カテニン経路は重要であるが，時間的な制御が厳密であり，適切な時期に活性化されたり不活性化されることが正常な分化に必要と考えられる（図 14.5）．

一方，DMSO（dimethylsulfoxide）により P 19 細胞は筋細胞に分化する[42]．Wnt-1 と Wnt-3a は体節が骨格筋化するのに必須であり，Wnt-3a conditioned medium を P 19 細胞に作用させたり Wnt-3a を過剰発現させると，DMSO 非存在下に Pax 3 遺伝子や MyoD 遺伝子が誘導されて骨格筋様に分化する[43]．さらに，β-カテニンを過剰発現させても骨格

筋様に分化し，逆にβ-カテニンを阻害するとDMSOによる筋細胞への分化が抑制される。したがって，β-カテニン経路はP19細胞から骨格筋細胞への分化を制御すると考えられる。他方，P19細胞のうちでも特にP19CL6細胞はDMSOにより心筋細胞への分化を示す。Wnt-11 conditioned mediumはJNKの活性化を介してP19細胞の心筋細胞への分化を誘導する[44]。したがって，古典的経路と非古典的経路は幹細胞を異なる細胞系列に分化させる可能性がある。

14.5 組織幹細胞とWntシグナル

骨髄や消化管上皮，皮膚，種々の腺組織，精巣上皮では細胞が増殖，分化，アポトーシスすることによりつねに置き替わっている[45]。これらの組織では，少数の未分化な増殖細胞である組織幹細胞がより分化能，増殖能の高い細胞を産生し，それらの細胞がさらに分化を繰り返すことで組織を構築する。組織幹細胞の自己複製にもWntシグナルが関与する可能性が示唆されている。ここでは，造血幹細胞と小腸幹細胞の自己複製におけるWntシグナルの役割について述べる。

14.5.1 造血幹細胞とWntシグナル

TcfとLefは，元来リンパ球で見いだされた古典的経路の転写因子であり，Lefはリンパ球増殖を促進する[46]。β-カテニンを発現させた造血幹細胞は未分化な状態を維持したまま増殖し，さらにマウスに移植すると，骨髄球とT細胞，B細胞に分化する[47),48]。精製Wnt-3αタンパク質は造血幹細胞のTcf/Lefを活性化して，Wntシグナルを阻害すると造血幹細胞の細胞増殖能が抑制される。また，Wntシグナルを阻害した造血幹細胞をマウスに移植しても，正常な血球分化が認められない。ホメオボックス遺伝子である転写因子のHoxB4を恒常的に発現させた骨髄細胞は正常の幹細胞に近い多分化能と増殖能を備えていることから，造血幹細胞の自己複製に重要であると考えられている[49]。これに一致して，β-カテニンを発現させた造血幹細胞ではHoxB4の発現が上昇している。したがって，β-カテニン経路の活性化が造血幹細胞の未分化能を維持したまま増殖することに関与すると考えられる。

14.5.2 腸管上皮幹細胞とWntシグナル

小腸上皮は分化細胞が存在する絨毛と増殖細胞の存在する陰窩に分けられる。マウスの陰窩の基底部にはパネート細胞が存在し，最底部より4〜5番目の場所に幹細胞が存在する[45]。幹細胞から増殖した前駆細胞は小腸腔に向かって移動しながら，杯細胞や腸内分泌細

胞，吸収細胞へと分化する。腸管上皮幹細胞ではβ-カテニンの蓄積とTcfの活性化が認められる[50]。腸管上皮細胞において，Tcf-4の標的遺伝子としてEphB 2/3受容体が同定され，そのリガンドであるephrinBはβ-カテニン経路の活性化によりその発現が抑制される[51]。絨毛部の細胞ではephrinBの発現が，陰窩部の細胞ではEphB 2/3受容体の発現が優勢である。さらに，EphB 2/3受容体のノックアウトマウスでは，陰窩での細胞の分化および移動の方向性に異常が認められ，腸上皮の各細胞成分が混在している。したがって，腸管上皮幹細胞においてはβ-カテニン経路がephrinBとEphB 2受容体の発現を介して細胞の移動と分化，増殖を制御していると考えられる。

14.6 お わ り に

　胚性幹細胞や組織特異的幹細胞の増殖と分化にWntシグナル伝達経路が関与していることを支持する知見が集積してきた。しかし，WntがTGF-βやNotch，Hedgehog等のほかの因子とどのように協調しながら幹細胞を制御しているかは不明である。哺乳動物細胞において19種類存在するWntが"いつ"，"どこで"発現して"どの"細胞内シグナル伝達経路を活性化するかを詳細に明らかにすることが，幹細胞におけるWntシグナル伝達経路の生理的意義の全貌を理解するために必要である。

引用・参考文献

1) Wodarz, A. and Nusse, R.：Mechanisms of Wnt signaling in development, Annu. Rev. Cell. Dev. Biol., **14**, pp.59-88 (1998)
2) Dale, T. C.：Signal transduction by the Wnt family of ligands, Biochem. J., **329**, pp.209-223 (1998)
3) Seidensticker, M. J. and Behrens, J.：Biochemical interactions in the wnt pathway, Biochim. Biophys. Acta., **1495**, pp.168-182 (2000)
4) Nusse, R. and H. E., V.：Many tumors induced by the mouse mammary tumor virus contain a provirus integrated in the same region of the host genome, Cell, **31**, pp.99-109 (1982)
5) Uusitalo, M., Heikkila, M. and Vainio, S.：Molecular genetic studies of Wnt signaling in the mouse, Exp. Cell. Res., **253**, pp.336-348 (1999)
6) McMahon, A. P. and Moon, R. T.：Ectopic expression of the proto-oncogene int-1 in Xenopus embryos leads to duplication of the embryonic axis, Cell, **58**, pp.1075-1084 (1989)
7) Behrens, J., von Kries, J. P., Kuhl, M., Bruhn, L., Wedlich, D., Grosschedl, R. and Birchmeier, W.：Functional interaction of β-catenin with the transcription factor LEF-1, Nature, **382**, pp.638-642 (1996)

8) Ikeda, S., Kishida, S., Yamamoto, H., Murai, H., Koyama, S. and Kikuchi, A：Axin, a negative regulator of the Wnt signaling pathway, forms a complex with GSK-3β and β-catenin and promotes GSK-3β-dependent phosphorylation of β-catenin, EMBO. J., **17**, pp.1371-1384 (1998)

9) Kikuchi, A.：Roles of Axin in the Wnt signalling pathway, Cell. Signal., **11**, pp.777-788 (1999)

10) Liu, C., Li, Y., Semenov, M., Han, C., Baeg, G. -H., Tan, Y., Zhang, Z., Lin, X. and He, X.：Control of β-catenin phosphorylation/degradation by a dual-kinase mechanism, Cell, **108**, pp.837-847 (2002)

11) Rubinfeld, B., Albert, I., Porfiri, E., Fiol, C., Munemitsu, S. and Polakis, P.：Binding of GSK 3β to the APC-β-catenin complex and regulation of complex assembly, Science, **272**, pp.1023-1026 (1996)

12) Yamamoto, H., Kishida, S., Kishida, M., Ikeda, S., Takada, S. and Kikuchi, A.：Phosphorylation of Axin, a Wnt signal negative regulator, by glycogen synthase kinase-3β regulates its stability, J. Biol. Chem., **274**, pp.10681-10684 (1999)

13) He, X., Semenov, M., Tamai, K. and Zeng, X.：LDL receptor-related proteins 5 and 6 in Wnt/beta-catenin signaling：arrows point the way, Development, **131**, pp.1663-1677 (2004)

14) Giles, R. H., van Es, J. H. and Clevers, H.：Caught up in a Wnt storm：Wnt signaling in cancer, Biochim. Biophys. Acta., **1653**, pp.1-24 (2003)

15) Veeman, M. T., Axelrod, J. D. and Moon, R. T.：A second canon. Functions and mechanisms of β-catenin-independent Wnt signaling, Dev. Cell., **5**, pp.367-377 (2003)

16) Tada, M. and Smith, J. C.：Xwnt 11 is a target of Xenopus Brachyury：regulation of gastrulation movements via Dishevelled, but not through the canonical Wnt pathway, Development, **127**, pp.2227-2238 (2000)

17) Montcouquiol, M., Rachel, R. A., Lanford, P. J., Copeland, N. G., Jenkins, N. A. and Kelley, M. W.：Identification of Vangl 2 and Scrb 1 as planar polarity genes in mammals, Nature, **423**, pp.173-177 (2003)

18) Habas, R., Dawid, I. B. and He, X.：Coactivation of Rac and Rho by Wnt/Frizzled signaling is required for vertebrate gastrulation, Genes. Dev., **17**, pp.295-309 (2003)

19) Winter, C. G., Wang, B., Ballew, A., Royou, A., Karess, R., Axelrod, J. D. and Luo, L.：Drosophila Rho-associated kinase (Drok) links Frizzled-mediated planar cell polarity signaling to the actin cytoskeleton, Cell, **105**, pp.81-91 (2001)

20) Kishida, S., Yamamoto, H. and Kikuchi, A.：Wnt-3 a and Dvl induce neurite retraction by activating Rho-associated kinase, Mol. Cell. Biol., **24**, pp.4487-4501 (2004)

21) Habas, R., Kato, Y. and He, X.：Wnt/Frizzled activation of Rho regulates vertebrate gastrulation and requires a novel Formin homology protein Daam 1, Cell, **107**, pp.843-854 (2001)

22) Miller, J. R., Hocking, A. M., Brown, J. D. and Moon, R. T.：Mechanism and function of signal transduction by the Wnt/β-catenin and Wnt/Ca^{2+} pathways, Oncogene, **18**, pp.7860-7872 (1999)

23) Kinoshita, N., Iioka, H., Miyakoshi, A. and Ueno, N.：PKC delta is essential for Di-

shevelled function in a noncanonical Wnt pathway that regulates Xenopus convergent extension movements, Genes. Dev., **17**, pp.1663-1676 (2003)

24) Saneyoshi, T., Kume, S., Amasaki, Y. and Mikoshiba, K.: The Wnt/calcium pathway activates NF-AT and promotes ventral cell fate in Xenopus embryos, Nature, **417**, pp.295-299 (2002)

25) Ishitani, T., Kishida, S., Hyodo-Miura, J., Ueno, N., Yasuda, J., Waterman, M., Shibuya, H., Moon, R. T., Ninomiya-Tsuji, J. and Matsumoto, K.: The TAK 1-NLK mitogen-activated protein kinase cascade functions in the Wnt-5 a/Ca (2+) pathway to antagonize Wnt/β-catenin signaling, Mol. Cell. Biol., **23**, pp.131-139 (2003)

26) Weeraratna, A. T., Jiang, Y., Hostetter, G., Rosenblatt, K., Duray, P., Bittner, M. and Trent, J. M.: Wnt 5 a signaling directly affects cell motility and invasion of metastatic melanoma, Cancer Cell, **1**, pp.279-288 (2002)

27) Evans, M. J. and Kaufman, M. H.: Establishment in culture of pluripotential cells from mouse embryos, Nature, **292**, pp.154-156 (1981)

28) Polakis, P.: Wnt signaling and cancer, Genes. Dev., **14**, pp.1837-1851 (2000)

29) Kikuchi, A.: Tumor formation by genetic mutations in the components of the Wnt signaling pathway, Cancer Sci., **94**, pp.225-229 (2003)

30) Kielman, M. F., Rindapaa, M., Gaspar, C., van Poppel, N., Breukel, C., van Leeuwen, S., Taketo, M. M., Roberts, S., Smits, R. and Fodde, R.: Apc modulates embryonic stem-cell differentiation by controlling the dosage of β-catenin signaling, Nat. Genet., **32**, pp.594-605 (2002)

31) Aubert, J., Dunstan, H., Chambers, I. and Smith, A.: Functional gene screening in embryonic stem cells implicates Wnt antagonism in neural differentiation, Nat. Biotechnol., **20**, pp.1240-1245 (2002)

32) Kawano, Y. and Kypta, R.: Secreted antagonists of the Wnt signalling pathway, J. Cell. Sci., **116**, pp.2627-2634 (2003)

33) Sato, N., Meijer, L., Skaltsounis, L., Greengard, P. and Brivanlou, A. H.: Maintenance of pluripotency in human and mouse embryonic stem cells through activation of Wnt signaling by a pharmacological GSK-3-specific inhibitor, Nat. Med., **10**, pp.55-63 (2004)

34) Strickland, S. and Mahdavi, V.: The induction of differentiation in teratocarcinoma stem cells by retinoic acid, Cell, **15**, pp.393-403 (1978)

35) Grover, A., Oshima, R. G. and Adamson, E. D.: Epithelial layer formation in differentiating aggregates of F 9 embryonal carcinoma cells, J. Cell. Biol., **96**, pp.1690-1696 (1983)

36) Liu, T., Liu, X., Wang, H., Moon, R. T. and Malbon, C. C.: Activation of rat frizzled-1 promotes Wnt signaling and differentiation of mouse F 9 teratocarcinoma cells via pathways that require Gaq and G ao function, J. Biol. Chem., **274**, pp.33539-33544 (1999)

37) Liu, X., Liu, T., Slusarski, D. C., Yang-Snyder, J., Malbon, C. C., Moon, R. T. and Wang, H.: Activation of a frizzled-2/β-adrenergic receptor chimera promotes Wnt signaling and differentiation of mouse F 9 teratocarcinoma cells via Gαo and Gαt, Proc. Natl. Acad. Sci. USA., **96**, pp.14383-14388 (1999)

38) Shibamoto, S., Winer, J., Williams, M. and Polakis, P.: A blockade in Wnt signaling is

activated following the differentiation of F 9 teratocarcinoma cells, Exp. Cell. Res., **292**, pp. 11-20 (2004)

39) McBurney, M. W., Jones-Villeneuve, E. M., Edwards, M. K. and Anderson, P. J. : Control of muscle and neuronal differentiation in a cultured embryonal carcinoma cell line, Nature, **299**, pp.165-167 (1982)

40) Smolich, B. D. and Papkoff, J. : Regulated expression of Wnt family members during neuroectodermal differentiation of P 19 embryonal carcinoma cells : overexpression of Wnt-1 perturbs normal differentiation-specific properties, Dev. Biol., **166**, pp.300-310 (1994)

41) Lyu, J., Costantini, F., Jho, E. H. and Joo, C. K. : Ectopic expression of Axin blocks neuronal differentiation of embryonic carcinoma P 19 cells, J. Biol. Chem., **278**, pp.13487-13495 (2003)

42) Skerjanc, I. S. : Cardiac and skeletal muscle development in P 19 embryonal carcinoma cells, Trends Cardiovasc. Med., **9**, pp.139-143 (1999)

43) Petropoulos, H. and Skerjanc, I. S. : β-Catenin is essential and sufficient for skeletal myogenesis in P 19 cells, J. Biol. Chem., **277**, pp.15393-15399 (2002)

44) Pandur, P., Lasche, M., Eisenberg, L. M. and Kuhl, M. : Wnt-11 activation of a non-canonical Wnt signalling pathway is required for cardiogenesis, Nature, **418**, pp.636-641 (2002)

45) Potten, C. S. and Loeffler, M. : Stem cells : attributes, cycles, spirals, pitfalls and uncertainties. Lessons for and from the crypt, Development, **110**, pp.1001-1020 (1990)

46) van de Wetering, M., de Lau, W. and Clevers, H. : WNT signaling and lymphocyte development, Cell, **109**, pp.13-19 (2002)

47) Willert, K., Brown, J. D., Danenberg, E., Duncan, A. W., Weissman, I. L., Reya, T., Yates, J. R. I. and Nusse, R. : Wnt proteins are lipid-modified and can act as stem cell growth factors, Nature, **423**, pp.448-452 (2003)

48) Reya, T., Duncan, A. W., Ailles, L., Domen, J., Scherer, D. C., Willert, K., Hintz, L., Nusse, R. and Weissman, I. L. : A role for Wnt signalling in self-renewal of haematopoietic stem cells, Nature, **423**, pp.409-414 (2003)

49) Antonchuk, J., Sauvageau, G. and Humphries, R. K. : HOXB 4-induced expansion of adult hematopoietic stem cells ex vivo, Cell, **109**, pp.39-45 (2002)

50) He, X. C., Zhang, J., Tong, W. G., Tawfik, O., Ross, J., Scoville, D. H., Tian, Q., Zeng, X., He, X., Wiedemann, L. M., Mishina, Y. and Li, L. : BMP signaling inhibits intestinal stem cell self-renewal through suppression of Wnt-β-catenin signaling, Nat. Genet., **36**, pp.1117-1121 (2004)

51) Batlle, E., Henderson, J. T., Beghtel, H., van den Born, M. M., Sancho, E., Huls, G., Meeldijk, J., Robertson, J., van de Wetering, M., Pawson, T. and Clevers, H. : β-Catenin and TCF mediate cell positioning in the intestinal epithelium by controlling the expression of EphB/ephrinB, Cell, **111**, pp.251-263 (2002)

15 幹細胞のシグナル伝達 〜PI 3 K/Akt〜

15.1 はじめに

　細胞膜に存在するリン脂質は，脂質二重膜の構成成分であるのみならず，脂質代謝酵素により脂質性シグナル分子へ変換され，細胞内シグナル伝達において重要な役割を果たしている。なかでもホスファチジルイノシトールとそのリン酸化代謝産物（ホスホイノシチド）の機能は詳細に解析されている。ほかのリン脂質の親水性部位と異なりホスホイノシチドのイノシトール環は，3，4，5位水酸基に可逆的なリン酸化を受けており，リン酸化パターンによって，8種の固有の機能をもったホスホイノシチドが存在する。すべての水酸基がリン酸化された$PI(3,4,5)P_3$（以下PIP_3）は，おもにホスホイノシチド3-キナーゼ（PI 3 K）によって産生される（**図15.1**）。

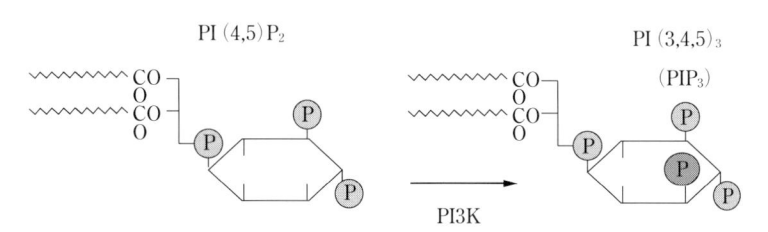

図15.1 PI 3 Kが触媒する反応

　1988年にLewis CantleyらがPI 3 K（活性）を発見し[1]，実際にPIP_3が細胞膜に存在することが示されて以来[2]，多種多様の細胞のさまざまな受容体刺激によってPI 3 Kが活性化されることが見いだされた。また，1990年代前半に発見されたPI 3 K阻害剤の利用により，多くの細胞機能がこの酵素により制御されていることが明らかになった[3]。さらに，1990年代後半にはPIP_3がPHドメインに結合し，セリン-スレオニンキナーゼAktを含むさまざまなタンパク質の細胞内局在や活性を調節することが見いだされた[4]。

　PI 3 Kが関与することがこれまでに報告されている受容体と細胞応答の組合せは，膨大であり，それらの結果から帰納されるPI 3 K/Aktシグナル伝達系の幹細胞での役割は興味

深いものとなっており，今後の解明が待たれる。本章では，PI3Kとその生成物であるリン脂質PIP$_3$の代謝系，さらにPIP$_3$の代表的な標的分子であるAktを介したシグナル伝達系の基礎知識をまとめる。

15.2 PI3KとPIP$_3$分解酵素

15.2.1 哺乳類PI3K

これまでに8種類のPI3K触媒サブユニットがクローニングされている。これらは *in vitro* での基質特異性により三つのグループ（I～III型）に分類されている。

〔1〕 **I型PI3K**　研究の歴史が最も長く，細胞内シグナル伝達での機能が理解されているのがI型PI3Kである。I型PI3Kは受容体刺激に伴い活性化されて，シグナル伝達の中間体としてはたらくPI(3,4)P$_2$，PIP$_3$の産生を担う。アダプター分子の構造的特徴から，さらに二つのサブグループ（Ia型，Ib型）に分類される。

1）**Ia型PI3K**　Ia型に属する触媒サブユニット，p110 α, β, δ はSH2ドメインを有するp85ファミリーの調節サブユニットと恒常的に会合している。p85ファミリー分子は三つの遺伝子（p85 α, p85 β, p55 γ）にコードされており，スプライシングの結果7種類の産物から構成されている。各触媒サブユニットと調節サブユニット間の結合の優先的な組合せや，それに起因する酵素活性の相違に関する報告は数少ないが，p85 α-p110複合体よりp85 β-p110複合体のほうが高いPI3K活性をもつという報告もある[5]。

すべてのp85ファミリー調節サブユニットは二つのSH2ドメインをもち，inter-SH2領域でp110のN末端領域に結合している。この結合は，触媒サブユニットの安定性の上昇と酵素活性の調節という点で意義をもつ。

p85ファミリー分子のSH2ドメインはpYXXMというモチーフを認識する。例えばstem cell factor受容体（[719]Y MDM），PDGF β 受容体（[740]Y MDM，[751]Y VPM），インスリン受容体の主要な基質であるIRS-1（[608]Y MPM）にはこのモチーフが存在し，受容体刺激依存的にリン酸化を受けてIa型PI3Kと会合する。また，pYXXMを含む人工ペプチドは試験管内でIa型PI3Kの活性を上昇させることが示されている。受容体近傍でチロシンキナーゼ活性化を導く受容体（tyrosine kinase-linked receptor：TKLR）の刺激時には，PIP$_3$のレベルが上昇する。この時細胞内では，pYXXMをもつチロシンリン酸化タンパク質と調節サブユニットのSH2ドメインの結合により，触媒サブユニットが基質の存在する細胞膜へと移行し同時に酵素活性の上昇が誘起されると考えられる。

TKLR刺激された細胞内でのIa型PI3Kの活性化は，IRS-1やPDGF受容体などのチロシンリン酸化タンパク質に対する抗体や，抗ホスホチロシン抗体の免疫沈降画分での

PI3K活性の上昇という形で検出することができる。p85ファミリー分子はp110よりも多量に存在し，単量体としても細胞内に存在しており，単量体のp85とp85-p110複合体の存在比率は，細胞内でのPI3Kの活性を規定するうえで重要であると考えられている。

2) Ib型PI3K GTP結合タンパク質連関型受容体 (GPCR) は細胞膜受容体のなかで最も大きなファミリーを形成しており，ホルモン，神経伝達物質，ケモカインなど多くの細胞外シグナル分子がこのタイプの受容体に作用する。以前よりGPCR刺激によるPIP$_3$レベルの上昇が観察されていたが多くの場合，抗ホスホチロシン抗体免疫沈降画分でのPI3K活性の上昇は検出されず，またチロシンキナーゼ阻害剤はこのPIP$_3$産生を抑制しないことから当時知られていたp110α，p110βとは異なるPI3Kの存在が予想されていた。

そのような状況下，degenerated PCR法で新たなPI3Kがクローニングされ，その分子はp110γと名づけられた。そしてp110γは三量体型GTP結合タンパク質の$\beta\gamma$サブユニット (G$\beta\gamma$) によって直接活性化されることが見いだされ，GPCRの下流で機能するPI3Kと考えられるに至った。この酵素はp85ファミリー分子との結合配列を欠き，*in vitro*でpYXXMペプチドにより活性化されないことから，TKLRの下流では機能しないものと推察された。p110γはp101と呼ばれるタンパク質と会合することが知られている。p101は，ほかのタンパク質とは相同性をもたず，この分子の調節サブユニットとしての機能は不明である。現在のところIb型PI3Kに属するPI3Kはp110γのみである。

Ia型，Ib型ともにN末端領域にGTP型Rasとの特異的な結合ドメインを有し，Rasによる活性化を受ける可能性が示唆されている。

〔2〕II型PI3K II型PI3Kにはα，β，γ1，γ2の四つのアイソザイムが存在する。*in vitro*でこれらはI型と同様にPI，PI(4)P，PI(4,5)P$_2$をリン酸化する（PIを最も良い基質とする）が，細胞内でのII型PI3Kの生成物はいまだ不明である。II型PI3Kの過剰発現はPIP$_3$レベルの上昇を起こさず，I型PI3Kの場合と対照的である。細胞内では形質膜，ゴルジ体，核に局在しており，II型PI3Kαおよびβは全身性に，γは肝臓に特異的な発現を示す。

EGFやPDGF刺激に伴い，抗II型PI3K抗体免疫沈降画分の活性が増大することが報告されているものの，この活性上昇が細胞内での活性化を反映するか否か議論の的である。

II型PI3KαはN末端領域を介してクラスリンと結合し，この結合は酵素活性の上昇を導く。COS細胞での過剰発現は，トランスフェリン受容体のinternalizationを阻害し，マンノース6-リン酸受容体のトランスゴルジネットワークでの蓄積を抑制する。これらの作用は，クラスリン被覆小胞の脱被覆が阻害されることによると考えられている。

〔3〕III型PI3K III型PI3Kは酵母のVPS (vesicular-protein-sorting protein) 34のオーソログである。このPI3KはPIのみを基質とし，PI(3)Pを産生する。PIP$_3$と

は異なりPI(3)Pは，増殖因子やサイトカインによる細胞刺激により，変動することはない。Ⅲ型PI3Kはセリン-スレオニンキナーゼであるVsp15pホモログおよびphosphatidylinositol transfer protein（PITP）と結合した状態で，PI3K活性を保持している。

FYVEドメインは，多くの細胞内小胞輸送関連タンパク質に見いだされるPI(3)P結合モジュールである。FYVEドメイン-PI(3)Pの結合を介したHrsやEEA1のエンドソームへの局在はエンドソーム間輸送に重要であり，前者は初期エンドソームからの出芽に，後者はエンドソーム膜の融合に関与することが明らかになっている。

15.2.2　PIP_3 分解酵素

受容体刺激によるⅠ型PI3K活性化の結果，細胞内 PIP_3 レベルが急速に上昇するが，その低下も迅速である。PIP_3 はホスホリパーゼCによって加水分解されることはなく，脱リン酸化酵素により分解される。

〔1〕**SHIP 1，SHIP 2**　受容体刺激により細胞内に産生された PIP_3 の減少に伴い，$PI(3,4)P_2$ レベルが上昇することから，PIP_3 の少なくとも一部は5位脱リン酸化酵素により $PI(3,4)P_2$ へと分解されると考えられる[6]。5位脱リン酸化酵素のSHIP（SH 2-containing Inositol 5'-Phosphatase）には二つの遺伝子産物が存在し，SHIP 1は血球細胞特異的に，SHIP 2は広範に発現している。SHIP 1，2はSH 2ドメインを介してpY(Y/D)X(L/I/V)配列と結合することができる。この配列はITIMコンセンサス配列とオーバーラップしており，FcγRIIBなどと結合する。また，SHIP 1のプロリンリッチ部位はGrb 2のSH 3ドメインと，NPXpY配列はShcのPTBドメインと結合する。PI3Kを活性化するさまざまなサイトカイン，増殖因子刺激に伴いSHIP 1，2はチロシンリン酸化されることが知られている。SHIP以外にもSKIP（skeletal muscle and kidney enriched inositol phosphatase），Pharbin（別名polyphosphate phosphates IV），hSac 2，Synaptojanin 1などが，PIP_3 の5位脱リン酸化酵素として知られている。

〔2〕**PTEN**　PTEN（phosphatase and tensin homologue deleted on chromosome 10）は，ヒト染色体10 q 23.3に位置し，グリオブラストーマ（神経膠芽腫），乳がん，前立腺がん，子宮内膜がんをはじめ，多くの悪性腫瘍でその欠損または変異が認められるがん抑制遺伝子である。1997年に発見された当初，PTENはその一次配列からチロシンホスファターゼ（PTPase）として機能すると考えられていた。しかし，タンパク質基質に対する脱リン酸化活性はきわめて弱く，実際は PIP_3 の3位を脱リン酸化するイノシトールリン脂質ホスファターゼ（PIPase）であることが，1998年に見いだされた[7]。PTENは PIP_3 を $PI(4,5)P_2$ へと分解する反応（PI3Kによる反応の逆反応）を触媒する。その後，線虫（DAF-18），ショウジョウバエ（dPTEN）においても，PTENがPI3Kシグナリングを

負に制御することが遺伝学的に示されるに至った[8]。

これまでに，PTEN 遺伝子欠損マウスが，複数のグループにより作製・解析されている。全身性の PTEN 欠損は胎生致死を導く。ヘテロ欠損マウスや各種臓器特異的な PTEN 欠損マウスにおいては，乳がん，前立腺がんなど，ヒトがんで遺伝子変異・欠失がみられる臓器を含む，種々の発がんが報告されている[9]。

PTEN は PTPase のコンセンサス配列（C-X 5-R）をもつが，このいずれのアミノ酸の変異も PIPase 活性の減弱・消失を導く。興味深いのはグリオブラストーマ（R 15 I）や Cowden 病（G 129 E）によくみられる変異で，PTPase 活性を不変のままに PIPase 活性の消失がみられる[14]。PTEN は細胞内で FAK，Shc などのタンパク質リン酸化も負に制御するが，がん抑制因子としての機能は PIP_3 の脱リン酸化活性に依存するものと考えられる。現在のところ，細胞外シグナル因子による PTEN の活性制御機構は提示されていないが，PTEN のタンパク質レベルでの発現調節が細胞内 PIP_3 レベルの制御機構として重要と考えられている。PTEN は C 末端領域，PDZ ドメインを介していくつかの分子と相互作用することが報告されている。また，C 末端領域には複数のセリン-スレオニン残基のリン酸化サイトが存在し，PTEN タンパク質の安定化にこの領域が重要であると考えられる。

15.3 PH ドメイン

PIP_3 はおもに形質膜においてさまざまなタンパク質と結合し，タンパク質の膜局所への局在を促進し，またアロステリックに活性を制御するものと考えられている。このような制御の特異性は標的分子がもつ脂質結合ドメインによって規定されている。脂質結合ドメインの一例としてよく知られているものに，約 120 アミノ酸からなるプレクストリン相同（PH）ドメインがある。

PH ドメインには高度に保存された正電化アミノ酸残基（リジン，アルギニン酸）が存在するものの，個々の分子に見いだされる PH ドメインの一次構造の相同性は必ずしも高くはない。七つの β 鎖が 2 枚の逆行性 β 鎖を構成し，これにふたをする形で両親媒性の α ヘリックスへとつながる共通の高次構造が特徴である[10]。PH ドメインのイノシトールリン脂質への結合の特異性を，配列から予想することは困難であり，実験的に検証される必要がある。通常 in vitro の実験においては，ある分子の PH ドメインは複数のイノシトールリン脂質に結合する能力を示すので，シグナル伝達における特異性をもった機能を推察するには，細胞内のイノシトールリン脂質濃度を考慮に入れることが重要である。

好中球を用いた Stephens らの実験結果から，PI 3 K の基質である $PI(4,5)P_2$ の定常状態の細胞における濃度は 5 mM，一方，生成物である PIP_3 の濃度は 5 μM と見積もられてい

る[6]。PI3Kγを活性化する走化性因子により刺激された細胞においては，PI(4,5)P$_2$は3.5 mMに低下し（おもにホスホリパーゼC（PLC）の活性化による分解と考えられる），一方，PIP$_3$は200μMに上昇する。また，*in vitro*でPI(4,5)P$_2$のみに高い結合能を示すPLCδ-PHとプレクストリンのN末側PHのKd値は，それぞれ1.7μMと30μMであり，これらを細胞に発現させた場合の細胞内局在は前者が細胞膜であり，後者は細胞質であることが知られている。

このような知見から，PI3KによるPIP$_3$産生依存的なシグナル伝達を担うタンパク質のPHドメインには，5 mMのPI(4,5)P$_2$および5μMのPIP$_3$には結合せず，200μMのPIP$_3$には結合する性質が要求され，PI(4,5)P$_2$に対するKd値が10μM以上でPIP$_3$に対するKd値が400 nM以下であると概算することができる。実験系にもよるが，多くのタンパク質がこの要件を満たすPHドメインを有しており，PIP$_3$の主要な標的分子であるAkt/PKB（後述）のPHドメインはPIP$_3$に対してPI(4,5)P$_2$より約1000倍高い親和性をもつことが報告されている。PHドメインのほかに，ホスホリパーゼD1やCISK（cytokine-independent survival kinase）などの一部のPXドメインや，α-adaptinの正電化配列がPIP$_3$との結合能を示し，PIP$_3$による制御を仲介するものと予想されている。

15.4 Akt

上述のPHドメインを介したPIP$_3$による制御を受ける分子を**図15.2**に示す。なかでもAkt（別名：PKB（protein kinase B））は，PI3Kによるさまざまな細胞応答の制御を仲

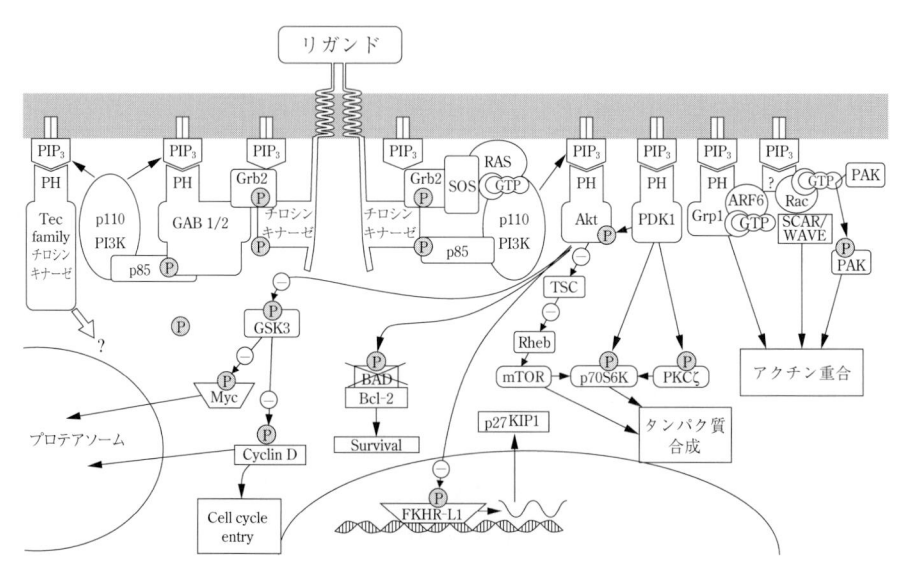

図15.2 PI(3,4,5)P$_3$の標的分子と下流シグナル〔文献4）より改変〕

介する分子として注目を集めている（図15.3）。げっ歯類T細胞リンパ腫由来のレトロウイルスAkt 8から単離されたv-aktの細胞性ホモログが，先にセリン-スレオニンキナーゼのコンセンサス配列を元に単離され，PKBと名づけられた分子と同一であることは，古くから知られていた。Aktには三つのアイソザイム（Akt 1/PKB α, Akt 2/PKB β, Akt 3/PKB γ）が存在する。AktはC. elegansからヒトに至る真核生物において進化上保存されているセリン-スレオニンキナーゼである。

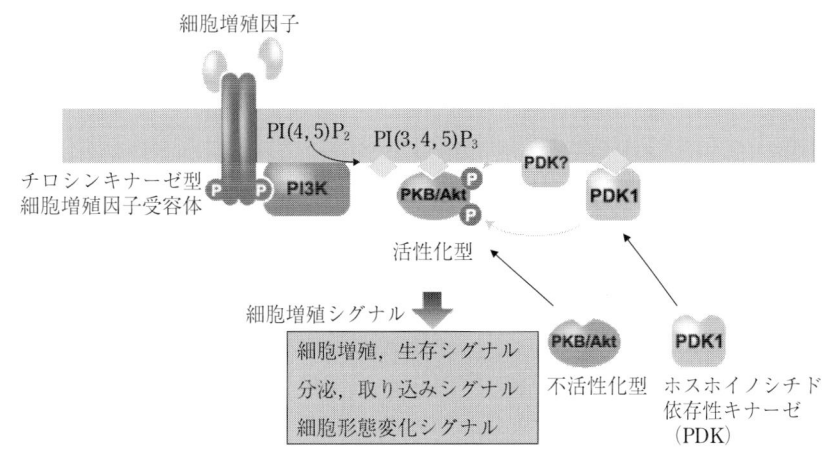

図15.3 Akt/PKBの活性化機構

15.4.1 活性制御機構

〔1〕 **PDKによる活性制御**　Aktは80以上の分子から構成されるAGCキナーゼファミリーに属する。AGCキナーゼは細胞外のシグナル依存的な活性化を受けるものが多い。AGCキナーゼの特徴的な構造の一つはF-X-X-F/Y-S/T-Y/Fというコンセンサス配列である疎水性モチーフであり，このセリン-スレオニン残基のリン酸化が活性化の重要な制御を担っている。AktのすべてのアイソザイムがFPQFSYという疎水性モチーフを有し，これはすべての哺乳動物種において完全に保存されている。この疎水性モチーフの欠失変異体はキナーゼ活性を消失する。

疎水性モチーフのリン酸化（Akt 1の場合Ser 473）に加え，activation loopのリン酸化（Akt 1の場合Thr 308）も活性化に重要である。結晶構造解析の結果から，Thr 308のリン酸化に伴う高次構造変化が，Ser 473のリン酸化を受けた疎水性モチーフとの結合を促し，この分子内での折畳み構造が，最大のキナーゼ活性の発揮へとつながるものと考えられる。

AktはN末端領域にはPIP$_3$と親和性の高いPHドメインが存在する。PHドメインを介して，PI 3 Kの活性化依存的に形質膜へと移行し，上述のリン酸化を受ける。v-Aktはc-AktにGagタンパク質が融合した構造をもっており，Gagへのミリスチン酸付加による

PI3K非依存的な膜への局在が，恒常的な活性化の機構と考えられる。Thr 308 のリン酸化を担う酵素は PDK 1（phosphoinositide-dependent kinase 1）であり，この酵素も PIP_3 と結合する PH ドメインを有し，PI3K 依存性に膜移行するので，PIP_3 が存在する領域に Akt と PDK 1 が共局在することで，Akt の Thr 308 リン酸化が効率的に亢進する（図 15.3 参照）。PDK 1 は Akt 以外にも，p70 S6 キナーゼ，PKCζ，SGK（serum-and glucocorticoid-induced kinase）などをリン酸化し，活性化する。Ser 473 をリン酸化する酵素は，PDK 2 あるいは S 473 キナーゼと呼ばれ，形質膜にその活性が見いだされているが，いまだに同定されていない。

〔2〕 **結合タンパク質による活性制御** これまでに Akt 結合タンパク質の同定が精力的に行われている。結合分子の多くは，Akt の基質であるが，これらのなかには，Akt の活性に影響を与えるものも見いだされている。Grb 10，Tcl 1，Hsp 27，Hsp 90 などが，PKB の活性化因子として報告されている。特に，Hsp による Akt の活性化調節は，ストレス依存性の Akt 活性化機構として興味深い。Hsp 90 は cdc 37 との複合体を形成し，Akt と結合することで，Akt のユビキチン化と分解の抑制にはたらいている。

Akt 活性抑制因子としては，CMTP（Carboxyl-terminal modulator protein），Trb 3，Keratin K 10 などが知られている。CMTP は v-Akt によるトランスフォーメーションをも抑制することから，Akt を脱リン酸化状態に安定化するものと考えられている。Keratin K 10 は中間径フィラメントの構成因子であり，Akt をこの細胞骨格画分へと捕捉することにより，PIP_3 依存的な活性化を抑制するものと考えられている。Trb 3 は Hsp 90 と結合部位（Akt キナーゼドメインの中心部）を共有することから，Hsp 90 と拮抗的に機能するものと予想される。

15.4.2 Akt の基質と下流のシグナル伝達

ペプチドライブラリのスクリーニングによって，Akt の基質がもつコンセンサス配列（R-X-R-X-X-S/T）が見いだされている。これまでにこのコンセンサス配列をもち，Akt によりリン酸化されるタンパク質が 50 以上同定されている。これらの基質のリン酸化の生理的意義は必ずしも明らかにされてはいないが，以下に，PI3K および Akt により制御される細胞生理応答との関連が比較的よく理解されている，Akt の基質をまとめる。

〔1〕 **TSC 2** 結節性硬化症の原因遺伝子産物である TSC 2（tuberous sclerosis complex-2）は低分子量 G タンパク質 Rheb（Ras homologue enriched in brain）の GAP（GTPase-activating protein）であり，Akt の直接の基質である[11]。Akt の活性化は TSC による Rheb の不活性化を抑制する。Rheb は mTOR（mammalian target of rapamycin）の活性化因子であるので，PI3K-Akt の活性化は，mTOR の基質と考えられている 4E-

BP 1 (initiation factor 4 E binding protein) の抑制および p 70 S 6 キナーゼの活性化を導き，結果としてタンパク質合成の促進につながる．

TSC 2 が S 6 キナーゼを抑制することにより細胞増殖を阻害することが，ショウジョウバエにおいて遺伝学的に示されており，TSC のリン酸化は Akt の活性化による細胞増殖促進のメカニズムの一つであると考えられる．

〔2〕 **GSK 3** GSK 3 は通常活性化状態にあり，Akt によるリン酸化で不活化される．GSK 3 によるサイクリン D や c-Myc のリン酸化は，これらの分子プロテアソームでの分解を促進する．Akt の活性化による GSK 3 の不活性化に伴うサイクリン D タンパク質の発現上昇は，細胞周期 S 期への移行に関与すると考えられている．

〔3〕 **p 27，p 21** p 27 の核移行シグナル配列中の Thr 157 は Akt によりリン酸化される．このリン酸化は，p 27 を細胞質にとどめ，核への局在を阻害することで，サイクリン・Cdk の活性化と細胞周期の進行を導くことが示されている．p 21 は複数のサイトにリン酸化を受けるが，Thr 145 のリン酸化は，p 21 と PCNA (proliferating cell nuclear antigen) の会合を阻害することで，DNA 複製を亢進することが報告されている．

〔4〕 **BAD，Nurr 77** BAD (Bcl-2/Bcl-X antagonist) は Bcl-2/Bcl-X の抗アポトーシス作用を阻害する．Ser 136 のリン酸化により，BAD はミトコンドリア膜上での Bcl-2/Bcl-X から解離し，14-3-3 と複合体を形成し，細胞質にとどまる．この機構は，PI 3 K/Akt による生存シグナルの中心的な役割を果すと考えられている．また，Nurr 77 のリン酸化は T 細胞のアポトーシス抑制にかかわる．

〔5〕 **FOXO 転写因子** 約 90 の転写因子が Forkhead ファミリーに属する．FOXO (Forkhead box, class O) サブファミリーに属する FKHR (forkhead in rhabdomyosarcoma)/FoxO 1，FoxO 2，FKHR-L 1 (FKHR-like 1)/FoxO 3，AFX (acute-lymphocytic leukemia-1)/FoxO 4 は，Akt により三つのサイト (FKHR では T 24，S 256，S 319) にリン酸化を受ける．このリン酸化は核内で起きると考えられている．リン酸化された FOXO は 14-3-3 タンパク質と結合するが，この結合は FOXO の DNA 結合能を抑制すると同時に，核外への移行と細胞質への繋留を導くと考えられる．一般的に FOXO の活性化は免疫細胞と神経細胞においては細胞死の亢進を，そのほかの細胞種においては細胞増殖の抑制を引き起こすようである．FOXO の標的分子としては，Fas ligand，Bim (bcl-2 interacting mediator of cell death)，p 27 などが知られている．

〔6〕 **そのほかの注目される Akt 基質** 上記のほか，caspase 9，MDM 2 (Murine double minute 2)，IKK α (I κ B kinase)，EDG-1 (endothelial differentiation, sphingolipid G-protein-coupled receptor, 1)，Raf などの Akt による直接のリン酸化が見いだされている．これらの分子の機能制御における Akt によるリン酸化の意義が検証されつつある．

15.5 PI3K-Akt 経路の幹細胞での役割と再生医学への応用

15.5.1 ES 細胞の自己複製における Ia 型 PI3K の役割

マウス胚性幹細胞（ES 細胞）の未分化性維持には leukemia inhibitory factor（LIF）が重要な役割を果たしており，その下流では STAT 3，ERK，ribosomal S 6 kinase（S 6 K）等の種々のシグナル分子が活性化される。PI3K も LIF により活性化され，ES 細胞の増殖に関与すると推察されていたが，PI3K が ES 細胞の自己複製に関する知見はなかった。

Paling らは，ES 細胞の増殖や細胞死にほとんど影響しない濃度の LY 294002（PI3K 阻害薬）を ES 細胞（E 14 tg 2 a）に作用させると，ES 細胞の未分化性のマーカーである alkaline phosphatase（AP）陽性のコロニーが減少し，AP 陰性の形態学的にも分化したコロニーが増加することを見いだした[12]。また Paling らは Ia 型 PI3K に結合できない p 85 変異体の過剰発現により PI3K 活性を阻害した場合にも，AP 陽性コロニーが減少することを確認している。シグナリング分子の活性化を調べたところ，LY 294002 や上述の p 85 変異体の発現により，LIF 依存性の Akt，S 6 K のリン酸化は低下したが，ERK のリン酸化は亢進した。

ERK の活性化は LIF により誘導される一方で，ES 細胞の分化を促進するという報告もあり，ES 細胞の未分化性維持には STAT シグナルと ERK シグナルのバランスが重要との考え方がある。PI3K の阻害によりなぜ ERK の活性化亢進が導かれるのか明らかではないが，ERK の上流に位置する MEK 阻害薬を ES 細胞に処理すると，LY 294002 の作用が打ち消されることから，PI3K は ERK の過剰な活性化の抑制を介して ES 細胞の自己複製の維持に関与しているものと推察される。

15.5.2 始原生殖細胞および神経幹細胞の自己複製における PTEN の役割

始原生殖細胞（PGC）特異的に PTEN を欠損するマウス（TNAP-Cre PTEN$^{flox/flox}$）では，生殖堤に入る PGC 数に変化はないが，PGC の分裂停止が不十分で，異所性の PGC が増加することを Kimura らは見いだした[13]。胎生 16.5 日においては，未分化な細胞が増加し，生殖細胞の脱分化が認められ，すべてのオス PTEN 欠損マウスでは生下時に両側の精巣性奇形腫を生じ，メスマウスも生後 2〜3 週以内に片側の奇形腫を呈した。また，PGC からは ES 細胞のようにあらゆる胚葉の組織に分化する胚性生殖細胞（embryonic germ cell：EG 細胞）の形成が可能であるが，PTEN 欠損 PGC からは高率に EG 細胞が形成された。このように，PTEN 欠損による増殖機構，未分化性維持機構が破綻は，最終的に奇形腫の発症につながるものと推察される。

神経幹/前駆細胞特異的 PTEN 欠損マウス（Nestin-Cre PTEN$^{flox/flox}$）は，生後直後に死亡する[14]。体重当たりの脳重量は胎生14日以降から増加し，脳の形態にも異常が認められた。組織染色の結果，これは神経細胞の増殖亢進とアポトーシスの減少，細胞サイズの増大が原因と考えられた。Neurosphere（神経幹細胞を含む未分化神経細胞の集団）からのニューロン，アストロサイト，オリゴデンドロサイトへの分化は正常であったが，細胞増殖は亢進しており，PTEN は神経幹/前駆細胞の自己複製の負の制御因子であると考えられる。

15.5.3 心筋の再生における Akt の役割

心疾患に対する治療として，骨髄由来間葉系幹細胞（MSC）を用いた細胞治療が期待されている。Mangi らはラットの骨髄から CD 117$^+$CD 90$^+$CD 34$^-$ MSC を単離し，レトロウイルスを用いて Akt を過剰発現させることで，MSC による心筋の再生を飛躍的に向上させた[15]。

Akt を過剰発現させた MSC をラットの梗塞心に局所投与すると，心筋内の炎症やコラーゲン沈着および心筋細胞の肥大がほぼ完全に抑制された。さらに，梗塞巣が10％に減少したのみならず，これまで MSC 移植ではまったく改善が認められていなかった左室収縮期圧および左室拡張能といった心機能が正常レベルにまで回復した。Akt を過剰発現した MSC は，低酸素状況下でも細胞が生存できることが心機能回復につながったと考えられるが，MSC の心筋細胞への分化が促進したのか，内在の前駆細胞との融合が高率に起ったのかは明らかではない。Akt の過剰発現は無秩序な細胞分化や悪性化を誘導する危険性があり注意を要するが，心疾患の有効な細胞治療へとつながるものと期待される。

引用・参考文献

1) Whitman, M., Downes, C. P., Keeler, M., Keller, T. and Cantley, L. : Type I phosphatidylinositol kinase makes a novel inositol phospholipid, phosphatidylinositol-3-phosphate, Nature, **332**, pp.644-646 (1988)
2) Traynor-Kaplan, A. E., Harris, A. L., Thompson, B. L., Taylor, P. and Sklar, L. A. : An inositol tetrakisphosphate-containing phospholipid in activated neutrophils, Nature, **334**, pp.353-356 (1998)
3) Ui, M., Okada, T., Hazeki, K. and Hazeki, O. : Wortmannin as a unique probe for an intracellular signalling protein, phosphoinositide 3-kinase, Trends. Biochem. Sci., **20**, pp. 303-307 (1995)
4) Cantley, L. C. : The phosphoinositide 3-kinase pathway, Science, **296**, pp.1655-1657 (2002)
5) Ueki, K., Yballe, C. M., Brachmann, S. M., Vicent, D., Watt, J. M., Kahn, C. R. and Cantley, L. C. : Increased insulin sensitivity in mice lacking p 85 beta subunit of phosphoinositide 3-kinase, Proc. Natl. Acad. Sci. USA., **99**, pp.419-424 (2002)

6) Stephens, L., J, T. R. and H, P. T. : Agonist-stimulated synthesis of phosphatidylinositol (3, 4, 5)-trisphosphate : a new intracellular signalling system?, Biochim. Biophys. Acta., **179**, pp.27-75 (1993)

7) Maehama, T. and Dixon, J. E. : The tumor suppressor, PTEN/MMAC 1, dephosphorylates the lipid second messenger, phosphatidylinositol 3, 4, 5-trisphosphate, J. Biol. Chem., **273**, pp.13375-13378 (1998)

8) Goberdhan, D. C., Paricio, N., Goodman, E. C., Mlodzik, M. and Wilson, C. : Drosophila tumor suppressor PTEN controls cell size and number by antagonizing the Chico/PI 3-kinase signaling pathway, Genes. Dev., **13**, pp.3244-3258 (1999)

9) Kishimoto, H., Hamada, K., Saunders, M., Backman, S., Sasaki, T., Nakano, T., Mak, T. W. and Suzuki, A. : Physiological functions of Pten in mouse tissues, Cell. Struct. Funct., **28**, pp.11-21 (2003)

10) Ferguson, K. M., Kavran, J. M., Sankaran, V. G., Fournier, E., Isakoff, S. J., Skolnik, E. Y. and Lemmon, M. A. : Structural basis for discrimination of 3-phosphoinositides by pleckstrin homology domains, Mol. Cell., **6**, pp.373-384 (2000)

11) Inoki, K., Li, Y., Xu, T. and Guan, K. L. : Rheb GTPase is a direct target of TSC 2 GAP activity and regulates mTOR signaling, Genes. Dev., **17**, pp.1829-1834 (2003)

12) Paling, N. R., Wheadon, H., Bone, H. K. and Welham, M. J. : Regulation of embryonic stem cell self-renewal by phosphoinositide 3-kinase-dependent signaling, J. Biol. Chem., **279**, pp. 48063-48070. (2004)

13) Kimura, T., Suzuki, A., Fujita, Y., Yomogida, K., Lomeli, H., Asada, N., Ikeuchi, M., Nagy, A., Mak, T. W. and Nakano, T. : Conditional loss of PTEN leads to testicular teratoma and enhances embryonic germ cell production, Development, **130**, pp.1691-1700 (2003)

14) Groszer, M., Erickson, R., Scripture-Adams, D. D., Lesche, R., Trumpp, A., Zack, J., Kornblum, H. I., X, L. and Wu, H. : Negative regulation of neural stem/progenitor cell proliferation by the Pten tumor suppressor gene in vivo, Science, **294**, pp.2186-2189 (2001)

15) Mangi, A. A., Noiseux, N., Kong, D., He, H., Rezvani, M., Ingwall, J. S. and Dzau, V. J. : Mesenchymal stem cells modified with Akt prevent remodeling and restore performance of infarcted hearts, Nat. Med., pp.1195-1201 (2003)

16 幹細胞のシグナル伝達 〜 Notch 〜

16.1 Notchシグナル

16.1.1 Notchの歴史的背景

"Notch"とは，羽に切痕をもつ変異ショウジョウバエにつけられた名称である。この形質を与える遺伝子座がショウジョウバエの発生過程で細胞の運命決定に重要な役割を果たし，本遺伝子座が欠失すると神経細胞への過剰分化（neurogenic）形質が現れることは，1930年代から提唱されていた。1980年代半ばから1990年代初頭にかけて，Notch遺伝子がコードするのは細胞膜貫通型のタンパク質であること，これは隣接する細胞上に発現されるリガンドに対する受容体であること，このリガンド-受容体結合の結果，Notch発現細胞側に分化抑制シグナルが伝達され，発生過程で必須の"lateral specification"（側方特異性決定；図16.1）をつかさどること，などが証明されていった[1]。

一方，このような概念がショウジョウバエや線虫において確立しつつあるころ，ヒトT細胞性急性リンパ性白血病（T-ALL）でまれにみられる染色体転座（t（7；9）（q34；q34））において，第9染色体側の責任遺伝子がNotchのホモログであることが判明し，TAN-1（translocation-associated Notch homolog 1）と命名された[2]。現在はNotch 1と呼ばれる。t（7；9）転座を有する白血病細胞は，細胞外領域を大きく欠損するNotch 1タンパク質を発現する。細胞膜領域欠損型Notchは，リガンド非依存性に活性化している。このことから，Notchシグナル亢進による腫瘍化も注目されるようになった。

TAN-1の発見は，Notchがショウジョウバエからヒトまで広く保存された遺伝子であることを明らかにした。1990年代半ば以降，哺乳動物を対象としたNotchシグナルの研究も盛んになり，Notchシグナルがさまざまな細胞の分化を抑制することが示され，哺乳動物における幹細胞の未分化性維持との関連も注目されるようになった。すなわち，Notchシグナルを有効に活用することにより，幹細胞を未分化なまま増幅し，再生医療に生かせるのではないか，という期待が膨らんだのである。

外胚葉系細胞中に存在する神経系前駆細胞になる準備段階の細胞集団。

Deltaの発現強度に差が生じると，Deltaを強く発現する細胞からDeltaを弱く発現する細胞側に一方向の分化抑制シグナルが伝わり，両者は異なる細胞への分化をたどる。

Deltaを強く発現する細胞は神経系前駆細胞（NGB）の方向に分化。一方，周辺のDeltaを弱く発現する細胞のNGB方向への分化を抑制。やがて周辺細胞は皮膚細胞に分化。

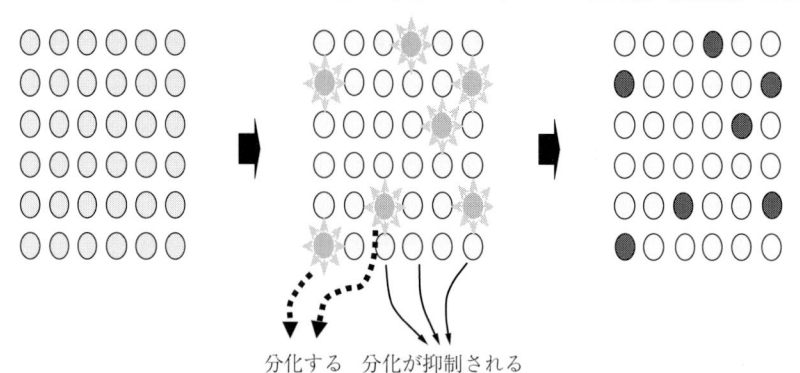

分化する　分化が抑制される

未分化な段階の均一な細胞集団（これらはNotchおよびDeltaを発現する）のなかで，まず，リガンドとNotchの発現にわずかな差が生じる。Deltaをより強く発現する細胞（D細胞）は，これと接触するDeltaを弱く発現する周辺の細胞（N細胞）に対して，Notch受容体を介して分化抑制シグナルを伝達する。ポジティブフィードバックにより，N細胞のNotch伝達系はup-regulateされる一方，D細胞のNotch伝達系はdown-regulateされる。この結果，D細胞は分化抑制シグナルを受けず，分化（この場合神経系前駆細胞への分化）が進む。一方，N細胞は分化抑制シグナルにより神経系前駆細胞へは分化しない。最終的には別な上皮系細胞に分化する。このようにして，1種類の細胞から2種類の方向へと分化する。このようなNotchシグナルによるlateral inhibitionが，哺乳動物でもさまざまな種類の細胞で起こっていることが想定されている。

図 16.1　側方特異性決定（lateral specification）の模式図

16.1.2　Notch受容体の構造とシグナル伝達

ショウジョウバエのNotch遺伝子は一つだが，哺乳動物では4種類のNotch遺伝子（Notch 1-Notch 4）が知られている。いずれも細胞膜を1回貫通するタイプの受容体型糖タンパク質をコードするが，遺伝子の最初の産物は細胞内で分子内切断（S 1 cleavage）を受け，細胞表面には二量体として発現される。この際，細胞外サブユニット（N^{EC}）と膜貫通サブユニット（N^{TM}）が，N^{EC}のC末端とN^{TM}のN末端の非共有結合により会合している[3]。Notch受容体は隣接する細胞に発現するリガンドが結合すると，さらに少なくとも2段階の限定分解（細胞外領域で起こるS 2および細胞膜内で起こるS 3 cleavage）を受け，細胞内領域（ICN）が核に移行することにより生物活性を発揮する（図16.2, 16.3参照）[4]。このうち，S 3 cleavageはγ-secretaseと呼ばれる酵素により触媒され，γ-secretase阻害剤はNotchシグナル抑制作用を有する（図16.3参照）[5]。

N^{EC}は，上皮成長因子（EGF）様繰り返し構造と"Notch-Lin（NL）"繰り返し構造と

を有する。EGF様繰り返し構造のうち11〜13番目がリガンドと直接結合する[6]。NL繰り返し構造はNotchシグナルを負に制御する機能をもつ[3]。N^{TM}は短い細胞外領域，膜貫通領域，細胞内領域（ICN）よりなる。ICNには，DNA結合タンパク質CSL（＝哺乳動物ではRBB-Jκとも呼ばれる）との結合部位（RAMドメイン），核移行シグナル，CDC 10/ankiryn繰り返し配列，転写活性化領域，ubiquitin依存性のタンパク質分解に関与するPEST領域などからなる（図16.2）。CSLはNotch無刺激状態では転写抑制複合体を形成している。核内に移行したICNがCSLに結合すると，転写抑制複合体はCSLから乖離し，CSLにp300などの転写活性化分子がリクルートされる。この際，Mastermindと呼ばれる分子が，転写活性化複合体の安定に重要な機能を果たすことが明らかにされている（図16.3）。

転写活性化を受ける標的分子としては，ショウジョウバエではhairy enhancer of split

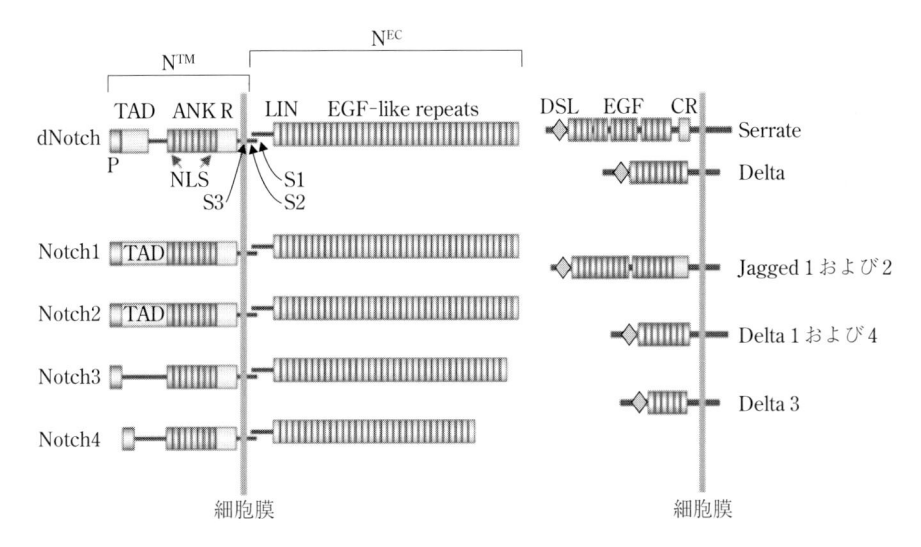

ショウジョウバエのゲノムには1種類の（dNotch），哺乳動物のゲノムには4種類の（Notch 1-Notch 4）Notch遺伝子が存在する。Notch受容体の細胞外領域は上皮細胞成長因子様繰り返し配列（EGF-like repeats；dNotch，Notch 1およびNotch 2には36個，Notch 3には34個；Notch 4には29個の繰り返し）のほか，三つのNotch/LIN 12繰り返し配列（LIN）が存在する。EGF様繰り返し配列はリガンドの結合にかかわり，LIN配列はリガンド非依存性のNotch受容体活性化を抑制する機能をもつ。細胞内領域には，CSLをはじめとしたタンパク質との相互作用に関与するRAMドメイン（R）とankyrin様繰り返し配列（ANK）のほか，2箇所に核移行シグナル（NLS）がある。さらに，転写活性化ドメイン（TAD；Notch 3とNotch 4にはない），PEST配列（P）が共通に存在する。リガンドも細胞膜結合型タンパク質である。ショウジョウバエにはSerrateおよびDeltaという二つのリガンドだけがあるが，哺乳動物ではSerrateのホモログであるJagged 1およびJagged 2と，DeltaのホモログであるDelta 1，Delta 3およびDelta 4の，計五つのリガンドがある。これらのリガンドの細胞外領域にはDSL（Delta, Serrate and Lag）領域，EGF様繰り返し配列があり，またSerrate/JaggedにはシステインリッチドメインCRがあるDSL領域は，Notchとの直接結合領域である。細胞内領域には共通の構造はない。図中のS1，S2，S3は切断箇所を示す。

図16.2 NotchリガンドとNotch受容体の構造

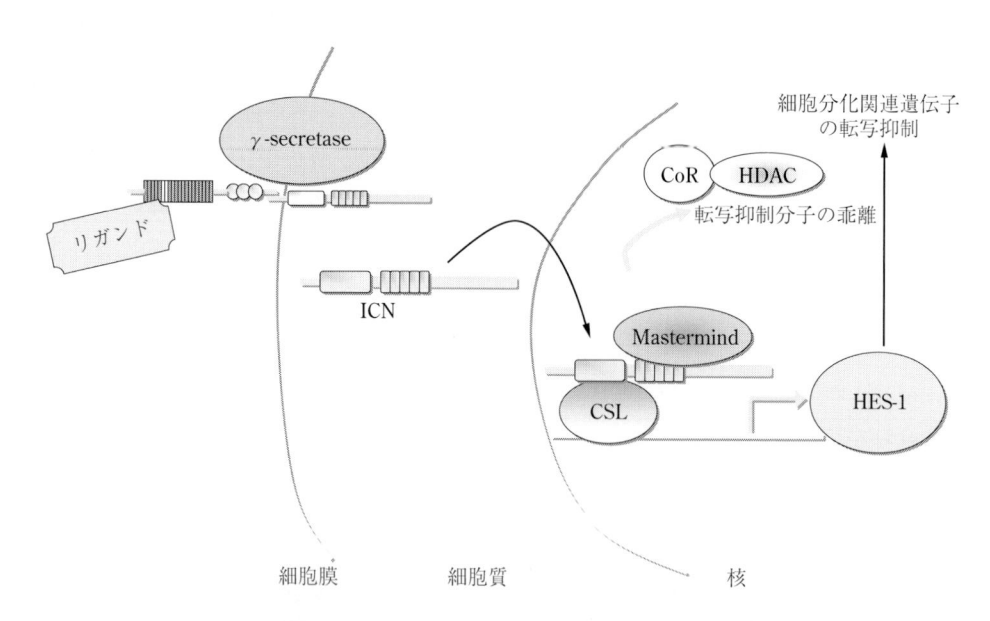

図 16.3 Notch シグナルの模式図

隣接する細胞表面に発現するリガンドが Notch の細胞外領域（EGF 用繰り返し構造の 11〜13 番目）に結合すると，細胞外サブユニットが Notch 側細胞から外れ，Notch 細胞膜貫通サブユニットの細胞外領域で切断（S 2 cleavage）が起こる．これが刺激となって，γ-secretase による細胞膜内切断が起こると，細胞内領域（ICN）が膜から離れ，核内に移行する．核内では CSL が DNA に結合しており，脱アセチル化酵素を含む転写抑制複合体を形成している．核内に移行した ICN は CSL に結合する．これにより，転写抑制複合体は CSL から乖離し，p 300 などを含む転写活性化複合体をリクルートする．この際，ICN には Mastermind も結合する．Mastermind は，転写活性化複合体を安定化する作用をもち，Notch シグナルに必須である．

(Spl (H)) が，哺乳動物ではこのホモログの HES-1，HES-5 のほか，Hey 1，Hey 2 など，数種類の HES に類似する basic helix-loop-helix タンパク質が標的候補である．ただし，これらの標的分子と，以下に述べるようなさまざまな生物活性との具体的関連は必ずしも明らかではない．

一方，リガンドは，ショウジョウバエでは Serrate と Delta の 2 種類が同定されている．哺乳動物では，Serrate に相同性の高い Jagged 1，Jagged 2 と，Delta に相同性の高い Delta 1，Delta 3，Delta 4 の計 5 種類が知られる．これらはいずれも，細胞外領域は種の間でも分子間でも類似の構造をもつ．すなわち，N 末端部分の DSL（Delta-Serrate-Lag 2）領域（種間および分子間で相同性が高く，Notch 受容体結合領域）と，その C 末端側の EGF 様繰り返し構造に特徴づけられる（図 16.2 参照）．細胞内領域は種間でも分子間でも保存されている構造が見いだされず，明確な機能があるか不明である．

16.2 哺乳動物におけるNotchシグナルの役割 —幹細胞とのかかわり—

16.2.1 発生における役割

〔1〕 **ノックアウトマウスの表現型と発生初期における役割**　Notch 1やNotch 2のノックアウトマウスは，それぞれ胎生10.5前後で致死となる[7]。Notch 3[8]およびNotch 4[7]それぞれのKOでは生仔が得られ，体表観察からわかる明らかな異常はない。一方，リガンドのKOマウスもDelta 1，Delta 4，Jagged 1ではやはり胎生9.5～12.5日で，Jagged 2では周産期に致死となる。Notchシグナルにおける主要な分子であるCLSのKOマウスも，胎生早期に致死である[7]。すなわち，Notchシグナルシステムを構成する多数の分子のそれぞれが，マウス発生において必須の機能を果たす。ただ，これらのマウスでは，体節形成異常，血管形成不全，細胞のアポトーシス亢進などが認められるが，類似点も相違点もあり，胎生初期～中期に致死となる原因は一様ではない。

一方，胎生中期まで胚発生は進行するという表現型からは，受精卵そのものや，初期胚の段階では，Notchシグナルはさして重要ではないと推察される。このことは，初期胚（内部細胞塊）由来である胚性幹（ES）細胞の培養において，Notchシグナルを活性化しても，ES細胞の分化抑制に寄与しないことと符合する。

〔2〕 **中枢神経系発生における役割**　当初，線虫やショウジョウバエでNotchによるlateral specification理論が確立した。すなわち，ショウジョウバエでは，同じポテンシャルをもった神経外胚葉系の未分化細胞のなかにDeltaを強く発現する細胞が出現し，これが周囲のNotch発現細胞にシグナルを送ることにより，シグナルを送られた側の細胞は神経系前駆細胞（neuroglioblast：NGB）への分化が抑制される（これらはやがて外胚葉由来の別な細胞に分化する）（図16.1参照）。一方，Deltaを高発現した細胞だけがNGBに分化し，その後これらの細胞は神経細胞やglia細胞に分化していく。このため，Notchシグナルを正にコントロールする分子の機能が障害されると，NGBへの分化が亢進するneurogenic形質が観察される。

哺乳動物の発生過程では，Notchシグナルが活性化されることにより，神経系前駆細胞が分化せず，前駆細胞にとどまる。すなわち，Notchシグナルが，神経系前駆細胞の未分化性を維持したままプールを増大させるか，神経細胞に分化させるか，の決定を行う。

ただし，glia細胞への分化に関しては，Notchシグナルはこれを抑制しないだけでなく，積極的に分化を誘導する。このことは，Notchシグナルがさまざまな分化段階の細胞で，二方向の運命のうち一方に導くことを示唆している（側方特異性決定に類似）。一方，複雑なことに，神経幹細胞はglia細胞として同定される細胞集団中に存在する[9]。

〔3〕 **造血幹細胞発生における役割**　マウスでは胎生9.5日目ごろまでに，傍大動脈臓側中胚葉と呼ばれる領域で，血管内皮細胞と造血幹細胞との両者の形質を示し，のちに造血幹細胞に分化する運命をもつ前駆細胞（hemogenic endothelial cell）が形成される。この細胞は，胎生10.5日目になり傍大動脈臓側中胚葉が大動脈・生殖原器・中腎と呼ばれる組織に成長すると，成体のマウス骨髄に生着が可能になる。Notch 1遺伝子を欠損させたマウス胎児では，hemogenic endothelial cell としての細胞膜表面分子発現パターンを示す細胞は形成されるものの，そこから造血幹細胞へ成長することができない。すなわち，造血幹細胞が発生する直前のポイントで，Notch 1が必須の役割を担っている[10]。一方，おもに卵黄嚢で行われる一次造血前駆細胞にはNotch 1は必須でない。また，胎生初期～中期には，造血幹細胞に由来しない二次造血前駆細胞も出現するが，このような前駆細胞は，Notch 1欠損マウスにおいて保たれている。すなわち，胎児造血におけるNotch 1の必要性は，「造血幹細胞の発生」において特に顕著である[10),11]（図16.4）。

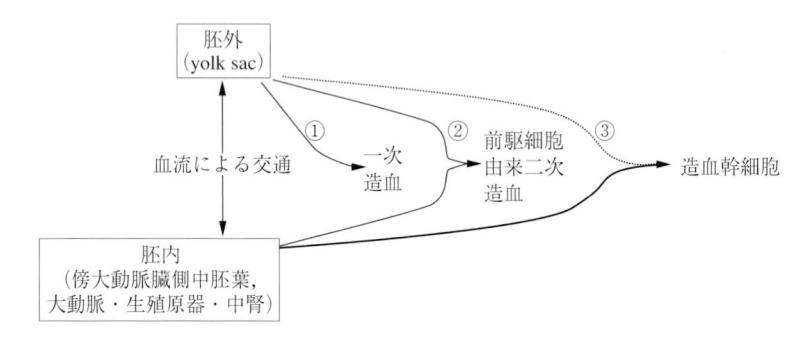

Notch シグナル（Notch 1）は，造血幹細胞の発生に必須である。一方，造血幹細胞の発生以前に出現する造血前駆細胞（赤血球以外の造血も可能な，二次性造血前駆細胞）の発生・増殖・分化，あるいはおもに卵黄嚢（yolk sac）で行われる有核赤血球のみ産生する一次造血細胞の発生・増殖・分化には，Notch 1は必要ではない。Notch 2～Notch 4は，いずれかが欠失しても，これらの過程では障害が起きない。Notch 1およびNotch 2のそれぞれの欠失マウスでは，成体の造血幹細胞維持が正常マウスと同様に可能である。成体の造血幹細胞で完全にNotchシグナルが欠損した場合に，造血幹細胞の維持が可能かどうかは興味深いが，まだ結論は得られていない。

図16.4　造血発生におけるNotchシグナルの関与（文献11）より改変）

〔4〕 **血管系発生における役割**　Notch関連分子のKOマウスの多くで，種々の血管系発生の異常が観察されており，NotchシグナルはVEGF/VEGFR，TGF-β/TGF-βR，angiopoietin/Tie 2，FGF/FGFR，ephrin/Ephなどの各系とならんで，血管形成にとって主要なシグナル系であると理解されるようになった。受容体ではNotch 1およびNotch 4，リガンドではDelta 4およびJagged 1の関与が特に明確にされている。血管系形成におけるNotchシグナルの役割は複雑であるが，血管芽細胞から血管腔が形成される初期段階

（vasculogenesis）より，この段階からさらに血管内皮細胞が出芽し毛細血管を延ばしていく段階（angiogenesis），あるいは小血管が融合して大きな血管を形成していく段階において重要である．

　Notchシグナルは，特に動脈の発生に重要な役割を果たす．動・静脈の血管内皮細胞は遺伝子発現などの点で，発生初期からたがいに異なることが知られている．この生命現象においては，Delta4からNotchへのシグナルが発生初期に血管内皮細胞に動脈としてのアイデンティティを与えるらしい[12),13)]．一方，血管内皮細胞だけでなく血管平滑筋細胞の分化・成熟や動脈化にも重要である．血管平滑筋においてはNotch3が必須の役割を演じている[14)]．

　〔5〕**臓器発生における役割**　Notch遺伝子のKOマウスの解析や，臓器形成不全を伴う遺伝性疾患の原因遺伝子としてJagged1が同定されていることなどから，腎臓，心臓，肝臓，膵臓などの臓器発生においてNotchシグナルが重要な役割を演じていることが明らかにされている．

　Notch2の完全な機能欠失マウスは中腎発生以前に胎生死亡となるが，Notch2遺伝子の部分欠失により生直後まで生存するマウスが作製されている．このマウスでは，腎臓の糸球体の著しい形成不全が見られる．心臓の低形成も観察される．この形質は，Notch2シグナルが減弱することによると考えられる[15)]．

　Alagille症候群は，肝内胆管形成不全による胆汁うっ帯のほか，種々の頻度で心臓，目，椎体の異常を伴い，特異な顔貌を特徴とする常染色体優性遺伝性疾患である．この原因遺伝子はJagged1である[16)]．すなわち，Jagged1対立遺伝子の一方の異常（機能欠損または発現低下と考えられる）により，上記のさまざまな発生異常が生じる．Jagged1やそのほかのNotch関連遺伝子のKOマウスで，Alagille症候群類似の異常を起こすことが知られている．

　Delta-1やCSLのKOマウス胎児では，膵臓において過剰な内分泌腺細胞への分化が起こっている[17)]．このことから，膵臓発生においては，外分泌腺細胞と内分泌腺細胞との共通前駆細胞から内分泌腺細胞への分化を，Notchシグナルが抑制していると考えられる．HES-1のKOマウスやコンディショナルKOマウスの解析からも，膵臓において同様の結論が得られる[18)]．また，HES-1のKOマウスでは胆嚢が形成されず，胆管も形成不全となる一方，胆管上皮から膵臓組織細胞への分化を認める[19)]．このことから，Notchシグナルは胆管上皮が潜在的にもっている膵臓細胞への分化を抑制し，胆管上皮への分化を誘導する，と考えられる．HES-1のKOマウスでは，消化管粘膜でも内分泌細胞や外分泌細胞（杯細胞など）への過剰分化がみられる一方，腸上皮細胞への分化抑制が観察される．すなわち，Notchシグナルは，腸管粘膜においては，分泌細胞への分化抑制と腸上皮への分化誘導を行うことが示唆される．

〔6〕 発生における Notch シグナルの役割から想定される Notch シグナルの再生医療への応用　　上記から，発生過程において Notch シグナルは，場面に応じて，おもに三つの作用をもつことが理解できる．第一に，初期胚の未熟な段階の細胞から，組織や臓器特異的な幹細胞への分化誘導を行うことである．第二に，組織・臓器特異的な幹細胞あるいはこれよりやや分化した未熟な前駆細胞の分化を抑制する（未分化性を維持する）ことである．発生期や発生後の組織障害などにより再生が必要な時期には，このような細胞の数を増やすことに寄与すると考えられる．第三に，臓器形成時など（ある程度分化の進んだ細胞段階）でみられる，ある種の細胞への分化を誘導すると同時に，別な細胞への分化を抑制する作用である．第一と第二の点は，シグナルが分化誘導か未分化性維持かの運命決定を行うという，ショウジョウバエなどで示された，側方特異性化の概念と一致するものであり，第三の点もやはり側方特異性化の概念と一致する．

　上記の知識は，ES 細胞を用いた組織や臓器再生技術に生かすことができるかもしれない．すなわち，ES 細胞は初期胚に戻すことにより，個体形成時にあらゆる組織や臓器に寄与しうるので，組織・臓器特異的幹細胞にも寄与することは疑いない．一方，ES 細胞からの組織や臓器作製に進むには，ES 細胞から in $vitro$ で組織・臓器特異的幹細胞に分化させたいところである．しかしながら，ES 細胞から組織・臓器特異的幹細胞への特異的分化誘導培養技術は，いまだきわめて不十分である．これは，正常な初期分化過程を in $vitro$ で十分に模倣する技術が達成されていないことによると考えられる．上記第一の点を考えると，Notch シグナル系は，組織・臓器特異的幹細胞への特異的分化誘導を達成するための重要なツールになるのではないだろうか．第二の点，すなわち胎生期に完成した組織・臓器幹細胞がそのまま自己複製して増える機構を Notch シグナルが支持することから，これを培養系で利用することにより，組織・臓器幹細胞増幅という，再生医療にとっての重要なステップをクリアできるようになるかもしれない．

16.2.2　発生期以降における Notch シグナルの役割と再生医療への応用

　胚性細胞の再生医療への応用については，技術的なハードルに加え倫理的なハードルが高い．これに比べると，体性幹細胞を利用できれば倫理的ハードルは低い．そこで，体性幹細胞を利用した再生医療の将来をうかがううえで，発生期以降における Notch シグナルの作用にも興味が集まっている．

〔1〕 皮膚における役割と再生医療　　発生期以降の幹細胞システムにおける Notch シグナルの関与が最も確実に示されているのは，皮膚，特に毛包・毛髪である．Notch シグナルは，皮膚発生（皮膚のパターン化）や毛包の発生そのものには，大きな影響を与えない．しかし，Notch1 を欠損させたマウスでは，細く，短く，ウェーブのかかった毛髪とな

る[20]。毛包は，**図16.5**に示すように多層の複雑な構造をしており，Notch 1，Notch 2，Notch 3が分かれて局在する。Notchシグナルの毛包における役割としては，①内毛根鞘（inner root sheeth：IRS）の前駆細胞からIRSを構成する各層の細胞への分化誘導，および，②毛軸前駆細胞から毛髄細胞への分化誘導，などが想定されている[20]。

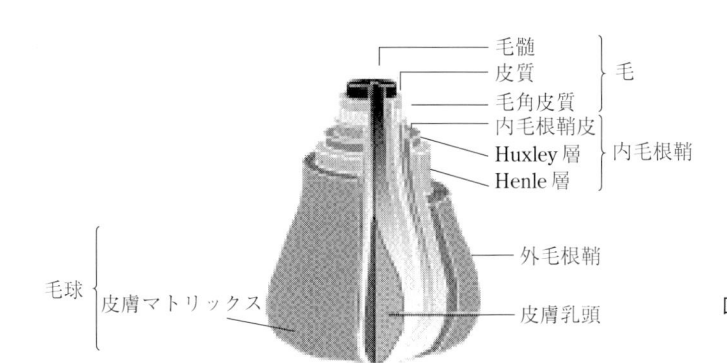

図16.5 毛包構造の模式図
（文献20）より改変）

一方，CSLを皮膚で欠損させる実験からは，毛包の幹細胞nicheであるbulgeにおいて，Notchシグナルは表皮細胞への分化を抑制し，毛髪形成プログラムを促進すると結論される[21]。この現象は，皮膚でNotchシグナルが欠損すると，毛周期に従った毛髪形成が著しく障害されると同時に，毛周期の退行期に表皮への異常分化が起こり，表皮過形成や表皮嚢腫の形成が起きるという結論[20]と呼応する。すなわち，毛包の外毛根鞘（outer root sheath：ORS）は，表皮が傷害を受けたときにこれを修復するように増殖・分化するが，毛髪サイクルが退行期にあるときには，この部位でNotchシグナルにより表皮への分化が抑制される。さらに，表皮細胞の増殖にもNotchは抑制的にはたらく[20]。Notch 1を欠損させる条件によっては表皮過形成にとどまらず皮膚腫瘍が発生することから，Notchシグナルは場合によっては腫瘍抑制的にはたらいているとも結論される[22]。

総括すると，Notchシグナルは毛包の幹細胞や前駆細胞に対し，発毛促進的，また過表皮化抑制的にはたらく。この現象からは，毛髪再生や美容の面でNotchシグナルの応用を考え得るであろう。

〔2〕 **造血・免疫系における役割**　造血・免疫系では，Notch 1-3は造血細胞やリンパ球に，そのリガンドはおもにストローマ細胞や抗原提示細胞に発現している[23]。造血幹細胞の生体内での維持にNotchシグナルがどうかかわっているか，またNotchシグナルを利用して造血幹細胞の体外増幅が可能であるか，に大きな関心が集まっている。

1）**生体骨髄造血幹細胞維持**　造血幹細胞は，骨髄において特殊な解剖学的場所（造血幹細胞niche）において自己複製することが長年想定されてきた。造血幹細胞nicheの実体は最近まで不明であったが，最近，海綿骨の表面ないし骨芽細胞との接着部位がniche

（の少なくとも一つ）であることが示された[24]。骨髄のnicheにおいては，骨芽細胞が発現するNotchリガンドにより，造血幹細胞上のNotch受容体が活性化することにより，造血幹細胞の分化が抑制され，自己複製に重要な役割を果たしている，というモデルが想定される（図16.6）。

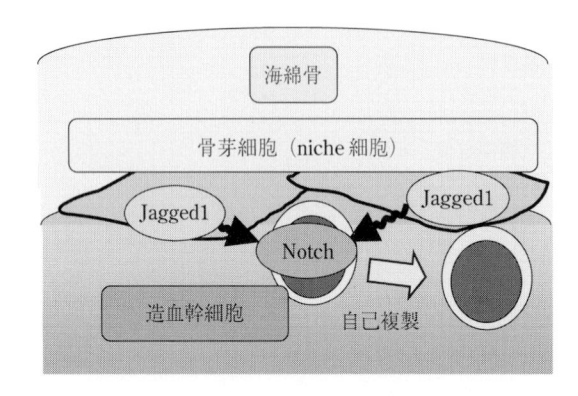

図16.6 解剖学的な造血幹細胞nicheとNotch（文献24）に基づく）

骨芽細胞はNotchリガンドであるJagged 1を発現する。造血幹細胞はNotch受容体を発現しており，海綿骨の表面でおそらく骨芽細胞と接して存在する。この状況で造血幹細胞上のNotchは骨芽細胞上のJagged 1などのリガンドにより活性化され，分化抑制などの刺激により自己複製にかかわる図のようなモデルが提唱されている。

2） Notchシグナルを利用した成体造血幹細胞の体外増幅 成体造血幹細胞の未分化性を維持し，体外増幅することは，基礎研究・臨床応用両面におけるさまざまな可能性（再生医療のみならず遺伝子治療なども含む）から，大きな興味がもたれてきた。上述のように，Notchシグナルは幹細胞の分化を抑制することが想定されてきたため，造血幹細胞の体外増幅技術の開発にNotchリガンドの利用が試みられてきた。最近の報告では，臍帯血由来造血幹細胞の培養において，SCFやTPOなどのサイトカインとともにNotchリガンドDelta 1の可溶型タンパク質を共存させることにより，無血清培養で免疫不全マウス（NOD/SCIDマウス）に長期生着可能な造血幹細胞を増幅し得ることが示唆されている[25]。今後は，造血幹細胞増幅効率の大幅な上昇など，臨床応用の可能性をより具体的に示すことが必要となる。

3） 幹細胞より分化した段階の造血・免疫系細胞におよぼすNotchシグナルの影響
　Notchシグナルは，造血・免疫系のより分化した段階の細胞に対しても，分化抑制と分化促進という作用をするほか，成熟段階の細胞の機能の修飾も行う。このような作用を列挙すると，① T・B細胞分化振り分け（幹細胞，あるいは，ややリンパ系にcommitした段階における，B細胞系への分化抑制と，T細胞系への分化促進），② 胸腺細胞の分化誘導，③ 脾臓辺縁帯B（marginal zone B；MZB）細胞の形成（以上文献23）），④ 単球からマクロファージへの分化抑制と樹状細胞への分化促進[26]，⑤ CD 4陽性T細胞からのTh 1・Th 2分化（これは，リガンドの種類により反対方向への分化が示唆されている）[27,28]，などが挙げられる。今後さらにいろいろな場面での作用が明らかになるであろう。このなかで，MZB細胞形成については，Delta 1が責任リガンド（の少なくとも一つ）であることが示

されている[29]。

このほか，T細胞活性化と寛容誘導について，リガンドにより反対方向の機能制御が示されている。また，抑制性T細胞産生を誘導するという報告もある[30]。

サイトカインや培養法だけでは不可能であった分化誘導や機能誘導が可能になっており，そのような点で，ある種の再生医療への応用が可能になるかもしれない。

〔3〕 **消化管上皮の維持・再生における役割**　消化管上皮は，皮膚や造血と並んで，絶えず細胞が新たに更新されるシステムであり，幹細胞の理解も進んでいる。腸腺窩の基底部にありクリプト（陰窩）細胞と呼ばれる細胞が腸粘膜上皮の幹細胞と考えられ，Notchシグナル系分子の発現が確認されている。

γ-secretase阻害剤をマウスに投与する実験では，ムチン分泌細胞である杯細胞や内分泌細胞が増加し[31],[32]，クリプトの障害など，組織学的に大きな変化が観察されている。Notchシグナルが腸管粘膜組織において，分泌細胞への分化を抑制するというHES-1のKOマウスから得られる結論とよく合致する結果であり，また，腸管粘膜上皮の幹細胞もまた，Notchシグナルにより維持されることを示唆している。

したがって，消化管上皮幹細胞を用いた再生医療にも，Notchシグナルの利用が考えられるかもしれない。

〔4〕 **骨格筋の再生における役割**　骨格筋が傷害された場合の再生能力は，若いマウスと老齢のマウスとでは異なるが，この差は傷害後の骨格筋細胞の前駆細胞であるsatellite細胞におけるDelta 1の発現増加の差によることが示唆されている[33]。すなわち，Delta 1はもともとsatellite細胞ではほとんど発現していないが，骨格筋が傷害されると，若年マウス（生後7か月未満）ではsatellite細胞において著明なDelta 1発現の亢進がみられるのに対し，老齢のマウス（生後23～24か月）ではDelta 1の発現が亢進しない（図16.7）。これに対応して，若年マウスではNotchシグナルを抑制することにより傷害後の骨格筋の再生が抑制され，一方，Notchシグナルを人為的に与えることにより，老齢マウスにおける骨格筋の再生が促進される。

〔5〕 **血管における役割**　血管を傷害する動物実験モデルでは，内皮細胞におけるNotchシグナル分子の発現増加が報告される一方，平滑筋における発現減少が報告されている[7]。これらの意義はまだ明らかでないが，発生過程での血管新生におけるNotchシグナルの重要性からは，組織障害，炎症，腫瘍など，さまざまな病態における血管新生においても，Notchシグナルが積極的に関与している可能性が高いと予想される。

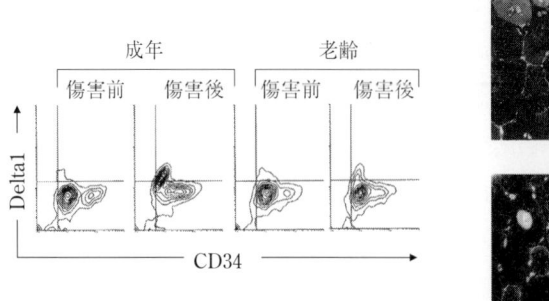

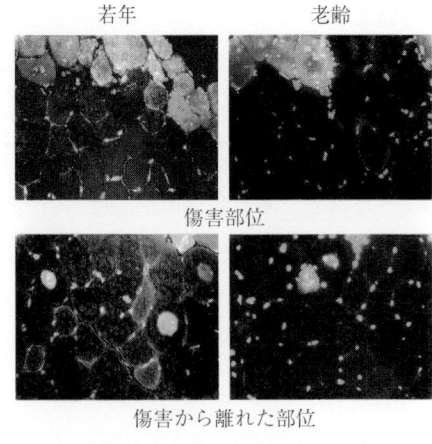

(a) flow cytometryによる解析結果で，成年（5〜7か月），老齢（23〜24か月）いずれのマウスでも，傷害前の骨格筋から分離したsatellite細胞（CD 34陽性，M-カドヘリン陽性）にはDelta 1がほとんど発現していない．傷害後，成年マウスでは明らかなDelta 1の発現亢進が認められたが，老齢マウスではDelta 1の発現亢進はほとんど認められなかった．

(b) 同様のことを示す免疫染色の実験結果である．若年（2〜3か月）のマウスでは傷害部位でも非傷害部位でもDelta 1が高発現しているが，老齢マウスではいずれでもDelta 1の発現が免疫染色では確認できない．なお，いずれのマウスでも傷害前はDelta 1の発現が確認できない．非傷害部位での発現は，なんらかの浸透性の因子の存在を示唆する．

図 16.7 骨格筋傷害後のsatellite細胞におけるDelta 1の発現亢進（口絵7参照）〔Conboy, I. M., Conboy, M. J., Smythe, G. M. and Rando, T. A.：Notch-mediated restoration of regenerative potential to aged muscle, Science, **302**, pp.1575-1577（2003）より許可を得て転載〕

16.3 Notchシグナルと腫瘍

　再生医療と直結はしないが，重要な点なので触れる．哺乳動物のNotchは，ヒト白血病において染色体転座により異常を起こしている遺伝子として初めて同定されたことは16.1節で述べた[2]．この発見後，過剰な，あるいは無統制なNotchシグナルが，腫瘍化と関連することがさまざまな研究で明らかにされてきた[34]．一方，16.2節で述べたように，皮膚ではNotch 1が一種のがん抑制遺伝子として機能している可能性が示されている[22]．

　機能亢進による腫瘍化の面での研究が最も進んでいるのは，白血病である．ヒトT細胞性白血病では，Notch 1発見の端緒になったt（7；9）転座の頻度は低いものの，60%のケースでNotch 1遺伝子のアミノ酸コード領域の突然変異が見いだされ，Notchシグナルが亢進していると考えられる[35]．このほかの造血器腫瘍でも，Notchシグナルの亢進が予想されている．

造血器腫瘍以外のヒト腫瘍で，Notchシグナルの異常が確実に証明されている例はまだないが，マウス乳がんにおいてはNotch 4の機能亢進が明らかにされており[34]，細胞・分子レベルでは，Notchシグナルの亢進は，細胞死の抑制や細胞周期の修飾など，種々の細胞機能の修飾により，細胞をがん化に導くことが示されている。このため，白血病をはじめとした悪性腫瘍の治療薬として，γ-secretase阻害剤の利用が議論されている。Notchシグナルの再生医療への応用を考える際にも，腫瘍化を誘導する可能性があるシグナル系であることを，十分に考慮する必要がある。

引用・参考文献

1) Artavanis-Tsakonas, S., R, M. D. and Lake, R. J.：Notch signaling：cell fate control and signal integration in development (review), Science, **284**, pp.770-776 (1999)
2) Ellisen, L. W., Bird, J., West, D. C., Soreng, A. L., Reynolds, T. C., Smith, S. D. and Sklar, J.：TAN-1, the human homolog of the Drosophila notch gene, is broken by chromosomal translocations in T lymphoblastic neoplasms, Cell, **66**, pp.649-661 (1991)
3) Sanchez-Irizarry, C., Carpenter, A. C., Weng, A. P., Pear, W. S., Aster, J. C. and Blacklow, S. C.：Notch subunit heterodimerization and prevention of ligand-independent proteolytic activation depend, respectively, on a novel domain and the LNR repeats, Mol. Cell. Biol., **24**, pp.9265-9273 (2004)
4) Baron, M.：An overview of the Notch signalling pathway (review), Semin. Cell. Dev. Biol., **14**, pp.113-119 (2003)
5) Iwatsubo, T.：The gamma-secretase complex：machinery for intramembrane proteolysis (review), Curr Opin Neurobiol, **14**, pp.379-383 (2004)
6) Hambleton, S., Valeyev, N. V., Muranyi, A., Knott, V., Werner, J. M., Mcmichael, A. J., Handford, P. A. and Downing, A. K.：Structural and functional properties of the human notch-1 ligand binding region, Structure, **12**, pp.2173-2183 (2004)
7) Iso, T., Hamamori, Y. and Kedes, L.：Notch signaling in vascular development (review), Arterioscler Thromb Vasc Biol, **23**, pp.543-553 (2003)
8) Krebs, L. T., Xue, Y., Norton, C. R., Sundberg, J. P., Beatus, P., Lendahl, U., Joutel, A. and Gridley, T.：Characterization of Notch 3-deficient mice：normal embryonic development and absence of genetic interactions with a Notch 1 mutation, Genesis, **37**, pp.139-143 (2003)
9) Gaiano, N. and Fishell, G.：The role of notch in promoting glial and neural stem cell fates (review), Annu. Rev. Neurosci., **25**, pp.471-490 (2002)
10) Kumano, K., Chiba, S., Kunisato, A., Sata, M., Saito, T., Nakagami-Yamaguchi, E., Yamaguchi, T., Masuda, S., Shimizu, K., Takahashi, T., Ogawa, S., Hamada, Y. and Hirai H.：Notch 1 but not Notch 2 is essential for generating hematopoietic stem cells from endothelial cells, Immunity, **18**, pp.699-711 (2003)
11) Hadland, B. K., Huppert, S. S., Kanungo, J., Xue, Y., Jiang, R., Gridley, T., Conlon, R. A.,

Cheng, A. M., Kopan, R. and Longmore, G. D. : A requirement for Notch 1 distinguishes 2 phases of definitive hematopoiesis during development, Blood, **104**, pp.3097-3105 (2004)

12) Duarte, A., Hirashima, M., Benedito, R., Trindade, A., Diniz, P., Bekman, E., Costa, L., Henrique, D. and Rossant, J. : Dosage-sensitive requirement for mouse Dll 4 in artery development, Genes. Dev., **18**, pp.2474-2478 (2004)

13) Krebs, L. T., Shutter, J. R., Tanigaki, K., Honjo, T., Stark, K. L. and Gridley, T. : Haploinsufficient lethality and formation of arteriovenous malformations in Notch pathway mutants, Genes. Dev., **18**, pp.2469-2473 (2004)

14) Domenga, V., Fardoux, P., Lacombe, P., Monet, M., Maciazek, J., Krebs, L. T., Klonjkowski, B., Berrou, E., Mericskay, M., Li, Z., Tournier-Lasserve, E., Gridley, T. and Joutel, A. : Notch 3 is required for arterial identity and maturation of vascular smooth muscle cells, Genes. Dev., **18**, pp.2730-2735 (2004)

15) Mccright, B. : Notch signaling in kidney development (review), Curr Opin Nephrol Hypertens, **12**, pp.5-10 (2003)

16) Artavanis-Tsakonas, S. : Alagille syndrome—a notch up for the Notch receptor (review), Nat. Genet., **16**, pp.212-213 (1997)

17) Apelqvist, A., Li, H., Sommer, L., Beatus, P., Anderson, D. J., Honjo, T., Hrabe De Angelis, M., Lendahl, U. and Edlund, H. : Notch signalling controls pancreatic cell differentiation, Nature, **400**, pp.877-881 (1999)

18) Jensen, J., Pedersen, E. E., Galante, P., Hald, J., Heller, R. S., Ishibashi, M., Kageyama, R., Guillemot, F., Serup, P. and Madsen, O. D. : Control of endodermal endocrine development by Hes-1, Nat. Genet., **24**, pp.36-44 (2000)

19) Sumazaki, R., Shiojiri, N., Isoyama, S., Masu, M., Keino-Masu, K., Osawa, M., Nakauchi, H., Kageyama, R. and Matsui, A. : Conversion of biliary system to pancreatic tissue in Hes 1-deficient mice, Nat. Genet., **36**, pp.83-87 (2004)

20) Pan, Y., Lin, M. H., Tian, X., Cheng, H. T., Gridley, T., Shen, J. and Kopan, R. : gamma-secretase functions through Notch signaling to maintain skin appendages but is not required for their patterning or initial morphogenesis, Dev. Cell., **7**, pp.731-743 (2004)

21) Yamamoto, N., Tanigaki, K., Han, H., Hiai, H. and Honjo, T. : Notch/RBP-J signaling regulates epidermis/hair fate determination of hair follicular stem cells, Curr. Biol., **13**, pp. 333-338 (2003)

22) Nicolas, M., Wolfer, A., Raj, K., Kummer, J. A., Mill, P., Van Noort, M., Hui, C. C., Clevers, H., Dotto, G. P. and Radtke, F. : Notch 1 functions as a tumor suppressor in mouse skin, Nat. Genet., **33**, pp.416-421 (2003)

23) Radtke, F., Wilson, A., Mancini, S. J. and Macdonald, H. R. : Notch regulation of lymphocyte development and function (review), Nat. Immunol., **5**, pp.247-253 (2004)

24) Calvi, L. M., Adams, G. B., Weibrecht, K. W., Weber, J. M., Olson, D. P., Knight, M. C., Martin, R. P., Schipani, E., Divieti, P., Bringhurst, F. R., Milner, L. A., Kronenberg, H. M. and Scadden, D. T. : Osteoblastic cells regulate the haematopoietic stem cell niche, Nature, **425**, pp.841-846 (2003)

25) Ohishi, K., Varnum-Finney, B. and Bernstein, I. D. : Delta-1 enhances marrow and thymus

repopulating ability of human CD 34 (+) CD 38 (-) cord blood cells, J. Clin. Invest., **110**, pp.1165-1174 (2002)

26) Ohishi, K., Varnum-Finney, B., Serda, R. E., Anasetti, C. and Bernstein, I. D. : The Notch ligand, Delta-1, inhibits the differentiation of monocytes into macrophages but permits their differentiation into dendritic cells, Blood, **98**, pp.1402-1407 (2001)

27) Maekawa, Y., Tsukumo, S., Chiba, S., Hirai, H., Hayashi, Y., Okada, H., Kishihara, K. and Yasutomo, K. : Delta 1-Notch 3 interactions bias the functional differentiation of activated CD 4^+ T cells, Immunity, **19**, pp.549-559 (2003)

28) Amsen, D., Blander, J. M., Lee, G. R., Tanigaki, K., Honjo, T. and Flavell, R. A. : Instruction of distinct CD 4 T helper cell fates by different notch ligands on antigen-presenting cells, Cell, **117**, pp.515-526 (2004)

29) Hozumi, K., Negishi, N., Suzuki, D., Abe, N., Sotomaru, Y., Tamaoki, N., Mailhos, C., Ish-Horowicz, D., Habu, S. and Owen, M. J. : Delta-like 1 is necessary for the generation of marginal zone B cells but not T cells in vivo, Nat. Immunol., **5**, pp.638-644 (2004)

30) Yvon, E. S., Vigouroux, S., Rousseau, R. F., Biagi, E., Amrolia, P., Dotti, G., Wagner, H. J. and Brenner, M. K. : Overexpression of the Notch ligand, Jagged-1, induces alloantigen-specific human regulatory T cells, Blood, **102**, pp.3815-3821 (2003)

31) Searfoss, G. H., Jordan, W. H., Calligaro, D. O., Galbreath, E. J., Schirtzinger, L. M., Berridge, B. R., Gao, H., Higgins, M. A., May, P. C. and Ryan, T. P. : Adipsin, a biomarker of gastrointestinal toxicity mediated by a functional gamma-secretase inhibitor, J. Biol. Chem., **278**, pp.46107-46116 (2003)

32) Wong, G. T., Manfra, D., Poulet, F. M., Zhang, Q., Josien, H., Bara, T., Engstrom, L., Pinzon-Ortiz, M., Fine, J. S., Lee, H. J., Zhang, L., Higgins, G. A. and Parker, E. M. : Chronic treatment with the gamma-secretase inhibitor LY-411, 575 inhibits beta-amyloid peptide production and alters lymphopoiesis and intestinal cell differentiation, J. Biol. Chem., **279**, pp.12876-12882 (2004)

33) Conboy, I. M., Conboy, M. J., Smythe, G. M. and Rando, T. A. : Notch-mediated restoration of regenerative potential to aged muscle, Science, **302**, pp.1575-1577 (2003)

34) Allenspach, E. J., Maillard, I., Aster, J. C. and Pear, W. S. : Notch signaling in cancer, Cancer. Biol. Ther., **1**, pp.466-476 (2002)

35) Weng, A. P., Ferrando, A. A., Lee, W., T. Morris, J. P., Silverman, L. B., Sanchez-Irizarry, C., Blacklow, S. C., Look, A. T. and Aster, J. C. : Activating mutations of NOTCH 1 in human T cell acute lymphoblastic leukemia, Science, **306**, pp.269-271 (2004)

17 幹細胞のシグナル伝達
～Hox/Polycomb～

17.1 はじめに

　本来，触覚が生えるべきところから肢が生えてくるショウジョウバエの突然変異体は，アンテナペディアと呼ばれ，その奇怪な姿が有名である。このように体の一部がほかの場所の構造に転換する現象はホメオーシスと呼ばれ，ホメオーシスを引き起こす遺伝子がホメオティック遺伝子であるが，各体節の特性を指令するセレクター（選択）遺伝子の一つであることからホメオティックセレクター遺伝子とも呼ばれる。
　アンテナペディアは肢を含む胸部第2体節の特性を指令するホメオティックセレクター遺伝子であるアンテナペディア遺伝子が頭部で異常発現したために，ホメオーシスを生じたものである。このように発生が正常に進むためにはホメオティックセレクター遺伝子の発現が正確に制御されなければならない。
　ショウジョウバエのオスの第1肢に存在する櫛状の構造物であるセックスコームの異所的発生を引き起こすことから，ポリコーム遺伝子群（Polycomb-group genes：PcG）と名づけられた遺伝子群の発見によって，発生においては一度設定されたホメオティックセレクター遺伝子の発現状態がクロマチン構造の制御を介して安定に維持されていることが明らかにされた[1,2]。
　高等哺乳動物における代表的なホメオティックセレクター遺伝子はHox遺伝子群（Hox）であるが，近年，PcGによるHoxの発現維持機構が高度に保存されていることだけでなく，PcGやHoxが形態形成だけでなく造血幹細胞をはじめとした成体幹細胞の制御にも重要な役割を果たしていることがわかってきた。ここでは，幹細胞の制御におけるこれらの遺伝子群の役割とその分子基盤について解説する。

17.2 HoxとPcG

　1個の細胞からなる受精卵が細胞分裂を繰り返しながら発生する際に，分裂した細胞はそ

れが存在する位置に応じて特性化され，全体として統合された成体の形が形成されていく。ショウジョウバエの発生過程においては，まず前後軸に沿って体節化が起こる。そして体節を基本単位としてそれぞれの特性が決定され，固有な付属構造である複眼，触覚，肢などがそれぞれの体節に応じて形成される。

　では，発生過程において体節の特性化を指令するホメオティックセレクター遺伝子であるホメオティック複合体（HOMC）の発現はどのような分子基盤によって制御されているのであろうか。ショウジョウバエの胚においてパターン形成を確立するために最初に機能する遺伝子群は母性効果遺伝子群と呼ばれ，これらの遺伝子産物が受精卵の細胞質内に特徴的に局在することにより，胚の前後軸が決定される。その後，ギャップ遺伝子群，ペア・ルール遺伝子群，そしてセグメント・ポラリティ遺伝子群からなる分節遺伝子群によって幼虫の体節が形成されると同時にHOMCの発現が誘導されることによりそれぞれの体節の特性化が指令される。HOMCはその体節固有の構造を規定する一群のターゲット遺伝子の発現を制御し，特性化を引き起こすと考えられる（**図17.1**）[1),2)]。ホメオティックセレクター遺伝子群は，ショウジョウバエから高等哺乳動物まで広く保存されており，HOMCの哺乳動物相同遺伝子群であるHoxはA，B，C，Dの四つのクラスターを形成し，39個の遺伝子からなっている（**図17.2**）。

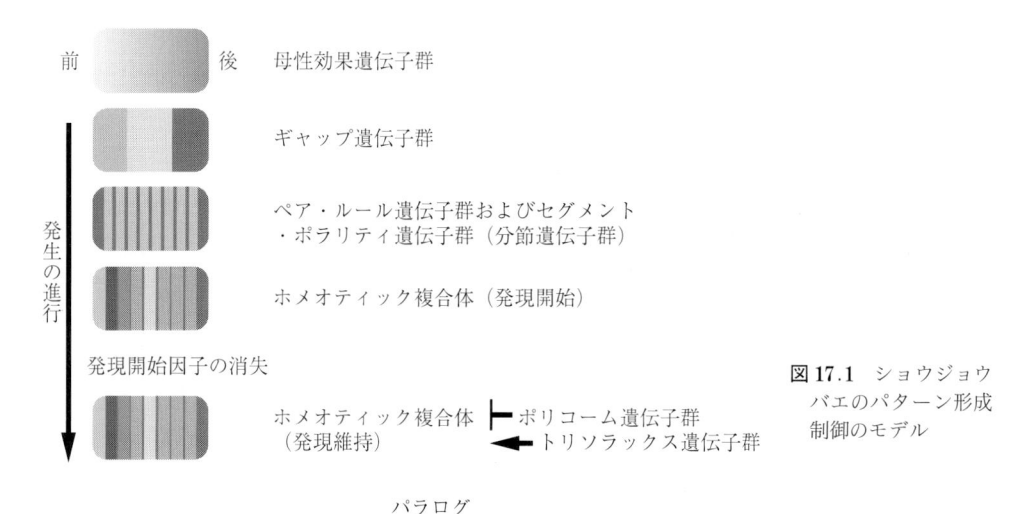

図17.1 ショウジョウバエのパターン形成制御のモデル

図17.2 高等哺乳動物のHox

同一染色体上に並んで存在する遺伝子群はクラスター（A，B，C，D）。クラスター間で相同な遺伝子は同じ番号で示され，パラログと呼ばれている。

さて，母性効果遺伝子群や分節遺伝子群の遺伝子産物，すなわち開始因子によってHOMCの遺伝子発現は開始されるが，HOMCの領域特異的な遺伝子発現は発生が進んで開始因子が消失したあとも維持される．したがって，一度形成されたHOMCの発現ドメインを維持する分子機構が存在すると考えられる．ショウジョウバエの遺伝学的解析によって遺伝子発現の抑制された状態を維持する遺伝子群としてPcGが，そして遺伝子の発現している状態を維持する遺伝子群としてトリソラックス遺伝子群（trxG）が発見された（図17.1参照）．PcGおよびtrxGによって一度設定されたHOMCの発現状態は染色体構造の制御を介してエピジェネティックに維持されると考えられている[1],[2]．興味深いことに小児の難治性白血病であるmixed lineage leukemiaに頻発する染色体転座点11q23から発見されたMll遺伝子はショウジョウバエのトリソラックス遺伝子のヒト相同遺伝子であった．

現在のところショウジョウバエではPcGに属する14種類以上の遺伝子が知られており，それらの大部分に哺乳動物相同遺伝子が存在し，機能的にもショウジョウバエから高等哺乳動物までよく保存されている[3],[4]（表17.1）．

表17.1　おもなPcG

ショウジョウバエ（略語）	マウス（ヒト）
Polycomb（Pc）	M 33/Cbx 4（CX 5/hPc 1），Pc 2/Cbx 2（hPc 2），Pc 3/Cbx 8
polyhomeotic（ph）	rae 28/mph 1/edr 1/Hpc 1（RAE 28/HPH 1/HP 0），mph 2/Hpc 2（HPH 2），Hpc 3（HPH 3）
Posterior sex comb（Psc）	bmi 1（BMI 1），mel 18/Zfp 144（Mel 18）
Sex comb on midleg（Scm）	Scmh 1（SCMH 1），（SCML 1，SCML 2）
dRING 1（dRING 1）	Ring 1 A，Ring 1 B/Rnf 2（Ring 1，Ring 2）
Extra sex comb（esc）	eed（EED）
Enhancer of zeste E（z）	Enx 1/Ezh 2（ENX 1/EZH 2），Enx 2/Ezh 1（EZH 1）
Pleiohomeotic（pho）	YY 1（YY 1）

（注）ショウジョウバエのおもなPcGおよびそれらに対応するマウスとヒトの相同遺伝子をまとめて示した．同一の遺伝子に対して複数の遺伝子名が存在するものについては併記して示した．

さらに動物に限らず植物においてもPcGの存在が知られている．これらの遺伝子産物は，PcG複合体1またはPcG複合体2と呼ばれる2種類の複合体を構成し，核内で小斑点状のポリコーム小体を形成している．高等哺乳動物のPcG複合体1としては，M 33-Ring 1 AまたはRing 1 B-bmi 1またはmel 18-rae 28-Scmh 1，そしてPcG複合体2としては，YY 1-eed-Ezh 2を含むものが最も代表的な複合体として知られている（図17.3）[3],[4]．しかし，ショウジョウバエのPcGの一つのメンバーに対して複数の哺乳動物相同遺伝子が存在することから，哺乳動物においてはより多様な複合体が形成されていると考えられる（表17.1参照）．

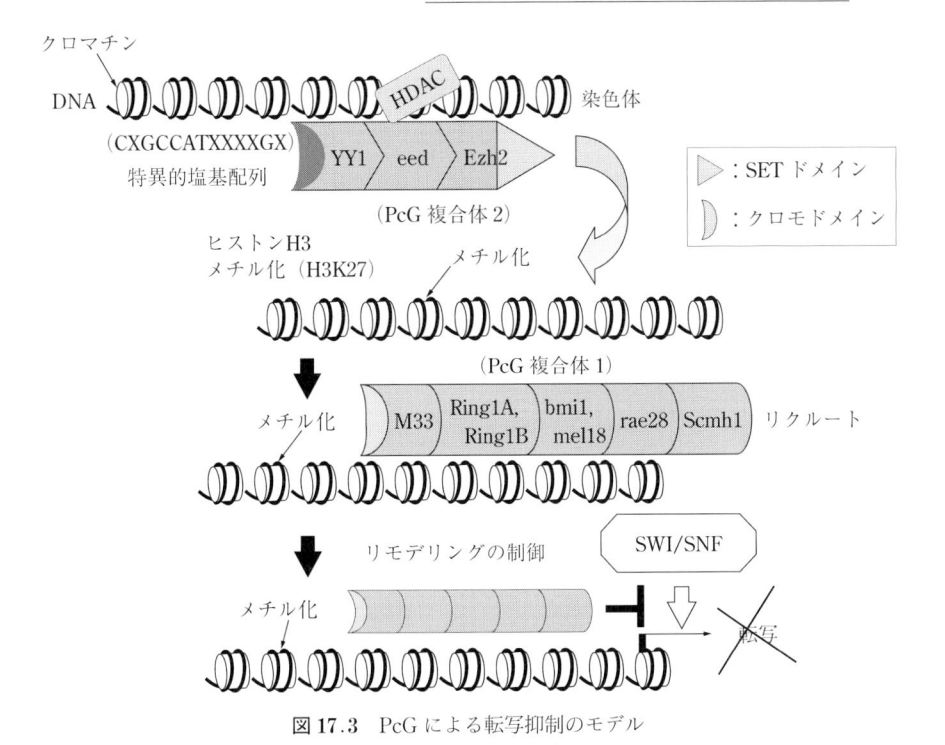

図17.3 PcGによる転写抑制のモデル

17.3 PcG複合体の基本的な分子機能

　最近の研究によってPcGが安定な遺伝子の発現抑制状態を構築する分子基盤がようやく明らかになってきた。おもにショウジョウバエを用いた解析結果をもとに，高等哺乳動物におけるPcG複合体の分子機能として図17.3のようなモデルが考えられる[5)~12)]。すなわち，まずYY1-eed-Ezh2からなるPcG複合体2がPolycomb response element（PRE）と呼ばれる特異的塩基配列（CXGCCATXXXXGX）を介してDNAに結合し[5)]，複合体にヒストン脱アセチル化酵素（HDAC）をリクルートし，ヒストンを脱アセチル化することによって遺伝子発現を抑制する[6)]。つぎにPcG複合体2に含まれるEzh2のSETドメインがヒストンH3のテイル領域に存在する第27番目のリジン（H3K27）をメチル化することによって遺伝子発現を抑制すべき染色体ドメインに目印をつける[7)~9)]。ヒストンの修飾によってもたらされるクロマチン制御シグナルはヒストンコードと呼ばれ，エピジェネティクスの重要な分子基盤の一つを構築している。メチル化されたH3K27はPcG複合体1の構成メンバーの一つであるM33のクロモドメインと呼ばれる領域によって認識される[10),11)]。クロモドメインはM33以外にもヘテロクロマチンタンパク質HP1などに認められる保存されたドメインであるが，ショウジョウバエでは，HP1とM33の相同体Pcのクロモドメイ

ンを入れ替えることによって，唾腺染色体上でのこれらの特異的結合部位が入れ替わることから，クロモドメインが結合の特異性を担っていると考えられている[11]。では，リクルートされたPcG複合体1はどのようにして転写の抑制状態を維持するのであろうか。PcG複合体1はSWI/SNFがATP依存的にクロマチンを再構成する活性を競合的に抑制することが示されている[12]。したがって，PcG複合体1の結合した染色体ドメインには，もはや染色体再構成は起こらず安定な転写抑制状態が形成されると考えられる。上述のように，遺伝学的な解析から，PcGは遺伝子の発現抑制状態を維持しtrxGは遺伝子の発現している状態を維持すると考えられてきたが，最近の解析によってtrxGはクロマチンリモデリング複合体のサブユニットをコードしており，PcGはクロマチンリモデリング複合体の活性を阻害することがわかってきた。細胞メモリー機構を構成しているといわれてきたPcGとtrxGは分子生物学的にはクロマチンリモデリングを介して一度設定された転写状態を維持していることがわかる。さらにPcG複合体1はクロマチンのコンパクションを引き起こし，安定な転写抑制状態を誘導することも明らかにされている（図17.4）[13]。このようにしてPcGは発生制御においてHoxの転写状態を維持しているが，PcGはHox以外の他の遺伝子の発現制御にもかかわっており，ショウジョウバエにおいてはPcGが70か所以上の遺伝子座に結合していることが知られている。

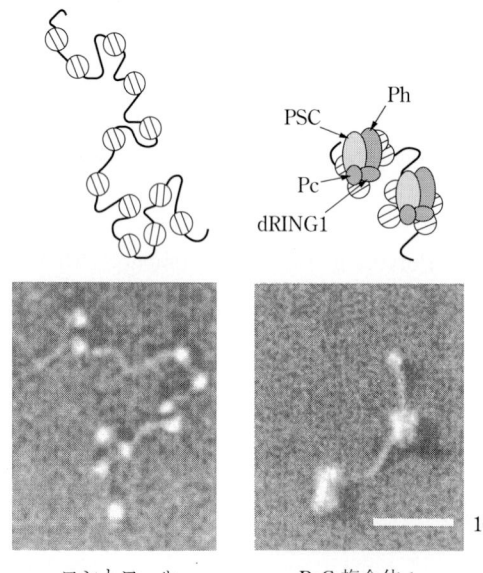

ショウジョウバエのPcG複合体1によって誘導されたクロマチンのコンパクションを示す。ショウジョウバエのPcG複合体1に含まれる各メンバーの高等哺乳動物相同体との対応は表17.1を参照。

図17.4 PcG複合体1によるクロマチンのコンパクション〔Francis, N. J., Kingston, R. E. and Woodcock, C. L.：Chromatin compaction by a Polycomb group protein complex, Scierce, **306**, pp.1574-1577（2004）より許可を得て転載〕

17.4 Hox による造血幹細胞制御

　Hox は転写制御因子として機能し，発生に際して細胞特性を規定すると考えられている。造血細胞においては，Hoxa クラスターと Hoxb クラスターの遺伝子群が骨髄球系細胞に，そして Hoxc クラスターの遺伝子がリンパ球系細胞に発現している[14]。これらのなかで，Hoxb3，b4，a4，a5 が造血幹細胞でよく発現しており，Hoxb4 は造血幹細胞の自己複製を誘導する活性をもち，*ex vivo* において造血幹細胞を増幅させることが可能である[15),16)]。遺伝学的な方法を用いると発がんの危険性を伴うことを考慮し，HIVtat やシグナルペプチドを組み込んだ Hoxb4 タンパク質を用いて造血幹細胞の増幅に成功した実験が報告されており注目される[17),18)]。さらに Hoxb4 は造血幹細胞を発生させるセレクター遺伝子としての活性をもつことが示唆されている[15)]。すなわち，卵黄囊の一次造血細胞や *ex vivo* で OP9 細胞上で ES 細胞から誘導した血球細胞は致死的に放射線照射したマウスに投与しても骨髄を再構築することができないことから造血幹細胞は誘導されていないと考えられている。しかし，遺伝子導入によって Hoxb4 を高発現させるとこれらの細胞から骨髄再構築能を獲得した造血幹細胞が出現する。最近では Hoxb4 以外にも Hoxb6[19)] や Hoxa9[20)]，さらに NUP98（ヌクレオポリン）と Hox との融合タンパク質にも造血幹細胞の自己複製能を誘導する活性があることが示されており，その分子基盤の解明が待たれる。また，造血幹細胞の増幅活性をもつことが期待されているトロンボポエチン（TPO）が Hoxb4 の発現や造血幹細胞の増幅活性を有する Hoxa9 の核移行を誘導するという報告もあり，細胞外因子と細胞内因子の関連を考える際に興味深い[21),22)]。Hox とともに Pbx1 と複合体を形成する Meis1 の欠損マウスにおいても造血幹細胞の活性異常が指摘されている[23)]。

17.5 PcG による造血幹細胞制御

　PcG の機能は，形態形成などいわゆる高次生命現象にかかわることから，ノックアウトマウスやトランスジェニックマウスなどを作製することによって個体レベルでの機能解析が進められてきた。これらの変異マウスの解析によって PcG が Hox の発現維持を担っていることが示され，PcG がショウジョウバエから高等哺乳動物まで機能的にもよく保存されていることが明らかにされた。

　一方で，ショウジョウバエでは知られていなかった PcG の新しい機能があることも解ってきた。その最も重要なものが PcG の幹細胞制御における役割である。PcG 複合体 1 を構成する rae28，bmi1 および mel18 の欠損マウスにおいて，造血幹細胞をはじめとして，

神経幹細胞，神経堤細胞や小脳前駆細胞の活性低下が見つかっている[24]〜[30]。

一方，PcG複合体2を構成するeedの欠損マウスでは未分化造血細胞の異常増幅が認められており，bmi1よりもeedの作用のほうが優性である[31]。これらの解析結果からPcGが自己複製能を含めた体性幹細胞の活性制御に必須な役割を果たしていることがわかる。

それではどのような分子基盤に基づくのであろうか。前述のようにPcGは体節におけるHoxの転写状態を維持しており，Hoxb4は造血幹細胞の自己複製能を誘導する活性をもつ。rae28やbmi1の欠損マウスの血球細胞においてはHoxb4の発現異常は認められていないが，mel18欠損マウスにおいてはHoxb4の発現が過剰になるため造血幹細胞が増幅することが報告されている（図17.5）[28]。bmi1はCDK阻害分子であるp16 CKIやp53を制御するp19 ARFをコードし細胞老化を誘導することが知られているink4a遺伝子座の転写を抑制することによって，造血幹細胞，神経幹細胞，神経堤細胞そして白血病幹細胞の活性を維持していると考えられている（図17.5）[25]〜[27]。

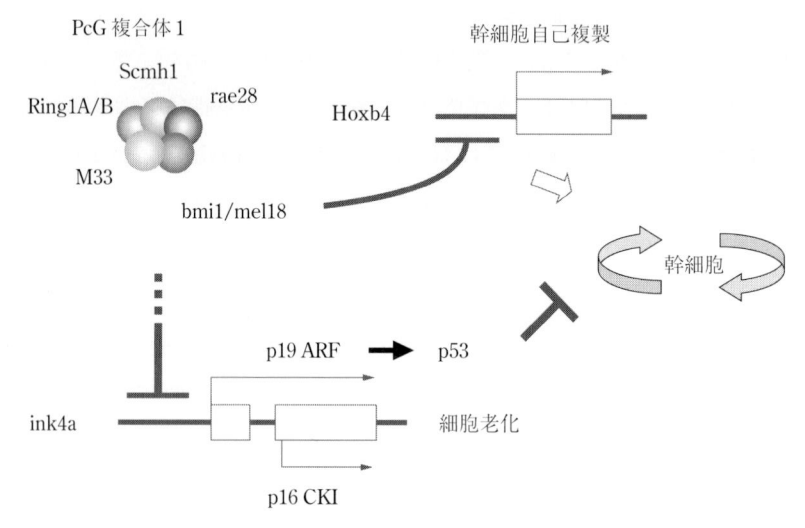

図17.5　現在明らかにされているPcGによる造血幹細胞制御の分子基盤

PcGはHox以外の遺伝子の転写制御にもかかわっていると考えられるが，bmi1によるink4a遺伝子座の転写制御が直接的なものかどうかはいまのところ明らかにされていない。また，ink4a遺伝子座が欠損した神経幹細胞においてもbmi1が欠損すると幹細胞活性が低下することや，ink4a遺伝子座が欠損した造血幹細胞や白血病幹細胞においてもbmi1を高発現すると幹細胞活性の上昇が認められることから，bmi1はink4a遺伝子座の転写抑制以外に幹細胞の活性を維持する新たな分子基盤を構成していることが予測されている[26],[27],[29]。またeedはHDACと結合することが知られているが，eedが造血細胞の増殖活性を抑制する分子基盤についてはわかっていない。最近，細胞周期制御において中心的役割

を果たしている E2F や Rb が PcG タンパク質と複合体を形成していることや[32)~34)]，PcG や Hox は転写制御因子として機能しているだけではなく，DNA 複製のライセンス化因子 Cdt 1 の抑制因子 Geminin とタンパク質レベルで直接結合し，発生や幹細胞制御に際して細胞増殖のポテンシャルを提供していることが示唆されている[35)]。PcG や Hox による幹細胞制御の分子基盤の解明が待たれる。

17.6 お わ り に

骨髄を再構築する造血幹細胞移植療法は再生医療開発のなかで最も先駆的な役割を果たしている。移植される細胞が骨髄の造血幹細胞から末梢血幹細胞，そして臍帯血幹細胞へと変遷しつつあるが，造血幹細胞移植療法が先端的再生医療としてさらなる進化を遂げるためには，良質かつ十分数の造血幹細胞を供給するシステムの構築が必須である。造血幹細胞を *ex vivo* で増幅することのできるサイトカインを求めて世界的に激しい競争が繰り広げられているが，いまだ実用化されるには至っていない。

一方，細胞内因子としては本章で紹介した Hox や PcG に大きな期待が寄せられている。特に Hoxb 4 タンパク質を用いて造血幹細胞の増幅に成功した報告には今後の発展が期待される。PcG は造血幹細胞だけでなく，発生が完了した成体においても多分化能と増殖活性を保持している成体幹細胞の活性を維持するために普遍的分子基盤を構築していることが推測される。PcG や Hox が幹細胞を制御する分子基盤の解明が進めば，サイトカイン等の細胞外因子とは別の角度から増幅法の開発を目指すことが可能となるであろう。しかし，前述のように白血病幹細胞の活性には PcG が必須であることや造血器腫瘍以外のがんにおいても発がんと PcG の関連を示唆する報告が相ついでおり，安易な幹細胞増幅法開発に対する警鐘とも考えられる。慎重を期することが肝要である。

引用・参考文献

1) Lawrence, P. E.：The making of a fly, Blackwell Scientific, Oxford (1992)
2) Gilbert, S. F.：The genetics of axis specification in Drosophila；Developmental Biology (5th ed), pp.543-590, Sinauer Associates, Sunderland (2000)
3) Takihara, Y. and Hara, J.：Polycomb-group genes and hematopoiesis, Int. J. Haematol., **72**, pp.165-172 (2000)
4) 瀧原義宏：ポリコーム遺伝子群の機能，細胞工学，**23**, pp.74-80 (2004)
5) Mihaly, J., Mishra, R. K. and Karch, F.：A conserved sequence motif in Polycomb-response elements, Mol. Cell., **1**, pp.1065-1066 (1998)

6) van der Vlag, J. and Otte, A. P. : Transcriptional repression mediated by the human Polycomb-group protein EED involves histone deacetylation, Nature. Genet., **23**, pp.474-478 (1999)
7) Cao, R., Wang, L., Wang, H., Xia, L., Erdjument-Bromage, H., Tempst, P., Jones, R. S. and Zhang, Y. : Role of histone H 3 lysine 27 methylation in Polycomb-group silencing, Science, **298**, pp.1039-1034 (2002)
8) Czermin, B., Melfi, R., McCabe, D., Seitz, V., Imhof, A. and Pirrotta, V. : Drosophila Enhancer of Zeste/ESC complexes have a histone H 3 methyltransferase activity that marks chromosomal Polycomb sites, Cell, **111**, pp.185-196 (2002)
9) Müller, J., Hart, C. M., Francis, N. J., Vargas, M. L., Sengupta, A., Wild, B., Miller, E. L., O'Connor, M. B., Kingston, R. E. and Simon, J. A. : Histone methyltransferase activity of a Drosophila Polycomb group repressor complex, Cell, **111**, pp.197-208 (2002)
10) Min, J., Zhang, Y. and Xu, R. M. : Structural basis for specific binding of Polycomb chromodomain to histone H 3 methylated at Lys 27, Genes. Dev., **17**, pp.1823-1828 (2003)
11) Fischle, W., Wang, Y., Jacobs, S. A., Kim, Y., Allis, C. D. and Khorasanizadeh, S. : Molecular basis for the discrimination of repressive methyl-lysine marks in histone H 3 by Polycomb and HP 1 chromodomains, Genes. Dev., **17**, pp.1870-1881 (2003)
12) Shao, Z., Raible, F., Mollaaghababa, R., Guyon, J. R., Wu, C. T., Bender, W. and Kingston, R. E. : Stabilization of chromatin structure by PRC 1, a Polycomb complex, Cell, **98**, pp.37-46 (1999)
13) Francis, N. J., Kingston, R. E. and Woodcock, C. L. : Chromatin compaction by a Polycomb group protein complex, Science, **306**, pp.1574-1577 (2004)
14) Sauvageau, G., Lansdorp, P. M., Eaves, C. J., Hogge, D. E., Dragowska, W. H., Reid, D. S., Largman, C., Lawrence, H. J. and Humphries, R. K. : Differential expression of homeobox genes in functionally distinct CD 34$^+$ subpopulations of human bone marrow cells, Proc. Natl. Acad. Sci. USA., **91**, pp.12223-12227 (1994)
15) Kyba, M., Perlingeiro, R. C. R. and Daley, G. : HoxB 4 confers definitive lymphoid-myeloid engraftment potential on embryonic stem cells and yolk sac hematopoietic progenitors, Cell, **109**, pp.29-37 (2002)
16) Antonchuk, J., Sauvageau, G. and Humphries, R. K. : HOXB 4-induced expansion of adult hematopoietic stem cells ex vivo, Cell, **109**, pp.39-45 (2002)
17) Krosl, J., Austin, P., Beslu, N., Kroon, E., Humphries, R. K. and Sauvageau, G. : In vitro expansion of hematopoietic stem cells by recombinant TAT-HOXB 4 protein, Nature Med, **9**, pp.1428-1432 (2003)
18) Amsellem, S., Pflumio, F., Bardinet, D., Izac, B., Charneau, P., Romeo, P. H., Dubart-Kupperschmitt, A. and Fichelson, S. : Ex vivo expansion of human hematopoietic stem cells by direct delivery of the HOXB 4 homeoprotein, Nature Med, **9**, pp.1423-1427 (2003)
19) Fischbach, N., Rozenfeld, S., Shen, W., Fong, S., Chrobak, D., Ginzinger, D., Kogan, S. C., Radhakrishnan, A., Le Beau, M. M., Largman, C. and Lawrence, H. J. : HOXB 6 overexpression in murine bone marrow immortalizes a myelomonocytic precursor in vitro and causes hematopoietic stem cell expansion and acute myeloid leukemia in vivo, Blood, **105**, pp.

1456-1466 (2005)

20) Thorsteinsdottir, U., Mamo, A., Kroon, E., Jerome, L., Bijl, J., Lawrence, H. J., Humphries, R. K. and Sauvageau, G. : Overexpression of the myeloid leukemia-associated Hoxa 9 gene in bone marrow cells induces stem cell expansion, Blood, **99**, pp.121-129 (2002)

21) Kirito, K., Fox, N. and Kaushansky, K. : Thrombopoietin stimulates Hoxb 4 expression : an explanation for the favorable effects of TPO on hematopoietic stem cells, Blood, **102**, pp. 3172-3178 (2003)

22) Kirito, K., Fox, N., Kaushansky, K. : Thrombopoietin induces HOXA 9 nuclear transport in immature hematopoietic cells : potential mechanism by which the hormone favorably affects hematopoietic stem cells, Mol. Cell. Biol., **24**, pp.6751-6762 (2004)

23) Hisa, T., Spence, S. E., Rachel, R. A., Fujita, M., Nakamura, T., Ward, J. M., Devor-Henneman, D. E., Saiki, Y., Katsuna, H., Tessarollo, L., Jenkins, N. A. and Copeland, N. G. : Hematopoietic, angiogenic and eye defects in Meis 1 mutant animals, EMBO. J., **23**, pp. 450-459 (2004)

24) Ohta, H., Sawada, A., Kim, J., Tokimasa, S., Nishiguchi, S., Humphries, R. K., Hara, J. and Takihara, Y. : Polycomb group gene rae 28 is required for sustaining activity of hematopoietic stem cells, J . Exp. Med., **195**, pp.759-770 (2002)

25) Park, I., Qian, D., Kiel, M., Becker, M. W., Pihalja, M., Weissman, I. L., Morrison, S. J. and Clarke, M. F. : Bmi-1 is required for maintenance of adult self-renewing haematopoietic stem cells, Nature, **423**, pp.302-305 (2003)

26) Molofsky, A. V., Pardal, R., Iwashita, T., Park, I., Clarke, M. F. and Morrison, S. J. : Bmi-1 dependence distinguishes neural stem cell self-renewal from progenitor proliferation, Nature, **425**, pp.962-967 (2003)

27) Lessard, J. and Sauvageau, G. : Bmi-1 determines the proliferative capacity of normal and leukaemic stem cells, Nature, **423**, pp.255-260 (2003)

28) Kajiume, T., Ninomiya, Y., Ishihara, H., Kanno, R. and Kanno, M. : Polycomb group gene mel-18 modulates the self-renewal activity and cell cycle status of hematopoietic stem cells, Exp. Hematol., **32**, pp.571-578 (2004)

29) Iwama, A., Oguro, H., Negishi, M., Kato, Y., Morita, Y., Tsukui, H., Ema, H., Kamijo, T., Katoh-Fukui, Y., Koseki, H., van Lohuizen, M. and Nakauchi, H. : Enhanced self-renewal of hematopoietic stem cells mediated by the Polycomb gene product Bmi 1, Immunity, **21**, pp.843-851 (2004)

30) Leung, C., Lingbeek, M., Shakhova, O., Liu, J., Tanger, E., Saremaslani, P., van Lohuizen, M. and Marino, S. : Bmi 1 is essential for cerebellar development and is overexpressed in human medulloblastomas, Nature, **428**, pp.337-341 (2004)

31) Lessard, J., Schumacher, A., Thorsteinsdottir, U., van Lohuizen, M., Magnuson, T. and Sauvageau, G. : Functional antagonism of the Polycomb-group genes eed and bmi 1 in hematopoietic cell proliferation, Genes. Dev., **13**, pp.2691-2703 (1999)

32) Ogawa, H., Ishiguro, K., Gaubatz, Z., Livingston, D. M. and Nakatani, Y. : A complex with chromatin modifiers that occupies E 2 F- and Myc-responsive genes in G 0 cells, Science, **296**, pp.1132-1136 (2002)

33) Trimarchi, J. M., Fairchild, B., Wen, J. and Lees, J. A. : The E 2 F 6 transcription factor is a component of the mammalian Bmi 1-containing Polycomb complex, Proc. Natl. Acad. Sci. USA., **98**, pp.1519-1524 (2001)

34) Aslanian, A., Iaquinta, P. J., Verona, R. and Lees, J. A. : Repression of the Arf tumor suppressor by E 2 F 3 is required for normal cell cycle kinetics, Genes. Dev., **18**, pp.1413-1422 (2004)

35) Luo, L., Yang, X., Takihara, Y., Knoetgen, H. and Kessel, M. : The cell-cycle regulator geminin inhibits Hox function through direct and polycomb-mediated interactions, Nature, **427**, pp.749-753 (2004)

18 幹細胞のシグナル伝達
～ bHLH 因子 ～

18.1 はじめに

　塩基性領域ヘリックス-ループ-ヘリックス（basic helix-loop-helix：bHLH）ドメインをもつ転写因子の多くは，細胞分化を制御することが知られている。代表的なものにMyoDやMash1があり，それぞれ筋肉分化と神経分化を決定する。これらのbHLH因子は，多くの細胞に共通して発現するbHLH因子E47とヘリックス-ループ-ヘリックス（HLH）ドメインを介してダイマーを形成する。このダイマーはプロモーター上に存在するEボックス（CANNTG）と呼ばれる配列に結合して転写を活性化する。MyoD-E47ヘテロダイマーの場合は筋肉系の遺伝子発現を活性化し，Mash1-E47ヘテロダイマーの場合は神経系の遺伝子発現を活性化する。

　これらのbHLH因子に対して，抑制的に作用するbHLH因子の存在が知られている。bHLH因子Hes1は，MyoDやMash1の機能あるいは発現を抑制することによって筋肉分化や神経分化を抑制し，未分化状態を維持させる[1]。ほかにも抑制作用を示す因子としてIdが知られている。この因子は塩基性領域をもたず，HLHドメインのみをもつ。最近，これらの因子が幹細胞の維持に必須な役割を担うことが明らかにされてきた。本章では，幹細胞の代表として神経幹細胞を中心にその維持にかかわるbHLH因子Hesについて述べる。

18.2 神経幹細胞とは

　神経発生過程では，まず初めに神経板から神経管が形成される。神経板や初期の神経管は一層の神経幹細胞からなるが，この時期の細胞は神経上皮細胞と呼ばれる（図18.1）[2]。この神経幹細胞は対称分裂を繰り返すことによって，もっぱら増殖し細胞数を増やす。この時期の神経幹細胞は一般にニューロンには分化しない。やがて発生中期になると神経幹細胞からニューロンが分化するようになる。このとき，多くの神経幹細胞は非対称分裂をする。すなわち，1個の幹細胞から1個の幹細胞と1個のニューロンが形成される。ニューロンは外

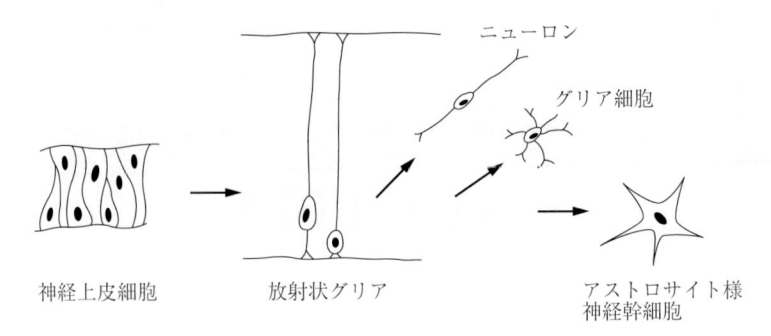

図18.1 神経幹細胞の性質・形態の変化

初めに，神経幹細胞は神経上皮細胞として存在する．神経上皮細胞は盛んに増殖し，細胞数を増やす．やがて神経幹細胞は，神経上皮細胞から放射状グリアの形態に変化する．放射状グリアは非対称分裂を行うことによってニューロンを形成する．ニューロン形成後，放射状グリアはグリア細胞に分化する．成体脳でも神経幹細胞は残っているが，このときはグリア細胞の一種であるアストロサイトの形態をとる．すなわち，神経幹細胞は時間とともに性質および形態を変化させる．

側に遊走し，新たな層を形成する（マントル層）．一方，神経幹細胞は内側に残り（脳室周囲層），分裂を続ける．この時期の神経幹細胞は，細胞体を脳室周囲層にもち，神経管の外側に達する長い放射状突起を有し，放射状グリアと呼ばれる．ニューロンはこの放射状突起の上を遊走し，マントル層に到達する．放射状グリアは，以前はニューロンの遊走をガイドする特殊なグリア細胞と考えられていたが，最近になって神経幹細胞であることが示された．ニューロンの形成を終えると，最後に神経幹細胞はグリア細胞に分化する．したがって，神経幹細胞は，① 増殖，② ニューロンの形成，③ グリア細胞の形成，というように順番に性質を変えていく．神経幹細胞は成体脳にも残っているが，そこではグリア細胞の1種であるアストロサイトの形態をとる．

18.3 bHLH型転写抑制因子 Hes

Hes因子群は，ショウジョウバエにおいて神経分化を抑制する遺伝子群 hairy および Enhancer of split の哺乳動物ホモログとして同定された．Hes1〜Hes7の7種類が存在し，いずれもN末側によく保存されたbHLHドメインをもつ．bHLHドメインを介してダイマーを形成しNボックス（CACNAG）と呼ばれるDNA配列に結合する（図18.2（a））[1]．また，C末端には Trp-Arg-Pro-Trp（WRPW）というアミノ酸配列が保存されているが，ここはコリプレッサー Groucho が結合し，転写抑制ドメインとして機能する．Groucho はヒストン脱アセチル化酵素を介してクロマチン構造を変化させ，積極的に転写を抑制する（active repression）．Hes1の標的遺伝子としては，神経分化決定因子である

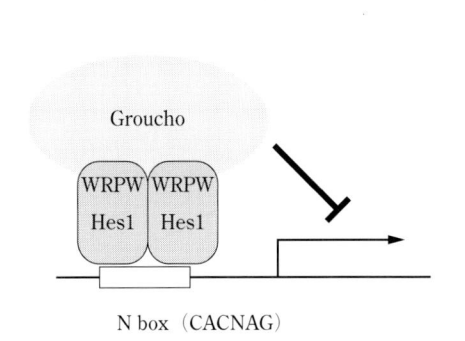

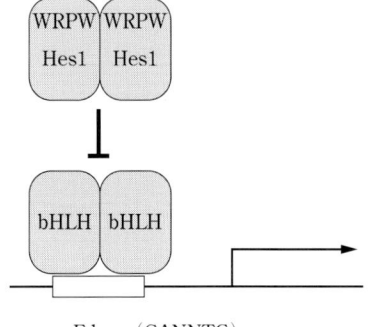

(a) active repression

Hes はホモダイマーを形成し，N ボックスに結合する。C 末端の WRPW という配列にコリプレッサー（Groucho）がつき，転写を抑制する。

(b) passive repression

bHLH 型活性化因子（bHLH Act）は E ボックスに結合し転写を活性化するが，Hes はこの E ボックスへの結合を阻害する。

図 18.2　Hes による転写抑制作用

Mash 1 が知られている[3]。Hes 1 は Mash 1 遺伝子のプロモーターに結合することによってその発現を抑制し，神経分化を阻害する。逆に，Hes 1 ノックアウトマウスでは Mash 1 の発現が増加し，神経分化が促進する（18.5 節で後述）。また，Hes 因子は，Mash 1 のような転写活性化作用をもつ bHLH 因子と HLH ドメインを介してヘテロダイマーを形成するが，これは DNA に結合できない。したがって，Hes はドミナントネガティブに作用し，転写を抑制する（passive repression）。このように，Hes 因子は異なる二つの機構で転写を抑制する。

塩基性領域を欠き，HLH ドメインのみをもつ Id は passive repression のみを行う。すなわち，転写活性化作用をもつほかの bHLH 因子と HLH ドメインを介してヘテロダイマーを形成するが，これは DNA に結合できないので転写活性化が阻害される。

18.4　Hes の発現制御

Hes 因子群のなかで，Hes 1 と Hes 5 は神経幹細胞に強く発現する[1),4)]。一般に Hes 1 と Hes 5 は，たがいに異なる領域の神経幹細胞に強く発現するが，どちらか一方の Hes 遺伝子が欠損すると，残されたほうの Hes 遺伝子の発現が広がる。例えば，発生初期の眼胞（将来，眼を形成する領域）の神経幹細胞には Hes 1 のみが発現するが，Hes 1 欠損マウスでは Hes 5 が発現するようになる。このように Hes 1 と Hes 5 は，たがいに機能を代償する[5),6)]。

Hes 1 と Hes 5 は Notch シグナルのエフェクターとして機能することが知られている[5)]。

Notchは1回の膜貫通領域をもつ膜タンパクで，N末側の細胞外領域は切断され，C末側と複合体を形成して細胞膜上に存在する。ニューロンに分化を始めた細胞はNotchリガンドDeltaを発現し，隣接細胞のNotchを活性化する。Notchが活性化されると2段階のプロセシングを受け，細胞内ドメインが膜貫通領域から切り出される（図18.3）。

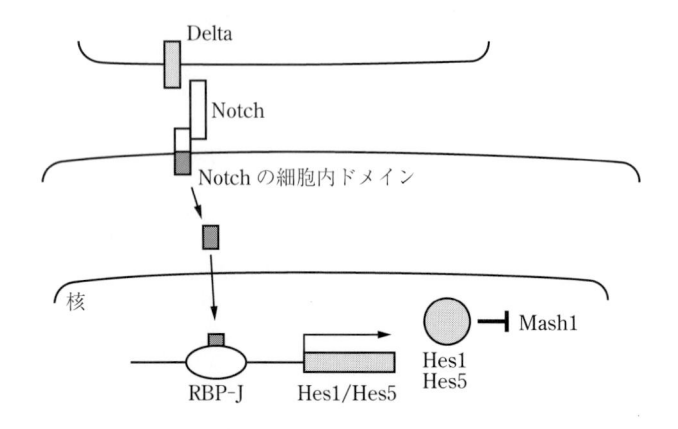

膜タンパクNotchは，隣接細胞からリガンド（Delta）の刺激を受けると，細胞内ドメインが切り出され核に移行する。一方，DNA結合因子RBP-Jは，普段はHes1やHes5遺伝子のプロモーターに結合し，その発現を抑制している。しかし，Notchの細胞内ドメインが核内に移行するとRBP-Jと複合体を作り，Hes1やHes5の発現を活性化する。Hes1やHes5は，ニューロンへの分化を促進するMash1の発現を抑制し，神経幹細胞の状態を維持する。

図18.3　Notch　経　路

Notchの細胞内ドメインには核移行シグナルがあるので，切断後は核に移動する。核内ではRBP-JというDNA結合因子と複合体を形成する（16章参照）。RBP-J単独ではHes1やHes5遺伝子のプロモーターに結合し，その発現を抑制する。しかし，Notchの細胞内ドメインとRBP-Jの複合体は転写活性化作用を示し，Hes1やHes5の発現を誘導する。すなわち，Notchが活性化されるとHes1とHes5の発現が誘導され，神経分化が抑制される。Hes1とHes5を両方とも欠損した細胞ではNotchは神経分化を抑制できない[5]。したがって，Notch-Hes1/Hes5経路は神経分化を制御する重要な役割を担う。一般に，隣接細胞からリガンド刺激を受けてNotchが活性化されるとその細胞はニューロンに分化できなくなり，未分化状態で止まる。このNotchを介した分化抑制を側方抑制といい，発生過程の間，神経幹細胞を維持するのに必須の役割を担うと考えられている。

18.5 Hes因子群による神経幹細胞の維持

レトロウイルスベクターやエレクトロポレーション法を用いてHes 1やHes 5を胎児脳の神経幹細胞に強制発現させるとニューロンへの分化が抑制され，すべての細胞は脳室周囲層にとどまる[7,8]。これらの細胞はネスティン陽性でかつ分裂能をもち，さらに外側に向けて長い突起を伸ばし，放射状グリアの形態を示す。これらのことから，Hes 1やHes 5を発現した細胞は神経幹細胞の状態に維持されるいえる。実際，その後Hes 1やHes 5の発現を失うとこれらの細胞はニューロンやグリア細胞に分化することから，Hes 1およびHes 5は神経幹細胞に維持させる転写因子であることがわかる。

一方，Hes 1およびHes 5を両方とも欠損したマウスの神経系では，神経幹細胞は充分に増えないうちに正常よりも早くニューロンに分化する（図18.4）[5,6]。そのため，細胞数は少なく，小さな神経系しか形成されない。Hes欠損マウスでは，ニューロンへの分化を引

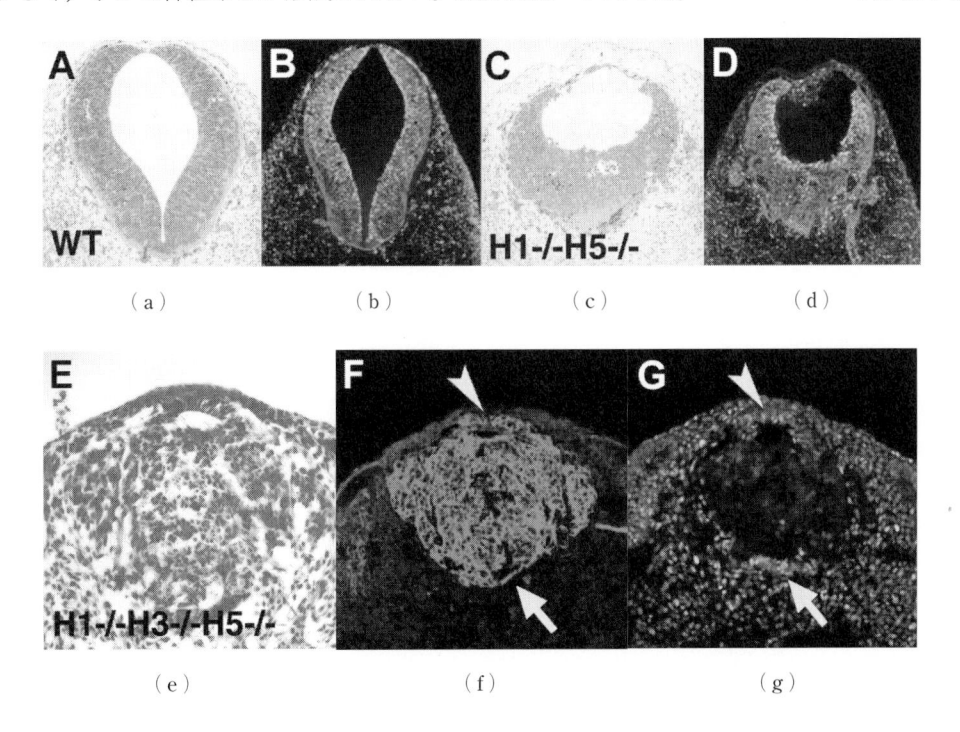

図 (a), (b)：野生型マウスの神経管では内側に神経幹細胞（Ki 67陽性，緑）が，外側にニューロン（TuJ 1陽性，赤）が存在する。図 (c), (d)：Hes 1-Hes 5ダブルノックアウトマウスの神経管ではニューロンの形成が亢進し，神経幹細胞が減少している。図 (e)〜(g)：Hes 1-Hes 3-Hes 5トリプルノックアウトマウスでは，神経幹細胞は消失し，ほぼすべての細胞がニューロンになっている。すなわち，Hes 1，Hes 3，Hes 5は機能的に補い合ってほぼすべての神経幹細胞の維持にかかわる。

図18.4 Hes欠損マウスの神経分化（口絵8参照）

き起こすbHLH因子Mash1の発現が増加していることから，HesはMash1の発現を抑制することによって，神経幹細胞からニューロンへの分化を抑制すると考えられる[3),6)]。神経幹細胞は，増殖因子存在下で接着性の低いディッシュ内で培養すると，浮遊した状態で増殖し，neurosphereと呼ばれる大きな集塊を形成する。しかし，Hes1-Hes5ダブルノックアウトマウス由来の神経幹細胞は小さなneurosphereしか形成しない[5)]。したがって，Hes1とHes5は神経幹細胞の増殖・維持に必須な役割を担うといえる。

Hes1とHes5を両方とも欠損すると細胞増殖は非常に悪くなるが，神経幹細胞は残っている。このことから，Hes1やHes5以外にも神経幹細胞の維持にかかわる因子が存在することが示唆される。Hesファミリーの一つであるHes3がHes1と同じように神経幹細胞に発現し，その維持にかかわる[9)]。Hes1-Hes3-Hes5トリプルノックアウトマウスではほぼすべての神経幹細胞はなくなり，ニューロンになる（図18.4）[6)]。これらのことから，Hes1, Hes3, Hes5の三つのbHLH因子によってほぼすべての神経幹細胞の維持が制御されるといえる。

Hes1-Hes3-Hes5トリプルノックアウトマウスでは上述のようにほぼすべての神経幹細胞はなくなるが，不思議なことに神経上皮細胞はいったん形成される。しかし，神経上皮細胞は維持されずどんどんニューロンに分化していく。すなわち，Hes遺伝子群は神経上皮細胞の形成には不要であるが，その維持には必須である。Hes遺伝子群を欠損すると，本

	神経上皮	移行性神経上皮	放射状グリア
Hes依存性	−	＋	＋
Delta-Notch	−	−	＋
神経分化	−	−	＋

神経上皮細胞はHes遺伝子群非依存的に形成される。しかし，その維持はHes遺伝子群に依存している。Hes遺伝子群が欠損すると，本来ニューロンを作らない神経上皮細胞は維持されずにニューロンに分化してしまう。同様に，ニューロンを形成する放射状グリアの維持はHes遺伝子群に依存している。興味あることに，Hes遺伝子群の発現は放射状グリアではDelta-Notchシグナルに制御されているが，神経上皮細胞ではDelta-Notchシグナルに制御されていない。

図18.5 神経幹細胞のHes依存性の変化

来ニューロンに分化しない神経上皮細胞が維持されず，ニューロンに分化してしまう。このことから，神経幹細胞はHes遺伝子群非依存性の神経上皮細胞から，Hes遺伝子群依存性の神経上皮細胞を経て，Hes遺伝子群依存性の放射状グリアへと性質および形態を変化させていくといえる（図18.5）[6]。興味あることに，神経上皮細胞のステージではNotchやそのリガンドの発現が見られないことから，この時期のHes遺伝子群の発現はNotchによって制御されていないと考えられる[6]。この時期のHesの発現がどのように制御されるのかはよくわかっていない。

18.6　ダイナミックなHesの発現変化 ─2時間を刻む生物時計─

多くの細胞においてHesの発現量は一定ではなく，ダイナミックに変化する。Hes1 mRNAやタンパク量は2時間周期で増減を繰り返す（オシレーションする）（図18.6（a））[10]。これは，Hes1が自分自身のプロモーター上のNボックスに結合し，ネガティブフィードバックを行うことによる（図（b））。Hes1と同じファミリーに属するHes7の発現も2時間周期でオシレーションし，分節時計として2時間ごとに起こる体節形成を制御する[11]。Hes1もHes7と同様に2時間を刻む生物時計として機能すると考えられるが，神経発生のどの過程の時間を制御しているのかはよくわかっていない。

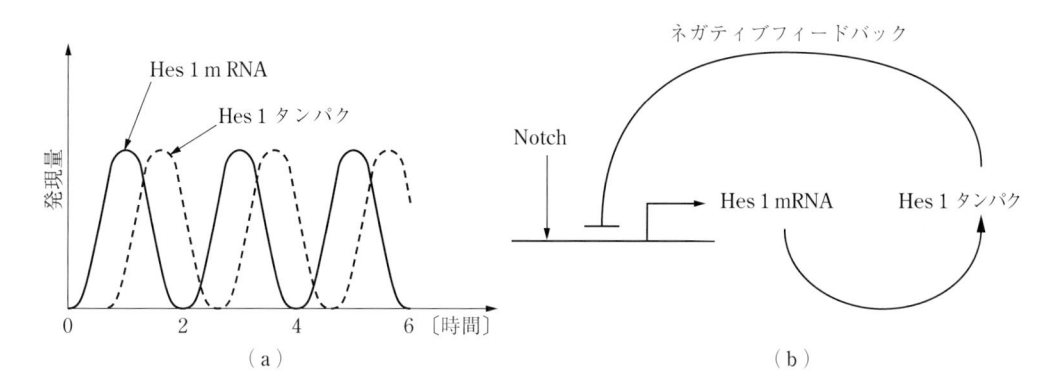

図（a）：Hes1 mRNAおよびタンパク量は2時間周期でダイナミックにオシレーションする。Hes1は2時間を刻む生物時計として機能すると考えられるが，その詳細は不明である。図（b）：Hes1の発現のオシレーションはネガティブフィードバック機構による。

図18.6　ダイナミックなHesの発現変化

引用・参考文献

1) Sasai, Y., Kageyama, R., Tagawa Y., et al. : Two mammalian helix-loop-helix factors structurally related to Drosophila hairy and Enhancer of split, Genes. Dev., **6**, pp.2620-2634 (1992)
2) Alvarez-Buylla, A., Garcia-Verdugo, J. M. and Tramontin, A. D. : A unified hypothesis on the lineage of neural stem cells, Nat. Rev. Neurosci., **2**, pp.287-293 (2001)
3) Ishibashi, M., Ang, S-L., Shiota, K., et al. : Targeted disruption of mammalian hairy and Enhancer of split homolog-1 (HES-1) leads to up-regulation of neural helix-loop-helix factors, premature neurogenesis and severe neural tube defects, Genes. Dev., **9**, pp.3136-3148 (1995)
4) Akazawa, C., Sasai, Y., Nakanishi, S., et al. : Molecular characterization of a rat negative regulator with a basic helix-loop-helix structure predomonantly expressed in the developing nervous system, J. Biol. Chem., **267**, pp.21879-21885 (1992)
5) Ohtsuka, T., Ishibashi, M., Gradwohl, G., et al. : Hes 1 and Hes 5 as Notch effectors in mammalian neuronal differentiation, EMBO. J., **18**, pp.2196-2207 (1999)
6) Hatakeyama, J., Bessho, Y., Katoh, K., Ookawara, S., Fujioka, M., Guillemot, F. and Kageyama, R. : Hes genes regulate size, shape and histogenesis of the nervous system by control of the timing of neural stem cell differentiation, Development, **131**, pp.5539-5550 (2004)
7) Ishibashi, M., Moriyoshi, K., Sasai, Y., et al. : Persistent expression of helix-loop-helix factor HES-1 prevents mammalian neural differentiation in the central nervous system, EMBO. J., **13**, pp.1799-1805 (1994)
8) Ohtsuka, T., Sakamoto, M., Guillemot, F., et al. : Roles of Notch signaling in expansion of neural stem cells of the developing brain, J. Biol. Chem., **276**, pp.30467-30474 (2001)
9) Hirata, H., Tomita, K., Bessho, Y., et al. : Hes 1 and Hes 3 regulate maintenance of the isthmic organizer and development of the mid/hindbrain, EMBO. J., **20**, pp.4454-4466 (2001)
10) Hirata, H., Yoshiura, S., Ohtsuka, T., Bessho, Y., Harada, T., Yoshikawa, K. and Kageyama, R. : Oscillatory expression of the bHLH factor Hes 1 regulated by a negative feedback loop, Science, **298**, pp.840-843 (2002)
11) Bessho, Y., Hirata, H., Masamizu, Y. and Kageyama, R. : Periodic repression by the bHLH factor Hes 7 is an essential mechanism for the somite segmentation clock, Genes. Dev., **17**, pp.1451-1456 (2003)

索　　引

【あ】

アストロサイト	159
アセチル化	70
アフリカツメガエル	74
アポトーシス	17
アポトーシス基本システム	36
アポトーシス誘導因子群	40
アポトーシス抑制因子群	40
アンジオポエチン	127

【い】

維持メチル化	81,86
一次造血	218
遺伝子クラスター	54
インスレータモデル	61
インターロイキン6	159
インプリンティング遺伝子	54
インプリンティング領域	54

【え】

栄養外胚葉	115
エピジェネティック	52,69,230
――な異常	53
――な記憶	53
エフリンB2	128
塩基性領域ヘリックス-ループ-ヘリックス	239

【お】

オクタマー配列	115
オシレーション	245
オリゴデンドロサイト	159

【か】

外分泌腺細胞	219
海綿骨	222
核移行シグナル	215
核移植クローン	66
カスペース	42
カスペースカスケード	42
家族性多発性GIST	155
活性酸素種	29
カハールの介在細胞	148
幹細胞	171,213
幹細胞因子	146
幹細胞制御	233
幹細胞ニッチ	25
がん抑制遺伝子	91,224

【き】

機能獲得性突然変異	154
機能喪失性突然変異	147
胸腺細胞	222
筋芽細胞	73

【く】

グリア繊維性酸性タンパク質	160
グリア瘢痕	168
クリプト細胞	223
クローン動物	91
クローンマウス	91

【け】

血管	124
血管芽細胞	218
血管腔	218
血管新生	124,126,223
血管内皮細胞	219
血管平滑筋	219
血管平滑筋細胞	219
血島	125
ゲノムインプリンティング	52,90
ゲノムインプリンティング記憶	55
原始血管叢	126
原始内胚葉	115

【こ】

抗原提示細胞	221
骨格筋	223
骨芽細胞	26,222
古典的経路	189
コンパクション	232

【さ】

サイクリン	19
サイクリン依存性キナーゼ	19
サイクリン依存性キナーゼ阻害分子	19
サイトカイン	159
細胞死	225
細胞周期	17,225
細胞増殖	17
細胞分裂	18
細胞メモリー機構	232

【し】

シェアストレス	129
始原生殖細胞	55,73,210
自己複製	193,221,233
自己複製能	22
自己リン酸化	151
死のシグナル	48
樹状細胞	222
受精卵クローン	66
出芽	219
受動的脱メチル化	82
受容体	213
消化管間質細胞腫	154
消化管粘膜	219
小胞体ストレス	50
初期化状態	56
神経幹細胞	21,159,239
神経細胞	217
神経細胞塊	160
神経上皮細胞	239
心疾患	211

【す】

膵臓	219
ストローマ細胞	221
刷込み遺伝子	72

【せ】

生殖幹細胞	25
セルトリ細胞	72
線維芽細胞	72,112
染色体再構成	232
染色体転座	213

【そ】

造血幹細胞	21,218

造血性サイトカイン	132
組織幹細胞	21, 196
組織特異的遺伝子	83

【た】

体細胞型	56
体細胞クローン	63, 66
体性幹細胞	220
脱アミノ化反応	82
脱メチル化	69, 81, 84
多分化能	22
胆管	219
胆管上皮	219
単球	222
胆囊	219

【ち】

父親性インプリンティング領域	57
中胚葉	115
腸上皮細胞	219
腸腺窩	223
チロシンキナーゼ領域	146

【て】

テロメア	74
テロメア長	24
テロメラーゼ	6
テロメラーゼ鋳型 RNA	6
テロメラーゼ逆転写酵素	6
転写活性化	215
転写活性化領域	215
転写抑制	89

【と】

動脈	219
トリソラックス遺伝子群	230

【な】

内部細胞塊	110
内分泌腺細胞	219

【に】

二次造血	218
ニッチ	25
乳がん	225
ニューロン	159

【の】

能動的脱メチル化	82
ノックアウトマウス	217

【は】

胚性幹細胞	110, 131, 192, 217
胚性がん腫細胞	194
ハウスキーピング遺伝子	83
パーキンソン病	167
白血病	213
母親性インプリンティング領域	57
バルジ	24

【ひ】

非古典的経路	190
ヒストンコード	231
ヒストン脱アセチル化酵素	231
ヒストンメチル化	70
皮膚	220
皮膚腫瘍	221
表皮過形成	221
表皮囊腫	221

【ふ】

プロテアソーム	189
分化	17
分化多能性	110
分子標的薬	155
分節遺伝子群	229
分裂寿命	1

【へ】

ヘマンジオブラスト	125
ヘミメチル化	81, 86
辺縁帯 B	222

【ほ】

傍細胞膜領域	146
放射状グリア	240
傍大動脈臓側中胚葉	218
母性効果遺伝子群	229
ボディプラン	29
ホメオティックセレクター遺伝子	228
ホメオティック複合体	229
ポリコーム遺伝子群	228
ポリコーム小体	230

【ま】

マクロファージ	222
マスト細胞	148
マスト細胞性腫瘍	153

【み】

ミスマッチ修復	83, 89
脈管形成	126

【め】

メチル化	165
メチル化 DNA 結合タンパク質	88
メチル化 DNA 結合ドメイン	88
メチル化感受性制限酵素	92

【も】

毛髪	220
毛包	220

【ゆ】

ユビキチン化	189

【よ】

抑制性 T 細胞産生	223

【ら】

卵黄囊	218
卵丘細胞	72
卵子活性化	67

【り】

リガンド	213
リプログラミング	52, 55, 68, 69, 91
リンカーヒストン	71
リンパ管	129

【れ】

レセプター型チロシンキナーゼ	146

【ろ】

老化	17

索　　　引　　249

【A】

Activin	175
Akt	201
Alagille 症候群	219
APC	189
Axin	189

【B】

basic helix-loop-helix	216, 239
Bcl-2 ファミリー因子	40
bFGF	126
BH 3 細胞死誘導因子	40
bHLH	239
bHLH 型転写因子	164
bisulfite 処理	92, 93
Bmi-1	28
bmi 1	233
BMP	118, 163, 171
bulge	221

【C】

c-*kit* 遺伝子	146
CpG アイランド	83
CpG 配列	81, 82
CSL	215

【D】

death domain	48
Delta	216, 242
Delta 1	216
Delta 3	216
Delta 4	216
de novo メチル化	81, 87
DMR	57
——のメチル化と脱メチル化	57
DNA 合成	18
DNA 損傷	18
DNA 末端複製障害	3
DNA メチル化	69, 80
DNA メチル化酵素	81, 86
DNA メチル化阻害剤	85
DNMT	86
Dnmt 1	86
Dnmt 2	86
Dnmt 3 a	87
Dnmt 3 b	87
Dnmt 3 L	87
DSBs	10
DSL	216

【E】

E 2 F ファミリー分子	20
EC 細胞	194
eed	234
effector カスペース	43
EG 細胞	111
ERas	119
ES 細胞	110, 171, 192, 217

【F】

FoxD 3	118
FRGY 2 a	74
FRGY 2 b	74

【G】

G 1 期	18
G 2 期	18
G-CSF	133
GDF	118
GFAP	160
GIST	154
glia 細胞	217
GLUT 1	73
GLUT 4	73
GM-CSF	133
gp 130	113, 161
GSK-3 β	189

【H】

H 1 foo	71
hairy enhancer of sprit	215
HDAC	231
HES	216
HES-1	216
Hes 1	239
Hes 3	244
HES-5	216
Hes 5	241
Hey 1	216
Hey 2	216
HLH 型転写因子	164
HOMC	229
Hox	228
HOXB 4	32
Hoxb 4	233
Hox 遺伝子群	228

【I】

ICF 症候群	87
Id	173, 239
IL-6	159
inductive model	23
initiator カスペース	43
ink 4 a 遺伝子座	234
ISWI	74

【J】

Jagged 1	216
Jagged 2	216
JAK	161

【K】

KIT	146
KIT 活性阻害薬	155

【L】

lateral specification	213
LIF	113, 160, 176, 192

【M】

Mash 1	239
Mastermind	215
MBD	88
MeCP 2	88
MEF	112
Meg	54
mel 18	233
mGS 細胞	111
Mll 遺伝子	230
mTOR	120
MyoD	31, 239
M 期	18

【N】

Nanog	117
neurogenic 形質	217
Neurogenin 1	166
niche	221
Nodal	175
Notch	165, 213
Notch 1	213
Notch 2	217
Notch 3	217
Notch 4	217
Notch シグナル	32, 241
ntES 細胞	74
NT-ES 細胞	91

【O】

Oct 3/4	114

Oct 4	70	PTEN	204	Tie 2	127	
OLIG 2	167			TRF-1	8	
		【R】		TRF-2	10	
【P】		rae 28	233	trxG	230	
p 16^{INK4A} (p 16)	19	Ras-MAPK 系	151	T 細胞	222	
p 18	28	RBB-Jκ	215	T 細胞性白血病	224	
p 18^{INK4C} (p 18)	19	RBP-J	242			
p 19^{ARF}	29	RB ファミリー分子	20	【U】		
p 21	27	Rett 症候群	87, 88	ubiquitin	215	
p 21^{WAF1} (p 21)	19	Runx 2	178			
p 27	28			【V】		
p 27^{KIP1} (p 27)	19	【S】		vasculogenesis	219	
p 300	163	SAM	81	VEGF	179	
p 53	18, 47	satellite 細胞	223	VEGF-A	126	
PcG	228	Serrate	216	VEGFR-3	130	
PcG 複合体 1	230	SH 2 タンパク	151			
PcG 複合体 2	230	SH 2 ドメイン	202	【W】		
PCP 経路	190	Sl 突然変異マウス	149	*wingless*	187	
Peg	54	Smad	172	Wnt	119, 187	
Peg と *Meg* のレシプロカルな		Smad 1	163	W 突然変異マウス	147	
ON-OFF スイッチ機構	59, 61	Sox 2	116			
PGC	55, 210	Src	120	【X】		
PGC クローン	56	STAT 3	113, 159	X 染色体の不活化	90	
PH ドメイン	205	stochastic model	23			
PI(3, 4, 5)P$_3$	201	S-アデノシル-L-メチオニン	81	β-catenin	119	
PI 3 K	201	S 期	18	β-カテニン	187	
PI 3 K-Akt 系	152			γ-secretase	214	
PI 3 キナーゼ	119	【T】		γ-secretase 阻害剤	214, 223	
POT-1	9	TA 細胞	22	129 系統	72	
POU 5 F 1	114	Tcf/Lef	190	5-アザシチジン	85	
Prox 1	130	TGF-β	171			

―― 編者略歴 ――

1981年　大阪大学医学部医学科卒業
1984年　大阪大学助手
1988年　医学博士（大阪大学）
1989年　ヨーロッパ分子生物学研究所（EMBL）訪問研究員
1990年　京都大学助手
1991年　京都大学講師
1995年　大阪大学教授
2004年　大阪大学大学院教授
　　　　現在に至る

再生医療のための 分子生物学
Molecular Biology for Regenerative Medicine
© Toru Nakano　2006

2006年3月15日　初版第1刷発行
2008年8月20日　初版第2刷発行

検印省略

編　者　仲野　徹（なかの とおる）
発行者　株式会社　コロナ社
　　　　代表者　牛来辰巳
印刷所　萩原印刷株式会社

112-0011　東京都文京区千石4-46-10
発行所　株式会社　コロナ社
CORONA PUBLISHING CO., LTD.
Tokyo Japan
振替 00140-8-14844・電話(03)3941-3131(代)

ホームページ http://www.coronasha.co.jp

ISBN 978-4-339-07253-2　（大井）　（製本：愛千製本所）
Printed in Japan

無断複写・転載を禁ずる
落丁・乱丁本はお取替えいたします

臨床工学シリーズ

（各巻A5判，欠番は品切です）

- ■監　　　修　（社）日本生体医工学会
- ■編集委員代表　金井　寛
- ■編　集　委　員　伊藤寛志・太田和夫・小野哲章・斎藤正男・都築正和

配本順

		著者	頁	定価
1.（10回）	医学概論（改訂版）	江部　充他著	220	2940円
5.（1回）	応用数学	西村千秋著	238	2835円
6.（14回）	医用工学概論	嶋津秀昭他著	240	3150円
7.（6回）	情報工学	鈴木良次他著	268	3360円
8.（2回）	医用電気工学	金井　寛他著	254	2940円
9.（11回）	改訂 医用電子工学	松尾正之他著	288	3465円
11.（13回）	医用機械工学	馬渕清資著	152	2310円
12.（12回）	医用材料工学	堀内孝・村林俊 共著	192	2625円
19.（8回）	臨床医学総論Ⅱ	鎌田武信他著	200	2520円
20.（9回）	電気・電子工学実習	南谷晴之著	180	2520円

以下続刊

- 4. 基礎医学Ⅲ　玉置憲一他著
- 10. 生体物性　多氣昌生他著
- 13. 生体計測学　小野哲章他著
- 14. 医用機器学概論　小野哲章他著
- 15. 生体機能代行装置学Ⅰ　都築正和他著
- 16. 生体機能代行装置学Ⅱ　太田和夫他著
- 17. 医用治療機器学　斎藤正男他著
- 18. 臨床医学総論Ⅰ　岡島光治他著
- 21. システム・情報処理実習　佐藤俊輔他著
- 22. 医用機器安全管理学　小野哲章他著

定価は本体価格+税5%です。
定価は変更されることがありますのでご了承下さい。

図書目録進呈◆

バイオテクノロジー教科書シリーズ

(各巻A5判)

■編集委員長　太田隆久
■編集委員　相澤益男・田中渥夫・別府輝彦

配本順			頁	定価
1.	生命工学概論	太田隆久著		
2.(12回)	遺伝子工学概論	魚住武司著	206	2940円
3.(5回)	細胞工学概論	村上浩紀・菅原卓也共著	228	3045円
4.(9回)	植物工学概論	森川弘道・入船浩平共著	176	2520円
5.(10回)	分子遺伝学概論	高橋秀夫著	250	3360円
6.(2回)	免疫学概論	野本亀久雄著	284	3675円
7.(1回)	応用微生物学	谷 吉樹著	216	2835円
8.(8回)	酵素工学概論	田中渥夫・松野隆一共著	222	3150円
9.(7回)	蛋白質工学概論	渡辺公綱・小島修一共著	228	3360円
10.	生命情報工学概論	相澤益男他著		
11.(6回)	バイオテクノロジーのためのコンピュータ入門	中村春木・中井謙太共著	302	3990円
12.(13回)	生体機能材料学 ― 人工臓器・組織工学・再生医療の基礎 ―	赤池敏宏著	186	2730円
13.(11回)	培養工学	吉田敏臣著	224	3150円
14.(3回)	バイオセパレーション	古崎新太郎著	184	2415円
15.(4回)	バイオミメティクス概論	黒田裕久・西谷孝子共著	220	3150円
16.	応用酵素学概論	喜多恵子著		
17.(14回)	天然物化学	瀬戸治男著	188	2940円

定価は本体価格+税5%です。
定価は変更されることがありますのでご了承下さい。

図書目録進呈◆

ME教科書シリーズ

(各巻B5判)

■(社)日本生体医工学会編
■編纂委員長　佐藤俊輔
■編纂委員　稲田　紘・金井　寛・神谷　瞭・北畠　顕・楠岡英雄
　　　　　　戸川達男・鳥脇純一郎・野瀬善明・半田康延

	配本順			頁	定価
A-1	(2回)	生体用センサと計測装置	山越・戸川共著	256	4200円
A-2	(16回)	生体信号処理の基礎	佐藤・吉川・木竜共著	216	3570円
B-1	(3回)	心臓力学とエナジェティクス	菅・高木・後藤・砂川編著	216	3675円
B-2	(4回)	呼吸と代謝	小野功一著	134	2415円
B-3	(10回)	冠循環のバイオメカニクス	梶谷文彦編著	222	3780円
B-4	(11回)	身体運動のバイオメカニクス	石田・廣川・宮崎・阿江・林共著	218	3570円
B-5	(12回)	心不全のバイオメカニクス	北畠・堀編著	184	3045円
B-6	(13回)	生体細胞・組織のリモデリングのバイオメカニクス	林・安達・宮崎共著	210	3675円
B-7	(14回)	血液のレオロジーと血流	菅原・前田共著	150	2625円
B-8	(20回)	循環系のバイオメカニクス	神谷　瞭編著	204	3675円
C-1	(7回)	生体リズムの動的モデルとその解析 ―MEと非線形力学系―	川上　博編著	170	2835円
C-2	(17回)	感覚情報処理	安井湘三編著	144	2520円
C-3	(18回)	生体リズムとゆらぎ ―モデルが明らかにするもの―	中尾・山本共著	180	3150円
D-1	(6回)	核医学イメージング	楠岡・西村監修 藤林・田口・天野共著	182	2940円
D-2	(8回)	X線イメージング	飯沼・舘野編著	244	3990円
D-3	(9回)	超音波	千原國宏著	174	2835円
D-4	(19回)	画像情報処理（Ⅰ） ―解析・認識編―	鳥脇純一郎編著 長谷川・清水・平野共著	150	2730円
E-1	(1回)	バイオマテリアル	中林・石原・岩崎共著	192	3045円
E-3	(15回)	人工臓器（Ⅱ） ―代謝系人工臓器―	酒井清孝編著	200	3360円

F-1	（5回）	生体計測の機器とシステム	岡田正彦編著	238	**3990円**
F-2	（21回）	臨床工学(CE)と ME機器・システムの安全	渡辺　敏編著	240	**4095円**

以下続刊

A	生体電気計測	山本尚武編著
A	生体光計測	清水孝一著
C-4	脳磁気とME	上野照剛編著
D-6	MRI・MRS	松田・楠岡編著
E	治療工学（I）	橋本・篠原編著
E-2	人工臓器（I） ―呼吸・循環系の人工臓器―	井街・仁田編著
E	細胞・組織工学と遺伝子	松田武久著
F	医学・医療における情報処理とその技術	田中博著
F	病院情報システム	石原謙著
A	生体用マイクロセンサ	江刺正喜編著
B-9	肺のバイオメカニクス ―特に呼吸調節の視点から―	川上・西村編著
D-5	画像情報処理（II） ―表示・グラフィックス編―	鳥脇純一郎編著
E	電子的神経・筋制御と治療	半田康延編著
E	治療工学（II）	菊地眞編著
E	生体物性	金井寛著
F	地域保険・医療・福祉情報システム	稲田紘編著
F	福祉工学	土肥健純編著

ヘルスプロフェッショナルのための
テクニカルサポートシリーズ

（各巻B5判）

■編集委員長　星宮　望
■編集委員　高橋　誠・德永恵子

配本順			頁	定価
1.	ナチュラルサイエンス （CD-ROM付）	高橋　　誠 髙但野田龍彦 共著 和田清三郎 有田		
2.	情報機器学	高橋　　誠 永田　　啓 共著		
3.（3回）	在宅療養のQOLとサポートシステム	德永恵子編著	164	**2730円**
4.（1回）	医用機器 I	田村俊世 山越憲一 共著 村上　肇	176	**2835円**
5.（2回）	医用機器 II	山形仁編著	176	**2835円**

定価は本体価格+税です。
定価は変更されることがありますのでご了承下さい。

図書目録進呈◆

再生医療の基礎シリーズ
―生医学と工学の接点―

(各巻B5判)

コロナ社創立80周年記念出版
〔創立1927年〕

■編集幹事　赤池敏宏・浅島　誠
■編集委員　関口清俊・田畑泰彦・仲野　徹

配本順			頁	定価
1.(2回)	再生医療のための発生生物学	浅島　誠編著	280	4515円
2.(4回)	再生医療のための細胞生物学	関口清俊編著	228	3780円
3.(1回)	再生医療のための分子生物学	仲野　徹編	270	4200円
4.(5回)	再生医療のためのバイオエンジニアリング	赤池敏宏編著	244	4095円
5.(3回)	再生医療のためのバイオマテリアル	田畑泰彦編著	272	4410円

バイオマテリアルシリーズ

(各巻A5判)

			頁	定価
1.	金属バイオマテリアル	塙　隆夫・米山隆之 共著	168	2520円
	ポリマーバイオマテリアル ―医療のための分子設計―	石原一彦著		
	セラミックスバイオマテリアル	岡崎正之・尾坂明義 編著 山下仁大・石川邦夫・大槻主税・井奥洪二 共著		

定価は本体価格+税5%です。
定価は変更されることがありますのでご了承下さい。

図書目録進呈◆